石油和化工行业"十四五"规

生物药物分析与检验

Bio-Pharmaceutical Analysis and Testing

第三版

朱 伟　吴晓英　主编

化学工业出版社

·北京·

内容简介

本书旨在系统阐述生物药物质量控制的理论与实践，满足生物制药领域对科学性、先进性和实用性兼具的专业教材需求。全书共分九章，内容涵盖生物药物分析的基本原理、核心方法及应用技术，重点介绍了酶法、免疫分析法、生物检定法、电泳法及高效液相色谱等关键技术，以及氨基酸类、肽类、蛋白质类、酶类、糖类、脂类、核酸类和基因工程药物等生物药物的分析检验方法。

本书适合制药工程、生物技术及生物制药等相关专业的大二、大三学生作为专业教材，也可供研究生、职业本科及高职学生作为参考教材使用。同时，本书为从事生物药物生产、研发及分析检验的专业人员提供了系统性、实用性强的参考资料。无论是课堂教学还是科研实践，本书均能帮助读者深入理解生物药物分析的核心技术与应用方法，提升解决实际问题的能力。

图书在版编目（CIP）数据

生物药物分析与检验／朱伟，吴晓英主编. -- 3 版.
北京：化学工业出版社，2025.6. --（石油和化工行业
"十四五"规划教材）. -- ISBN 978-7-122-48378-2

Ⅰ. TQ464；R917
中国国家版本馆 CIP 数据核字第 2025JK2456 号

责任编辑：赵玉清　　　　　文字编辑：刘洋洋　李　蕾
责任校对：李露洁　　　　　装帧设计：张　辉

出版发行：化学工业出版社
　　　　　（北京市东城区青年湖南街 13 号　邮政编码 100011）
印　　装：高教社（天津）印务有限公司
787mm×1092mm　1/16　印张 17¾　字数 415 千字
2025 年 6 月北京第 3 版第 1 次印刷

购书咨询：010-64518888　　　售后服务：010-64518899
网　　址：http://www.cip.com.cn

第三版前言

生物药物质量控制是确保生物药品安全性、有效性和稳定性的关键环节，是药物分析的重要组成部分。药物分析的核心任务在于检验药品质量，以保障用药安全和治疗效果。随着生命科学与生物技术的快速发展，生物药物的种类不断增加，其应用范围也逐步拓展，不仅用于疾病的诊断和治疗，还广泛应用于健康人群，尤其是儿童的预防接种，以提高机体免疫力。生物药物具有复杂的分子结构和特殊的作用机制，其质量直接关系到患者的生命安全。高质量的生物药物能够有效增强免疫功能，发挥治疗作用，造福人类；而质量低劣的产品则可能带来严重健康风险，甚至危及生命。例如，许多基因工程药物，尤其是细胞因子类药物，能够精确调控机体生理功能，即使微小的剂量偏差也可能引发显著的生物学效应。因此，对生物药物及其相关制剂进行严格的质量监控至关重要，要确保其安全性和有效性，防止潜在的不良后果，为临床治疗和公共健康提供可靠保障。

在多年教学与科研实践的基础上，参考国内外相关教材、专著及文献资料，我们对 2011 年出版的第二版《生物药物分析与检验》教材进行了全面修订。本书共分九章，第一章绪论介绍了学科的基本性质与任务，并强调了生物药物分析与检验在药品质量控制中的重要作用；第二章至第六章系统论述了生物药物分析的关键方法，包括酶法、免疫分析法、生物检定法、电泳法及高效液相色谱等，详细阐述了其基本原理、理论基础及核心技术；第七章至第九章重点介绍了不同类型生物药物（如氨基酸类、肽类、蛋白质类、酶类、糖类、脂类、核酸类及基因工程药物等）的分析与检验方法。本书在编写过程中力求反映现代生物药物分析与检验技术的最新进展，突出科学性、先进性和实用性，以期为该领域的研究与应用提供有力支持。

生物药物分析与检验课程是在学习了分析化学、生物化学、生化技术、微生物学及生物制药工艺学等相关课程的基础上开设的。通过本课程的学习，学生不仅能树立生物药物质量控制的意识，还能掌握生物药物质量分析的基本理论知识和常用的分析检验方法，从而不断提升独立分析问题和解决实际问题的能力。

　　本书由华南理工大学朱伟和吴晓英共同主编，范一文、周世水参与编写。在本书的编写过程中，得到了化学工业出版社赵玉清编辑等诸多同仁的热情帮助和大力支持，在此谨致以诚挚的谢意。同时，在本书的修订过程中，朱伟教授的学生王瑶琪、王雨惠、肖笑、梁家玮、林冬莹、吕益龙和谷婉琳等，在资料收集、排版整理及内容校对等方面也给予了宝贵的协助，在此一并感谢。

　　本书适合制药工程、生物技术及生物制药等相关专业的大二、大三学生作为专业教材，同时也可作为相关专业研究生、职业本科及高职学生的参考教材，或供从事生物药物生产、研究与分析检验的专业人员查阅参考。

　　由于编者水平有限，书中难免存在不妥之处，恳请广大读者、批评指正，以期不断完善提升。

作者

于华南理工大学

第九章　基因工程药物检验　　**215**

第一章　绪论

○○ ——————— ○○ ○ ○○ ———————————

第一节　生物药物概述

一、生物药物及其分类

　　生物药物是综合应用多门学科的原理和方法，特别是采用现代生物技术，对生物体、生物组织或组成生物体的各种成分进行加工、制造而形成的一大类用于预防、治疗以及诊断疾病的药物。广义的生物药物包括：从动植物和微生物中直接制取的各种天然生理活性物质及人工合成或半合成的天然物质类似物。随着现代生物技术的快速发展，生物药物的组成和品种得到了极大的扩充。

　　生物药物可以按照其来源和制造方法、药物的化学本质和化学特性以及生理功能和临床用途等不同方法进行分类，而任何一种分类方法都有其不完善之处。通常是将三者结合进行综合分类，可将生物药物分为以下几大类。

1. 天然生化药物

　　天然生化药物是指从生物体（动物、植物和微生物）中获得的天然存在的生化活性物质。

　　（1）氨基酸类药物　包括氨基酸及其衍生物。氨基酸的使用可以是单一氨基酸如谷氨酸用于肝昏迷、神经衰弱和癫痫等的治疗，胱氨酸用于抗过敏、肝炎及白细胞减少症的治疗；也可以使用复方氨基酸制剂如复方氨基酸注射液和要素膳，为重症病人提供营养。

　　（2）多肽和蛋白质类药物

　　① 多肽药物　主要有多肽激素和多肽细胞生长调节因子，如催产素、促皮质素（ACTH）和表皮生长因子（EGF）等。

　　② 蛋白质类药物　包括单纯蛋白质（如人白蛋白、丙种球蛋白、胰岛素等）和结合

蛋白类（如糖蛋白、脂蛋白、色蛋白等）。

（3）酶与辅酶类药物

① 助消化酶类，如胃蛋白酶、胰酶和麦芽淀粉酶等。

② 消炎酶类，如溶菌酶、胰蛋白酶、木瓜蛋白酶等。

③ 心脑血管疾病治疗酶类，如尿激酶、弹性蛋白酶、纤溶酶等。

④ 抗肿瘤酶类，如天冬酰胺酶可治疗淋巴肉瘤和白血病，谷氨酰胺酶、蛋氨酸酶也有不同程度的抗肿瘤作用。

⑤ 其他酶类，如超氧化物歧化酶（SOD）用于治疗类风湿性关节炎和放射病等，青霉素酶可治疗青霉素过敏。

⑥ 辅酶类药物，多种酶的辅酶或辅基成分具有医疗价值，如辅酶Ⅰ、辅酶Ⅱ等广泛用于肝病和冠心病的治疗。

（4）核酸类药物

① 具有天然结构的核酸类药物，包括 RNA、DNA、核苷、核苷酸、多聚核苷酸等。

② 核酸类结构改造药物，如叠氮胸苷、阿糖腺苷、阿糖胞苷、聚肌胞等，它们是目前人类治疗病毒感染、肿瘤、艾滋病的重要药物。

（5）多糖类药物　多糖类药物的来源包括动物、植物、微生物，它们在抗凝、降血脂、抗肿瘤、增强免疫功能和抗衰老方面具有较强的药理作用，如肝素有很强的抗凝作用，小分子肝素有降血脂、防治冠心病的作用；硫酸软骨素 A 在降血脂、防治冠心病方面有一定疗效；透明质酸具有健肤、抗皱、美容的作用；各种真菌多糖（银耳多糖、蘑菇多糖、灵芝多糖等）具有抗肿瘤、增强免疫力和抗辐射作用。

（6）脂类药物

① 磷脂类，如卵磷脂、脑磷脂可用于治疗神经衰弱、肝病和冠心病等。

② 多价不饱和脂肪酸（如亚油酸、亚麻酸）和前列腺素。

③ 胆酸类，如去氧胆酸、猪去氧胆酸等。

④ 固醇类，如胆固醇、麦角固醇和 β-谷固醇等。

⑤ 卟啉类，如血红素、胆红素、血卟啉等。

2. 微生物药物

（1）抗生素　抗生素是在低微浓度下即可对某些生物的生命活动有特异抑制作用的化学物质的总称。抗生素目前主要通过利用微生物发酵法进行生物合成生产，很少数的抗生素如氯霉素、磷霉素等亦可用化学合成法生产。此外还可将生物合成法制得的抗生素用化学或生化方法进行分子结构改造而制成各种衍生物，称半合成抗生素，如氨苄西林就是半合成青霉素中的一种。

根据化学结构，抗生素可划分为：

① β-内酰胺类抗生素，包括青霉素类、头孢菌素类。

② 氨基糖苷类抗生素，如链霉素、庆大霉素。

③ 大环内酯类抗生素，如红霉素、麦迪霉素。

④ 四环类抗生素，如四环素、土霉素。

⑤ 多肽类抗生素，如多黏菌素、杆菌肽。

⑥ 多烯类抗生素，如制菌霉素、万古霉素等。

⑦ 苯羟基胺类抗生素，包括氯霉素等。

⑧ 蒽环类抗生素，包括阿霉素等。

⑨ 环桥类抗生素，包括利福平等。

⑩ 其他抗生素，如磷霉素、创新霉素等。

（2）酶抑制剂　微生物来源的酶抑制剂主要有 β-内酰胺酶抑制剂，其代表是克拉维酸（又称棒酸），它与青霉素类抗生素具有很好的协同作用；β-羟基-β-甲基-戊二酰辅酶 A（HMG-CoA）还原酶抑制剂，如洛伐他丁、普伐他丁等，它们是重要的降血脂、降胆固醇、降血压药物。

（3）免疫调节剂　包括免疫增强剂和免疫抑制剂。具有免疫增强作用的免疫调节剂如 picibanil（OK-432）；具有免疫抑制作用的免疫调节剂如环孢菌素 A，环孢菌素 A 的发现大大增加了器官移植的成功率。

3. 基因工程药物

（1）重组多肽与蛋白质类激素　主要有重组人胰岛素、重组人生长激素、重组绒毛膜促性腺激素等，还有重组人白蛋白和重组人血红蛋白。

（2）重组溶栓类药物　如重组组织纤溶酶原激活剂（t-PA）、重组水蛭素等。

（3）细胞因子类　如干扰素、白介素、促红细胞生成素等。

（4）重组疫苗与单抗制品　主要有乙肝表面抗原疫苗、AIDS 疫苗和流感疫苗等。

4. 基因药物

这类药物是以基因物质（DNA 或 RNA 及其衍生物）作为治疗的物质基础，包括基因治疗用的重组目的 DNA 片段、重组疫苗、反义药物和核酶等。

5. 生物制品

生物制品（biological product）一般指的是用微生物（包括细菌、噬菌体、立克次体、病毒等）、微生物代谢产物、原虫、动物毒素、人或动物的血液或组织等直接加工制成，或用现代生物技术方法制成，作为预防、治疗、诊断特定传染病或其他有关疾病的免疫制剂，包括各种疫苗、抗血清（免疫血清）、抗毒素、类毒素、免疫制剂（如胸腺肽、免疫核酸等）、诊断试剂等。

按用途划分，生物制品可分为以下几种。

（1）预防用制品

① 疫苗，由病毒、立克次体或螺旋体制成，如乙肝疫苗。

② 菌苗，由细菌制成，如卡介苗。

③ 类毒素，由细菌外毒素经甲醛脱毒制成，保留其抗原性，如白喉类毒素。

（2）治疗用制品

① 特异性治疗用制品，如狂犬病免疫球蛋白。

② 非特异性治疗用制品，如白蛋白。

（3）诊断用制品　主要指免疫诊断用品，如结核菌素及多种诊断用单克隆抗体。

二、生物药物的性质

与化学合成药物和中药相比，生物药物有其特殊性，主要性质如下所述。

① 在化学构成上，生物药物十分接近于体内的正常生理物质，进入体内后也更易为机体所吸收利用和参与人体的正常代谢与调节。

② 在药理学上，生物药物具有更高的生化机制合理性和特异治疗有效性。

③ 在医疗上，生物药物具有药理活性高、针对性强、毒性低、副作用小、疗效可靠及营养价值高等特点。

④ 生物药物的有效成分在生物材料中浓度都很低，杂质的含量相对比较高。

⑤ 生物药物常常是一些生物大分子，它们不仅分子量大，组成、结构复杂，而且具有严格的空间构象，以维持其特定的生理功能。

⑥ 生物药物对热、酸、碱、重金属及 pH 变化均较敏感，各种理化因素的变化易对生物活性产生影响。

三、生物药物的用途

生物药物广泛用作医疗用品，特别是在传染病的预防和某些疑难病的诊断和治疗上起着其他药物所不能替代的独特作用。随着预防医学和保健医学的发展，生物药物进入到人们生活的各个领域，大大扩展了其应用范围。

（1）作为治疗药物　对于许多常见病和多发病，生物药物都有较好的疗效。如目前危害人类健康十分严重的一些疾病，如恶性肿瘤、艾滋病、糖尿病、心血管疾病、乙型肝炎、内分泌障碍、免疫性疾病、遗传病等，生物药物将发挥其他药物不可比拟的治疗作用。

（2）作为预防药物　许多疾病，尤其是传染病，预防比治疗更为重要。通过预防，许多传染病得以控制，直到根绝。常见的预防用生物药物包括各种疫苗、类毒素及冠心病防治药物等。

（3）作为诊断药物　生物药物用作诊断试剂是其突出又独特的另一临床用途，具有速度快、灵敏度高、特异性强等特点，绝大部分临床诊断试剂都来自生物药物。

诊断用药有体内（注射）和体外（试管）两大使用途径。诊断用品发展迅速，品种繁多，主要包括：免疫诊断试剂、酶诊断试剂、器官功能诊断药物、放射性核素诊断药物、单克隆抗体（McAb）诊断试剂和基因诊断药物等。

（4）其他用途　生物药物应用的另一个重要发展趋势就是渗入到生化试剂、生物医学材料、保健品、营养品、食品、日用化工和化妆品等各个领域。

第二节 生物药物的质量及其控制

一、生物药物质量的重要性与特殊性

生物药物是一类特殊的药品，它除用于临床治疗和诊断以外，还用于健康人群特别是儿童的预防接种，以增强机体对疾病的抵抗力。生物药物的质量与人们生命攸关，质量好的制品可增强人的免疫力，治病救人，造福于人；质量差的制品不但不能保障人们的健康，还可能带来灾难，危害人类。如许多基因工程药物，特别是细胞因子药物都可参与人体机能的精细调节，在极微量的情况下就会产生显著效应，任何性质或数量上的偏差，都可能贻误病情甚至造成严重危害。因此，对生物药物及其产品进行严格的质量控制就显得十分必要。

为了保证用药的安全、合理和有效，在药品的研制、生产、供应以及临床使用过程中都应该进行严格的质量控制和科学管理，并采用各种有效的分析检测方法，对药品进行严格的分析检验，从而对各个环节全面地控制、管理并提高药品的质量，实现药品的全面质量控制。

二、药典与生物药物的质量标准

药品质量标准是药品现代化生产和质量管理的重要组成部分，是药品生产、供应、使用和监督管理部门共同遵循的法定技术依据，也是药品生产和临床用药水平的重要标志。为了确保药品的质量，应该遵循国家规定的药品质量标准（药典、部颁标准、地方标准）进行药品检验和质量控制工作。国家卫生行政部门的药政机构和药品检验机构代表国家行使对药品的管理和质量监督。《中华人民共和国药品管理法》规定药品必须符合国家药品标准。《中华人民共和国标准化法实施条例》规定药品标准属于强制性标准。

1.药典

药典记载着各种药品的标准，是一个国家关于药品标准的法典，是国家管理药品生产与质量的依据，一般由国家卫生行政部门主持编纂、颁布实施。药典和其他法令一样具有约束力。凡属药典的药品，其质量不符合规定标准的均不得出厂、不得销售、不得使用。

我国药典的全称为《中华人民共和国药典》，简称为《中国药典》，其后以括号注明是哪一年版，如《中国药典》（2025年版），英文写法：Chinese Pharmacopeia，缩写为Ch. P.。1949年以来，我国已先后出版了十二版药典（1953年、1963年、1977年、1985年、1990年、1995年、2000年、2005年、2010年、2015年、2020年和2025年）。现行版《中国药典》分为四部：第一部收载中药；第二部收载化学药品；第三部收载生物制品及相关通用技术要求和指导原则；第四部收载通用技术要求、指导原则和药用辅料。

药典的内容分为凡例、品种正文、通用技术要求和指导原则。

世界上已有数十个国家编订了国家药典，另外尚有 3 种区域性药典（《北欧药典》《欧洲药典》和《亚洲药典》）及世界卫生组织（WHO）编订的国际药典。在药物分析工作中可供参考的国外药典主要有：《美国药典》（*The United States Pharmacopoeia*，USP）《美国国家处方集》（*The National Formulary*，NF）《英国药典》（*British Pharmacopoeia*，BP）《日本药局方》（*Pharmacopoeia of Japan*，JP）《欧洲药典》（*Ph. Eur*）《国际药典》（*Ph. Int*）等。

对于生物制品，其标准化也受到了人们的高度重视，因为标准化是组织生物制品生产和提高制品质量的重要手段，是科学管理和技术监督的重要组成部分。它主要包括两方面的工作：一是生物制品规程的制定和修订，二是国家标准品的审定。

2. 生物制品规程

各国都有生物制品规程。世界卫生组织早在 20 世纪 60 年代就开始陆续制定《世界卫生组织生物制品规程》，它是国际生物制品生产和质量的最低要求。《中国生物制品规程》是我国生物制品的国家标准和技术法规，包括生产规程和检定规程两方面的内容，它是我国生物制品生产和检定的科学经验的总结，它来源于生产，反过来又指导生产。它不但规定了生产和检定的技术指标，还对原材料、工艺流程、检定方法等作了详细规定，对制品质量起保证作用，是国家对生物制品实行监督的准绳，也是国家对生物制品的最低要求。《中国药典》从 2005 年版开始，首次将《中国生物制品规程》写入药典，作为药典的第三部；自 2015 年版首次将药典通则、药用辅料单独作为《中国药典》第四部。

3. 标准物质

生物制品是不能单纯用理化方法来衡量其效力或活性的，而只能用生物学方法来衡量。但生物学测定往往由于试验动物个体差异、所用试剂或原材料的纯度或敏感性不一致等原因，试验结果存在不一致性。为此，需要在进行测定的同时，用一已知效价的制品作为对照来校正试验结果，这种对照品就是标准品。国际上将标准品分为两类：国际标准品和国际生物参考试剂。

（1）标准物质的种类和定义　标准物质分为两类：国家标准品和国家参考品。前者系指用国际标准品标定的，或我国自行研制的（尚无国际标准品者）用于衡量某一制品效价或毒性的特定物质，其生物活性以国际单位或以单位表示。后者系指用国际参考品标定的，或我国自行研制的（尚无国际参考品者）用于微生物（或其产物）鉴定或疾病诊断的生物诊断试剂、生物材料或特异性抗血清以及用于某些不用国际单位表示的制品的定量检定用特定物质。

（2）标准物质的制备　标准物质的制备由国家药品检定机构负责。国际标准品、国际参考品由国家药品检定机构向 WHO 索取，并保管和使用。生物标准物质原材料应与待检样品同质，不应含有干扰性杂质，应有足够的稳定性和高度的特异性，并有足够的数量。根据各种标准物质的要求，进行配制、稀释。需要加保护剂等物质者，该类物质应对标准物质活性、稳定性和试验操作过程无影响，并且其本身在干燥时不挥发。经一般质量检定合格后，精确分装，精确度应在 ±1% 以内。需要干燥保存者分装后立即进行冻干和熔封。

冻干者水分含量应不高于 3%。整个分装、冻干和熔封过程，必须密切注意各安瓿间效价和稳定性的一致性。

（3）标准物质的标定　标准物质的标定也由国家药品检定机构负责。新建标准物质的研制或标定一般需有至少 3 个有经验的实验室协作进行。参加单位应采用统一的设计方案，统一的方法，统一的记录格式，标定结果须经统计学处理（标定结果至少需取得 5 次独立的有效结果）。活性值（效价单位或毒性单位）的确定一般用各协作单位结果的均值表示，由国家药品检定机构收集各协作单位标定结果，统一整理统计并上报国家药品监督管理局批准。研制过程应进行加速破坏试验，根据制品性质放置不同温度、不同时间，进行活性测定以评估其稳定情况。标准物质建立以后应定期与国际标准物质比较，观察活性是否下降。

三、生物药物的质量控制与管理

要确保药品的质量能符合药品质量标准的要求，在药物存在的各个环节加强管理是必不可少的，许多国家都根据本国的实际情况制定了一些科学管理规范和条例。对药品质量控制的全过程起指导作用的法令性文件有 GLP、GMP、GSP、GCP 四个科学管理规范，这些规范对加强药品的全面质量控制具有十分重要的意义和作用。

《良好药品实验研究规范》（good laboratory practice，GLP），任何科研单位或研究部门为了研制出安全、有效的药物，必须按照 GLP 的规定开展工作。GLP 从各个方面明确规定了如何严格控制药物研制的质量，以确保实验研究的质量与实验数据的准确可靠。

《良好药品生产规范》（good manufacture practice，GMP），在我国制药行业称之为《药品生产质量管理规范》。它是一套严密的药品生产和质量管理的规范，即涉及人员、厂房、设备、原材料采购、入库、检验、发料、加工、制品、半成品检验、分包装、成品检定、出品销售、运输、用户意见及反应处理等在内的全过程质量管理。药品生产企业为了生产出全面符合药品质量标准的药品，必须按照 GMP 的规定组织生产和加强管理。

《良好药品供应规范》（good supply practice，GSP），即药品供应部门为了保证药品在运输、贮存和销售过程中的质量和效力，必须按照 GSP 的规定进行工作。

《良好药品临床试验规范》（good clinical practice，GCP），为了保证药品临床试验资料的科学性、可靠性和重现性，涉及新药临床研究的所有人员都应明确责任，必须执行 GCP 的规定。本规范主要起两个作用：一是为了在新药研究中保护志愿受试者和患者的安全和权利，二是有助于生产厂家申请临床试验和销售许可时，能够提供有价值的临床资料。

除了药品研究、生产、供应和临床各环节的科学管理外，有关药品检验工作本身的质量管理更应重视；《分析质量管理》（analytical quality control，AQC）用于管理分析结果的质量。

第三节　生物药物的分析检验

一、药物分析与生物药物分析

任何药物都必须达到一定的质量标准，药物质量的好坏，不但直接影响着治疗与预防的成效，而且密切地关系到人们的健康与生命安全。为了控制药物的质量，保证用药安全、合理、有效，在药品的生产、保管、供应、调配及临床使用过程中都应该经过严格的分析检验。

药物分析学科是一门研究与发展药物质量控制方法的学科，是整个药学科学领域中一个重要的组成部分。药物分析的基本任务是检验药品质量，保障人们用药安全、合理、有效。哪里有药物，哪里就有药物分析。随着整个药学科学事业的发展，药物分析学科也随之产生了新的"分化"和"综合"，除了一般的药物分析（主要介绍小分子合成药）外，已逐步形成了体内药物分析、工业药物分析、计算药物分析以及药物色谱分析、药物光谱分析等一些新的分支学科，同样生物药物分析也是药物分析的一个新分支。生物药物目前在药品中所占的比例日趋增加。

生物药物分析是制药工程、生物工程专业设置的一门重要的专业课程。本课程的任务是培养学生具备强烈的生物药物全面质量控制的观念，使学生通过本课程的学习能胜任生物药物研究、生产、供应和临床使用过程中的分析检验工作，并能研究探索解决生物药品质量问题的一般规律和基本知识技能。

二、生物药物分析与检验的特点

1. 需进行分子量的测定

生物药物除氨基酸、核苷酸、辅酶及甾体激素等属化学结构明确的小分子化合物外，大部分为大分子的物质，如蛋白质、多肽、核酸、多糖类等，其分子量一般在几千至几十万。对大分子的生物药物而言，即使组分相同，往往由于分子量不同而产生不同的生理活性。所以，生物药物常需进行分子量的测定。

2. 需检查生物活性

在制备多肽或蛋白质类药物时，有时因工艺条件的变化，导致活性多肽或蛋白质失活。因此，对这类生物药物，除了用通常采用的理化法检验外，尚需用生物检定法进行检定，以证实其生物活性。

3. 需做安全性检查

由于生物药物的性质特殊，生产工艺复杂，易引入特殊杂质，故生物药物常需做安全性检查，如热原检查、过敏试验、异常毒性试验等。

4. 需做效价测定

生物药物多数可通过含量测定，以表明其主药的含量。但对某些药物需进行效价测定或酶活力测定，以表明其有效成分含量的高低。

5. 要用生化法确证结构

在大分子生物药物中，由于有效结构或分子量不确定，其结构的确证很难沿用元素分析、红外、紫外、核磁、质谱等方法加以证实，往往还要用生化法如氨基酸序列分析等方法加以证实。

三、生物药物分析与检验的基本程序及内容

生物药物检验工作的基本程序一般为取样、鉴别、检查、含量测定、写出检验报告。

1. 药物的取样

分析任何药品首先是取样，要从大量的样品中取出少量样品进行分析，应考虑取样的科学性、真实性和代表性，不然就失去了检验的意义。据此，取样的基本原则应该是均匀、合理。如生产规模的固体原料药的取样须采用取样探子。

2. 药物的鉴别试验

鉴别是采用化学法、物理法及生物学方法来确证生物药物的真伪。通常需用标准品或对照品在同一条件下进行对照试验。依据药物的化学结构和理化性质进行某些化学反应，测定某些理化常数或光谱特征，来判断药物及其制剂的真伪。药物的鉴别不是由一项试验就能完成的，而是采用一组试验项目全面评价一个药物，力求使结论正确无误。常用的鉴别方法有：化学反应法、紫外分光光度法、酶法、电泳法、生物法等。

3. 药物的杂质检查

可用来判定药物的优劣。药物在不影响疗效及人体健康的原则下，可以允许生产过程和贮藏过程中引入的微量杂质的存在。药物中的杂质限量的控制方法一般分为两种：一种为限量检查法（limit test），另一种是对杂质进行定量测定。药物的杂质检查又分为一般杂质检查和特殊杂质检查，后者主要是指从生产过程中引入或原料中带入的杂质。

4. 药物的安全性检查

生物药物应保证符合无毒、无菌、无热原、无致敏原和降压物质等一般安全性要求，故需进行安全性检查，主要包括热原检查、细菌内毒素检查、异常毒性检查、无菌检查、过敏反应试验等。

此外，某些生物药物还需要进行药代动力学和毒理学（致突变、致癌、致畸等）的研究。

5. 药物的含量（效价）测定

含量（效价）测定也可用于判定药物的优劣。含量测定就是测定药物中主要有效成分的含量。通常采用化学分析、理化分析或生物测定方法来测定，以确定药物的含量是否符合药品标准的规定要求。生物药物的含量表示方法通常有两种：一种用百分含量表示，适用于结构明确的小分子药物或经水解后变成小分子的药物；另一种用生物效价或酶活力单位表示，适用于多肽、蛋白质类等药物。

所以，判断一个药物的质量是否符合要求，必须全面考虑鉴别、检查与含量测定三者的检验结果。除此之外，尚有药物的性状（外观、色泽、气味、晶形、物理常数等）也能综合地反映药品的内在质量。

6. 检验报告的书写

上述药品检验及其结果必须有完整的原始记录，实验数据必须真实，不得涂改，全部项目检验完毕后，还应写出检验报告，并根据检验结果做出明确的结论。药物分析工作者在完成药品检验工作，写出书面报告后，还应对不符合规定的药品提出处理意见，以便供有关部门参考，并尽快地使药品质量符合要求。

四、生物药物常用的定量分析法

1. 酶法

酶法通常包括两种类型：一种是酶活力测定法，是以酶为分析对象，目的在于测定样品中某种酶的含量或活性，测定方法有取样测定法和连续测定法；另一种是酶分析法，是以酶为分析工具或分析试剂，测定样品中酶以外的其他物质的含量，分析的对象可以是酶的底物、酶的抑制剂和辅酶活化剂，检测方法可采用动力学分析法和总变量分析法。两者检测的对象虽有所不同，但原理和方法都是以酶能专一而高效地催化某化学反应为基础，通过对酶反应速度的测定或对生成物等浓度的测定而检测相应物质的含量。

2. 电泳法

由于电泳法具有灵敏度高、重现性好、检测范围广、操作简便并兼备分离、鉴定、分析等优点，故已成为生物技术及生物药物分析的重要手段之一。电泳法的基本原理是：在电解质溶液中带电粒子或离子在电场作用下以不同的速度向与其所带电荷相反方向迁移，电泳分离就是基于溶质在电场中的迁移速度不同而进行的。根据电泳的分离特点及工作方式，电泳可分为三大类：①自由界面电泳；②区带电泳；③高效毛细管电泳。常用的电泳法有纸电泳法、醋酸纤维素薄膜电泳法、聚丙烯酰胺凝胶电泳法、SDS-聚丙烯酰胺凝胶电泳法以及琼脂糖凝胶电泳法等。

3. 免疫分析法

免疫分析法是以特异性抗原-抗体反应为基础的分析方法，具有高特异性、高灵敏度的特点。免疫分析法主要包括放射免疫分析法、荧光免疫分析法、酶联免疫分析法等。

4. 理化测定法

（1）质量法　根据样品中分离出的单质或化合物的质量测定所含成分的含量。根据被测组分分离方法的不同，可分为提取法、挥发法、沉淀法。

（2）滴定法　根据样品中某些成分与标准溶液能定量地发生酸碱中和、氧化还原或络合反应等进行测定。

（3）比色法　根据样品与显色剂可发生颜色反应，依颜色反应的强度测定含量。

（4）紫外分光光度法　样品或转化后的产物在某一波长处有最大吸收，在一定的浓度范围内，其浓度与吸光度成正比，则可进行定量测定。

（5）高效液相色谱法　高效液相色谱法（HPLC 法）的种类很多，应用十分广泛，在生物药物分析中常用的 HPLC 方法有：反相高效液相色谱法（RP-HPLC）、高效离子交换色谱法（HPIEC）以及高效凝胶过滤色谱法（HPGFC）等。

5. 生物检定法

生物检定法是利用药物对生物体（整体动物、离体组织、微生物等）的作用以测定其效价或生物活性的一种方法。它以药物的药理作用为基础，以生物统计为工具，运用特定的实验设计，通过供试品和相应的标准品或对照品在一定条件下比较产生特定生物反应的剂量比，来测得供试品的效价。生物检定法的应用范围包括：药物的效价测定、微量生理活性物质的测定、某些有害杂质的限度检查和某些中药的质量控制等。

总　结

主要介绍生物药物的分类、性质、用途，生物药物的质量控制，药典简介，生物药物的分析与检验的重要性和特点及常用的分析方法。生物药物分析是药物分析学科的一个分支，药物分析学科是一门研究与发展药物质量控制的方法学科。药物分析的基本任务是检验药品质量，保障人们用药安全、合理、有效。药品质量标准是药品现代化生产和质量管理的重要组成部分，药典记载着各种药品的标准，是一个国家关于药品标准的法典，是国家管理药品生产与质量的法定技术依据，药典和其他法令一样具有约束力。生物药物检验工作的基本程序一般为取样、鉴别、检查、含量测定、写出检验报告。生物药物常用的定量分析方法包括酶法、电泳法、免疫分析法、理化测定法和生物检定法。

思考题

1. 名词解释：药物、生物药物、生化药物、生物技术药物、生物制品。
2. 药物分析的性质、任务是什么？生物药物分析与检验的特点有哪些？
3. 什么是药典？我国药典的基本内容有哪些？可供参考的国外药典主要有哪些？
4. 简述药品检验工作的基本程序。

第二章　酶分析法

○○ ──── ○○ ○ ○○ ────

　　酶是具有催化功能的生物大分子，在一定的条件下，酶可催化各种生化反应，并且酶的催化作用具有专一性强、催化效率高和作用温和等特点，因此酶的应用非常广泛，大体可分为如下四个方面：①用以制造某些产品；②用以去除某些物质；③用以识别某种化合物；④用以测定某种物质。其中③和④属于"酶分析法"的范围。

　　酶分析法包括两种类型：一是以酶作为分析工具或分析试剂，用以测定样品中用一般化学方法难以检测的物质，这些物质可以是酶的底物，也可以是酶的抑制剂或是酶的辅因子，通常将这类分析方法称为"酶法分析"；另一类是以酶作为分析对象，也就是根据需要对样品进行酶含量或活力的测定，这类分析称为"酶活力测定"。这两类酶分析方法从原理到操作等基本相同，但是，"用酶进行的定量分析"（即酶法分析）中，被检化合物（例如底物）应该是反应的限制因素；而在"酶活性测定法"中，使用的底物却应该过量。

第一节　酶活力测定法

一、基本概念

　　酶活力是指在一定条件下，酶所催化的反应初速率。酶催化反应的速率，可以用单位时间内反应底物的减少量或产物的增加量来表示，酶反应的速率愈快意味着酶活力愈高。

　　酶活力的大小，可用酶活力单位来表示。1961 年国际生物化学与分子生物学联合会规定：在特定条件下（温度可采用 25℃，pH 值等条件均采用最适条件），1min 催化1μmol 的底物转化为产物的酶量定义为 1 个酶活力单位，这个单位称为国际单位（IU）。酶的比活力，是指每毫克酶蛋白所具有的活力单位数。

　　在实际工作中，为了简便，人们往往采用各自习惯沿用的单位，有时甚至可直接用测得的物理量表示，例如，以吸收度的变化值（$\Delta A/\Delta t$）表示酶单位。其他衍生单位包括：酶溶液的浓度通常以单位数/mL 表示；在估计酶制剂纯度时则用比活力，即以单位质量的酶蛋白中酶的单位数（单位数/mg）表示；在酶高度纯净，而且酶的分子量已知，甚至每个酶分子上的活性中心数目也已知时，还可采用分子活力或转换率表示。它们分别表示在最适条件下每个酶分子或每个活性中心每分钟催化底物分子（或相关基团）转化的数目，这种单位的意义是它可用以进行催化效率的估计和比较。

二、酶促反应的条件

选择酶反应条件的基本要求是：所有待测定的酶分子都应该能够正常发挥它的作用。这就是说，反应系统中除了待测定的酶浓度是影响速度的唯一因素外，其他因素都处于最适于酶发挥催化作用的水平。确定反应条件时应考虑以下因素。

① 底物：为了便于测定，选用的底物（包括人工合成底物）最好在物理化学性质上和产物不同。关于测定用的底物浓度，为了不使酶反应速率受它的限制，反应系统应该使用足够高的底物浓度，判别标准是底物浓度 $[S]$ 与 K_m 的关系（K_m 称为米氏常数，是重要的酶反应动力学常数）。例如，一般选用底物浓度 $[S]=100K_m$，因为在这种情况下反应速率可达最大速度的 99%。大多数酶具有相对专一性，在可被它作用的各种底物中一般选择 K_m 小的作为测定的底物。

② pH 值：氢离子浓度能对酶反应产生多种影响，它可能改变酶的活性中心的解离状况，升高或降低酶的活性；也可能破坏酶的结构与构象导致酶失效；还可能作用于反应系统的其他组成成分而影响酶反应，甚至改变可逆反应进行的方向。例如，乳酸脱氢酶反应在 pH 7 时倾向于生成乳酸，而 pH 10 时则倾向于形成丙酮酸。因此在进行酶活力测定时要注意选择适宜的反应 pH，并将反应维持在这一 pH 值。

酶反应通常借助缓冲系统来控制 pH，因而有一个适宜的缓冲离子和离子强度问题。选择缓冲离子应考虑以下几个问题：a. 选择的离子的 pK 值须接近要调整的 pH 值，因为在这种情况下缓冲能力最强。b. 缓冲离子不同，即使是同一酶反应所表现出来的活性水平也可能各不相同，甚至最适 pH 也可能发生变化。c. 缓冲离子可能与酶活性的必需成分形成络合物而导致酶活性的抑制。例如，磷酸能与多价阳离子如 Ca^{2+} 等结合，硼酸能与多种有机化合物结合，从而抑制相应的酶活性。d. 缓冲体系常因稀释和温度等变化而改变其 pH 值。

③ 温度：酶反应对温度十分敏感，因为温度能直接影响化学反应速率本身，也能影响酶的稳定性，还可能影响酶的构象和酶的催化机制。一般而言，温度变化 1℃，酶反应速率可能相差 5% 左右。

因此，实验中温度变动应控制在 ±0.1℃ 以内。酶反应的温度通常选用 25℃、30℃ 或 37℃。

④ 辅因子：有些酶需要金属离子，有些酶则需要相应的辅酶物质。为了提高酶在反应系统中的稳定性，有些酶反应也需要加入某些相应的物质。例如，对巯基酶可加入二巯基乙醇、二巯基苏糖醇（DTT）等。

⑤ 空白和对照：每个酶反应通常都应该有适当的空白和对照。空白是指杂质反应和自发反应引起的变化量，它提供的是未知因素的影响。空白值可通过不加酶，或不加底物，或二者都加（但酶需预先经过失效处理）测定。对照值是指用纯酶或标准酶制剂测得

的结果，主要作为比较或标定的标准。

三、酶活力的测定方法

测定酶活力，可用物理法、化学法或酶分析法等方法。常用的方法主要有：①在适当的条件下，把酶和底物混合，测定生成一定量产物所需的时间，此即终点测定法。②将酶和底物混合后隔一定时间，间断地或连续地测定反应的连续变化，如吸收度的增加或减少。③将酶与底物混合后，让其反应一定时间，然后停止反应，定量测定底物减少或产物生成的量。后两种方法称为动力学法或反应速率法；按取样及检测的方式可称为取样测定法或连续测定法。

1. 取样测定法

取样测定法是在酶反应开始后不同的时间，从反应系统中取出一定量的反应液，并用适当的方法停止其反应后，再根据产物和底物在化学性质上的差别，选用适当的检测方法进行定量分析，求得单位时间内酶促反应变化量的方法。

在该方法中停止酶反应通常采用添加酶的变性剂的办法，如加5%的三氯乙酸、3%的高氯酸或其他酸、碱、醇类。三氯乙酸是一种高效专一的蛋白质变性剂和沉淀剂，其缺点是在紫外光区有吸收，而高氯酸没有此缺点，并且用氢氧化钾中和、冷却后，$KClO_4$还可沉淀除去，但它不适用于对酸和氧化剂敏感的测定对象。用于停止反应的试剂应根据具体反应灵活掌握，例如，以对硝基酚的衍生物作底物的酶反应可用氢氧化钠或氢氧化钾停止反应，因为碱有利于硝基酚发色。另一种停止反应的办法是加热使酶失效。

2. 连续测定法

连续测定法则是基于底物和产物在物理化学性质上的不同，在反应过程中对反应系统进行直接、连续检测的方法。显然从准确性和测定效率看连续法均比较好。

3. 检测方法

常用的检测方法有紫外-可见分光光度法、荧光分析法、旋光度法等。

（1）紫外-可见分光光度法　根据产物和底物在某一波长或波段上有明显的特征吸收差别而建立起来的连续检测方法。

吸光度测定应用的范围很广，几乎所有氧化还原酶都可用此法测定。例如，脱氢酶的辅酶$NAD(P)H$在340nm处有吸收高峰，而其氧化型则无；细胞色素氧化酶的底物为细胞色素c，该物质在还原态时，在550nm处的摩尔吸收系数为2.18×10^4，而氧化型的为0.80×10^4，故可利用这种吸收差别来进行测定。

吸光度测定法的特点是灵敏度高（可检测到10^{-9}mol水平的变化）、简便易行，测定一般可在较短的时间内完成。

（2）荧光分析法　它的原理是如果酶反应的底物与产物之一具有荧光，那么荧光变化的速度可代表酶反应速度。

应用此法测定的酶反应有两类：一类是脱氢酶等的反应，它们的底物本身在酶反应过程中有荧光变化，例如 NAD(P)H 的中性溶液发强的蓝白色荧光（460nm），而 NAD(P)$^+$ 则无。另一类是利用荧光源底物的酶反应，例如可用二丁酰荧光素测定脂肪酶，二丁酰荧光素不发荧光，但水解后释放荧光素。

荧光分析法测得的酶活性水平通常以单位时间内荧光强度的变化（$\Delta F/\Delta t$）表示。荧光测定法的主要缺点是：荧光读数与浓度间没有确切的比例关系，而且常因测定条件如温度、散射、仪器等而不同，所以如果要将酶活性以确定的单位表示时，首先要制备校正曲线，根据该曲线再进行定量。

荧光分析法的优点是灵敏度极高，它比光吸收测定法还要高 2～3 个数量级，因此特别适于酶量或底物量极低时的快速分析。

（3）旋光度法　某些酶反应过程常伴随着旋光变化，在没有其他更好的方法可用时，可考虑采用旋光度测定法。

（4）酶偶联测定法　酶偶联法是应用过量、高度专一的"偶联工具酶"，使被测酶反应能继续进行到某一可直接、连续、简便、准确测定阶段的方法。以和光学检测法相偶联的分析法为例。

① 被测酶反应的产物是某脱氢酶的底物。在这种情况下，可向反应测定系统中加入足够量的相应的脱氢酶和辅酶，使反应继续进行，然后通过 NAD(P)H 特征吸收变化而加以测定。例如，己糖激酶（HK）的测定就可在过量的葡萄糖-6-磷酸（G-6-P）脱氢酶（G6PDH）和 NADP$^+$ 存在的条件下进行：

被测反应　　$G+ATP \overset{HK}{\rightleftharpoons} G\text{-}6\text{-}P+ADP$

偶联指示反应　　$G\text{-}6\text{-}P+NADP \overset{G6PDH}{\rightleftharpoons} NADPH+6\text{-}PGCOOH$

其中 G 和 6-PGCOOH 分别代表葡萄糖和 6-磷酸葡萄糖酸。

大约有 50 种脱氢酶可以利用 NAD$^+$ 和 NADH，20 多种脱氢酶能利用 NADP$^+$ 和 NAD(P)H 作偶联指示酶。

有些情况下，被测反应不能直接和上述脱氢酶反应连接起来，此时可再插入一个起联结作用的辅助酶反应。例如为了测定肌激酶就可用如下的系统：

被测反应　　$AMP+ATP \overset{肌激酶}{\rightleftharpoons} 2ADP$

辅助反应　　$ADP+PEP \overset{丙酮酸激酶}{\rightleftharpoons} ATP+Pyr$

指示反应　　$Pyr+NADH+H^+ \overset{乳酸脱氢酶}{\rightleftharpoons} L+NAD^+$

其中 PEP、Pyr 和 L 分别代表磷酸烯醇式丙酮酸、丙酮酸和乳酸；AMP、ADP 和 ATP 分别为一磷酸腺苷、二磷酸腺苷和三磷酸腺苷。

② 被测反应物和其他有光学性质改变的酶反应偶联。如腺苷酸脱氨酶在催化 AMP 脱氨过程中对 265nm 的光伴随有吸光度的降低，此酶专一于 AMP，不作用于 ADP 和 ATP。因此在测定某些合成酶或激酶反应时，它可用作偶联指示酶；也可用于肌激酶的测定，其反应机制如下：

被测反应　　$AMP+ATP \overset{肌激酶}{\longrightarrow} 2ADP$

指示反应　　$AMP \xrightarrow{\text{AMP 脱氨酶}} HMP + NH_3$

应用酶偶联测定法最重要的问题是，加入的偶联工具酶应该高度纯净、专一而且过量，使测得的反应速率和酶浓度间有线性关系。偶联指示酶的用量一般应为被测酶的 100 倍左右。

（5）其他检测法　电化学测定法；离子选择性电极测定法，适用于产酸反应中 pH 变化的测定；放射化学法，其特点是灵敏度极高，可直接用于酶活性测定，缺点是操作烦琐而费时。

四、测定过程中应注意的问题

1. 产物的测定

和一般化学反应一样，酶反应速度可用单位时间内反应物（底物）的减少或产物的增加来表示：

$$v = \pm dc/dt \ (-ds/dt \ \text{或} \ dp/dt) \tag{2-1}$$

式中，c 表示物质的浓度；s 和 p 分别表示底物或产物浓度；t 表示时间。一般情况下，产物和底物的改变量是一致的，但是由于反应系统中使用的底物往往是足够过量的，而反应时间通常又很短，底物的减少量仅为总量的很小的百分数，因此测定不易准确；反之，产物从无到有，只要测定方法灵敏，准确度可以很高，故以分析产物为好。

2. 反应速度的测定

反应速度可以单位时间内底物的变化量表示。如果将测得的产物或底物变化量对时间作图，可获得"酶反应进程曲线"，这条曲线的斜率就代表酶反应的速度。

大多数酶的反应进程曲线表明，在酶反应的最初阶段，底物或产物的变化量一般随反应时间而线性地增加，反应速度恒定；但是反应时间延长，这条曲线会逐渐地弯曲下来，斜率发生改变，反应速度下降。其原因是，底物浓度在下降，产物在增加，逆反应从无到有逐渐变得显著起来；同时酸、碱、热等也在慢慢地使酶失效。因此，这种情况下测得的反应速度已是一种表观的、多种因素影响下的综合结果，不能代表酶的真正活性。真正能代表酶催化活性的是反应初始阶段的速度，即反应初速度。

要求得初速率，一般先要给一条酶反应进程曲线，并取其直线线段的斜率代表反应初速度（v_0）；如果这条直线线性不明显，那么就应沿曲线的最初部分画出通过零点的切线，并以这条切线构成的斜率代表酶反应初速度。

进程曲线可以通过连续测定得到，也可通过在间隔时间取样测定绘制，它至少应由三个时间点组成：零时点、适当选择的时间间隔（取决于具体的反应和测定方法）以及二倍于这个间隔的点，并且要求在这种时间范围内反应量不超过底物总量的 20%。

3. 测定要达到的要求

酶活力测定的目的，就是要通过酶反应速度的测定，求得酶的浓度或含量，因此，测得的反应速度必须和酶浓度间有线性的比例关系，这也是检验酶反应和测定系统是否适宜、正确的标准。

要达到上述测定要求，最基本的是必须测定反应初速度。图 2-1 可以很好地说明二者的关系，图 2-1(a) 是在不同酶浓度条件下得到的反应进程曲线，可见酶浓度不同，反应速度下降的先后、快慢各不相同；如果将这些曲线在不同时间测得的反应速度相对酶浓度作图，就可得到如图 2-1(b) 所示的酶浓度曲线，可见只有在反应时间 t_0 测得的反应速度和酶浓度间具有合乎要求的线性比例关系，而在 t_1 和 t_2（$t_2 > t_1 > t_0$）得到的结果则不一定如此，反应时间越长，这种偏离也越大。所以在通常的酶活力测定时，总是要先制备两条曲线——酶反应进程曲线和酶浓度曲线，从前者求得反应初速度，根据初速度绘制酶浓度曲线，并通过后者来检验酶反应测定系统是否适宜。

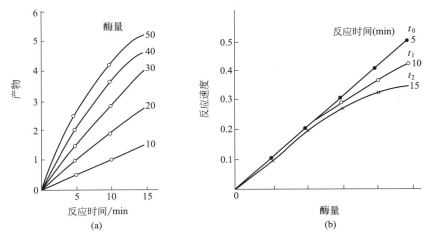

图 2-1 酶反应进程曲线（a）与酶浓度曲线（b）的关系

【示例】 胃蛋白酶的活力测定

本品系自猪、羊或牛的胃黏膜中提取的胃蛋白酶，具有催化蛋白质水解的能力。在实验条件下，胃蛋白酶催化血红蛋白水解生成不被三氯乙酸所沉淀的氨基酸，利用水解产物中芳香氨基酸如苯丙氨酸、酪氨酸和色氨酸有紫外吸收，用紫外分光光度法直接测定，并计算出本品的酶活力。每 1g 检品中含蛋白酶活力不得少于 3800 单位。

（1）对照品溶液的制备　精密称取经 105℃ 干燥至恒重的酪氨酸适量，加盐酸溶液（取 1mol/L 盐酸溶液 65mL，加水至 1000mL）制成每 1mL 含 0.5mg 的溶液。

（2）供试品溶液的制备　取本品适量，精密称定，用上述盐酸溶液制成每 1mL 约含 0.2～0.4 单位的溶液。

（3）测定法　取试管 6 支，其中 3 支各精密加入对照品溶液 1mL，另三支各精密加入供试品溶液 1mL，置（37±0.5）℃水浴中，保温 5min，精密加入预热至（37±0.5）℃的血红蛋白试液 5mL，摇匀，并精确计时，在（37±0.5）℃水浴中反应 10min，立即精密加入 5％三氯乙酸溶液 5mL，摇匀，滤过，取续滤液备用。另取试管 2 支，各精密加入血红蛋白试液 5mL，置（37±0.5）℃水浴中保温 10min，再精密加入 5％三氯乙酸溶液 5mL，其中 1 支加供试品溶液 1mL，另 1 支加上述盐酸溶液 1mL，摇匀，滤过，取续滤液，分别作为供试品和对照品的空白对照，采用紫外-可见分光光度法，在 275nm 的波长处测定吸光度，算出平均值 $\overline{A}$ 和 $\overline{A}_S$，按式（2-2）计算。

$$每 1g 含蛋白酶活力(单位) = \frac{\overline{A} \times W_S \times n}{\overline{A}_S \times W \times 10 \times 181.19} \tag{2-2}$$

式中，W_S 为 1mL 对照品溶液中含酪氨酸的量，μg；W 为供试品取样量，g；n 为供试品的稀释倍数；$\overline{A}_S$、$\overline{A}$ 分别为对照品溶液及供试品溶液吸光度的平均值；181.19 为酪氨酸的分子量；10 为反应时间，min。

在上述条件下，每分钟能催化水解血红蛋白生成 $1\mu mol$ 酪氨酸的酶量，为一个蛋白酶活力单位。

本法是通过酶促反应动力学和正交试验研究，确定酶和作用物的浓度、反应时间、温度以及 pH 等最佳反应条件而建立的，具有灵敏度高、操作简便等优点。测定时，滤液须澄清，否则将影响结果的准确度及精密度。

第二节　酶法分析

酶法分析与其他分析方法相比，具有特异性强、干扰少、灵敏度高、快速简便等优点，已广泛应用于医药、临床、食品和生化分析检测中。

根据测定原理，酶法分析可分为终点法与反应速率法两大类。

一、终点测定法

终点测定法（简称终点法）又称为总变量分析法，这种酶法分析是以下述原理为基础的：先借助酶反应（单独的反应或几种酶偶联反应）使被测物质定量地进行转变，然后在转化完全后，测定底物、产物或辅酶物质（第二底物）等的变化量，因此称为终点测定法。

1. 终点法的条件与应注意的问题

为了选择性地应用酶定量某被测物质，应用终点测定法一般必须满足下述条件：第一，必须有专一地作用于该被测物质的酶，并能得到它的制品；第二，能够确定使这种酶反应接近进行完全的条件；第三，反应中底物的减少、产物的增加、辅酶物质的改变等可以借助某种简便的方法进行测定。

一般采用的测定方法有：①光吸收、荧光之类的分光光度法；②测定气体产生与吸收的测压量气法（华勃氏呼吸仪检压法）；③检测 pH 值变化的滴定法；④同位素示踪测定法。

在很多情况下，即使有能够特异地作用于被测物质的酶存在，由于底物和产物在物理化学性质上不易区别，仅用单酶反应无法进行定量，此时解决的办法大多数是再借助另一种酶反应来测定产物。这里偶联的第二种酶由于是要用来起定量指示剂的作用，因而这个酶反应必须能够以简便的方法测定。有时如果作为指示剂的酶不能和待测反应直接进行偶联，那么还需要插入第三种酶组成三种（或更多种）酶的偶联体系。

采用终点法测定时，一般应注意以下几点。

（1）酶的底物特异性（专一性） 酶的特征是一般都具有高度的底物专一性，但是也有一些酶例如作用于葡萄糖或果糖等己糖的己糖激酶，对多种己糖具有活性，在应用这类酶进行定量测定时，必须注意在样品中除待测物质以外，是否还夹杂能作为它们的底物的其他物质。不过即使这些杂质存在，如果用偶联酶反应系统检测，通过偶联酶的特异性还是可以加以区别定量的。

（2）反应的平衡 在确定了所选用的酶以后，就应该考虑酶反应的方向，从理论上说酶催化的反应都是可逆反应，但不同酶的反应平衡点有差异，水解酶反应基本上趋于底物完全水解，因为酶反应在水中进行，水作为底物之一促使反应向一方面进行，但大多数酶往往都不易将底物完全转化或消耗掉。

酶反应的平衡若十分偏向进行方向，则可方便地用终点测定法检测；但若反应的平衡并不十分偏向进行方向，或者偏向逆方向，那么此时由于反应不能完全，因而不能正确定量，为了解决这一问题，通常可以采取以下一些措施：①对于双底物反应尽可能提高第二底物的浓度；②对氧化还原反应之类的与 H^+ 有关的反应要选择适当的 pH；③设法除去反应产物（例如生成酮酸的反应可加肼）；④用具有不同平衡常数的辅酶类似物代替原用辅酶，例如用 3-乙酰吡啶-NAD 代替 NAD，此时平衡常数可改变 20～100 倍；⑤和不可逆的（或平衡极端偏向进行方向的）酶反应偶联，则第一底物可能完全转化为反应产物，如：

$$谷氨酸 + H_2O + NAD^+ \xrightarrow{谷氨酸脱氢酶} NADH + \alpha\text{-酮戊二酸} + NH_4^+$$

$$乳酸 + NAD^+ \xleftarrow{乳酸脱氢酶} 丙酮酸 + NADH$$

乳酸脱氢酶使产物 NADH 不断变回 NAD^+，使谷氨酸全部转化为 α-酮戊二酸。

（3）反应液中的酶量 要使酶反应在短时间完成，只有使用对底物亲和性很大的酶（即 K_m 要小），酶用量（即 V_{max}）必须大才能达到此目的。这可以从下列推导中得出结论。

以酶为工具测量底物，在开始时底物浓度可以大于或等于 K_m，但不论何种情况，当反应接近终点时，底物浓度（[S]）远小于 K_m，因此此时的米氏方程为：

$$V = \frac{V_{max}}{K_m}[S] \tag{2-3}$$

亦为一级反应公式。

$$V = K[S_0]，一级反应常数 K = V_{max}/K_m$$

在一级反应中，反应速度与底物浓度成正比，因此：

$$\frac{d[S]}{dt} = -k[S] \tag{2-4}$$

积分得

$$[S]=[S_0]e^{-kt} \tag{2-5}$$

取对数得：

$$\ln[S]=-kt+\ln[S_0] \tag{2-6}$$

$$t=\frac{1}{k}\ln\frac{[S_0]}{[S]}=\frac{2.303}{K}\lg\frac{[S_0]}{[S]}=\frac{2.303}{V_{max}/K_m}\lg\frac{[S_0]}{[S]} \tag{2-7}$$

所以，反应时间 t 和 K_m（米氏常数）成正比，和 V_{max}（最大反应速度）成反比。当反应完成 99% 时，

$$\lg\frac{[S_0]}{[S]}=\lg\frac{100}{1}=2$$

$$t=4.6/K$$

实际工作中，一般希望所用方法在 10min 内使反应"实际上"达到完全，即反应完成 99%，则常数 K 以 $1.0min^{-1}$ 为宜。

（4）反应产物抑制　如果产物对反应本身有抑制作用，则会妨碍反应进行，在这种情况下可采取将该产物除去或者和再生系统偶联等方法。

例如由激酶反应生成的 ADP 往往能抑制该反应，但此时若再和丙酮酸激酶偶联，使 ATP 再生，则问题可解决。

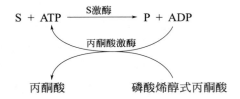

2.终点法种类

（1）单酶反应定量法

① 底物减少量的测定。在以待测物质为底物的酶反应中，如果底物能接近完全地转化为产物，而且底物又具有某种特征性质（例如特征的吸收谱带）时，则可能简便地通过直接测定底物的减少量，而定量待测物。

根据这个原理可以进行定量的物质有胞嘧啶（胞嘧啶脱氨酶反应，280nm 处吸光度的减少）、腺嘌呤（腺嘌呤脱氨酶反应，280nm 处吸光度的减少）以及尿酸等。

【示例】　尿酸的定量测定

$$尿酸+2H_2O+O_2 \xrightarrow{尿酸酶} 尿囊素+CO_2+H_2O_2$$

利用尿酸在 293nm 或 297nm 处具有特征吸收的性质，通过尿酸酶反应，根据它的吸光度的减少就可计算出尿酸量。

② 产物增加量的测定。在以被测物为底物的酶的反应中，如果底物基本上都能转变为产物，而产物又具有可以专一地进行定量测定的性质，那么根据产物增加量就能检知底物的量。

根据这一原理可以进行定量分析的物质有：各种氨基酸类、草酸等，这些物质都有可借助相应的专一脱羧酶的作用，再用华勃氏呼吸仪测定生成的 CO_2；另外还有一种类型的物质，因为它们在某种酶作用下，形成的产物具有特征的吸收谱带，所以也能用此法定量，如黄嘌呤和次黄嘌呤（黄嘌呤氧化酶反应，293nm 处吸光度的增加）等。

【示例】　草酸的定量测定

$$草酸 \xrightarrow{\text{草酸脱羧酶}} 甲酸 + CO_2$$

草酸在草酸脱羧酶作用下，通过反应释放 CO_2，再借助呼吸测压仪测定，就可计算出草酸量。

③ 辅酶变化量的测定。NADH 和 NADPH 在 340nm 处有最大特征吸收峰，与此相反，NAD 和 NADP 在 340nm 处却无这一吸收带，因而应用以 NAD 或 NADP 为辅酶的脱氢酶反应，通过测定 340nm 处吸收度的变化，就可能对作为相应脱氢酶底物的物质进行定量分析。此法适用范围很广。

【示例】　羟基丙酮酸的定量测定（NADH 减少值的测定）

$$羟基丙酮酸 + NADH + H^+ \underset{}{\overset{\text{甘油酸脱氢酶}}{\rightleftharpoons}} D\text{-}甘油酸 + NAD^+$$

由于甘油酸脱氢酶反应的平衡常数 K 在 pH7.9、22℃时是 3×10^{-5}，反应定量地向右进行，因而可以简便地通过甘油酸脱氢酶反应，测定 NADH 的减少，即通过测定 340nm 处吸收的减少检知羟基丙酮酸的量。如果样品中不夹杂有丙酮酸，那么也可以用乳酸脱氢酶反应进行定量。

$$羟基丙酮酸 + NADH + H^+ \xrightarrow{\text{乳酸脱氢酶}} L\text{-}甘油酸 + NAD^+$$

方法：将含有 50mmol/L Tris（三羟基甲基氨基甲烷）缓冲液（pH 7.4）、270μmol/L NADH、样品（内含 15～150μmol/L 羟基丙酮酸）和 0.7μg（35mU）/mL 甘油酸脱氢酶的反应液（3.0mL）置于光学检测系统中，然后在 340nm 波长处测定，求出加酶前和加酶并进行了充分反应后的吸光度差值（ΔA），根据这个 ΔA 值和 NADH 在 340nm 的摩尔吸光系数（6.2cm^2/μmol）可计算出羟基丙酮酸量。

（2）和指示酶反应偶联的定量法　反应产物和底物在用物理化学手段无法区别时，往往可借助酶来加以识别，在这种情况下，如该酶可用作指示酶反应，则有可能通过和它偶联进行定量分析。

④ 以脱氢酶为指示剂。用来作为偶联指示剂的酶中应用最广泛的是以 NAD 或 NADP 为辅酶的脱氢酶类。可以根据这种方法进行定量的例子很多。

【示例】　D-葡萄糖-1-磷酸（G1P）的定量测定

$$G1P \xrightarrow{\text{磷酸葡萄糖变位酶}} G6P$$

$$G6P + NADP^+ \xrightarrow{\text{6-磷酸葡萄糖脱氢酶}} 6\text{-}磷酸葡萄糖醛酸 + NADPH + H^+$$

若将磷酸葡萄糖变位酶反应与 6-磷酸葡萄糖脱氢酶反应偶联，则因 NADPH 的生成量同 G1P 的减少量成正比，可以通过 340nm 处吸光度的测定而定量 G1P。

方法：将含有 88mmol/L 三乙醇胺缓冲液（pH 7.6）、1.7mmol/L EDTA、4.4mmol/L Mg^{2+}、0.50mmol/L NADP、样品（其中 G1P 应在 0.11mmol/L）及 4.4μg（1.5 U）/mL 以上的 6-磷酸葡萄糖脱氢酶的混合溶液（2.26mL）放置 5min（如果发生反应）使反应充分，在 340nm 处测定吸光度 A_1，然后加入 0.01mL 磷酸葡萄糖变位酶溶液，其量在反应液（2.27mL）中应达 8.8μg（1.8 U）/mL 以上，待反应完成（约 4min）后再记录 340nm 处的吸光度（A_2），根据（$A_2 - A_1$）就可计算出 G1P 的含量。

磷酸葡萄糖变位酶反应，虽然需要葡萄糖-1,6-二磷酸为辅因子，但是该酶的 K_m 很低（0.5μmol/L），而且在通常的样品中，G1P 都含有需要量的葡萄糖-1,6-二磷酸，因此除特殊情况无另外添加的必要。

【示例】 **丙酮酸、磷酸烯醇式丙酮酸和 D-2-磷酸甘油酸的定量测定（在一个比色杯内进行）**

$$D\text{-}2\text{-磷酸甘油酸（D-2-PGA）} \xrightleftharpoons{\text{烯醇化酶}} \text{磷酸烯醇式丙酮酸（PEP）}$$

$$PEP + ADP \xrightleftharpoons{\text{丙酮酸激酶（PK）}} \text{丙酮酸} + ATP$$

$$\text{丙酮酸} + NADH + H^+ \xrightleftharpoons{\text{乳酸脱氢酶}} \text{乳酸} + NAD^+$$

对于丙酮酸、PEP 和 D-2-PGA 共存的混合液来说，用乳酸脱氢酶（LDH）作用时，由于 LDH 反应定量地向右方进行，因此根据 340nm 处吸光度的减少便可以容易地计算出丙酮酸的量；如向这种反应液再加丙酮酸激酶，使丙酮酸激酶反应与 LDH 反应成偶联反应，则 NADH 的减少应和 PEP 量成比例；如果进一步向该反应系统加烯醇化酶，使烯醇化酶反应和丙酮酸激酶及 LDH 偶联，那么此时 NADH 减少量与 D-2-PGA 的量成比例，这样在同一比色杯内就能依次进行丙酮酸、PEP 和 D-2-PGA 的定量。

方法：将含有 300mmol/L 三乙醇胺缓冲液（pH 7.6）、3mmol/L EDTA、0.1mmol/L NADH 的溶液置于 25℃ 下，待温度达到平衡后，记录 340nm 处吸光度，并求得 LDH 添加时的外延值 [如图 2-2 中的 A_1]，加入约 5μg（0.03mL 以下）的 LDH 使反应液中的酶浓度达到 27U/mL，同时记录吸光度变化，根据反应约 20min 后的吸光度求得加入 LDH

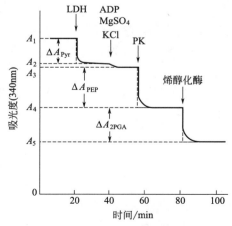

时的外延值 A_2，（$A_1 - A_2$）代表丙酮酸引起的吸光度的变化（ΔA_{Pyr}）。再加入少量的 ADP（0.03mL 以下）、$MgSO_4$（0.06mL 以下）、KCl（0.03mL 以下）于反应液中并使它们的最终浓度分别为 1.2mmol/L、10mmol/L 和 37mmol/L，然后记录吸光度 15min，并求出添加丙酮酸激酶时的外延值 A_3，再加入 10μg（0.06mL 以下）丙酮酸激酶于反应液中使成酶浓度为 2U/mL，记录反应 20min 内的吸光度变化，同时求出加入丙酮酸激酶时的外延值 A_4，（$A_3 - A_4$）相当于来源于 PEP 引起的吸光度变化（ΔA_{PEP}）。最后再进一步加入约 10μg（0.06mL 以下）的烯醇化酶于反应液中，使成酶浓度达 0.4U/mL，记录

图 2-2　应用指示剂酶，在同一比色杯内进行混合的依次定量分析

吸光度变化 25min，求出加入烯醇化酶时的外延值 A_5，根据 $(A_4-A_5)=\Delta A_{2PGA}$ 可算出 D-2PGA 的量。

⑤ 以脱氢酶以外的酶作指示剂。以 NAD 或 NADP 为辅酶的脱氢酶类是最广泛地用作指示剂的酶；除此之外还有些酶可用作指示剂，如参与某些色素氧化还原的酶中有的就可用作指示剂，反应的进行可由吸光度的变化来测定。

【示例】 D-葡萄糖的定量测定

$$D\text{-葡萄糖}+H_2O+O_2 \xrightarrow{GOD} D\text{-葡萄糖醛酸}+H_2O_2$$

$$H_2O_2+DH_2 \xrightarrow{\text{过氧化物酶}} 2H_2O+D$$

在葡萄糖氧化酶（GOD）反应中，葡萄糖被氧化同时形成 H_2O_2，如果再和过氧化物酶反应偶联，可使还原型色素（DH_2）转变为氧化型色素 D，氧化型色素 D 在 270～420nm 波长处有吸收值，因此可借助分光光度法测定，以此进行葡萄糖的定量分析。

二、反应速率法

借助酶进行定量分析时，通常都采用以上介绍的终点测定法，但是如果很难得到特异地作用被测物的酶或偶联指示酶时，或者被测物极其微量时，这些情况下终点测定法往往不能适用，而反应速度法则可采用。

1. 利用底物的测定法

在一定 pH 及温度下测定反应初速率。反应时除被测物（底物）外，其他影响反应速率的物质均为过剩，则反应初速率与被测物的浓度成正比关系。

【示例】 甘油三酯的定量测定

$$甘油三酯 \xrightarrow{\text{脂肪酶}} 甘油+脂肪酸$$

$$甘油+ATP \xrightarrow{\text{甘油激酶(GK)}} 甘油\text{-}1\text{-}磷酸+ADP$$

$$ADP+PEP \xrightarrow{PK} 丙酮酸+ATP$$

$$丙酮酸+NADH+H^+ \xrightarrow{LDH} 乳酸+NAD^++H_2O$$

在 340nm 波长处记录吸光度的变化，跟踪 NADH 的消耗。甘油三酯的含量与 NADH 的减少成比例（即与 340nm 吸光度的变化成比例）。

甘油三酯的含量是心血管疾病的一个重要指标，其增高与动脉硬化的发生密切相关。它是临床常用的生化检测项目。

已有商品试剂盒，其组成为脂肪酶、PEP、LDH、GK、NADH 及缓冲液。

2. 利用辅酶或抑制剂作用的测定

如被测物质可作为某种酶专一的辅酶（或抑制剂），则这种物质的浓度和将其作为辅酶（或抑制剂）的酶的反应速度之间有关联，因此通过测定该酶的反应速度就能进行这种物质的定量。

【示例】　D-2,3-二磷酸甘油酸（2,3-DPG）的定量测定

$$D\text{-3-磷酸甘油酸（3-PGA）} \xrightleftharpoons[\text{D-2,3-二磷酸甘油酸（2,3-DPG）}]{\text{磷酸甘油酸变位酶}} D\text{-2-磷酸甘油酸（2-PGA）}$$

磷酸甘油酸（PGA）变位酶是一种催化 D-3-磷酸甘油酸（3-PGA）和 D-2-磷酸甘油酸（2-PGA）间相互变换的酶类，除了植物来源的酶外，它们催化活性的发挥需以 2,3-DPG 为辅因子，因而磷酸甘油酸变位酶的活性（反应速率）和 2,3-DPG 的浓度有直接关系，利用这一点就可进行 2,3-DPG 的定量测定。

3. 特殊的反应速率测定法

如果将与待测物质相关的两种酶反应偶联起来，构成待测物质能够再生的循环系统，然后再将可作指示剂的第三种酶反应在适当的条件下与之偶联，那么指示剂酶反应的速度应该和待测物质量之间有一定的比例关系。

【示例】　辅酶 A 和乙酰辅酶 A 的定量测定

$$乙酰磷酸 + CoA\text{-}SH \xrightarrow{PTA} 乙酰辅酶 A + 磷酸$$

$$柠檬酸 + CoA\text{-}SH \xleftarrow{CS} 草酰乙酸 + 乙酰辅酶 A + H_2O$$

$$苹果酸 + NAD^+ \xrightleftharpoons{MDH} NADH + 草酰乙酸 + H^+$$

用适量的酶将磷酸转乙酰基酶（PTA）反应与柠檬酸缩合酶（CS）反应组成偶联系统，如果草酰乙酸能不断得到补充，则辅酶 A 将可常处于再生状态；在这个偶联系统的基础上，如果再将第三种酶，如苹果酸脱氢酶（MDH）反应与之偶联，由于这一反应平衡倾向右方，这样柠檬酸缩合酶反应中消耗的草酰乙酸部分可得到逐渐补充，因而在这种条件下，苹果酸脱氢酶的反应速度与辅酶 A 和乙酰辅酶 A 的量成比例，这就是说，应用这样的偶联系统，通过测定 NADH 增加（340nm 处吸收度的增加）的速度而求出苹果酸脱氢酶催化反应的速度，就可进行辅酶 A 和乙酰辅酶 A 的定量测定。

分析实例：酶法测定肝素

肝素为抗凝血药，《中国药典》收载的肝素的质量标准中其含量测定方法是利用生物检定法测定加入肝素后延长血浆凝结的时间。而实际上肝素的含量测定方法有很多，可以利用酶法测定，还有利用染料结合法等。

酶法测定肝素的原理是根据核糖核酸酶水解核糖核酸时，在 300nm 波长处吸收度下降的速率被肝素抑制的特点（即肝素能专一地抑制核糖核酸酶），用已知量肝素对其抑制程度进行定量测定，制得标准曲线，从而测得未知量的肝素含量。

此法简单快捷，一次能测定多个样品，特别适用于大批量样品的测定工作，可以用于生产过程中的质量监控。

具体方法为：取配成 5U/mL 的标准肝素溶液，按梯度吸取不同量分别加入试管中，每管加重蒸水至总体积为 2mL，再加核糖核酸溶液［核糖核酸 0.2g 溶于 100mL 乙酸缓冲溶液（0.2mol/L，pH 5.0）］1mL，测定前逐管加入核糖核酸酶溶液（5mg 核糖核酸酶溶于 100mL 重蒸水）1mL，混匀，立即测定。对照组以重蒸水代替肝素溶液同样进行。待测样品组以待测样品液代替标准肝素溶液进行测定。

取加有标准肝素溶液和试剂的各管，测定其在 300nm 波长处吸收值每下降 0.04 单位所需时间（Δt_1），以及未含肝素组（对照）所需时间（Δt），以 $\Delta t_1/\Delta t$ 为 Y 轴，肝素含量为 X 轴，制得标准曲线，进而得到回归方程（标准曲线适用的检量范围在 4 U 活性以下）。根据待测样品在相同条件下测得的所需时间（$\Delta t_{测}$），可求出肝素的量。

第三节　酶动力学参数测定

通过测定酶动力学参数，可以揭示酶与底物结合、催化反应等过程的详细机制，进而更为深入地理解酶催化原理。

一、酶动力学关键参数

1. Michaelis-Menten 常数（K_m）

K_m 是酶与底物之间的亲和力的度量，定义为在最大反应速率（V_{max}）的一半时的底物浓度。数学上，K_m 是酶促反应速率为 V_{max} 一半时的底物浓度。K_m 值越小，表示酶对底物的亲和力强；反之，则表示酶的亲和力弱。在细胞内，K_m 值有助于理解酶在不同底物浓度下的活性，这对于代谢途径的调控和代谢物的稳态具有重要意义。当底物浓度等于 K_m 时，酶的活性位点大约有一半被底物占据，这是酶促反应速率达到最大速率的一半的点。当底物浓度远低于 K_m 时，反应速率与底物浓度成正比（一级反应），当底物浓度远高于 K_m 时，反应速率接近 V_{max}（零级反应）。

K_m 值可能受到 pH、温度、离子强度等因素的影响，因为这些因素可以改变酶的活性中心和底物的性质；也可能受到酶抑制剂的影响，这在药物设计和代谢调控中非常重要。

推导过程通常基于 Michaelis-Menten 方程，该方程描述了酶促反应速率（V）与底物浓度（[S]）之间的关系：

$$V = \frac{V_{max}[S]}{K_m + [S]}$$

(2-8)

其中 V 表示初始速度，V_{max} 表示最大反应速率，[S] 表示底物浓度。

2. 最大反应速率（V_{max}）

V_{max} 是酶促反应的最大速率，即当底物浓度足够高，以至于所有酶的活性位点都被底物占据时的反应速率。V_{max} 值反映了酶的催化效率：V_{max} 值越高，表示酶的催化效率越高，即单位时间内能转化的底物越多。V_{max} 值通常以摩尔每分钟（mol/min）或摩尔每秒（mol/s）为单位。

测定方法：通常通过测量不同底物浓度下的初始反应速率，并绘制成 Michaelis-Menten 曲线来确定 V_{max}。通过非线性拟合或线性化方法（如 Lineweaver-Burk 图）从曲线中提取 V_{max} 值。在细胞内，V_{max} 值有助于理解酶在不同底物浓度下的活性，这对于代谢途径的调控和代谢物的稳态具有重要意义。当底物浓度远大于 K_m 时，酶的活性位点几乎全部被底物占据，这是酶促反应速率接近 V_{max} 的点。

V_{max} 值可能受到 pH、温度、离子强度等因素的影响，因为这些因素可以改变酶的活性中心和底物的性质；也可能受到酶抑制剂的影响，这在药物设计和代谢调控中非常重要。V_{max} 出现在 Michaelis-Menten 方程中，该方程描述了酶促反应的初始速率（V）与底物浓度（[S]）之间的关系。

$$V = \frac{V_{max}[S]}{K_m + [S]} \tag{2-9}$$

上述方程表明，当 [S] 远大于 K_m 时，反应速率接近 V_{max}。

3. 周转频率（K_{cat}）

K_{cat} 也称为周转数，定义为在最大反应速率（V_{max}）下，每个酶分子（或每个活性位点）每单位时间内能转化的底物分子数。数学意义上，

$$K_{cat} = \frac{V_{max}}{[E]_0} \tag{2-10}$$

其中 $[E]_0$ 是总酶浓度。

K_{cat} 值反映了酶的催化效率：K_{cat} 值越高，表示酶的催化效率越高，即单位时间内能转化的底物越多。通常以每秒（s^{-1}）或每分钟（min^{-1}）为单位。

测定方法：通常通过测量不同底物浓度下的初始反应速率，并绘制成 Michaelis-Menten 曲线来确定 V_{max}。然后，通过 V_{max} 和总酶浓度 $[E]_0$ 计算 K_{cat}。

细胞内，K_{cat} 值有助于理解酶在不同底物浓度下的活性，这对于代谢途径的调控和代谢物的稳态具有重要意义。当底物浓度远大于 K_m 时，酶的活性位点几乎全部被底物占据，这是酶促反应速率接近 V_{max}，即 $K_{cat} \cdot [E]_0$ 的点。

K_{cat} 值可能受到 pH、温度、离子强度等因素的影响，因为这些因素可以改变酶的活性中心和底物的性质 K_{cat} 值也可能受到酶抑制剂的影响，这在药物设计和代谢调控中非常重要。

4. 特异性常数（K_a）

K_a 是酶对特定底物的催化效率，定义为 K_{cat}/K_m，表示酶对特定底物的亲和力和催化效率。K_a 值越高，表示酶对底物的催化效率越高，即在相同的底物浓度下，酶能更快地转化底物。K_a 值通常以每秒每摩尔（$s^{-1} \cdot M^{-1}$）或每分钟每摩尔（$min^{-1} \cdot M^{-1}$）为单位。K_{cat} 是每个酶分子的最大催化速率，而 K_m 是酶与底物之间的亲和力的度量。K_a 结合了这两个参数，提供了一个关于酶对底物的总体催化效率的度量。

测定方法：首先通过测量不同底物浓度下的初始反应速率，并绘制成 Michaelis-Menten 曲线来确定 V_{max} 和 K_m。然后，通过 V_{max} 和总酶浓度 $[E]_0$ 计算 K_{cat}。最后，通过 K_{cat} 和 K_m 计算 K_a。

在细胞内，K_a 值有助于理解酶在不同底物浓度下的活性，这对于代谢途径的调控和代谢物的稳态具有重要意义。K_a 值可以用来比较不同酶对同一底物的催化效率，或者同一酶对不同底物的催化效率。高 K_a 值的酶通常具有更高的底物特异性。

K_a 值可能受到 pH、温度、离子强度等因素的影响，因为这些因素可以改变酶的活性中心和底物的性质；也可能受到酶抑制剂的影响，这在药物设计和代谢调控中非常重要。

二、酶动力学参数测定步骤

动力学参数不能直接测量，因为它们必须通过基于特定动力学模型的反应速率方程来确定。可以测量反应物（至少一种反应物）或产物浓度随时间的变化，除了反应物或产物浓度外，还可以使用其他参数，例如 pH 值、气体形成等。唯一的条件是这个关键组件必须与底物转换直接相关。在测定反应物浓度时，必须注意确保将分析方法的误差降至最低。否则，它将被转移到要确定的动力学参数中。

① 初始速率法：测量不同底物浓度下的初始反应速率（小于5％转化率），以避免产品抑制和平衡效应。

② 构建 Michaelis-Menten 曲线：通过绘制不同底物浓度下的初始速率，构建 Michaelis-Menten 曲线。

③ 线性化方法：如 Lineweaver-Burk（双倒数法）、Eadie-Hofstee 和 Hanes 方法，将 Michaelis-Menten 方程转换为线性形式，以便通过线性回归分析确定 K_m 和 V_{max}。

④ 非线性拟合：使用计算机软件对 Michaelis-Menten 方程进行非线性拟合，以确定 K_m 和 V_{max}。

⑤ 进展曲线分析：对于 $K_{eq} < 1$ 或存在显著产品抑制的情况，通过拟合反应进程曲线（底物和产物浓度随时间的变化）来确定动力学参数。

拓展阅读 1
蛋白酪氨酸磷酸酶（PTP）的 K_m 测定

拓展阅读 2
UDP-糖基转移酶（UGT）的 K_m 和 V_{max} 值测定

拓展阅读 3
特定组蛋白去乙酰化酶（HDACs）的酶动力学参数 K_m 和 V_{max} 值测定

第四节　酶抑制和酶激活

一、酶抑制

抑制剂是一种降低酶催化反应速率的化学物质。抑制剂在体内与代谢网络内酶活性的调节有关，但它们通常是与酶结合导致酶活性降低的任何类型的天然/合成化合物。理解和量化抑制是建立生物技术过程和克服活性丧失的核心。可逆和不可逆抑制是有区别的。

可逆抑制：抑制剂与酶可逆结合；根据结合伴侣的不同，可以定义不同类型的抑制包括①竞争性抑制，②非竞争抑制，③反竞争性抑制，以及④混合抑制。底物过量抑制和产物抑制是非竞争性和竞争性抑制的"特例"。

不可逆的抑制：抑制剂通常是一种反应性分子，不可逆地与酶结合并导致其失活。实际上，这种类型的抑制可以很容易地与可逆抑制区分开来，因为在分离抑制剂后（例如，通过超滤或超速离心）无法恢复全部酶活性。根据抑制类型的不同，一个或多个动力学参数会发生变化。下文将详细介绍可逆抑制，因为它们是最常见的抑制类型。图 2-3 给出了抑制剂 I 的可逆抑制作用概览。图中显示了基本的抑制类型①～③的原理。

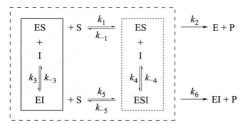

- - - 表示非竞争性抑制
—— 表示竞争性抑制
······ 表示反竞争性抑制

图 2-3　抑制剂 I 对单底物单产物反应（Uni-Uni）机制的可逆抑制

在图 2-3 的总体方案中，动力学常数 k_6 不为零的情况本身就是一种罕见的情况。根据各种可逆平衡，可以确定以下常数（单位：mmol/L）：

$$K_s = \frac{k_{-1}}{k_1} = \frac{c_E c_s}{c_{ES}} \tag{2-11}$$

$$K_{SI} = \frac{k_{-5}}{k_5} = \frac{c_{EI} c_S}{c_{ESI}} \tag{2-12}$$

$$K_{Ik} = \frac{k_{-3}}{k_3} = \frac{c_E c_I}{c_{EI}} \tag{2-13}$$

$$K_{Iu} = \frac{k_{-4}}{k_4} = \frac{c_{ES} c_I}{c_{ESI}} \tag{2-14}$$

在这里，"I"代表抑制剂，"k"代表竞争性抑制，"u"代表非竞争性抑制。这些方程彼此相关：

$$\frac{K_s}{K_{Si}} = \frac{K_{Ik}}{K_{Iu}} \tag{2-15}$$

酶的种类与以下内容有关：

$$[E]_0 = [E] + [ES] + [ESI] + [EI]$$

假设［E］和［ES］为稳态并考虑产物形成速率，得到以下方程：

$$v = k_2 c_{ES} + k_6 c_{ESI} \tag{2-16}$$

$$v = \frac{\left(V_{max,1} + V_{max,2}\dfrac{c_I}{K_{Iu}}\right)c_s}{K_m\left(1+\dfrac{c_I}{K_{Ik}}\right) + \left(1+\dfrac{c_I}{K_{Iu}}\right)c_s} \tag{2-17}$$

如果 k_6 为零，则抑制为"完全"，结果如下：

$$v = \frac{V_{max,1}c_s}{K_m\left(1+\dfrac{c_I}{K_{Ik}}\right) + \left(1+\dfrac{c_I}{K_{Iu}}\right)c_s} \tag{2-18}$$

在下文中，我们将讨论不同类型的可逆完全抑制：竞争性、非竞争性和反竞争性。每种类型的主要数学项如上述方程所示。$\left(1+\dfrac{c_I}{K_{Ik}}\right)$ 表示图 2-4 中实线框突出显示的区域。$\left(1+\dfrac{c_I}{K_{Iu}}\right)$ 表示以点线框突出显示的区域。

1. 竞争性抑制

抑制剂 I 只与游离酶可逆结合并形成 EI 复合物，该复合物可通过解离常数 K_{Ik} 量化。由于结合不影响酶-底物复合物，因此 V_{max} 不受影响。然而，抑制剂改变了酶与底物的平衡，导致 K_m 值增加。

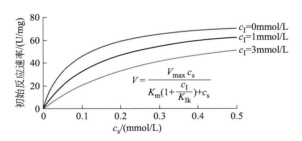

图 2-4　Michaelis-Menten 动力学竞争抑制的图示

在存在一定浓度的抑制剂时，Michaelis-Menten 曲线图呈现典型的双曲线形状。不过，这只能用所谓的"表观" K_m 值来描述：

$$K_m^{app} = K_m\left(1+\frac{c_I}{K_{Ik}}\right) \tag{2-19}$$

总和 $\alpha = 1 + c_I/K_{Ik}$ 被视为竞争性抑制的"校正因子"。当（i）c1 高和（ii）EI 结合力强时，抑制作用会增加。线性化程序可应用于动力学方程，通过 Hanes 图利用如下公式可以计算出 K_{Ik}，见图 2-5。

$$\frac{c_s}{V} = \frac{K_m\left(1+\dfrac{c_I}{K_{Ik}}\right)}{V_{max}} + \left(\frac{1}{V_{max}}\right)c_s \tag{2-20}$$

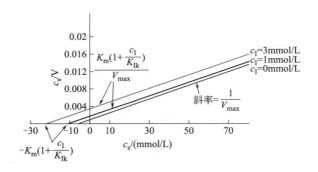

图 2-5 竞争性抑制的 Hanes 线性化图

通过分析斜率和 x、y 轴截距，可以从线性图中确定常数。此外，K_{Ik} 可以从通过将 K_m^{app} 绘制为 c_I 的函数而获得的二级阶计算。这导致了图 2-6，当 K_m^{app} 在不同浓度的 I 下测量时，已知 K_m。

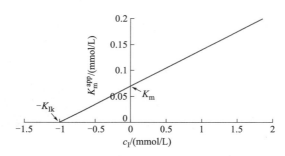

图 2-6 用于计算 K_{Ik} 的辅助图

由于酶促反应中底物和产物之间的高度相似性，一种特殊情况是产物的竞争性抑制。通过将 c_I 替换为 c_P，将 K_k 替换为 K_{IP}，可以很容易地获得方程。为了评估产物抑制的意义，可以通过查看 K_{IP}/K_m 来使用 Lee 和 Whitesides 原理。根据经验，$K_{IP}/K_m > 1$ 保证了短时间内的高转化率，而在 $K_{IP}/K_m < 1$ 时，反应不能有效进行，必须考虑酶的分子生物学优化，或者考虑反应工程步骤，例如产物的原位分离。对于包含两种或多种底物/产物的反应，产物抑制通常是非竞争性或反竞争性的。

2. 非竞争性抑制

与竞争性抑制相反，非竞争性抑制剂仅与酶-底物复合物结合。在这种情况下，K_m 和 V_{max} 都被抑制剂 I 改变（图 2-7）。K_m 值的降低并不意味着酶对底物的亲和力增加，而只是 ES 平衡通过形成额外的复合物而向右移动。

在这种抑制类型中，"校正因子" α 乘以 c_s，同样在这种情况下，可以使用线性化方法和辅助图来计算动力学常数。Hanes 线性化如图 2-8 所示。

非竞争性抑制的一个特殊情况是底物过度抑制。这可以通过用额外的底物分子 S（形成催化失活的 ES2 复合物）替换抑制剂 I 来轻松描述。在较高的底物浓度下，这种影响更为明显，观察到反应速率的降低，如图 2-9 所示。

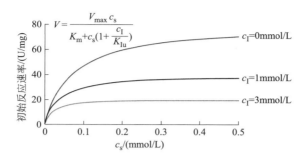

图 2-7　在非竞争性抑制剂存在下 Michaelis-Menten 图的修改

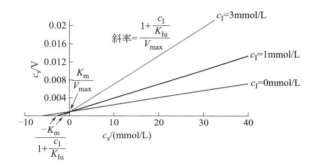

图 2-8　非竞争性抑制的 Hanes 线性化图

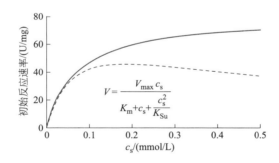

图 2-9　底物过量抑制

在这种情况下，双倒数顺序和 Dixon 图对于计算非竞争性底物抑制非常有用，如下面两个公示所述。

$$\frac{1}{V}=\frac{\left(1+\dfrac{c_s}{K_{Su}}\right)}{V_{max}}+\frac{K_m}{V_{max}c_s} \tag{2-21}$$

$$\frac{1}{V}=\frac{1}{V_{max}}\left(1+\frac{K_m}{c_s}\right)+\frac{c_s}{V_{max}K_{Su}} \tag{2-22}$$

使用这两个线性化图（图 2-10），可以通过绘制低底物浓度和高底物浓度下的曲线渐近线来确定 K_{Su} 和 K_m 作为 x 轴截距。

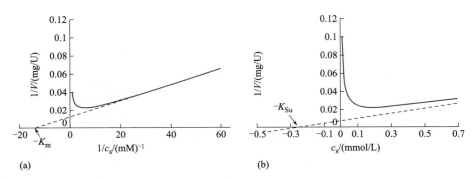

图 2-10 双倒数图（a）和 Dixon 图（b）用于非竞争性底物抑制（底物过量抑制）

3. 混合抑制

混合抑制类型出现在多底物/多产物体系中，在单底物反应中很少见。抑制剂通常会使 K_m 值增加并使 V_{max} 值降低，见图 2-11。

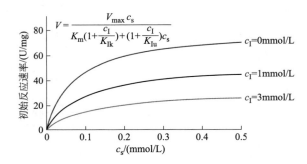

$$V = \frac{V_{max} c_s}{K_m \left(1 + \dfrac{c_I}{K_{Ik}}\right) + \left(1 + \dfrac{c_I}{K_{Iu}}\right) c_s}$$

图 2-11 非竞争性抑制的 Michaelis-Menten 图

动力学方程包含两个校正因子 α 和 α'，它们分别乘以分母中的 C_s 和 K_m。对于 Hanes 线性化图，可得出以下公式：

$$\frac{c_s}{V} = \frac{K_m \left(1 + \dfrac{c_I}{K_{Ik}}\right)}{V_{max}} + \left(\frac{1 + \dfrac{c_I}{K_{Iu}}}{V_{max}}\right) c_s \tag{2-23}$$

二、酶激活

酶是一类生物催化剂，广泛存在于生物体内，参与并催化生物化学反应。酶的活性不仅依赖于其本身的结构和性质，还受到许多因素的影响，其中酶的激活是一个重要的研究方向。酶激活是指通过各种手段提高酶的活性，使其在特定条件下更有效地催化反应。下面将详细探讨酶激活的机制、方法及具体示例。

1. 酶激活机制

酶的激活可以通过以下几种方式实现。

（1）构象变化　酶的结构变化使得活性位点的形状更加适合底物，增强了底物结合的亲和力。

（2）辅因子激活　某些酶需要金属离子或有机分子作为辅因子，这些辅因子的结合可以改变酶的构象，从而提高酶的活性。

（3）共价修饰　通过磷酸化、乙酰化等共价修饰，改变酶的活性状态。

（4）抑制物的去除　某些酶在其活性状态下受到抑制物的调控，去除抑制物可以恢复酶的活性。

2. 酶激活方法

（1）温度和 pH 调节　温度和 pH 是影响酶活性的主要环境因素。一般而言，酶在其最适温度和最适 pH 下表现出最高的催化活性。

【示例】　淀粉酶的温度和 pH 影响

淀粉酶在温度为 60℃ 和 pH 为 7 的条件下活性最高。实验中通过逐步升高温度和调节 pH，可以观察到酶活性的变化，从而确定最佳条件。

（2）辅因子添加　某些酶需要辅因子的存在才能发挥活性。例如，锌离子是碳酸酐酶的必需辅因子。

【示例】　碳酸酐酶的激活

在实验中，通过添加不同浓度的锌离子，观察其对碳酸酐酶活性的影响，发现最佳浓度时酶活性显著提高。

（3）化学修饰　化学修饰是一种有效的酶激活策略，常用于提高酶的热稳定性和催化效率。

【示例】　聚乙二醇（PEG）修饰

用聚乙二醇修饰酶，可以显著提高其热稳定性和水溶性。例如，在对某种脂肪酶进行 PEG 修饰后，可以观察到其在高温条件下仍能保持较高的活性。

（4）变构激活　某些酶是通过变构机制进行激活的，底物或其他分子结合到酶的非活性位点，导致酶的构象改变，从而提高活性。

【示例】　磷酸果糖激酶的变构激活

磷酸果糖激酶是一种典型的变构酶，其活性受到底物 ATP 和 ADP 的调控。当 ADP 浓度增加时，磷酸果糖激酶被激活，从而促进糖酵解过程的进行。

（5）抑制剂去除　许多酶在生理状态下受到抑制，去除这些抑制剂可以有效激活酶的活性。

【示例】　乳酸脱氢酶的激活

乳酸脱氢酶在某些情况下会被乳酸本身抑制。通过去除乳酸，恢复酶的活性，从而提高其催化反应的速率。

第五节 酶传感器和生物传感器

一、酶传感器

由于其特异性和催化（扩增）特性，酶已被广泛用作生物传感器中的传感元件。自从 Clark 和 Lyons 开发出第一个基于酶的传感器以来，他们将葡萄糖氧化酶固定在氧传感电极上以测量葡萄糖，涉及各种底物的应用已经迅速增加。属于氧化还原酶、水解酶和裂解酶类的多种酶已与不同的传感器整合，以构建用于医疗保健、兽医学、食品工业、环境监测和国防应用的生物传感器。

酶传感器的原理基于酶的催化作用和底物的特异性结合。具体来说，酶传感器由酶、底物和信号转导系统组成。酶能够高选择性地与其底物结合，形成酶底物复合物，然后发生催化反应，产生产物。通过检测产物的浓度或酶底物的消耗程度来确定目标酶的活性或浓度。当底物存在时，酶会催化底物发生反应，产生电子流或质子流，从而改变电极的电位或电导率。通过测量这些电学参数的变化，可以推算出底物的浓度。

酶传感器的发展经历了三个阶段：①经典葡萄糖酶电极的葡萄糖生物传感器：采用过氧化氢电极作为基础电极，通过检测 H_2O_2 的产生量，进而检测血清中的葡萄糖含量。②介体葡萄糖酶电极的葡萄糖生物传感器：在经典葡萄糖酶电极的基础上改良而成，引入化学介体代替过氧化氢作为基础电极，提高了测定的灵敏度和准确性。③直接葡萄糖酶电极的葡萄糖生物传感器：不采用媒介体，利用酶与电极间的直接电子传递设计制作葡萄糖传感器，使电极的响应速度更快、灵敏度更高。表 2-1 列出了用于酶生物传感器构建的不同传感器。

表 2-1 传感器技术

传感器技术/示例	输出
电化学	
电流计	应用电流
电位计	电压
电导率计	阻抗
光学	
比色计	颜色
发光强度	光强
荧光强度	光强
量热法	
温度传感器	温度

1. 电化学传感器

三种类型的电化学传感器用于构建酶电极：电位法、安培法和电导法。

（1）电位法　传统的电位酶生物传感器由离子选择性电极（ISE)-pH、铵、氟化物等或气体传感电极 CO_2 和 NH_3 组成，涂有固定化酶层。与分析物的酶促反应会产生离子积累或耗尽引起的电位变化。电位传感器可测量在几乎为零的电流下分离两种溶液的离子选择性膜上产生的电位差。电位酶探针的应用示例包括尿素、葡萄糖和肌酐的检测。表 2-2 给出了用于构建电位生物传感器的酶列表。由于产生的电位与分析物浓度之间存在对数关系，因此检测范围很广。需要非常稳定的参比电极可能是这些传感器的限制。

表 2-2　与电位生物传感器一起使用的酶

检测物质	酶	离子选择性传感器类型
尿素	脲酶	阳离子、pH、气体(NH_4)、气体(CO_2)
葡萄糖	葡萄糖氧化酶	pH、I^-
L-氨基酸	L-氨基酸氧化酶	阳离子、NH_4^+、I^-
L-酪氨酸	L-酪氨酸脱羧酶	气体(二氧化碳)
L-谷氨酰胺	谷氨酰胺酶	阳离子
L-谷氨酸	谷氨酸脱氢酶	阳离子
L-天冬氨酸	天冬氨酸酶	阳离子
D-氨基酸	D-氨基酸氧化酶	阳离子
青霉素	青霉素酶	pH
淀粉酶	β-葡萄糖苷酶	CN^-
硝酸盐	硝酸盐还原酶/亚硝酸盐还原酶	NH_4^+
亚硝酸盐	亚硝酸盐还原酶	气体(NH_4)

基于 ISE 的生物传感器技术的改进出现了固态或硅基离子选择性场效应晶体管（FET）。基于酶的场效应晶体管（ENFET）由涂覆在离子选择性 FET（ISFET）上的酶层组成，与离子选择性电极相比具有多项优势；它体积小巧，只需要有限量的酶；固定化酶层厚度可以更容易地控制，并且不需要保留膜。ENFET 设计的一个例子可以是 pH 敏感的 ISFET 与固定化水解酶层的组合。分析物的酶促转化导致 pH 值变化，由 pH 敏感的 ISFET 检测到。在另一种类型的 ISFET 中，场效应晶体管、4-氟苯胺和氧化酶（例如葡萄糖氧化酶）结合形成一种新型生物传感器。酶促转化过程中氧化酶产生的 H_2O_2 与 4-氟苯胺反应生成 F 离子，由 pF-FET 检测。ISFET 的使用在商业上很有吸引力，因为可以实现小型化。这种系统的缺点是它需要一个昂贵的 pH/mV 计，因为无法使用现有的仪器。

报道的另一种电位酶生物传感器概念基于电容变化的测量。该器件是一种电解质绝缘体半导体（EIS）芯片，由三层结构组成：pH 敏感（$Si/SiO_2/Si_3N_4/Ta_2O_5$）和 pF 敏感（$Si/SiO_2/Si_3N_4/LaF_3$）层结构（分别选择性检测 H 和 F 离子），然后是青霉素酶、脲酶或葡萄糖氧化酶涂层。基于氟离子的生物传感器在溶液的缓冲能力方面具有独立性的优势。

（2）安培法　安培酶生物传感器是目前市场上大多数商用生物传感器设备。与电位传感器相比，在电位传感器中，跨膜产生的电位用于传递有关分析物浓度的信息，而电化学生物传感器相对于参比电极以固定电位工作，并测量工作电极表面物质氧化或还原产生的电流。安培生物传感器基于氧化还原酶，因此，它们的吸引力是由大量氧化还原酶的可用性引起的，这些酶可以作用于脂肪酸、糖、氨基酸、醛和酚类。这些酶使用分子氧作为电子受体，并在与其底物的反应中产生过氧化氢。耗氧量或过氧化氢的产生可以作为底物（分析物）浓度的量度。然而，基于氧气或过氧化氢的生物传感器会受到溶解氧浓度波动的强烈影响，溶解氧浓度波动是由 pH 值、温度、离子强度或分压变化引起的。此外，基于过氧化氢测量的生物传感器在检测 H_2O_2 所需的 $0.6\sim0.7V$（相对于 Ag/AgCl 参考）电位下，可能会受到化合物（如抗坏血酸、尿酸、谷胱甘肽和半胱氨酸）非特异性电化学氧化的干扰。这导致了化学修饰电极的发展，其中电子受体氧气被低摩尔质量介质取代，例如四硫富瓦烯（TTF）、四氰基喹二甲烷（TCNQ）、六氰基铁酸盐（Ⅲ）、亚甲蓝、二茂铁、醌类和 N-甲基吩嗪-5-鎓（NMP$^+$）。与酶底物反应相比，酶介质反应通常不具有特异性。尽管可有效降低工作电位，但介导的电极仍然会受到一些抗坏血酸和尿酸的干扰。此外，由于氧是比这些介质更好的电子受体，因此必须从缓冲液和样品中去除氧。

氧化酶催化反应过程中形成的过氧化氢也可以使用过氧化物酶修饰的电极进行测量。在这些电极中，由直接或介导的电子转移产生的还原电流是在低施加电位下测量的，从而减轻了 H_2O_2 电化学氧化过程中遇到的干扰问题。H_2O_2 的测量。已证明使用含有分散的铑、钌或铱颗粒的碳材料作为电极时，在较低的氧化电位下操作，可以有效减少生物样品中两种常见干扰物抗坏血酸和尿酸对电化学检测的干扰。

（3）电导法 许多酶催化的反应涉及离子种类的变化。与此变化相关的是反应溶液电导率的净变化。由于溶液电导率的测量是非特异性的，因此感应传感器的广泛分析使用受到限制。然而，在特异性没有发挥重要作用的情况下，电导测量能够实现极高的灵敏度。

2. 热传感器

热酶传感器基于以下原理：通过测量酶促反应中释放的热量，可进行量热法测定，从而精确计算出反应底物的量。因此，温度指示剂或传感器只需要一个反应步骤即可产生足够或可测量的热量。酶催化反应的摩尔焓范围为 $5\sim100kJ/mol$。在热酶传感器中，酶通过交联或将酶截留在包围热敏电阻的膜中，直接连接到温度传感器（热敏电阻）上。或者，将酶置于温控色谱柱中，通过记录样品流经色谱柱时入口和出口之间的温度升高来测量反应热。在此类系统中，可以测量低至 $4\℃$ 的温度变化。这种系统的主要缺点是非特异性热效应和装置加热导致的基线漂移。通过减去流体流过包含酶固定化基质的色谱柱而引起的温度变化，减去酶在色谱柱通道中时观察到的温度变化，可以克服非特异性热效应的问题。通过将整个装置安装在恒温控制的铝制块中，可以缓解漂移问题。这些额外的要求增加了系统的总体成本。

3. 光学传感器

在基于光学方法的生物传感器中，通过光学方式监测生物催化剂与目标分析物相互作用带来的光学特性的变化，例如紫外/可见光吸收、生物和化学发光、反射率和荧光。通过测量 NAD(P)H 荧光（在 360nm 处激发和在 450nm 处测量）以及荧光强度的变化，可以监测脱氢酶催化的酶促反应中 NAD(P)H 的氧化和还原，然后与底物浓度相关。在另一种方法中，通过观察荧光染料与辅因子的相互作用来监测参与酶促反应的辅因子 NAD(P)H。荧光指示染料［如异硫氰酸荧光素（FITC）］的 pH 依赖性荧光特性可用于测量酶促反应过程中的 pH 值变化，以确定分析物浓度。

【示例】　发光酶传感器测定山梨醇、乙醇和草酰乙酸

Gautier 等人研究了使用与光学换能器相连的发光酶系统在纳摩尔水平上测定山梨醇、乙醇和草酰乙酸。将检测 NADH 的细菌发光光纤传感器与各种 NAD(P)H 依赖性酶（山梨醇脱氢酶、醇脱氢酶和草酰乙酸脱氢酶）相结合，分别在线测定山梨醇、乙醇和草酰乙酸。细菌发光酶和所需的脱氢酶共固定在预活化的聚酰胺膜上。该膜连接到光纤束的末端并放置在流通池中。使用细菌发光光纤传感器检测分析物在脱氢酶存在下与 NAD 反应形成的 NADH。鲁米诺的化学发光反应在氧化酶催化反应中形成 H_2O_2，在辣根过氧化物酶存在下，也用于监测各种分析物。测量由固定在分叉光纤束公共端的酶催化的反应中形成的发色团产物引起的吸光度变化，可用于确定分析物浓度。

基于光纤的生物传感器具有紧凑、灵活、抗电噪声和探头尺寸小等优点。基于荧光或色染料的光学传感器的校准非常稳定，尤其是在两个不同的波长下进行测量时。然而，这些传感器受到光学活性染料不稳定的影响。

二、酶传感器潜在应用

酶生物传感器的主要应用领域是人类和动物保健、食品和发酵工业、环境监测、农业和国防。预计酶生物传感器在医疗和临床应用中的使用将会增加。在紧急情况下，对淀粉酶、葡萄糖、乳酸、对乙酰氨基酚、水杨酸、肌酸激酶、天冬氨酸氨基转氨酶和尿素等物质进行快速检测将非常有价值。尿素、葡萄糖、乳酸和肌酸的测量对于重症监护病房的连续或高频使用很有用。尽管目前许多这些测试都在中心临床实验室进行，但现在需要低成本的方法来监测医生办公室、门诊部和家庭中的这些化合物，以诊断和监测患者的病情以及治疗。这将要求这些方法易于使用，并且需要最少的样品。这是酶生物传感器有望发挥重要作用的领域。

酶生物传感器有望发挥重要作用的第二个领域是环境监测。对测量几类物质的需求不断增长，包括有毒化学品，如多氯联苯、多环芳烃、酚类、二噁英、有机过氧化物、杀虫剂以及水、土壤和空气中的重金属。可移植性和实时输出将是成功的关键。酶生物传感器将提供快速、易于使用且经济高效的现场测试。尽管前景良好，但这些类型的生物传感器的开发必须得到监管机构的认可，然后才能得到广泛应用。这些认可需要在现场遇到的各种条件下进行大量成功的现场演示。

酶生物传感器在食品和发酵行业有多种潜在应用。此类应用的示例包括分析食品的成分（氨基酸、糖、抗生素）和通过特定新鲜度指标（例如 ATP 降解产物或三甲胺积累作为鱼类新鲜度的指标）测量的新鲜度，以及监测发酵过程中的底物、营养物质和产品水平，以实现潜在的控制应用。然而，用于发酵罐中原位监测的酶电极的开发受到发酵罐蒸汽灭菌需求的阻碍。

三、酶传感器发展方向

因为酶并不总是稳定的，酶生物传感器的开发受到阻碍，通过使用在高温下稳定的酶可以避免不稳定性问题，这些酶可以从嗜热微生物中天然获得。此外，随着酶的结构变得更加明确，可以"定制"能够在压力环境中长期发挥作用的酶。这些领域的未来研究是必要的。同样，由于缺乏高效辅因子再生的方法，涉及需要扩散辅因子［如 ATP 和 NAD（P）H］的酶反应的无试剂生物传感器的开发目前受到限制。使用设计酶进行快速的高效再生是可行的，其中辅因子被锚定并且可以在氧化和还原位点之间摆动。

四、生物传感器

生物传感器是一种分析设备，其中包含与传感器密切相关或集成在传感器内的生物识别元件，可将生物响应转换为电信号。它是一种传感器，将生物元件与理化传感器集成在一起，以产生与单个分析物成比例的电子信号，然后传送到检测器。生物反应可能涉及多种因素，包括酶的活性变化、抗体与抗原或受体与配体的结合，以及细胞的各种反应。这些生物反应可以通过不同的方式转换成电信号，转导过程具有多样性。简而言之，它是由生物成分和电子产品融合而成的装置，用于检测要监测的物质的存在。

生物传感器技术包括基于电化学（电位、安培、阻抗）、压电、热或光学方法（反射干涉光谱、干涉测量、光波导光模式光谱、全内反射荧光、表面等离子体共振）等用于检测和转换信号的技术类型。这些技术已适用于根据与生物靶标（可以是核酸、酶、抗体、受体、细胞器或整个细胞）的相互作用或功能修饰来检测目标分析物。

生物传感器由生物和物理组件组成（图 2-12）。生物成分包括酶、核酸、抗体等，而物理成分包括传感器、放大器等。生物和物理分析物相互作用，产生一些传感器可检测到的物理电荷。第一步，将生物成分固定在换能器上。然后，分析物必须通过简单的扩散从溶液输送到生物成分中，以便进行反应。然后，生物成分与分析物发生特异性相互作用，从而在换能器表面附近产生物理变化。根据产生的物理变化，生物传感器的类型会有所不同。然后，传感器检测并测量这种变化并将其转换为电信号。该信号非常小，在反馈给微处理器之前被放大器放大。然后微处理器对信号进行处理、解释，并以合适的单位显示。

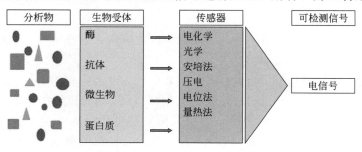

图 2-12 生物传感器及其组件

优良生物传感器应该对分析物具有高度特异性，使用的反应应不受 pH 值、温度等因素的影响，响应在分析物浓度范围内应呈线性，设备应体积小、耐用、易于使用且价格低廉。

五、生物传感器的类型

1. 量热式生物传感器

大多数酶催化反应产生热量。量热式生物传感器测量酶作用后含有分析物的溶液的温度变化，并根据溶液中分析物的浓度对其进行解释。

2. 电位生物传感器

使用离子选择性电极将生物反应转化为电信号。最常用的电极是用于阳离子的玻璃 pH 电极、涂有气体选择性膜的玻璃电极或固态电极，例如 pH 计。

3. 安培生物传感器

当在两个电极之间施加电势时，它们通过产生电流来发挥作用，电流的大小与衬底浓度成正比。这些生物传感器用于测量氧化还原反应，例如使用葡萄糖氧化酶测定葡萄糖。

4. 光学生物传感器

这类生物传感器可测量催化反应和亲和反应。它们测量由催化反应产物引起的荧光或吸光度的变化。例如，使用荧光素酶检测食品样品中细菌的生物传感器。

5. 声波生物传感器

也称为压电器件。它们的表面通常涂有抗体，这些抗体与样品溶液中存在的互补抗原结合。这导致质量增加，从而降低它们的振动频率。这种变化用于确定样品中存在的抗原量。

六、生物传感器的应用

1. 食品分析

食品工业中的生物传感器使用涂有抗体的光学元件来检测病原体和食品毒素。这些生物传感器中的光系统具有荧光。已经开发了一系列免疫和配体结合测定法，用于检测和测量小分子（如水溶性维生素）和化学污染物（药物残留）。

2. 水生环境分析

由于水污染，鱼类表现出生殖功能障碍，雄性表现出雌性化。可以测量生物体对水中有机和金属化合物的生化反应，并将其用作研究污染程度的生物标志物。最常见的是细胞色素 P4501A1，因为它对许多有机化学物质有反应，包括芳香烃和二噁英。这些污染物对细胞色素 P4501A1 基因的诱导是通过蛋白质表达或 mRNA 水平的变化来衡量的。或者，使用金属硫蛋白，它是由金属特异性诱导的。

同样，编码绿色荧光蛋白（GFP）的基因与许多启动子融合，这些启动子将对水污染物做出反应。这指的是某些基因的启动子区域能够响应特定的环境信号。例如，一些基因编码热休克蛋白或金属硫蛋白，这些蛋白的合成通常在细胞遭受如高温、重金属或化学毒素等压力条件下被诱导。这些基因的启动子含有特定的 DNA 序列，即雌激素反应元件（estrogen response elements，ERE），它们可以被雌激素或外源性雌激素（也称为异种雌激素）所激活。这意味着，当雌激素或类似的化合物存在时，这些元件能够启动基因的表达，从而引发细胞对这些化合物的反应。GFP 作为报告基因的可用性使得转基因生物体能够用作水污染的生物传感器，提供快速和可见的结果，同时无需酶或特异性蛋白质测定。

3. 检测鱼类毒素

生物传感器技术可以检测海鲜中的不同毒素。已经开发了几种生物传感器，可以检测河鲀毒素。其中一种方法使用抗河鲀毒素特异性抗体作为生物识别元件，并使用丝网印刷电极进行电流检测。该测定的形式是一种间接竞争测定，其中对氨基苯酚产生的电流量（特异性抗体碱性磷酸酶标记的酶活性的产物）被与电极固定的河鲀毒素竞争的样品中存在的河豚毒素所抑制。另一种基于抑制细胞功能的河鲀毒素生物传感器是使用在微电极阵列上培养的小鼠脊髓神经元网络设计的。在该系统中，河鲀毒素的定量基于其对细胞电活动的抑制速率。

4. 用于亚硫酸盐检测

BIOLAN 公司推出了一款便携式生物传感器，专门设计用于监测虾类养殖环境中的亚硫酸盐水平。这款设备的优势在于它只需要极少量的水样，非常适合在养殖现场直接使用，从而能够及时确保水质中亚硫酸盐的浓度保持在适宜的范围内。该生物传感器经过优化，能够精确测量 8～110g/L 范围内的亚硫酸盐浓度。它的测量准确性得到了验证，重复性测试显示，测量结果的不精密度（即多次测量同一样本所得结果的离散程度）低于 7%，而不重现性（即不同操作者或不同设备间测量结果的一致性）低于 10%。这些特性确保了生物传感器在实际应用中的可靠性和准确性。

总　结

酶分析法包括酶活力测定法、酶法分析和酶动力学参数测定。酶活力是指在一定条件下，酶所催化的反应初速度。酶活力单位的定义是指在特定条件下（温度可采用 25℃， pH 等诸条件均采用最适条件），每 1min 催化 $1\mu mol$ 的底物转化为产物所需酶量。酶活力测定可分为取样测定法和连续测定法。而以酶作为分析工具或分析试剂的分析方法则称为酶法分析，其分析对象可以是酶的底物、酶的激活剂、酶的抑制剂或辅酶等。酶法分析又分为终点测定法和反应速度法。酶分析法具有特异性强、干扰少、灵敏度高、快速简便等许多优点，已广泛应用于医药、临床、食品和生化分析检测中。Michaelis- Menten 常数（K_m）、最大反应速率（V_{max}）、周转频率（K_{cat}）和特异性常数（K_a）等关键参数不仅有助于揭示酶与底物结合和催化反应的详细机制，而且对于代谢途径的调控和代谢物稳态具有重要意义。此外，本章节还介绍了酶抑制和激活的机制，以及它们在生物技术过程和活性丧失克服中的作用。最后，章节详细讨论了酶传感器和生物传感器的工作原理、应用领域以及发展方向，突出了这些技术在医疗保健、食品工业、环境监测和国防等领域的广泛应用前景。

✏ 思考题

1. 阐述酶分析法两种类型的异同点。
2. 阐述酶活力测定中应注意的主要问题。
3. 阐述酶法分析的定义、分类及主要用途。
4. 简述终点法的原理、条件、种类（并举例说明）。
5. 举例说明酶法分析在药物分析中的应用。
6. 列出并解释四种主要的可逆抑制类型：竞争性、非竞争性、反竞争性和混合抑制。
7. 讨论生物传感器在环境监测、医疗诊断等领域的潜在应用。

第三章　免疫分析法

第一节　免疫分析法概述

免疫分析法（immunole assay）是以特异性抗原-抗体反应为基础的分析方法。对小分子化合物的抗原特异性，Landsteiner 在最初的一系列实验中证明，氨基苯磺酸的三个同分异构体，当重氮化后和蛋白质结合时，在血清学方面能够互相区别。

对偶氮氨基苯磺酸　　　　间偶氮氨基苯磺酸　　　　邻偶氮氨基苯磺酸

利用类似的方法，将酒石酸的光学异构体（D-，L-）分别和对硝基苯胺缩合，再经重氮化连接到蛋白质载体上，在血清学上也能够互相区分（表 3-1）。

表 3-1　决定簇的旋光异构体对偶氮蛋白质抗原特异性的影响

用含下列物质的偶氮蛋白质的抗血清沉淀	抗原：含下列半抗原		
	L-酒石酸	D-酒石酸	m-酒石酸（分子内消旋）
	COOH | HOCH | HCOH | COOH	COOH | HCOH | HOCH | COOH	COOH | HCOH | HCOH | COOH
L-酒石酸	＋＋±	0	±
D-酒石酸	0	＋＋±	±
m-酒石酸	±	0	＋＋＋

注："＋"表示正（阳性）反应，"－"表示负反应。

同样地，利用血清学反应对顺式和反式异构体也可区别。如卵清蛋白-对偶氮琥珀酰苯氨酸的抗半抗原抗体和偶氮反丁烯二酰苯氨酸半抗原有很强的交叉反应，而和偶氮顺丁烯二酰苯氨酸半抗原只有很弱的交叉反应。

对上述半抗原特异性的实验验证，奠定了药物分子抗原特异性的基础，同时也奠定了药物免疫分析的基础。

1959 年 Yallow 和 Berson 首次将放射性核素示踪的高灵敏度和免疫学的高特异性抗原-抗体识别相结合，创建了放射免疫分析法（radioimmunoassay，RIA）；在 RIA 的启发下，又不断发展了各种新的免疫分析法，并逐渐发展成为一门跨学科的新型分析技术。目前，现代免疫分析技术已和放射性核素示踪技术、酶促反应或荧光分析等高灵敏度的分析技术相结合，具有高特异性、高灵敏度的特点，特别适合测定复杂体系中的微量组分。在药物分析中，免疫分析法的应用主要集中在以下几方面：①在实验药物动力学和临床药物学中测定生物利用度和药物代谢动力学参数等生物药剂学中的重要数据，以便了解药物在体内的吸收、分解、代谢和排泄情况；②在药物的临床检测中，对治疗指数小、超过安全剂量易发生严重不良反应或最佳治疗浓度和毒性反应浓度有交叉的药物的血药浓度进行监测；③在药物生产中从发酵液或细胞培养液中快速测定有效组分的含量，以实现对生产过程的在线监测；④对药品中是否存在特定的微量有害杂质进行评价。

第二节　抗原与抗体

一、抗原

1. 定义

抗原（antigen）指能在机体中引起特异性免疫应答反应的物质。通常物质的抗原性（antigenicity）具有两种含义：首先是指当被注射入合适的动物体内后，能促使动物产生循环抗体或改变免疫细胞的反应性，即具有免疫原性（immunogenicity）；其次是指具有能与特异抗体作用的性质，即具有抗原特异性（antigenic specificity）。同时具有免疫原性和抗原特异性的物质被称为全抗原（complete antigen）；只能与特异抗体作用但不能引起机体免疫应答的简单分子被称为半抗原（hapten）。

2. 药物分子的抗原性

（1）药物分子的免疫原性　大多数的药物分子，由于其分子量较小，通常被认为是半抗原。但一些蛋白质类药物、多肽类药物、激素类药物等，不仅能和抗体发生特异反应，在体内也可刺激机体产生抗体，有一定的免疫原性，因此具有一定的抗原性。研究发现，即使是小分子药物，如青霉素（penicillin）、链霉素（streptomycin）等抗生素在特定的条件下，如和弗氏完全佐剂混合免疫动物，也可使试验动物产生免疫应答，但这种应答反应通常比较弱。在药物免疫分析中，通常首先利用药物分子和载体蛋白的结合物——合成抗原免疫动物，这样有利于在动物体内产生对药物分子的强免疫应答反应，从而得到大量的抗药物分子的特异性抗体；再利用药物分子的半抗原特性，通过药物和产生的特异性抗体间的相互作用实现对药物分子的分析。

（2）药物分子的抗原特异性　实践中，当药物分子和蛋白质载体结合后，诱导机体产生的抗体通常为不均一抗体，即抗体的特异性略不相同；和蛋白质的结合还可能导致药物分子原有抗原特异性的改变，以青霉素和头孢菌素（cephalosporin）为例，青霉素和蛋白质结合形成的青霉噻唑蛋白（BPO）合成抗原主要含有三个不同的抗原决定簇（图 3-1），其中 β-内酰胺环开环和蛋白质以酰胺键结合形成的新位点是新形成的抗原决定簇，其特异性是原半抗原结构所不具有的。头孢菌素和蛋白质结合后，由于 β-内酰胺环开环后形成的噻嗪环的不稳定性，形成的头孢菌素蛋白质结合物中原头孢菌素 3 位侧链的结构消失，导致了原头孢菌素 3 位侧链的半抗原特异性的消失（图 3-2）。

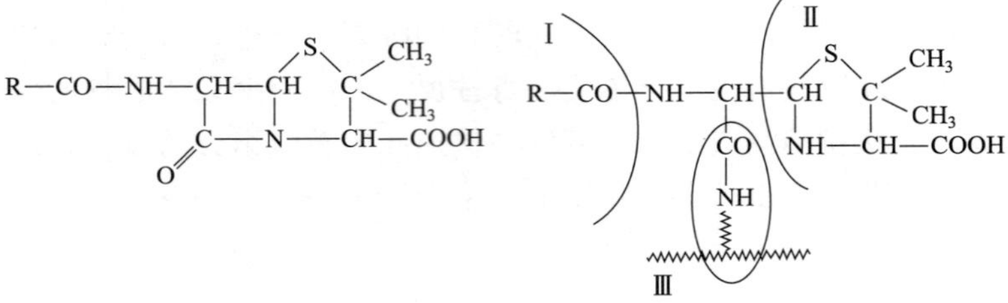

青霉素的基本结构　　　　　　青霉噻唑蛋白的结构

图 3-1　青霉素及青霉噻唑蛋白的结构

Ⅰ、Ⅱ、Ⅲ为青霉噻唑蛋白的三个不同抗原决定簇；
Ⅲ是青霉素和蛋白质结合后形成的新抗原决定簇

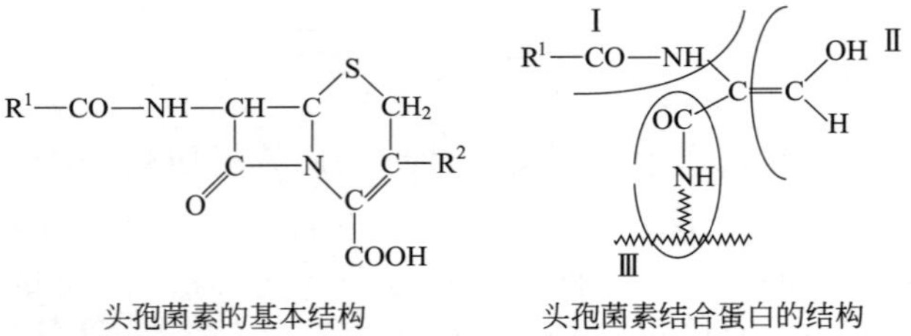

头孢菌素的基本结构　　　　　头孢菌素结合蛋白的结构

图 3-2　头孢菌素及头孢菌素结合蛋白的结构

Ⅰ、Ⅱ、Ⅲ为头孢菌素结合蛋白的三个不同抗原决定簇；
Ⅲ是头孢菌素和蛋白质结合后形成的新抗原决定簇

3. 人工抗原的合成

药物分子由于分子量较小，一般其免疫原性较弱，故通常认为是半抗原。为了得到高效价的抗血清，通常要将其制成合成抗原。这方面的早期工作起源于 Landsteiner 利用重氮化反应将芳香胺类化合物通过酪氨酸残基与蛋白质相结合，形成的产物称为结合蛋白质（conjugated protein）或偶氮蛋白质（azoprotein），与之结合的蛋白质分子被称为载体蛋白（carrier protein）。

（1）半抗原和载体结合的化学反应

① 多肽类激素。由于分子量较小，多肽类激素即使在有佐剂时，也只表现出弱的或没有免疫原性。为了制备出高效价的抗血清，需要将多肽类激素作为半抗原处理，使之与载体蛋白结合，形成具有强免疫原性的全抗原。常用的结合剂如下所述。

a. 活化蛋白质或多肽的游离羧基形成肽键的结合剂。

（a）碳化二亚胺类（carbodiimide）。通过碳化二亚胺对 RCOOH 羧基的活化而与 $R'—NH_2$ 的氨基缩合，形成肽键。

（b）异噁唑盐类（isoxazolium salt）。通过异噁唑盐对 RCOOH 羧基的活化而与 $R'—NH_2$ 的氨基缩合，形成肽键。

（c）烷基氯甲酸类（alkyl chloroformate）。通过烷基氯甲酸对 RCOOH 羧基的活化而与 $R'—NH_2$ 的氨基缩合，形成肽键。

b. 与蛋白质或多肽的游离氨基缩合形成肽键的结合剂。

（a）二异腈酸类（diisocyanate）。通过二异腈酸分别与 $R—NH_2$ 和 $R'—NH_2$ 的氨基缩合，形成肽键。

（b）卤代硝基苯（halonitrobenzene）。通过卤代硝基苯分别与 $R—NH_2$ 和 $R'—NH_2$ 的氨基共价结合。

（c）二亚胺酯（diimidoester）。通过二亚胺酯分别与 $R—NH_2$ 和 $R'—NH_2$ 的氨基共价结合。

c. 重氮盐类（diazonium salt）。

通过重氮盐分别与 R—X 和 R'—X 中的组氨酸、酪氨酸或赖氨酸的自由氨基共价结合。

② 甾体。体液中甾体激素（性激素和肾上腺皮质激素）种类繁多，含量极微，对体内甾体类药物进行检测时，需要很灵敏和很特异的方法才能有效测定。免疫分析技术可用于此分析，其关键是制备高特异性的抗体。

a. 甾体衍生物的制备。甾体激素的羟基和酮基不能直接和甾体蛋白形成有效的共价键，因此需要制备甾体的衍生物（含游离的羧基），然后再与载体蛋白连接，制成全抗原免疫动物。

（a）琥珀酸衍生物。甾体分子如果只含有一个羟基（如雌酮、睾酮），进行琥珀酸化可直接将甾体和琥珀酸酐与吡啶混合，室温下保持 3d，反应即可完成。含有两个羟基的甾体分子，如雌二醇-17β（E_2），可利用 3 位的酚羟基和 17 位羟基（仲醇）的反应能力的不同（酚羟基较活泼）而选择性地酯化一定位置的羟基。当在 25℃条件下，E_2 的琥珀酸酐与吡啶反应 5min，则 3 位的酚羟基被选择性地酯化；如果上述反应继续进行 3d，则可得到 3，17-E_2 双琥珀酸。再将此双琥珀酸衍生物在甲醇（碳酸钠）内选择性地使 3 位的酯键水解，就可得到 E_2 的 17-单琥珀酸衍生物。

（b）肟（oxime）衍生物。利用（O-羧甲基）羟胺和甾体的酮基反应可以制备睾酮、醛睾酮等的肟衍生物。反应式如下：

甾体酮基　＋　（O-羧甲基）羟胺　　　　　　　　甾体-（O-羧甲基）肟

　　d. 甾体衍生物和蛋白质的结合反应。甾体衍生物的游离羟基，可以经碳二亚胺缩合反应而与载体蛋白中的赖氨酸 ε-氨基形成肽键。此反应过程中，蛋白质分子或分子间常发生交叉结合，产生干扰。因此常改用混合酸酐反应（mixed anhydride reaction）。每 1mol 载体蛋白上结合的甾体的摩尔数很少超过 30。甾体分子的结合数目似乎和抗血清的效价、亲和力或特异性无关。

　　③ 抗生素。

　　a. β-内酰胺类抗生素。β-内酰胺类抗生素的 β-内酰胺环在偏碱性条件下可以与蛋白质的自由氨基以酰胺键的形式共价结合。其反应机理为伯氨基作为亲核试剂，攻击 β-内酰胺环的羰基碳原子，以分子间的酰胺键替代了原内酰胺键。在 pH 9.6 的碳酸缓冲液中，该反应可在 4℃冰箱中过夜，或在 37℃ 3h 完成。青霉素和蛋白质的结合物——青霉噻唑蛋白与头孢菌素和蛋白质的结合物的结构分别见图 3-1 和图 3-2。在此反应条件下，β-内酰胺抗生素在载体蛋白（如牛血清白蛋白）上的结合数目通常在 15 个左右，反应方程式如下（以青霉素为例）：

　　b. 氨基糖苷（aminoglycoside）类抗生素。氨基糖苷类抗生素其分子结构一般均含有氨基，因此可以用碳化二亚胺为连接剂实现药物和载体蛋白质的连接。也可以用戊二醛为交联剂，在碱性条件下通过 Schiff 碱结构，将氨基糖苷类抗生素分子中的氨基和蛋白质中的自由氨基连接。对链霉素等不含伯氨基的氨基糖苷类抗生素，可根据其分子结构的特点选择特定的连接反应来实现。如链霉素可以利用分子中的醛基和蛋白质的氨基直接缩合。

　　④ 半抗原和载体结合的化学反应的选择。在选择结合半抗原的化学反应时，应考虑不同的连接方式可能对抗体的专一性产生不同的影响。例如血管紧张素-Ⅱ为一个 8 肽，N端有一个游离的氨基，C 端有一个游离的羧基，若用碳化亚胺连接，结果将可以以分子的任一端或两端同时和载体蛋白连接。血管紧张素-Ⅱ的这三种不同的连接方式将产生不同的抗体。以 C 端和载体蛋白连接的血管紧张素-Ⅱ将产生专一性针对 N 端的抗体，这些抗体将和血管紧张素-Ⅰ发生广泛的交叉反应，因为这两种激素的唯一区别在于血管紧张素-Ⅰ在 C 端的 9、10 位置多两个氨基酸残基。如果目的是测定血管紧张素-Ⅱ，而要求避免血管紧张素-Ⅰ的干扰，这种连接方式显然不合适。如果改用一种连接氨基的连接剂，特别是具有双功能基且对氨基有高度专一性的二亚胺酯，就可以避免这种困难，而得到满意的结果（图 3-3）。

氨苄西林 头孢克洛

氨苄西林结合蛋白 头孢克洛结合蛋白

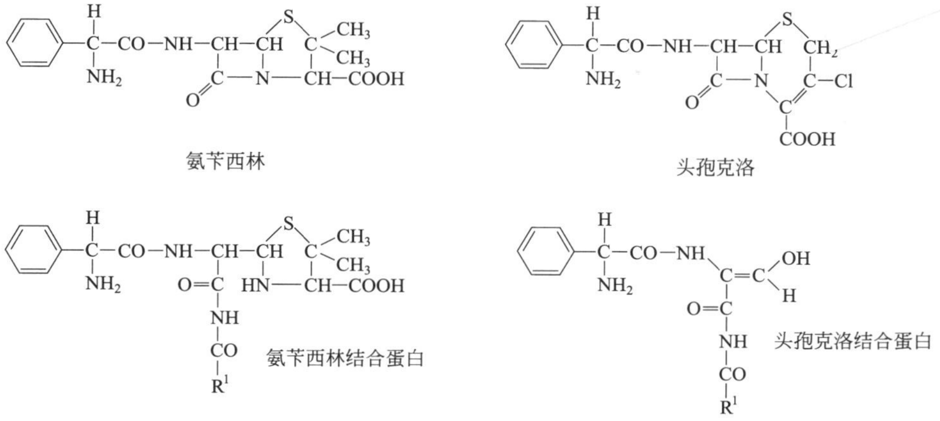

图 3-6 氨苄西林、氨苄西林结合蛋白和头孢克洛、头孢克洛结合蛋白的结构

b. 选择半抗原时应考虑抗原-抗体反应的微环境。即所设计的全抗原应能诱导抗体在其抗原结合部位创造出特定的有利于抗原-抗体反应的环境。如图 3-7 所示的半抗原，其半抗原的芳香环可在抗体的抗原结合部位创造出疏水的口袋结构，而半抗原中的磺酸基则在抗原结合部位诱导出具有互补正电荷的残基（Lys、Arg），因此诱导出的抗体和半抗原具有较高的亲和力。

c. 合理地利用分子类似物间的交叉反应（cross reaction）。为实现半抗原和载体的连接，要求半抗原中具有合适的反应基团，且该基团参与连接反应后又不影响半抗原的抗原特异性。但有时所要研究的药物半抗原分子并不能完全满足这些条件，此时可以利用结构相似的半抗原之间存在的免疫交叉反应，选择其他结构的分子满足实验的需要。如当我们要以双氢链霉素作为研究对象时，可利用链霉素和双氢链霉素之间的交叉反应，选择链霉素和载体蛋白结合，连接反应为链霉素的醛基在碱性条件下和蛋白质的氨基以 Schiff 碱的形式共价结合，用此合成抗原免疫所得的抗体和双氢链霉素具有强的交叉反应（图 3-8）。

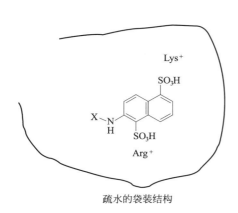

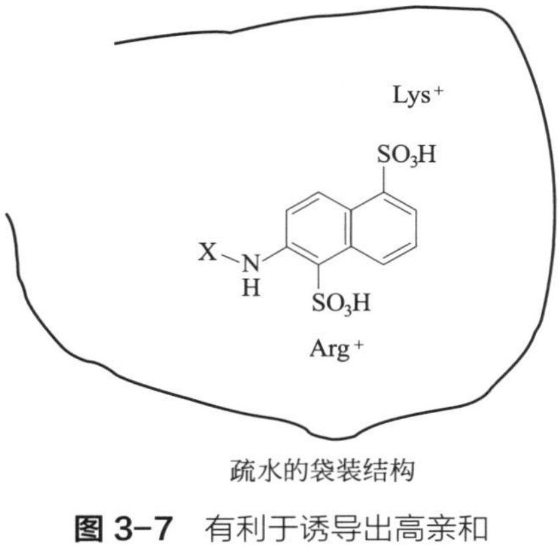

疏水的袋装结构

图 3-7 有利于诱导出高亲和力抗体的半抗原结构

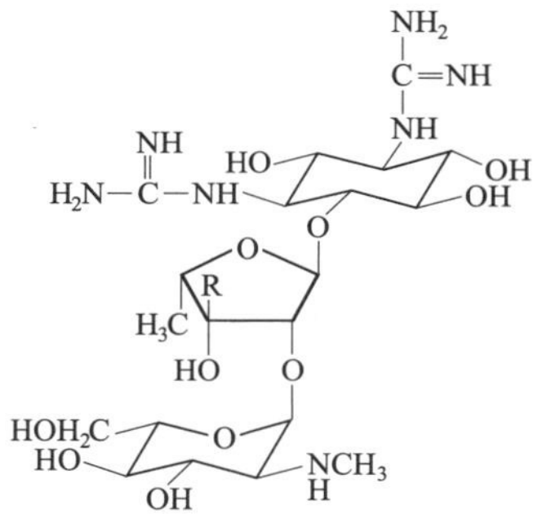

	R
双氢链霉素	CH_2OH
链霉素	CHO
链霉素蛋白结合物	$CH=N-R'$（R'为载体蛋白）

图 3-8 双氢链霉素、链霉素和链霉素蛋白结合物结构

半抗原的合成及特异性抗体的制备具有一定的复杂性，因此实践中合理地利用半抗原的交叉反应是简便、易行的途径。特别是在抗感染药物中，如所有的青霉素之间以及所有的磺胺类药物之间等。

（3）载体的选择。

① 实验设计中应考虑载体对检测系统的影响。在免疫过程中，合成抗原免疫动物，不仅可以产生抗半抗原抗体，也会产生大量的抗载体蛋白抗体。因此选择载体蛋白时应考虑载体对检测系统的影响。这通常包括两个方面。其一为选择的载体应和检测体系不发生交叉反应。如果要得到的抗体要用于测定血液中的半抗原，由于血液中存在大量的白蛋白，因此不宜选择牛血清白蛋白（BSA）等血液蛋白作为载体蛋白，而应选择和血液蛋白无关的蛋白如破伤风类毒素（TT）、卵清蛋白（OA）等为载体。其二为在进行酶联免疫吸附测定（ELISA）等免疫分析时，常将包被合成抗原用作竞争抗原或作为阳性对照，此时用于包被的合成抗原的载体应和用于免疫动物产生抗体的合成抗原的载体蛋白不同。如采用以BSA为载体的合成抗原免疫动物，得到的抗血清中除含有抗半抗原抗体外，还含有大量的抗BSA抗体。在进行ELISA实验时，如果仍选用以BSA为载体的合成抗原包被，其中的抗BSA抗体将和包被的合成抗原的载体——BSA发生反应，干扰了抗半抗原抗体和半抗原之间的特异反应。此时应包被以TT或OA为载体的合成抗原，由于TT或OA和BSA不发生交叉反应，从而避免了交叉反应对测定结果的影响。

② 免疫过程中应考虑载体效应的影响。在人工抗原诱导的免疫反应中，抗体的特异性依赖于半抗原分子结构中的免疫决定区，但整个载体蛋白大分子对抗体反应的性质和量也有影响。如用一个结合蛋白质（半抗原A＋载体A）免疫动物，所得的抗半抗原A抗体，能和半抗原（A）与另一不同载体（B）结合的蛋白质起反应。但如果用半抗原（A）和载体B的结合物作为抗原第二次免疫此动物时，并不能刺激次级免疫应答，此时，半抗原A的免疫反应仍呈初级免疫反应的特点。也就是说，虽然半抗原A（决定专一性的部分）没有改变，而只是载体（B）不同于初级反应中所用的载体（A），但半抗原（A）的抗体产生也会受到载体改变的影响。这一现象称为载体效应（carrier effect）。考虑到载体效应，在免疫过程中，为得到高效价的抗体，应使用相同载体的合成抗原制备抗半抗原抗体。

常用的载体有牛血清白蛋白（BSA）、卵清蛋白（OA）、破伤风类毒素（TT）和钥孔血蓝蛋白（KLH）等。

（3）合成抗原的测定

① 蛋白质测定方法。合成抗原通常以蛋白质为载体，蛋白质具有特定的三维构象，当其和半抗原结合后，原有的构象将发生较大的改变，据此可判断半抗原是否与载体蛋白结合。

② 光谱分析。蛋白质中的芳香族氨基酸是蛋白质的主要紫外生色团和荧光生色团。当蛋白质的构象发生改变时，常导致一些藏在分子内部的生色团外露。由于蛋白质的内部处在非极性的环境中，其极性较外部环境的极性要弱，荧光基团在极性环境中的最大发射波长较在非极性环境中的要长，故芳香族氨基酸的外露将导致蛋白质紫外吸收光谱的蓝移及荧光发射的红移，同时外露的荧光基团由于荧光猝灭使得蛋白质的荧光强度降低。半抗原和载体蛋白的结合，也可导致蛋白质构象的改变，构象的改变程度和半抗原的结合量

有关，通常半抗原的结合量越大，构象改变程度越大。根据此原理，可判断半抗原是否与载体蛋白结合，并选择最佳的结合条件。

以链霉素（SM）和牛血清白蛋白（BSA）的结合为例：链霉素和BSA在pH 9.6的条件下结合，经透析除去游离的链霉素后，利用紫外光谱法分析链霉素的牛血清白蛋白结合物（SM-BSA）。发现SM-BSA的最大吸收波长略向蓝移，蓝移的程度和链霉素与BAS的结合条件有关，37℃结合引起的蓝移大于4℃结合引起的蓝移（表3-2），提示37℃条件下结合优于4℃。

表 3-2　不同条件下合成的 SM-BSA 在 280nm 附近的最大吸收波长　单位：nm

温度	SM-BSA 的合成条件				BSA$_c$	BSA
	3h	6h	12h	24h		
4℃	277.6	277.2	277.4	277.3		
37℃	277.4	277.0	276.7	277.7	278.0	278.1

注：BSA$_c$ 表示 BSA 对照，即 BSA 溶液中不加 SM，其他处理同 SM-BSA。

链霉素和BSA的结合还将导致BSA的荧光光谱略向红移；在一定的反应条件下，增加反应物链霉素的量，BSA在340nm处的发射荧光强度明显降低；当链霉素的量增加至足够大时，荧光强度趋于平缓（图3-9）。

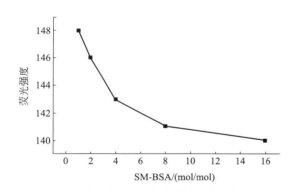

图 3-9　链霉素-BSA 合成中链霉素的加入量
与 BSA 在 340nm 处荧光强度的关系
（链霉素和 BSA 溶于 pH 9.6 的碳酸盐缓冲液中，
37℃保温 5h 后测定。Ex：280nm；狭缝：5nm；温度：25℃）

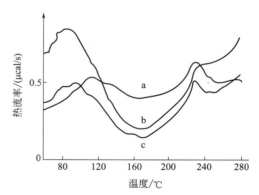

图 3-10　SM-BSA 和 BSA 的 DSC 曲线比较
a—BSA；b—SM-BSA；c—BSA$_c$；
扫描速度：20℃/min
1cal＝4.1840J

根据上述实验结果，可以确定所选择的合成条件能使链霉素和BSA结合，并可确定链霉素和BSA的结合条件：链霉素和BSA按15∶1的物质的量比，在37℃反应12h。

b.热力学分析。物质的热力学特征是由物质结构本身所决定的。不同物质或同一物质处于不同的状态，其热力学特征均可不同。半抗原和载体结合后，半抗原-载体结合物的热力学特性必将和载体的热力学特征有所差异，这种差异可通过差示扫描量热法（DSC）等热力学分析方法测定。图3-10显示SM-BSA和BSA的DSC曲线的差异。可见，链霉素和BSA结合后，在230℃附近的吸热峰和BSA的吸热峰明显不同，这可能是由BSA本身一级结构的改变所致。

② 定量测定方法。

a. 相对含量测定。通常利用 ELISA 法比较半抗原与载体蛋白的相对结合量，如测定上述不同反应条件下合成的 SM-BSA 中链霉素的相对结合量。首先包被等量的 SM-BSA（25μg/孔）到酶标板中，同时包被 BSA 为空白对照；用兔抗链霉素破伤风类毒素结合物（SM-TT）免疫血清为抗体，测定它们和不同条件下合成的 SM-BSA 的相对结合量（表 3-4）。测定值（A_{492}）越高，表明 SM-TT 抗血清和包被 SM-BSA 的相对结合量越大；由于 SM-BSA 的包被量相等，说明 A_{492} 的差异是由 SM-BSA 中链霉素的相对结合量的差异所致。结果表明在 37℃ 条件下，链霉素与 BSA 的相对结合量大于 4℃ 条件下的相对结合量。该结果和表 3-3 中利用 UV 法测定 SM-BSA 在 280nm 附近蓝移程度所得出的结果一致。

表 3-3　ELISA 法测定不同条件下合成的 SM-BSA 的相对含量

温度	不同条件下合成的 SM-BSA 的相对含量（A_{492}）				空白对照（BSA）
	3h	6h	12h	24h	
4℃	0.451	0.460	0.466	0.558	0.068
37℃	0.545	0.556	0.688	0.638	

相对含量测定法适用于测定那些因没有特异方法对半抗原含量进行定量测定的合成抗原，对确定合成抗原的反应条件是否合适有用。

b. 绝对含量测定。直接测定合成抗原中半抗原的绝对含量通常比较困难，只有在一些特定的条件下，如半抗原具有与载体蛋白完全不同的光谱吸收特征，且半抗原在此特定波长下具有较强的吸收，或能利用特定的化学反应定量测定结合半抗原的量，且不与载体蛋白发生反应，此时合成抗原中的半抗原结合量才可能被估测。如青霉素和蛋白质结合形成的青霉噻唑蛋白，其青霉噻唑基可与二价汞离子（$HgCl_2$ 溶液）发生特异的定量反应（Penamaldate 法），使之在 285nm 处的紫外吸收值增加；根据 285nm 处紫外吸收值的增加量，在以青霉噻唑正丙胺为对照品制得的标准曲线上可求出青霉噻唑基的绝对含量。

二、抗体

1. 定义

抗体是机体经抗原刺激由免疫活性细胞产生的一组免疫球蛋白，通常由两条相同的重链和两条相同的轻链所组成。抗体具有高度的特异性，一般只能与相应的抗原起专一的反应，其最基本的生物功能是防御外界物质对机体的侵袭。在免疫球蛋白中，免疫球蛋白 G（IgG）在血清免疫球蛋白中的含量最高，约占总量的 70%，

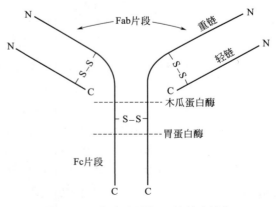

图 3-11　免疫球蛋白 G 的基本结构

其基本结构如图 3-11 所示。在免疫分析中 IgG 是最常用的抗体。

2.抗体的制备

免疫分析中，常用到的两类抗体为抗血清（多克隆抗体）和单克隆抗体。前者由抗原直接免疫动物而得到；后者需将预先免疫过的小鼠脾细胞与体外培养的骨髓瘤细胞经细胞融合技术产生杂交瘤细胞，再筛选而得。二者的许多特性如特异性、和抗原的沉淀反应等不相同（表 3-4），因此使用时应特别注意。

表 3-4　常规免疫血清和单克隆抗体的特性比较

项　　目	常规免疫血清（多克隆抗体）	单克隆抗体
抗体产生细胞	多克隆性	单克隆性
抗体的特异性	特异性识别多种抗原决定簇	特异性识别单一抗原决定簇
免疫球蛋白类别与亚类	不均一性,质地混杂	同一类属,质地纯一
特异性与亲和力	批与批之间不同	特异性高,抗体均一
抗体的含量	0.01～0.1mg/mL	0.5～5.0mg/mL(小鼠腹水) 0.5～10.0μg/mL(培养液上清液)
用于常规免疫学试验	可用	组合应用,单一不一定可用
抗原-抗体的沉淀反应	容易形成	一般难形成
抗原-抗体反应	抗体混杂,形成 2 分子反应困难,不可逆	可形成 2 分子反应,可逆

（1）抗血清（多克隆抗体）　抗血清通常指人工被动免疫后所制成的多克隆抗体，它是免疫分析中的重要工具。抗血清也称免疫血清，要获得一种质量好的抗血清，主要有免疫原的制备、动物免疫、放血、抗血清分离及抗血清的分析鉴定等步骤。

① 免疫原的制备。免疫原（immunogen）是人工将抗原制成能刺激机体引起体液及细胞免疫反应的物质。免疫原由质量好的抗原与佐剂制成，常用的免疫原有水剂、弗氏完全佐剂和弗氏不完全佐剂三类，其中水剂和弗氏完全佐剂使用得最多。

水剂是由无菌生理盐水将抗原制成一定浓度的免疫原。

弗氏完全佐剂（Freund's adjuvant）是由抗原中混有一定量的羊毛脂和石蜡油，以及一定浓度的分枝杆菌混合而成，经研磨达到油包水的程度。具体制法为：取羊毛脂-石蜡油（1∶3）混合，高压灭菌，等体积地同一定浓度的抗原混合，按 3mg/mL 的量加入卡介苗，研磨或于无菌注射器中对拉，使之成为油包水的程度（放入冰水中不扩散）即可。

在弗氏完全佐剂中去掉卡介苗，即为弗氏不完全佐剂，其制法同弗氏完全佐剂。

② 动物免疫。免疫分析中用于制备抗血清的动物通常为家兔和羊。家兔不仅对抗原的免疫反应性较好，产生的抗体也较均一；家兔的 IgG 不分亚类；实验中又易于管理；此外，羊抗兔 IgG 已商品化，可选为第二抗体做各类间接法测定；因此家兔是首选的免疫动物。

动物免疫的部位多采用脚掌、腹股沟淋巴结、大腿肌肉、皮下多点及静脉等，最好采用多部位并配合免疫效价测定为好。常用的制备半抗原抗血清的免疫方案如图 3-12 所示。

免疫剂量因动物种类、抗原分子量及免疫方案的不同区别较大，根据所用抗原量的不同，可分为微量、常量及大量免疫法。微量免疫法的免疫抗原量在微克级内，常量免疫法的免疫抗原量通常在 1～10mg，大量免疫法的免疫抗原量在 50～100mg，不同的免疫方

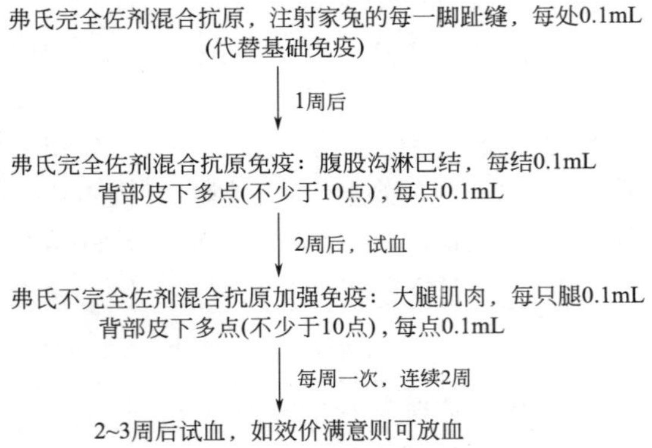

弗氏完全佐剂混合抗原，注射家兔的每一脚趾缝，每处0.1mL
（代替基础免疫）

↓1周后

弗氏完全佐剂混合抗原免疫：腹股沟淋巴结，每结0.1mL
背部皮下多点(不少于10点)，每点0.1mL

↓2周后，试血

弗氏不完全佐剂混合抗原加强免疫：大腿肌肉，每只腿0.1mL
背部皮下多点(不少于10点)，每点0.1mL

↓每周一次，连续2周

2~3周后试血，如效价满意则可放血

图3-12　常用的制备半抗原抗血清的免疫方案

案和剂量都能获得成功，但微量法免疫不易产生高效价抗体，大量法免疫易带来免疫耐受，通常利用合成抗原制备兔抗半抗原免疫血清时采用常量免疫法。

③ 试血及效价测定。家兔的试血通常可由耳缘静脉取血，取血前可用酒精搓擦兔耳，使其血管扩充，如效果不佳，可采用丙酮替代酒精搓擦，也可改由耳中间的动脉取血，试血的血量在0.5mL左右即可，取血后，待全血凝固后分离血清使用。

效价的测定方法有双向免疫扩散法、单向扩散法、对流电泳法、被动血凝法和ELISA法等。测定特异的抗半抗原免疫血清时，采用被动血凝法（将半抗原直接结合于红细胞表面的膜蛋白上）可避免载体蛋白抗体的干扰作用；如采用其他测定方法，应选用和免疫动物时所用的合成抗原具有不同载体的合成抗原与待测血清反应，以确证所测定的反应为半抗原抗体和半抗原决定簇的特异反应。

被动血凝法（passive hemagglutination）中将半抗原直接与红细胞表面膜蛋白的结合方法与人工抗原合成中半抗原与蛋白质的连接方法相同。如欲将青霉素结合到红细胞上，可采用以下方法：取健康兔血，加入等体积的奥氏溶液（alsever's solution）（柠檬酸钠0.80g，葡萄糖2.05g，NaCl 0.42g，水100mL），该血细胞悬液经1000r/min离心后，用生理盐水洗涤5次，用含100mg/mL青霉素的巴比妥缓冲液（0.14mol/L，pH 9.6）稀释成5%的血细胞悬液，37℃保温2h，用生理盐水洗涤5~10次，去除游离的青霉素，用生理盐水稀释成1%的血细胞悬液备用。

不同稀释度的抗血清和1%的血细胞悬液按1:1混合，37℃保温2h后观测血细胞的凝聚情况，即可测得免疫血清的效价。

④ 免疫动物血液的采集及抗血清的分离。免疫血清的效价达到一定水平后，抗血清的采集方法有部分采血和杀死动物一次性放血两种。前者常用于免疫羊等大动物，可由颈动脉抽全血200mL左右，继续饲养，第二次采血前6周左右加强一针水剂即可采血。对家兔等小动物，常采用杀死动物一次性放血的方法。家兔颈动脉放血可得到70mL左右的全血，豚鼠可采用心脏抽血法，小鼠则采用眼动脉挤血法。

采血时应注意无菌操作，尽可能将血放入面积较大的无菌容器中，先室温凝固30min左右，再放入30℃温箱约2h使之凝固，最后放入4℃冰箱过夜。次日吸取血清，将血块用无菌的玻棒轻轻剥离并搅碎，4000~10000r/min离心20min，再吸取血清。

采集的血清可分装至体积适当的容器中，冷冻干燥后放置于－20℃保存；也可不冻干，向血清中加入0.02％的NaN₃，－20℃以下可保存2～5年。

（2）单克隆抗体　单克隆抗体是建立在经细胞融合而获得的杂交瘤细胞基础上的。根据抗体产生的克隆选择学说，每一株细胞克隆只分泌特异性均一的一种单克隆抗体。在得到分泌单克隆抗体的细胞克隆后，通常以两种方法大量生产单克隆抗体。其一是细胞培养法，其二是接种动物体内生产法。由于组织培养法所能得到的抗体的最大量仅在0.5～20μg/mL，故实验室中更常用的方法是在动物体内进行繁殖。

要在动物体内产生单克隆抗体，首先必须正确选择宿主动物。用于生产单克隆抗体的动物应在遗传上与杂交瘤细胞相适用，否则将由于组织相容性抗原的不同，被宿主所排斥。为避免宿主排斥反应，可用辐射处理动物，或提前1～2周经腹腔注射0.5mL的液体石蜡。

将杂交瘤细胞在组织培养过程中适当繁殖后，以1000r/min离心5min，吸出上清液，收集细胞并悬在无血清的培养液中，计数，然后将细胞调至（1～5）×10⁷个/mL，吸到5mL的注射器中，注入到小鼠腹腔。为了产生较多的腹水，每只小鼠至少需要注射（1～5）×10⁷个杂交瘤细胞。通常7～10d后采集腹水。

对提纯单克隆抗体的含量进行测定通常采用紫外吸收法。如文献报道人及家兔的IgG在280nm波长下的$A_{1\%(1cm)}$值均等于13.5，故可认为小鼠IgG的$A_{1\%(1cm)}$值也与其相当。实际中提纯的单克隆抗体（IgG）在280nm波长下测定吸光度（A_{280}）后，可按式（3-1）估算其浓度：

$$c(\text{mg/mL}) = \frac{A_{280}}{1.4} \tag{3-1}$$

3. 抗体的纯化

抗体的纯化对于研究抗原-抗体的相互作用和抗体的应用有着重要的作用。抗体的分离纯化可概括为两大类：①非专一方法（化学方法），提纯或浓缩某一类免疫球蛋白；②专一方法，利用免疫吸附剂和亲和色谱的方法得到免疫学上专一性的抗体。

（1）IgG的化学分离

① 冷酒精沉淀法。冷酒精沉淀法是Cohn等于1946年创立的从血清中分离免疫球蛋白的方法，全部分离过程如图3-13所示，血清加3倍的蒸馏水稀释，调节pH至7.7±0.1，冷却至0℃。在激烈搅拌的条件下，加入预冷的酒精（－20℃）到最后含量为20％，保持在－5℃。产生沉淀（A），含有大多数种类的免疫球蛋白。沉淀（A）悬浮于25倍体积的0.015～0.02mol/L的NaCl（冷）中，加0.05mol/L乙酸调节pH至5.1，产生的沉淀（B）包括大部分的IgA和IgM，而IgG则留在上清液中。调节上清液的pH到7.4，加冷酒精（－30～－20℃）到最后浓度为25％，维持在－5℃。所得沉淀（C）含有90％～98％的IgG。不同动物，IgG分离的条件和产量略有不同，见表3-5。从沉淀（B）可按下述方法进一步分离出IgA和IgM的混合物：将沉淀（B）悬浮于0℃水中，调节pH至5.1；离心去除不溶的蛋白质，调节离子强度到0.0075～0.01，pH 5.5；然后加冷酒精到最后含量为10％，维持在－2℃或－3℃低温，所得到的沉淀（B-B）主要含IgA和IgM。

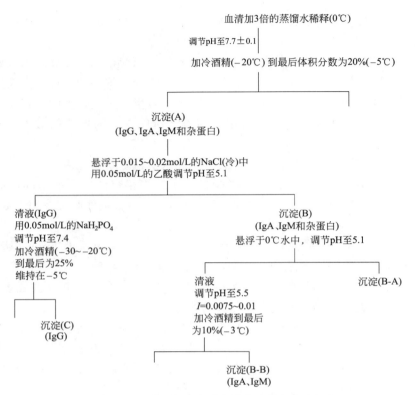

图 3-13 冷酒精沉淀法从血清中分离免疫球蛋白

表 3-5 从动物和人血清沉淀 A 分离 IgG 的条件

物种	pH	沉淀条件		IgG 产量/%
		酒精含量/%	离子强度	
人	5.1	15	0.01	65
山羊	5.2	0	0.01	65
家兔	5.2	10	0.01	70
大鼠	5.0	15	0.01	50
豚鼠	5.1	15	0.01	70
鸡	5.1	15	0.01	30
马	5.8	20	0.005	20

　　② 中性盐分段沉淀法。通常采用更简便的硫酸铵或硫酸钠沉淀免疫球蛋白法。和酒精沉淀法比较，其优点是简便，蛋白质变性的危险较小；缺点是分离的纯度较差。血清在低温条件下，经 50% 饱和硫酸铵多次反复沉淀，脱盐后可得 IgG 的粗品。如图 3-14 所示。

　　血清在室温连续用 18% 的硫酸钠、12% 的硫酸钠和 12% 的硫酸钠沉淀，最后的主要沉淀是 IgG，如图 3-15 所示。

　　③ DEAE-纤维素柱色谱法。最常用于纯化 IgG 的方法是 DEAE-纤维素柱色谱法。血清或用上述方法得到的免疫球蛋白粗制品，先用磷酸盐缓冲液（pH 6.3，0.0175mol/L）透析，然后通过事先用此缓冲液平衡过的 DEAE-纤维素柱，IgG 不被保留，被洗脱下来，

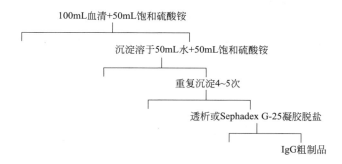

图 3-14 硫酸铵沉淀法制备 IgG 粗制品（整个过程在低于 5℃ 的条件下进行）

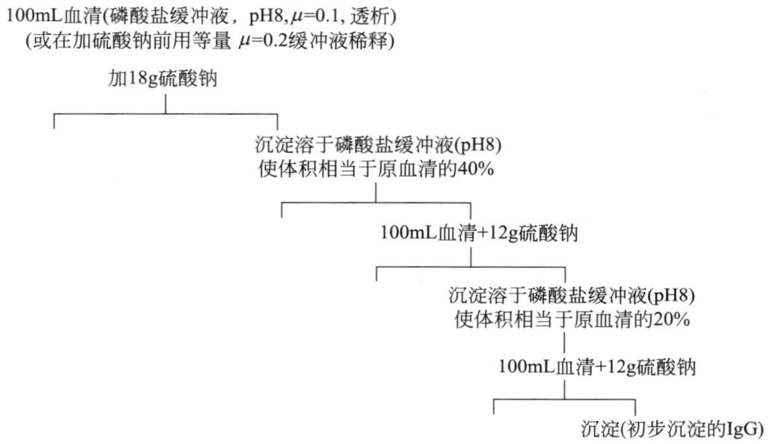

100mL血清(磷酸盐缓冲液，pH8, $\mu=0.1$, 透析)
(或在加硫酸钠前用等量 $\mu=0.2$ 缓冲液稀释)

加18g硫酸钠

沉淀溶于磷酸盐缓冲液(pH8)
使体积相当于原血清的40%

100mL血清+12g硫酸钠

沉淀溶于磷酸盐缓冲液(pH8)
使体积相当于原血清的20%

100mL血清+12g硫酸钠

沉淀(初步沉淀的IgG)

图 3-15 硫酸钠沉淀法初步纯化 IgG（全过程在室温下进行）

而其他血蛋白组分均被保留。这样就可以得到在免疫化学上纯的 IgG。

用 DEAE-Sephadex 可以简便、快速地分离。其步骤简述如下：DEAE-Sephadex A-50（粗颗粒）在水中溶胀后，再经 0.5mol/L 的 NaOH 和 0.5mol/L 的盐酸反复处理，然后在 0.01mol/L 磷酸盐缓冲液（pH 6.5）中平衡。50mL 血清（无须透析）加 10g 处理过的 DEAE-Sephadex；这一稠的混合物在冷处搅拌 1h，过滤；再用 25mL 同一缓冲液分 4 次洗涤沉淀；合并滤液；再加 10g 新处理过的 DEAE-Sephadex，置冷处搅拌，过滤；DEAE-Sephadex 沉淀再用 200mL 缓冲液分多次（每次 12～20mL）洗涤，滤液几乎含有血清中的全部 IgG；用 1mol/L 的 K_2HPO_4 溶液迅速中和到 pH 7.5。Sephadex 在 pH、离子强度改变时，凝胶颗粒的体积改变很大，因此不适宜在柱色谱上反复使用。

利用柱色谱分离 IgG 时，应注意不超过离子交换柱的交换容量。当血清或浓缩的免疫球蛋白过量时，洗脱液中可能混入杂蛋白（主要是转铁蛋白），影响分离效果。为避免这一缺点，应增加离子交换剂的量和柱长，或改用交换容量更大的离子交换剂。此外，还应注意，在通常采用的色谱条件下，DEAE-纤维素并不能分离 IgG 的所有亚类（IgG_4）。

（2）利用免疫吸附剂纯化特异抗体

① 利用特异抗原纯化特异抗体。利用各种化学分离的手段分离的抗体，通常是含有各类不同特异性的抗体的混合物，为得到单一的某种特异性抗体，应借助亲和色谱的方法，将半抗原和抗原特异地与不溶性载体结合，制成特异的免疫吸附剂，进而纯化出所需

要的特异性抗体。免疫吸附剂的制备及相关理论问题详见相关参考文献。

实现半抗原与不溶性载体连接的途径可概括为两类：a. 首先制备半抗原-蛋白质结合物，然后利用蛋白质和不溶性载体的连接反应，制备半抗原免疫吸附剂。采用该途径时，应考虑所选择的与不溶性载体连接的蛋白质和为免疫动物产生抗体而制备的半抗原-蛋白质结合物的载体蛋白之间不应有交叉反应，否则得到的抗体仍为混合抗体，除了含有特异的抗半抗原抗体外，还含有抗载体蛋白抗体。b. 根据半抗原的特性，利用特异的反应将半抗原直接与不溶性载体连接。如在偏碱性条件下，以赖氨酸为连接臂，可以实现含有醛基的半抗原如链霉素等与溴化氰活化的 Sepharose 4B 的连接；以戊二醛为连接臂，可以实现含有氨基的半抗原如各类氨基糖苷类抗生素与溴化氰活化的 Sepharose 4B 的连接。采用该途径时，所选用的结合反应的专属性是实验成功与否的关键。虽然选择方法较为困难，但一旦获得成功，将得到高纯度的特异抗体。

② 利用特定的细菌蛋白纯化特异抗体。从葡萄球菌中分离出的蛋白 A（protein A）和从链球菌中分离出的蛋白 G（protein G），在一定条件下可与各种免疫球蛋白的 Fc 端相结合。利用这一特点，将其与不溶性载体结合，制成的特异吸附剂可以用来纯化免疫球蛋白。通常利用此方法从小鼠的腹水中纯化单克隆抗体。

蛋白 A 或蛋白 G 与不溶性载体的连接反应与其他蛋白质和不溶性载体的连接反应相同。目前已有商品的蛋白 A-Sepharose 4B 出售。利用蛋白 A-Sepharose 4B 纯化鼠单克隆抗体的方法简述如下。

a. 制备色谱柱。蛋白 A-Sepharose 4B 首先用 0.1mol/L 的磷酸盐缓冲液（pH 8.0）膨胀和洗胶后装柱，用上述缓冲液洗至平衡，4℃存放。使用前用 2～3 倍床体积的 0.2mol/L 的甘氨酸-盐酸缓冲液（pH 2.0～2.5）洗柱子，再用 0.1mol/L 的磷酸盐缓冲液（pH 8.0）平衡柱子。

b. 样品的处理。样品上柱前最好将腹水在 4℃的条件下离心 30min，转速约 19000r/min，弃去上层的脂肪层和沉淀（变性蛋白和细胞碎片）；将澄清的腹水按 1 体积加 1/2 体积量的磷酸盐缓冲液稀释，再进一步同上离心或用阻挡 200000 分子量以上的超滤膜过滤，或用 G-5 的砂芯漏斗抽滤一次，用 1mol/L 的 Tris-HCl 缓冲液（pH 9.0）调 pH 至 8.0；一般每 1mL 床体积可加样 0.5～1mL；流速为 0.1～0.5mL/min，加样完毕后样品于 4℃保留 1h 以上再洗脱。

c. 洗杂蛋白。IgG 以外的杂蛋白可用 10 倍床体积的磷酸盐缓冲液洗柱子，直到 $A_{280} \leqslant 0.05$。

d. 洗脱 IgG。用 0.1mol/L 的柠檬酸钠缓冲液（pH 3.5）将 IgG 洗下，并及时用 2mol/L 的 Tris-HCl、0.15mol/L 的 NaCl 缓冲液（pH 7.6）中和至中性。

e. 蛋白 A-Sepharose 4B 柱的再生。用 0.2mol/L 的甘氨酸-盐酸缓冲液（pH 2.0～2.5）洗柱子，再用 0.1mol/L 的磷酸盐缓冲液（pH 8.0）平衡柱子，重新使用。

4. 特异性抗体的筛选与效价测定

（1）抗体的效价测定　效价（titer）又称滴度，指某一物质与一定容量的另一物质产生反应所需要的量。在免疫分析中，免疫血清中抗体的效价指将血清进行稀释，测定与一定的抗原能发生反应的最大稀释度，此最大稀释度即为血清的效价。如反应终点血清的稀释度为 1/100，则血清的效价为 1：100。可见抗体的效价除了和抗体的量有关外，还和所选择的测定方法的灵敏度有关。相同的血清，采用不同的方法测定可得出不同的效价值。

　　常用的效价测定方法有免疫扩散法、间接血凝法和 ELISA 法等。ELISA 法测得的效价最高，免疫扩散法测得的效价最低。

　　(2) 抗原决定簇特异性抗体的筛选　　对抗体，特别是单克隆抗体的抗原决定簇特异性进行筛选和评价，首先要制备出含不同抗原决定簇的特异抗原，然后根据抗体和这些抗原相互作用的强弱进行分析。以对抗 BPO 单克隆抗体的分析为例说明。

　　a. 由于青霉素和蛋白质结合形成的青霉噻唑蛋白主要含有三个不同的抗原决定簇（图3-1），因此应诱导出与之对应的具有不同抗原决定簇特异性的单克隆抗体。为对具有不同抗原决定簇特异性的单克隆抗体进行筛选，采用两种方法，即分别用氨苄西林和头孢克洛包被聚苯乙烯微孔板。

　　(a) 方法 1。戊二醛-半抗原包被。由此所得到的抗原决定簇的结构为：

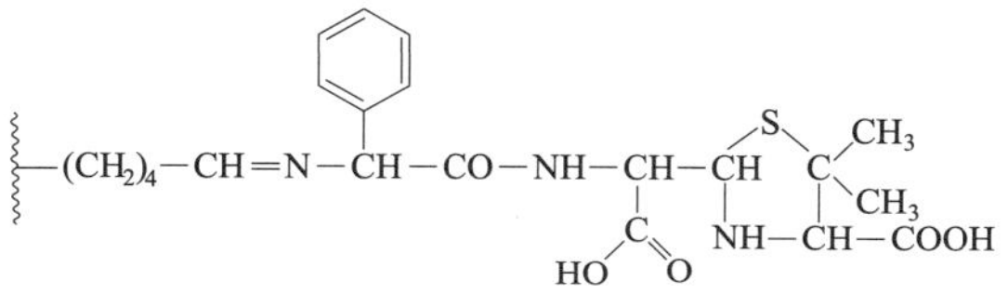

戊二醛-氨苄西林包被形成的抗原决定簇

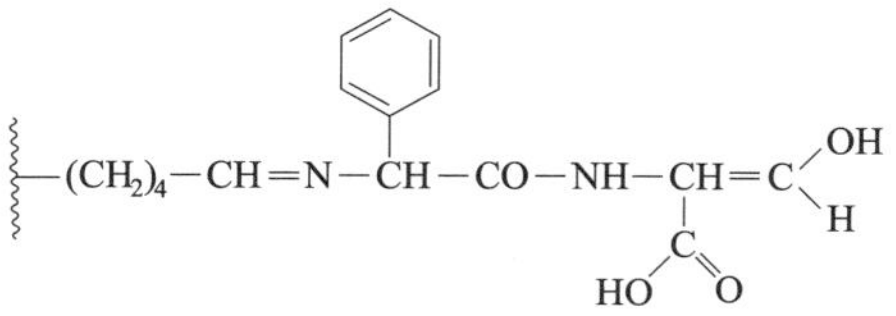

戊二醛-头孢克洛包被形成的抗原决定簇

　　(b) 方法 2。戊二醛-二乙胺-半抗原包被。由此所得到的抗原决定簇的结构为：

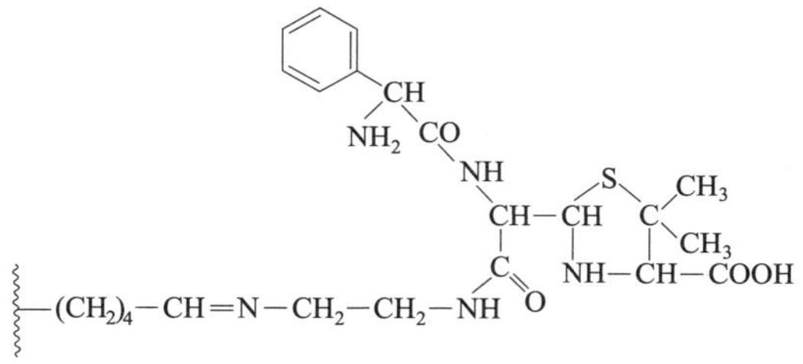

戊二醛-二乙胺-氨苄西林包被形成的抗原决定簇

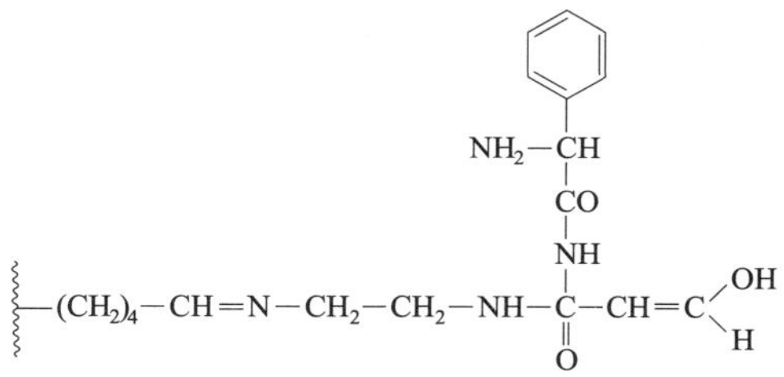

戊二醛-二乙胺-头孢克洛包被形成的抗原决定簇

　　可见，戊二醛-氨苄西林（Amp-GA）包被形成的抗原决定簇主要为噻唑环（抗原决定簇Ⅱ）；戊二醛-二乙胺-氨苄西林（Amp-EDA-GA）包被形成的抗原决定簇和青霉噻唑蛋白的结构相似，主要含有侧链（抗原决定簇Ⅰ）和噻唑环（抗原决定簇Ⅱ）两个抗原决定簇；戊二醛-二乙胺-头孢克洛（Cfc-EDA-GA）包被形成的抗原决定簇主要含有侧链（抗原决定簇Ⅰ）；而戊二醛-头孢克洛（Cfc-GA）包被形成了新的抗原决定簇。

　　b. 比较不同单克隆抗体与四种不同包被 ELISA 板的作用情况。可根据 ELISA 实验中单克隆抗体的最低阳性浓度进行比较（表 3-6）。

表 3-6　单克隆抗体在不同包被 ELISA 板上的最低阳性浓度

单克隆抗体	最低阳性浓度/（µg/mL）			
	Amp-EDA-GA	Amp-GA	Cfc-EDA-GA	Cfc-GA
D-6	9.6	1.2	0.6	0.2
D-11	4.4	0.4	1.6	1.6
D-8	0.2	1.2	0.2	2.2
D-45	0.3	0.3	1.2	2.4
D-10	3.8	3.8	7.6	3.8
D-12	6.2	3.1	6.2	3.1

　　由表 3-6 可见，单克隆抗体 D-45 在 Amp-EDA-GA 和 Amp-GA 包被板上的最低阳性浓度均较低，而在 Cfc-EDA-GA 和 Cfc-GA 包被板上的最低阳性浓度均较高，说明它和 Amp-EDA-GA 及 Amp-GA 包被板的作用较强，而和 Cfc-EDA-GA 及 Cfc-GA 包被板的作用较弱，由于 Amp-EDA-GA 及 Amp-GA 包被板上均含有青霉素的噻唑环，而 Cfc-EDA-GA 及 Cfc-GA 包被板上均不含有噻唑环，故被认为 D-45 特异性识别青霉素的噻唑环结构（青霉噻唑蛋白中的主要决定簇）；D-8 主要靶向氨苄西林的侧链（苯甘氨酸）及其核心结构的复合表位；D-6 对头孢菌素-蛋白结合物中的 β-内酰胺环衍生决定簇（如头孢噻唑结构）具有高亲和力；而 D-10 和 D-12 可能识别青霉素降解产生的小分子片段（如青霉烯酸），因此与四种 ELISA 包被抗原的亲和力均较低。

　　（3）构象特异性抗体的筛选

　　Pfund 等建立的构象敏感性免疫测定（conformation-sensitive immunoassay）法可用于鉴定构象特异性单克隆抗体，其基本原理为包被蛋白（抗原），利用变性技术使包被蛋白变性，然后利用传统的 ELISA 比较单克隆抗体和变性蛋白及正常蛋白的作用情况，当单克隆抗体仅能与正常蛋白作用，而不能与变性蛋白作用，或仅能与变性蛋白作用，而不能与正常蛋白作用时，该单克隆抗体为构象特异性抗体，Inagaki 等利用该原理发展了一个对转化生长因子 α（transforming growth factor α，TGF α）非常特异的分析方法，在 ELISA 夹心法（sandwich ELISA）中，利用包被的兔抗 TGF α 抗体吸附样品中的 TGF α，并使吸附后的 TGF α 构象改变；此时原先不外露的 TGF α 表面的 10~33 位氨基酸序列外露，利用筛选到的仅与该位点结合的单克隆抗体与之作用，从而解决了 TGF α 和表皮生长因子（epidermalgrowth factor，EGF）间的交叉反应问题。

第三节　免疫分析方法

免疫分析法可分为放射免疫法、荧光免疫法、酶免疫法等，它们都具有灵敏度高、选择性强的特点，已广泛应用于科学研究、药物分析、临床检验、环境监测等多个领域。

一、放射免疫分析法

放射免疫分析法（RIA）是最早建立的经典免疫分析方法，尽管由于其需要严格的废物处理手续和特殊的实验室，曾很早就被认为会从市场上消失，但目前仍被广泛应用，且在相当长的一段时间内仍将保留。

1. 基本原理

当一定量的抗体（Ab）存在于反应体系时，体系中标记抗原（Ag^*）与未标记抗原（Ag）就竞争性地与抗体结合，分别形成标记抗原-抗体结合物（Ag^*-Ab）与未标记抗原-抗体结合物（Ag-Ab）。

$$\begin{array}{ccccc} Ag & & & & Ag\text{-}Ab \\ & + & Ab & \rightleftharpoons & \\ Ag^* & & & & Ag^*\text{-}Ab \\ \text{（游离状态）} & & & & \text{（结合状态）} \end{array}$$

在标记抗原与抗体浓度固定时，当未标记抗原量增多，由于标记抗原被非标记抗原稀释，抗体结合点被标记抗原所占的量减少，则标记抗原-抗体结合物（即结合状态的标记抗原）量（B）减少，而游离状态的标记抗原量（F）增加，这种关系可用表3-7示意说明。

表 3-7　放射免疫测定原理示意

标记抗原 Ag^*	未标记抗原 Ag	结合状态的标记抗原量（B）	游离状态的标记抗原量（F）	B/F	结合率 $B/(B+F)\times 100\%$
6	0	4	2	2.0	67%
6	2	3	3	1.0	50%
6	6	2	4	0.5	33%
6	18	1	5	0.2	17%

放射免疫测定的基础是免疫反应，当抗原遇到其相应的特异抗体时形成抗原-抗体结合物；用放射性同位素标记的抗原，当其免疫决定簇在未受到很大影响的情况下，仍能与其相应的特异性抗体结合。

2. 放射性同位素的概念

原子的中心是原子核，其周围是一些按照一定轨道绕核运动的电子，原子核带正电荷，电子带负电荷。原子核外有多少电子，核就带多少正电荷，通常以 Z 表示，称之为原子序数。当 Z 较小时，即为轻元素（中子/质子，即 $n/p=1$）；当 Z 较大时，即为重元素（$n/p=1.5$），当 n/p 值偏离其特定比值时，则此元素是不稳定的，会发生放射性衰变，称为放射性元素。如果元素的 Z 相同而质量数 A 不同，称为放射性同位素。它们有天然的，也有人工的，例如 H，^{3}H 就是人造放射性同位素。

放射性同位素核衰变时，会发射出 α 射线（即氦核）、β 射线（即电子）、γ 射线（一种高能电磁波）和 β$^+$ 射线（即正电子），或从核外获得一个电子等，各种射线都很容易用仪器探测出来，并且灵敏度很高，^{3}H 衰变放射出 β 射线，可用液体闪烁谱仪检测。^{131}I、^{125}I 衰变时放射出的 γ 射线，可用井型闪烁计数器检测，在放射免疫测定中，主要就用这些同位素作示踪原子。

放射性同位素以 Bq（贝可）表示其放射性活度，1Bq 的放射性为每秒 1 次核衰变，每单位质量所含的放射性活度（Bq/g），称为比活度。

3. 放射性药物标记

放射免疫分析中，常用的标记物是 ^{125}I 标记物和氚标记物，^{125}I 标记法有氯胺 T 法、乳过氧化酶法、碘剂法和碘珠法。目前最成熟且采用最多的是氯胺 T 法，主要用于对蛋白质、多肽激素和含碘氨基酸的标记，对于甾体激素的碘标记，要采用接枝标记技术，可供接枝的化学基团有 O-羧甲基肟、半琥珀酸酯、羧甲基、巯基乙酸、葡萄糖苷酸、甲酸酯等。常用的标记基团有酪氨酸甲酯、酪氨和组氨。氚标记应用于类固醇激素、环核苷酸、前列腺素的研究较多，但要求保持生物活性，并具较高的放射性活度和高的比活度的特性。

4. 放射免疫测定中结合或游离放射性物质的分离

分离结合或游离的放射性物质，进而进行测定是放射免疫分析的关键，目前应用的主要分离方法有以下几种。

（1）柱色谱法（如凝胶过滤）和电泳法　这些方法分离效果很好，但操作较复杂，且费时，不适合大量样品的检测。

（2）吸附法　如用硅酸盐或活性炭等，它们对蛋白质、多肽、药物等具有非特异吸附能力，若在其表面包被一层白蛋白、右旋糖酐等物质，将会限制其对大分子物质的吸收，而只允许较小的游离放射性物质吸附在颗粒上，经离心沉淀即可达到分离目的。

（3）沉淀法　可用中性盐或有机溶剂使抗原-抗体结合物沉淀，从而达到分离的目的，常用的有硫酸铵、聚乙二醇等，前者非特异性沉淀偏高，后者效果较好，一般用聚乙二醇（PEG）6000，终浓度为 20%。

（4）抗抗体法　即用第二抗体（抗抗体）沉淀在第一次反应中所形成的抗原-抗体结合物，此法可与 PEG 法结合使用：加入抗抗体后于 37℃水浴中作用 1h，再加入等体积的 10% PEG，离心沉淀即可，该方法特别适合于分离半抗原-抗体结合物。

（5）微孔滤膜法　利用微孔滤膜减压抽滤，小分子游离放射性物质可通过滤膜，而大分子的结合物则留在膜上，从而达到分离的目的。

（6）固相法　将抗体结合到固相载体上，反应后经离心及洗涤，去除游离的放射性物质，常用的固相载体有葡聚糖凝胶、纤维素等。

5. 放射免疫分析测定的具体方法

放射免疫分析测定法包括以下三个步骤：①抗原-抗体反应；②结合的和游离的放射性物质的分离；③放射性活度的测定。

测定时，通常先以各种已知浓度的抗原（高度纯化的待测物质的标准品）与一定量的标记抗原及适量抗体进行作用后，测定各种标准浓度抗原-抗体结合物的放射性活度，求出结合率，绘制标准曲线（剂量反应曲线）。然后取一定量样品按同法进行测定，再根据被测抗原的放射性结合率，就可以从曲线中查出相应的该抗原的含量。

二、荧光免疫分析法（fluorescence immunoassay，FIA）

1. 荧光猝灭（fluorescence quenching）法

一个分子发生荧光是由于它吸收了一定波长的光后，为了消散这部分吸收的能量而发射出波长较长的光，用紫外光照射蛋白质，可诱导蛋白质产生荧光，虽然苯丙氨酸、酪氨酸和色氨酸残基均能有效地产生荧光，但色氨酸残基是产生荧光的主要成分，用波长为$280\sim295nm$的光照射提纯的抗体，它发射出的荧光波长为$330\sim350nm$，这是由于色氨酸残基发射出荧光波，若这种激发的能量转移到不发生荧光的分子上，则蛋白质的荧光便减少，因此，当提纯的抗体与具有某些荧光性质的半抗原作用时，紫外光照射所产生的激发能量被转移到不发生荧光的结合半抗原上，并为非荧光过程（nonfluorescent process）所消散，从而导致了抗体荧光的减弱或猝灭，如半抗原 2,4-二硝基苯（DNP）基团的抗体荧光猝灭法，半抗原 DNP-赖氨酸的最大吸收波长在 360nm，它的吸收光谱恰好与抗体的发生波长重叠（图 3-16），因而特别适合于对抗体的荧光猝灭研究，首先测定半抗原将所有的抗体结合部位占有时获得的最大荧光猝灭值（Q_{max}）（可能高达 80%）；然后假定抗原-抗体结合物的数量和半抗原的量在一定范围内呈正相关，并与荧光猝灭值呈负相关，由此可求结合及游离的半抗原的量。

该法的优点是需要的抗体量小，但它局限于高纯度并具有所需的光谱性质的半抗原和抗体。

2. 荧光增强（fluorescence enhancement assay）法

某些半抗原和抗体结合，可导致蛋白质荧光的减弱，但这些从蛋白质色氨酸转移过来的激发能，并不被消散，而是被荧光半抗原吸收了，从而显示了它的荧光增加，这种现象被称为荧光增强，某些半抗原的这种性质可用于测定其含量，该方法的明显优点是不需要提纯的抗体，因为测量的是半抗原的荧光性质而不是抗体的荧光性质。

具有这种荧光性质的分子，如二甲基氨基萘-5-磺酰（DANS）基团，它的吸收最大处是色氨酸的荧光最强处；它的吸收最小处是蛋白质的吸收最大处，在 520nm 处它发射最强荧光，此时，蛋白质则不发荧光，因此，当兔抗体与 DANS-赖氨酸作用时，连接物的荧光增强了 25～30 倍（图 3-17），由于荧光的强度与结合的半抗原的分子数量有关，故平衡时，可用于定量测定结合的半抗原。

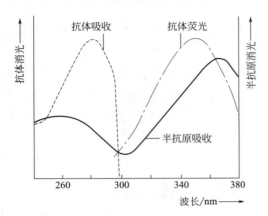

图 3-16 抗 DNP 抗体和 DNP-赖氨酸
半抗原的吸收和发射光谱

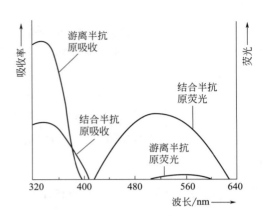

图 3-17 游离的和与抗体结合的 DANS-赖氨酸
的吸收和发射光谱

3. 荧光偏振（fluorescence polarization）法

小分子发射的荧光在正常情况下并不偏振，因为在激发和发射之间的短时间内分子是随机排列的。当分子增大时，布朗运动旋转所产生的分子旋转量减少，因此，当荧光分子与抗体分子作用时，分子明显增大，使旋转运动受到限制，在这种情况下，分子随抗体定向的过程比自由的荧光分子要慢，从而导致发射的荧光偏振，根据荧光的偏振程度可以定量测定结合的和游离的抗原，此法已用于测定半抗原、荧光标记蛋白质抗原与相应的抗体之间的作用，常用于蛋白质抗原研究的标记试剂是异硫氰酸荧光素和二甲基氨基萘磺酰氯。

4. 时间-分辨荧光免疫分析法（time-resolved fluorometric immunoassay）

荧光免疫分析中的时间-分辨测量技术，是为了提高免疫分析法的灵敏度和特异性而发展起来的，测定中根据标记物和干扰物荧光寿命的差异，选择性地测定标记物的荧光信号即为所谓的时间-分辨测量技术（图 3-18）。荧光免疫分析中的主要问题是测量过程中的高背景荧光干扰而使测试的灵敏度受到限制，这些背景荧光来自塑料、玻璃及样品中的蛋白质等，其寿命一般在 1～10ns，表 3-8 中列出了一些常见荧光团的荧光寿命，由此可见，若用荧光素作为标记物，用时间-分辨技术仍不能消除干扰。因此必须采用具有比产生背景信号组分的荧光寿命适当长的荧光团作为标记才能利用时间-分辨测量的优点，由于某些镧系元素螯合物的荧光寿命比常用的荧光标记物高出 5～6 个数量极，因此可以很容易用时间-分辨荧光计将其背景荧光区别开来。

表 3-8 一些荧光团和蛋白质的荧光寿命

物质	荧光寿命/ns	物质	荧光寿命/ns
人血清白蛋白（HSA）	4.1	异硫氰酸荧光素	4.5
细胞色素 c	3.5	丹磺酰氯	14
球蛋白（血球蛋白）	3.0	铕螯合物	$10^3 \sim 10^4$

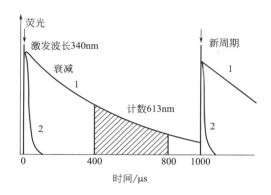

图 3-18　时间-分辨荧光测量原理

　　测量周期为 1ms，在每个周期的开始产生一个小于 1μs 的脉冲激发光，脉冲激发后的衰落时间是 400μs，而在每个周期中实际计数时间也持续同样长，曲线 1 表示铕离子螯合物的荧光；曲线 2 表示背景荧光（实际衰减时间小于 1μs）

　　目前，时间-分辨荧光免疫技术正越来越多地被用于许多蛋白质、激素、病毒抗原乃至 DNA 杂交体等的分析。

三、克隆酶供体免疫分析法

　　克隆酶供体免疫分析（cloned enzyme donor immunoassay，CEDIA）法的原理是利用重组 DNA 技术，合成 β-半乳糖苷酶（β-galactosidase）的两个独立存在时无酶活性的蛋白质片段，但两者结合时则显示出酶活性，较小的片段（70～90 氨基酸）被称为酶供体片段（enzyme donor，ED），另一片段约占整个酶氨基酸序列的 97%，被称为酶受体片段（enzyme accepter，EA），具体的方法原理如图 3-19 所示。

　　由于药物的 ED 标记物与抗体结合后不再与 EA 形成酶，所以当样品中游离药物量增加时，游离的 ED-药物增多，从而使组成的活性酶量增多，加入底物显色测定时则可显示出更强的反应，CEDIA 是现在最为灵敏的均相免疫分析法之一，灵敏度可达 10^{-11} mol/L，而且有很高的精确度，CEDIA 已被用于药物的测定，大量此类方法的药盒正在开发中。

四、酶联免疫吸附分析法

　　酶联免疫吸附分析法（enzyme-linked immunosorbent assay，ELISA）作为一种基本的免疫测定方法，近三十年来得到迅速发展，ELISA 技术已经在各个领域被普遍应用，据分析，以 ELISA 为代表的固-液抗原-抗体反应体系，今后大有替代经典的以同位素标记为基础的液-液抗原-抗体反应体系的趋势。

　　经典的酶联免疫吸附分析法的实验步骤可概括为包被、洗涤、与特异性抗体反应、与酶联抗抗体反应以及显色和测定等步骤。

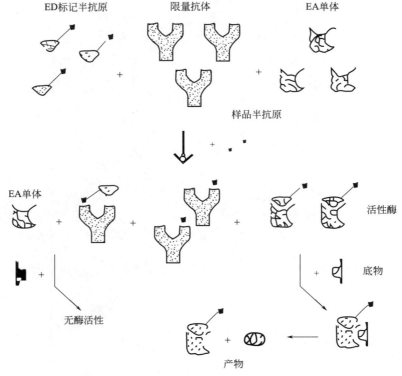

图 3-19 克隆酶供体免疫分析法（CEDIA）原理

ELISA 实验技术主要包括直接法和夹心法两种，夹心法利用两种不同动物的抗体，分别与多价抗原作用（图 3-20），可提高方法的特异性，但对半抗原的测定只能采用竞争法。

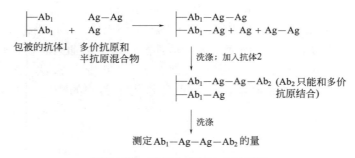

图 3-20 ELISA 实验夹心法原理

1. 抗原包被技术

将抗原或抗体连接到固相载体上的过程称为包被（coating）。抗原包被的质量是影响固-液抗原-抗体反应的重要因素，ELISA 使用的微孔板通常为聚苯乙烯板，它和蛋白类抗原有较强的相互作用，目前蛋白类抗原的包被技术已经相当成熟，可利用碳酸缓冲液（0.1mol/L，pH9.6）直接包被待测抗原，药物免疫分析中包被技术的改进主要集中在对聚苯乙烯亲和力较弱的抗原，如半抗原、短肽及糖类抗原等的包被上。

半抗原通常以半抗原-载体结合物的形式包被，这样既能克服半抗原在微孔板上不易吸附的弱点，又为抗原-抗体反应提供了合适的空间环境，通过对头孢菌素半抗原的分析发现，半抗原通常也存在多个抗体结合位点，且各位点在与抗体的结合过程中所起的作用不同，因此和载体结合后，主要抗体结合位点的结构及空间构象不能有太大的改变，否则和抗体的结合作用将减弱，对类固醇类半抗原的研究也得出相同的结论。蛋白质是最常见的半抗原载体，但用半抗原-蛋白质作包被抗原存在两个主要问题：①包被抗原制备的重现性不好，且贮存中有时不稳定；② 易和抗血清（体）发生交叉反应，尼龙（如尼龙6）也可作为半抗原的载体，由二环己基碳二亚胺（dicyclohexylcarbodiimide，DCC）为交联剂制备的半抗原-尼龙结合物不仅在室温放置稳定，用苯酚-乙醇溶解后即可在微孔板上包被。

此外利用戊二醛（glutareldehyde，GA）处理聚苯乙烯板，可将含有氨基的半抗原直接与微孔板连接；也可以乙二胺（EDA）为连接剂，将能与氨基作用的半抗原与微孔板连接，如用0.2%的GA磷酸盐缓冲液（0.1mol/L，pH 8.0）处理聚苯乙烯板，每孔200μL，37℃过夜；经蒸馏水洗涤后加入0.4%的EDA磷酸盐缓冲液（0.1mol/L，pH 8.0），200μL/孔，37℃保温3h；用蒸馏水再次洗涤后，加入由碳酸盐缓冲液（0.1mol/L，pH 9.6）稀释的链霉素硫酸盐包被液，200μL/孔，37℃再保温4h；可将链霉素（SM）直接包被至酶标板上，形成SM-EDA-GA包被板（图3-21），包被时，应同时设经GA和EDA处理，但未包被链霉素的孔作为ELISA试验的对照。

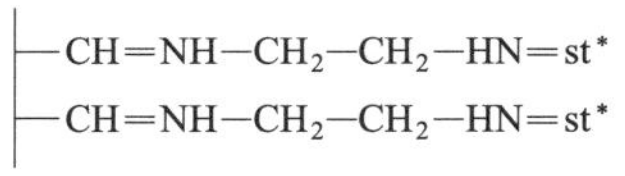

—CH=NH—CH₂—CH₂—HN=st*
—CH=NH—CH₂—CH₂—HN=st*

图3-21 SM-EDA-GA包被板中链霉素抗原决定簇结构示意图
* 号代表抗原决定簇

短肽类抗原在微孔板上的吸附情况差异很大，某些短肽极难包被，利用UV辐射处理微孔板可增加短肽在微孔板上的亲和力，对某些制备困难的短肽，可将其羧基直接与经修饰的微孔板共价连接，如Covalink板，聚苯乙烯表面共价连接有活化氨基（图3-22），多肽可通过碳化二亚胺（EDC）为连接剂与微孔板连接，该方法不仅减少了抗原在包被过程中的丢失，且使得ELISA的重现及灵敏性都有所提高。

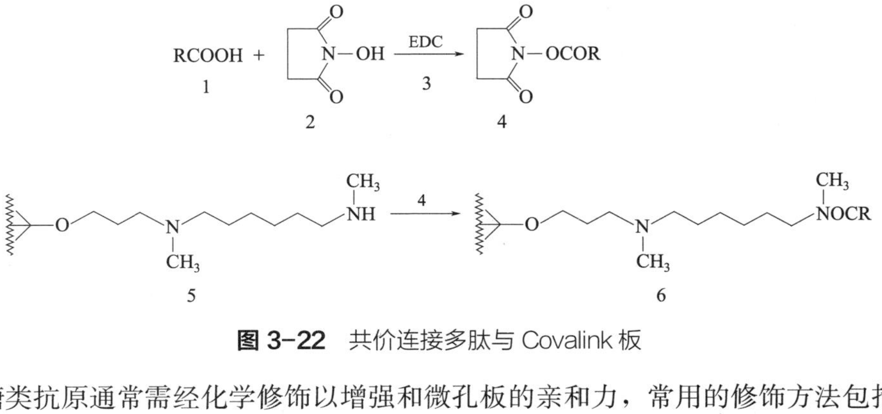

图3-22 共价连接多肽与Covalink板

多糖类抗原通常需经化学修饰以增强和微孔板的亲和力，常用的修饰方法包括使之共价与多聚赖氨酸（poly-L-lysine）连接、与生物素（biotin）连接或与酪胺（tyramine）连接，但修饰的结果常导致背景较高及重现性较差，利用真空过滤技术（vacuumfiltration）可使多糖类抗原直接吸附到硝酸纤维素膜（NC）上，包被在NC上的抗原可由酶免疫法检测，这不仅可克服化学修饰所带来的缺点，还可避免化学修饰过程中抗原性的改变。

2. 最适包被浓度的选择

通常抗原包被量-反应曲线为双曲线（图 3-23），即当包被抗原的浓度较低时，随抗原浓度的增加包被量增大；当包被抗原达到一定浓度后，包被量为定值，不再随抗原浓度的增加而增大，此浓度称之为抗原的饱和包被浓度。如 SM-BSA 的饱和包被浓度约为 $1.6\mu g/mL$，SM-EDA-GA 系统中链霉素的饱和包被浓度约为 $1mg/mL$。

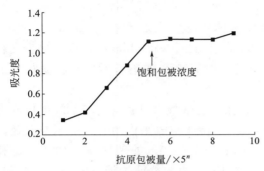

图 3-23 抗原包被量和 ELISA 反应的关系

包被浓度的选择对包被的重现性影响较大，当包被浓度大于或接近饱和包被浓度时，由于抗原量已不再是抗原包被中的限制因子，故实验标准差（SD）较小；当包被浓度和饱和包被浓度相差较大时，实验标准差相对较大，SM-EDA-GA 包被法中链霉素故实验中选择的链霉素最佳包被浓度分别为 $1\sim4mg/mL$。

包被浓度和实验误差间的关系如表 3-9 所示，

表 3-9 SM-EDA-GA 包被法中链霉素包被浓度对 ELISA 实验误差的影响

包被浓度/（mg/mL）	ELISA 测定结果/（$A_{492}\pm SD$）（$n=4$）	包被浓度/（mg/mL）	ELISA 测定结果/（$A_{492}\pm SD$）（$n=4$）
4	1.098 ± 0.0628	0.5	0.969 ± 0.0876
1①	1.011 ± 0.0302	0.25	0.792 ± 0.1023

① 饱和包被浓度。

3. 提高 ELISA 的灵敏度

ELISA 的检出限虽然已经达到 $10^{-12}\sim10^{-8}g$，但对某些测定仍需有更高的灵敏度。传统 ELISA 中显色剂发色团的吸光度是限制 ELISA 灵敏度提高的主要因素，虽然改用荧光标记或其他化学发光物标记抗体替代酶标记抗体可以提高灵敏度，但它们的应用受到设备条件的限制，在不提高设备条件的情况下，改变传统 ELISA 的操作程序也可以提高灵敏度，如单孵多层免疫技术（single incubation multilay immune technique，SIMIT）技术，利用抗体和 PAP 复合物能形成多层复合物的特性，将预先混合好的抗体、PAP 复合物一步加入包被好的微孔板中，经保温洗涤后，即可测定结果，该方法可以使 ELISA 的检测水平提高 $10\sim20$ 倍。

提高 ELISA 灵敏度的主要途径是采用酶放大系统，Lejiune 等利用亲和色谱技术发展了一个新的酶放大系统，用两种免疫亲和树脂，在色谱过程中形成酶$_1$-抗体-抗原-酶$_2$复合物，两种酶的级联放大作用使检测灵敏度大大提高，使用该方法测定人生长激素的检出限低于 $10^{-15}mol$。

4. 减少 ELISA 中的非特异吸附

ELISA 中可发生多种非特异吸附作用，但主要的非特异反应是由抗体反应体系选择不当所致，不合适的抗体反应体系（如大鼠抗体和小鼠抗体反应系统）引起的非特异反应可导致 ELISA 出现假阳性结果，选择适当的抗体组合（如羊 IgG 和兔 IgG 反应系统）可明显地减少这种非特异反应的发生，实践中通常采用一些简单的预处理，如用固定化的抗生物素蛋白预先处理抗血清，去除抗体和抗生物素蛋白间的非特异作用；用小鼠的非特异免疫蛋白预处理血清，减弱其他抗体和小鼠抗体（单克隆抗体）的非特异结合，以达到避免这种非特异反应发生的目的；此外，在设计一个具体的 ELISA 检测系统时，还应考虑选择不同的封闭蛋白，以达到理想的封闭效果，并且实验用水的纯度、缓冲液的种类及实验中的某些处理步骤等一些细节，也可影响实验结果，总之，设计特定的实验方法检测特定物质是 ELISA 试验的发展方向。

选择不同的抗体稀释液和洗涤液，以确定最佳实验系统，是减少 ELISA 实验中非特异吸附的有效手段，四种常用的抗体稀释液和三种常用的洗涤液列于表 3-10。

表 3-10　常用的抗体稀释液和洗涤液

项目	编号	吐温 20 含量	组成
稀释液	1 2 3 4	0.05%	PBS 0.01mol/L，pH 7.4 PBS 0.05mol/L，pH 7.4 PBS 0.05mol/L，pH 7.4 含 EDTA 10mmol/L PBS 0.05mol/L，pH 6.9 含 EDTA 10mmol/L
洗涤液	1 2 3	0.1%	PBS 0.01mol/L，pH 7.2 PBS 0.01mol/L，pH 8.0 Tris-HCl 缓冲液 0.01mol/L，pH 8.0，NaCl 0.15mol/L

选用合适的血清稀释液，可明显地降低实验的非特异吸附，以链霉素抗血清和 SM-EDA-GA 包被板的非特异吸附为例（图 3-24），增大血清稀释液中磷酸盐缓冲液的浓度、降低缓冲液的 pH 值均可使系统的非特异吸附得以改善（$P < 0.5$）；向稀释液中加入一定量的 EDTA，可使系统的非特异吸附明显改善（$P < 0.01$）。

不同的 ELISA 洗涤液对非特异吸附的洗涤能力不同，洗涤能力和洗涤液的 pH 及缓冲液类型有关，在所试验的三种洗涤系统中，由 Tris-HCl 缓冲液（0.01mol/L，pH 8.0，含 NaCl 0.15mol/L）和 0.1% 的吐温 20 组成的洗涤液效果最佳。

虽然稀释液中含有 EDTA 可显著地改善系统的非特异吸附，但实验中发现用含有 EDTA 的稀释液稀释辣根过氧化物酶标记的羊抗兔抗体（GAR-IgG-HRP）时，底色不变，提示 EDTA 可能使辣根过氧化物酶失活，故实验中一般采用 PBS（0.01mol/L，pH 7.4，含 0.1% 吐温 20）稀释液稀释酶联抗体。

拓展阅读 4
利用 ELISA 法测定基因工程药品中微量青霉噻唑蛋白

拓展阅读 5
蛇毒的酶联免疫测定法

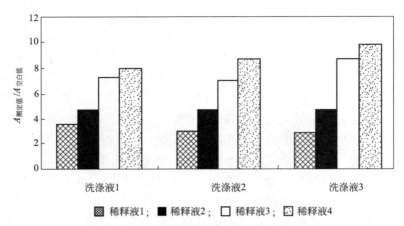

图 3-24 血清稀释液和洗涤液与 ELISA 非特异吸附的关系

SM-EDA-GA 包被板，链霉素血清用不同的稀释液稀释，保温后用不同的洗涤液洗涤；
二抗用稀释液 1 稀释，由洗涤液 1 洗涤后，显色测定

5. ELISA 实验中的常用显色系统

　　酶联实验中，目前最常用的酶是辣根过氧化物酶（HRP），其次是碱性磷酸酶、酸性磷酸酶、葡萄糖氧化酶、β-半乳糖苷酶，每种酶都通过特殊的与自己作用的底物反应，而产生典型的有色物质，故各种酶都有其各自的显色系统。

第四节　免疫扩散法

　　免疫扩散法是根据抗原和抗体在琼脂介质中扩散的结果，对其性质进行分析的一种方法。这里的琼脂介质是指琼脂凝胶，其含水量一般高达 99%，是一种半固体的多孔网状物质，绝大多数的抗原和抗体的分子量都在 20 万以下，能够在琼脂凝胶中自由扩散，其扩散运动服从气体自由扩散定律，在扩散过程中，凝胶中形成扩散物的浓度梯度，在抗原/抗体最适比例处，形成肉眼可见的免疫沉淀；由于不同抗原物质的扩散系数不同，扩散速度就不同，这样就可达到分离鉴定的目的。

　　免疫扩散的方法有很多，包括单向简单扩散、简单辐射扩散、单向双扩散和两向双扩散等。其中两向双扩散亦称 Ouchterlony 法。该法的要点是，在一块琼脂板上，用打孔器小心地打三个孔，下面的两个孔穴加抗原，上面的一个稍大的孔穴加抗血清（抗体），它们就从各自孔穴呈放射状向外扩散，形成浓度梯度，经过一定时间的扩散，成对的抗原和抗体在最适的平衡点上形成免疫沉淀弧。当加入的反应物比例适当，沉淀位置保持稳定，则沉淀弧以恒定的弧度向外延伸。如果某一反应物过量，可能发生沉淀交替溶解和再沉淀的现象。这个方法操作简便，广泛应用于未知样品抗原组成分析及不同样品的抗原性比较方面。抗原性相同的沉淀弧彼此融合，不同者相互交叉，部分相同者呈分叉状（图 3-25）。又鉴于扩散距离和抗原浓度有关，故免疫扩散可用于抗原的半定量分析，但由于扩散距离甚短，所以定量不够精确。

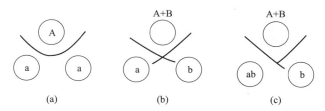

图 3-25 两种抗原的性质和沉淀弧形态的关系

(a)抗原相同；(b)抗原不同；(c)抗原部分相同

操作方法为：取 90mm×90mm 透明光洁的玻璃板，用洗液浸泡后，充分洗净，烘干后均匀涂以 0.4%琼脂溶液，置 70℃烘干，形成一薄层透明的琼脂镀膜，用来防止后来的琼脂凝胶在玻璃板上滑动。将镀膜的玻璃板放在水平台上，再铺一层用含 0.1%叠氮化钠的生理盐水配制的 1%琼脂溶液，其厚度约 3mm。待其完全凝固后，移至预先画好孔穴位置的纸上，小心用打孔器对准纸上孔穴位置，垂直插进去并立即拔出来，将切下来的小块琼脂钩出，这就制成了具有孔穴的琼脂板。在孔穴中分别加入适当浓度的抗体和抗原，加样毕的琼脂板置含防腐剂、且有一定湿度的密封容器中，25℃保温 1~2d，即可见沉淀弧。这时可直接照相，也可染色后照相。

注意事项：

① 抗原、抗体的用量须适当，要反复试验摸索出最佳抗原、抗体量。

② 进行扩散反应时，温度要恒定，以免产生异常的多重沉淀弧现象。

【示例】　免疫化学法检定虎骨、豹骨的研究

（1）原理　虎骨、豹骨的骨质中存在着虎或豹的特异性蛋白质，具有免疫特异性，将其免疫实验动物，可分别制取与相对应的抗原间具有相对应的极性基的特异性抗体（称检定试剂）。当检定试剂与检品中相对应的特异性抗原进行特异结合后，出现沉淀反应，借以检定虎骨、豹骨等。

（2）实验方法

① 标准抗原的制备（骨抗原的制备）。将虎、豹、猫、牛、猪的骨骼分别刮除残肉及肌腱，脱脂、粉碎后过 80 目筛，用无热原蒸馏水于 4℃冰箱中反复提取后，冻干浓缩、冷藏保存备用。

② 抗体的制备（检定试剂的制备）。将各骨骼抗原提取液分别免疫家兔。抗原免疫总量为 184mg，免疫程序完成后，用环状试验测定抗体效价，待抗体效价达 1∶500 以上即可大量采血。抗血清经处理、提纯后，便可制备免疫检定用的检定试剂。试剂分为虎组骨检定试剂（组试剂）和单价骨检定试剂（单价试剂）。组试剂可将检品鉴定到是否在虎组即猫科（包括东北虎、雪豹、云豹、金钱豹、猞猁）的范围内。单价试剂可将检品检定到具体物种。单价试剂分为东北虎、雪豹、云豹、金钱豹、猞猁、黄牛、猪、原猫等骨检定试剂。

③ 虎、豹骨免疫检定方法

a.检品（待测抗原）的制备。取不带肌肉的净骨骼细粉（过 80 目筛）1g，加新鲜蒸馏水 4~5mL，按骨抗原的制备法进行制备，不需浓缩，置 4℃冰箱内备用。

b. 骨检定试剂的配制。将冻干品组试剂加入 1mL 新鲜的 0.1%NaN$_3$ 溶液，冻干品单价试剂加入 0.5mL 新鲜的 0.1%NaN$_3$ 溶液，待完全溶解后移至 2mL 加盖小瓶中，置 4℃冰箱内备用。

c. 检定操作。用组试剂进行检定时，多用对流免疫电泳法，亦可用双扩法。用单价试剂进行检定时，多用双扩法，亦可用单扩法。

实验结果：猫科动物骨抗血清与猪骨、牛骨抗原以及猪骨、牛骨抗血清与猫科动物骨抗原间均不发生交叉反应；猫科动物中的家猫骨与虎、豹、猞猁之间亦不出现交叉反应，据此鉴定物种。

第五节　免疫电泳法

电泳技术的奠基人是瑞典化学家 Tiselius，他在 1937 年建立了最早期的移界电泳技术，这标志着现代电泳技术的开始。免疫电泳是由 Grabar 与 Williams 等人于 1953 年创立，结合了凝胶电泳和双向免疫扩散技术，用于分析和鉴定蛋白质或其他抗原的组成。自免疫电泳技术诞生以来，逐渐发展衍生出了包括传统免疫电泳、火箭型免疫电泳、对流式免疫电泳和交叉式免疫电泳在内的多种方法。这些方法不仅继承了抗原抗体反应的特异性，还融合了电泳技术的快速性、高灵敏度和高分辨率，因此在生物医学领域的研究和临床诊断中得到了广泛的应用。

一、经典免疫电泳法

经典免疫电泳法是最早发展的免疫电泳技术之一，其原理和方法在 20 世纪中叶已经确立。经典免疫电泳法的优点是结合了琼脂糖凝胶电泳和免疫扩散技术，能够清晰地显示抗原-抗体反应形成的沉淀线，具有较高的分辨率和特异性；缺点是操作步骤复杂，需要扩散时间较长，结果不易分析。

1. 基本原理

经典免疫电泳（immunoelectrophoresis）是一种结合了电泳和免疫扩散技术的实验方法，主要用于蛋白质抗原的分离和鉴定。其基本原理基于两个主要步骤：首先是电泳分离，其次是免疫扩散。在电泳分离过程中，将待测抗原样品放置在琼脂糖凝胶板上，并施加电场，由于不同蛋白质抗原的电荷和大小不同，在电场的作用下，它们会以不同的速度和方向移动，从而在凝胶中形成不同的区带。在免疫扩散过程中，将分离后的样品与特异性抗体接触，允许抗原和抗体在琼脂凝胶中自由扩散并形成可见的沉淀弧。通过观察沉淀弧的数量、位置和形状，可以分析样品中所含组分的性质。

2. 沉淀线形成的机理

经典免疫电泳法中沉淀线形成的机理主要涉及抗原和抗体在电场中的定向迁移和扩散

反应。具体来说，该过程包括以下几个关键步骤。

① 电泳迁移：多数蛋白质抗原在碱性环境中呈负电性，所以在电场的影响下会朝正极移动。抗体具有分子量较大和表面暴露的极性基团较少的特点，在缓冲溶液中不易解离，因此其在电泳过程中的移动速度相对较慢。

② 电渗作用：琼脂是酸性物质，在碱性溶液中带负电，因此液体向阴极移动产生电渗。抗体在这种情况下会因电渗作用而向阴极移动。

③ 定向对流：由于电场力和电渗的共同作用，抗原和抗体在琼脂板上形成定向对流。当抗原和抗体在适当比例下相遇时，它们会发生反应，形成肉眼可见的沉淀线。

④ 沉淀线形成：在电泳过程中，在不同孔中加入抗原和抗体，在电泳过程中，二者向彼此移动，在一定比例下会相互结合形成免疫复合物，宏观上可以看到沉淀线。通过沉淀线的数量、位置和形状可以分析样品中所含成分的种类及其性质。

3. 基本方法

① 制备琼脂糖凝胶：在玻璃板上制备 1% 的琼脂糖凝胶，并在凝胶中制作孔洞，用于后续加入抗原样品。

② 样品处理与电泳：将待测抗原样品加入到凝胶孔中，然后将凝胶板放入电泳槽中，施加电场进行电泳。由于大小和电荷不同，蛋白在凝胶中迁移速度有差异，形成不同的区带。

③ 免疫扩散：电泳完成后，在凝胶板上沿电泳方向平行挖槽，并向槽中加入已知抗体。抗体与相应的抗原在凝胶中相遇会形成可见的沉淀线。

④ 结果判定：沉淀线的清晰度与抗原抗体的特异性程度和比例有关。通常通过观察沉淀线的数量、位置和形态来分析样品中的成分。如果沉淀线清晰且与阳性对照一致，则表明样品中含有待测蛋白。

4. 如何准确解释沉淀线的数量、位置和形态？

在经典免疫电泳法中，沉淀线的数量、位置和形态的解释涉及多个因素，包括抗原和抗体的特异性、比例、分子大小及扩散速度等。

① 沉淀线的数量：沉淀线的数量通常取决于样本中抗原和抗体的种类和浓度。例如，正常血清中含有多种免疫球蛋白（如 IgG、IgA、IgM），这些蛋白质在电泳过程中会形成不同的沉淀线。在某些情况下，如单克隆疾病，可能会出现异常的沉淀线数量，这表明存在特定的抗原或抗体。

② 沉淀线的位置：沉淀线的位置与抗原和抗体的电荷、分子大小及其在电场中的迁移速度有关。正常情况下，沉淀线的位置是相对稳定的，并且可以通过与对照血清进行比较来判断。如果沉淀线偏离正常位置，可能表明存在异常蛋白质或抗原-抗体比例失衡。例如，在单克隆 IgA 嗜酸性粒细胞病中，单克隆 IgA 带比正常的 IgA 更靠近抗体槽。沉淀线的位置也可能受到抗原孔和抗体槽之间的距离影响，因此需要适当调整这些参数以获得清晰的沉淀线。

③ 沉淀线的形态：沉淀线的形态包括其弯曲程度、对称性、长度和强度。典型的 IgG 沉淀带在未稀释血清中是椭圆形且略微弯曲的。异常形态可能表明抗原或抗体过量或不

足。例如，出现前区现象是由于抗原过量导致未完成沉淀反应，表现为类似于沟槽的沉淀带。沉淀线的形态还可以反映抗原和抗体的扩散率。例如，沉淀线弯向的一方扩散率较低。

④ 其他因素：抗体效价较低时，需考虑抗原孔与抗体槽的距离，以确保沉淀线的清晰度。

总之，在经典免疫电泳法中，通过观察沉淀线的数量、位置和形态，可以定性和定量地分析样本中的抗原和抗体。

二、火箭免疫电泳法

火箭免疫电泳法（rocket immunoelectrophoresis，RIEP）由 Laurell 在 1953 年首次提出，并迅速得到广泛应用，是一种用于蛋白质定量和鉴定的经典技术。该方法的核心机制在于应用电场力推动抗原在含有特异抗体的琼脂糖凝胶电泳中向正极方向移动。当抗原与抗体的比例适宜时，它们会结合形成类似火箭状的沉淀峰。这个沉淀峰的高低与样本中抗原的浓度呈正相关，因此可以通过测量沉淀峰的高度来定量测定抗原的浓度。

1. 基本原理

在火箭免疫电泳中，抗体被预先固定在琼脂凝胶中，而抗原样品则放置在凝胶的一侧的小孔中。当电场施加于琼脂板时，抗原在电场的作用下向正极移动。随着抗原分子的泳动，它们逐渐与凝胶中的抗体相遇并结合形成不溶性的抗原-抗体复合物。这些复合物在凝胶中形成沉淀线，最终呈现出类似火箭形状的锥形沉淀峰。

沉淀峰的高度与样品中抗原的浓度成正比关系。因此，通过测量沉淀峰的高度，可以定量地测定样品中的抗原浓度。为了确保结果的准确性，通常需要绘制标准曲线，即用已知浓度的标准抗原进行电泳实验，记录其沉淀峰的高度，并以此建立抗原浓度与沉淀峰高度之间的关系曲线。此外，火箭免疫电泳的操作过程中需要注意一些技术细节，例如选择合适的琼脂类型、控制电泳终点时间、正确放置样品孔以及避免电渗现象等。

2. 基本方法

① 琼脂板的制备：将抗体预先混合在琼脂糖凝胶中，然后倒入平板并冷却。

② 打孔和加样：在琼脂板上打孔，并在孔中加入不同浓度的抗原样品。

③ 电泳：将琼脂板置于电泳槽中，通过电场使抗原向正极迁移，形成沉淀峰。电泳过程中需要控制电流强度和电压，通常电流强度为 3mA/cm，电压为 10V/cm，电泳时间一般为 2~10h。

④ 染色和脱色：电泳结束后，对琼脂板进行染色和脱色处理，以便观察沉淀峰。

⑤ 结果判定：通过测量沉淀峰的高度或面积，并结合标准曲线计算出样品中抗原的浓度。

火箭免疫电泳法具有快速、灵敏度高、操作简便等优点，广泛应用于血清蛋白定量分析、免疫球蛋白测定、酶活性测定等领域。然而，该方法也存在一定的局限性，例如对复杂混合物的适用性较差，且对高亲和力抗体的需求较高。

3. 火箭免疫电泳法中使用的高亲和力抗体是如何筛选和制备的?

　　火箭免疫电泳法中使用的高亲和力抗体的筛选和制备过程涉及多个步骤，包括抗体库的构建、目标抗原的固定、抗体的选择、亲和力成熟以及最终的抗体纯化。以下是详细的筛选和制备流程。

　　① 抗体库的构建：使用噬菌体展示技术或酵母展示系统构建大容量的抗体库。这些技术可以快速生成并筛选出高亲和力的抗体。噬菌体展示技术具有制备时间短、可通过发酵大规模制备抗体的优点，并且能够筛选出比杂交瘤技术制备的抗体亲和力更高的抗体。

　　② 目标抗原的固定：将目标抗原固定在磁珠上，利用静电相互作用减少非特异性结合，从而提高选择效率。在微流体通道中进行磁性选择（M-SELEX），这种方法可以在单轮选择中产生低纳摩尔亲和力的适配体，并且在相同条件下进行两轮选择时，亲和力显著提高。

　　③ 抗体的选择：利用流式细胞术（FACS）分选技术，通过多轮 FACS 分选富集高亲和力结合的抗体片段（scFv）。对于小规模库（多样性<2000），通常只需一轮 FACS 分选即可从一个高度富集的克隆中筛选出目标抗体片段；对于大规模库（多样性>10^6），最佳富集效果通常在第三轮 FACS 分选时实现。使用表面等离子共振（SPR）技术，通过测量抗原浓度使 HEK-293T 细胞表面的 scFv 结合量达到一半，从而确定亲和力常数（K_D）。

　　④ 亲和力成熟：通过随机突变和定向突变的方法优化抗体亲和力。随机突变可以通过错配 PCR、DNA 改组和链置换等方法引入突变，筛选出高亲和力的抗体；定向突变则针对抗原抗体结合部位的晶体结构，通过计算机软件分析，确定优先突变氨基酸，以优化亲和力。

　　⑤ 抗体纯化：使用 SDA-PAGE 电泳检测蛋白质大小及纯度，确保每管样品体积一致，从而保证纯化效果。最终通过 PCR 扩增、ssDNA 生成以及选定适配体的克隆、测序和结构分析，获得高亲和力的抗体。

三、对流免疫电泳法

　　对流免疫电泳法（counter immunoelectrophoresis）是一种结合了电泳和免疫扩散技术的实验方法，主要用于分离和分析蛋白质。Bussard 等人于 1956 年报道了对流免疫电泳法，并逐渐得到应用。

基本原理及方法

　　对流免疫电泳法具体操作步骤如下。
　　① 样品准备：首先，将待测抗原样品加入琼脂糖凝胶板中的孔中。
　　② 电泳：待检抗原在琼脂糖凝胶中进行区带电泳。由于蛋白质各组分的大小、质量和所带电荷不同，在电场的作用下，可将不同组分区分开。
　　③ 免疫扩散：电泳后，在琼脂槽内加入相应的抗体，进行免疫扩散。抗原在电场作

用下向正极迁移，与凝胶中的抗体相遇形成沉淀峰。

④ 结果观察：沉淀峰的高度与抗原浓度成正比，因此可以通过观察沉淀峰的高度来定量分析抗原的浓度。通常需要对琼脂糖板进行干燥和染色处理，以便清晰地观察沉淀峰。

对流免疫电泳法的优点包括样品用量少、特异性高、分辨力强，适用于微量样品检测。然而，该方法需要精确控制电泳条件，否则沉淀线可能不清晰。

四、交叉免疫电泳法

20 世纪后半叶，交叉免疫电泳法（crossed immunoelectrophoresis，CIE）在火箭免疫电泳的基础上发展而来，具有克服经典免疫电泳中成分堆积形成融合线条的缺点，能够更清晰地观察复杂蛋白的各个成分含量，并进行定量分析的优点。

1. 基本原理

交叉免疫电泳法是一种结合了经典免疫电泳和交叉免疫电泳技术的实验方法，主要用于复杂蛋白质的分离和分析。其基本原理如下。

① 电泳分离：首先，待测抗原在琼脂糖凝胶中进行区带电泳。由于蛋白质各组分的大小、质量和所带电荷不同，在电场的作用下，可以将不同组分区分开。

② 免疫扩散：完成电泳步骤后，在琼脂糖凝胶槽中引入相应的抗血清，启动免疫扩散过程。在此过程中，抗原和抗体在凝胶中相互扩散，最终形成可见的沉淀峰。通过观察这些沉淀峰的数量、位置和形态，可以对样本中包含的各种组分的特性进行分析。

③ 交叉电泳：交叉免疫电泳法通过在第一维电泳阶段阻断蛋白质，使得第二维电泳阶段相应峰消失，从而提高了峰识别的准确性。这种方法能够减少或消除背景扩散，使得特定抗原特异性染色和纯蛋白的可用性更高。

④ 高通量分析：交叉免疫电泳法可以在单个凝胶板上同时进行第一和第二电泳维度，实现多个样本的同步迁移，最多可同时进行 35 次分析，显著降低了处理、实验时间、试剂用量和单次分析的总成本。

2. 基本方法

① 第一维电泳：待测抗原在琼脂糖凝胶中进行区带电泳。由于蛋白质各组分的大小、质量和所带电荷不同，在电场的作用下，可将不同组分区分开。

② 第二维电泳：电泳后，在琼脂槽内加入相应抗血清，进行免疫扩散。在电泳平行方向挖一沟槽，并将抗体加入沟槽内，使抗原与抗体相互扩散而形成沉淀峰。

③ 旋转移动：交叉免疫电泳法的一个关键步骤是将第一维电泳分离的材料在第二个电泳中以 90°旋转的方式移动到含有抗原的介质中，形成高斯分布曲线状沉淀，其面积或高度与抗原或相应抗体的浓度成正比。

④ 观察与测量：电泳结束后，将琼脂糖板取出，干燥并进行染色处理，以便观察沉淀峰。通过观察沉淀峰的高度或面积，可以定量分析抗原的浓度。

五、应用实例

火箭免疫电泳法测定人血浆纤溶酶原含量

　　血浆中的纤溶酶原（Plg）是纤溶系统的核心成分，准确测量其含量对于评估体内纤溶活性至关重要。采用火箭免疫电泳技术可以定量检测患者体内的 Plg 水平，这对于临床出血性疾病的诊断、治疗效果评估以及疾病机制的研究等方面具有重要意义。以下是火箭免疫电泳法测定 Plg 含量的实验步骤概述。

　　（1）检测对象

　　① 正常对照组：39 例，男 27 例，女 12 例，年龄 17~45 岁。

　　② 正常孕妇组：24 例，年龄 20~38 岁，均为中晚期健康孕妇。

　　③ 受检患者组：67 例，男 33 例，女 24 例，年龄 15~71 岁，其中肝硬化失代偿 14 例，肝癌 15 例，陈旧性或亚急性心肌梗死，6 例，白血病（ANLL、ALL、CML）27 例，均于初诊或复发后尚未用化疗药之前采血。弥散性血管内凝血（DIC）患者 2 例，系统性红斑狼疮（SLE）3 例，所有患者均由广州南方医院专科医师确诊。

　　（2）方法　电泳缓冲液选用 pH 8.6 的 0.05mol/L 巴比妥-巴比妥钠缓冲液，抗血清与 0.9% 琼脂糖比例为 1：200，加样量 $3\mu L$，端电压 110V，4℃电泳 14~16h，用 1% 磷钼酸显色。先以纯 Plg 为标准品，制作标准曲线，标定 20 例正常人混合血浆的 Plg 含量。临床测定中以此混合血浆作为工作参比血浆，每次电泳中都制作标准孔和质控孔。

　　（3）结果　正常人及各种疾病患者 Plg 含量测定结果见表 3-11。与正常组比较（1 检验）：正常孕妇组显著升高（$P<0.001$），可能是作为孕妇体内高凝状态的一种代偿，致体内纤溶物质也处于高水平。肝硬化、肝癌、白血病、陈旧性心肌梗死、SLE、DIC 等疾病患者均有不同程度降低（$P<0.001~0.05$），与患者肝脏受损致合成减少有关。

表 3-11　正常人及各种患者 Plg 含量（mg/L）

	例数	$\bar{x} \pm s$	P 值
正常人	39	234±27	
正常孕妇	24	317±37	<0.001
肝硬化失代偿	14	155±27	<0.001
肝癌	15	187±32	<0.001
白血病			
ANLL	15	190±26	<0.001
ALL	8	194±46	<0.001
CML	4	203±34	<0.05
心肌梗死	6	207±7	<0.05
SLE	3	169±22	<0.001
DIC	2	125±8	<0.001

第六节　免疫芯片技术

免疫芯片技术的发展可以追溯到 20 世纪 90 年代，当时微流控芯片技术开始与免疫分析相结合，形成了"芯片上实验室"的概念。这种技术利用微流控技术减少了试剂用量、缩短了分析时间，并提高了自动化程度。随着技术的进步，免疫芯片逐渐成为生物医学研究和临床诊断的重要工具。进入 21 世纪，免疫芯片技术得到了进一步的发展，特别是在器官芯片（organ-on-a-chip）的出现中，该技术模拟了人类免疫系统的复杂环境，使得免疫研究更加接近生理状态。免疫芯片技术的发展经历了从早期的二维体外细胞培养到三维器官芯片的演变过程，逐步提高了对免疫系统的模拟能力。目前，免疫芯片技术主要分为蛋白质微阵列芯片、微流控免疫芯片、荧光免疫分析芯片、化学发光免疫分析微流控芯片等几大类，每种类型都有其独特的应用领域和优势。

一、蛋白质微阵列芯片

蛋白质微阵列芯片，也称为蛋白质芯片或蛋白质阵列，是一种高通量、高灵敏度的生物传感器技术，广泛应用于蛋白质组学研究、临床诊断和药物筛选等领域。其基本原理是将已知的蛋白质或多肽等生物探针有序地固定在经过表面化学修饰的固相载体（如玻璃片、硅片、滤膜等）上，形成密集的微阵列。这些探针分子能够特异性地捕获样品中的目标分子，并通过荧光标记或其他检测方法进行信号检测和分析。

蛋白质微阵列芯片技术可以分为三种主要类型：分析微阵列、功能微阵列和反相微阵列。分析微阵列主要用于测量混合物中的蛋白质结合亲和力、特异性和表达水平；功能微阵列用于研究整个蛋白质组的生化活性；反相微阵列则用于确定可能与疾病结果相关的蛋白质的存在。

蛋白质微阵列芯片技术具有许多优点，包括高通量、高灵敏度、微量化（所需样品量极少）、使用相对简单、结果正确率较高等。此外，它还能够同时跟踪大量蛋白质，适用于大规模功能确定和蛋白质相互作用研究。然而，该技术也面临一些挑战，如蛋白质附着方式的选择、芯片上蛋白质寿命的延长以及不同因素的区分和隔离等。

1. 分析微阵列

蛋白质微阵列芯片技术中的分析微阵列主要用于测量混合物中的蛋白质结合亲和力、特异性和表达水平。这种类型的微阵列通常使用抗体作为捕获探针，将目标蛋白质固定在芯片表面，然后通过检测未标记或标记的蛋白质来分析其结合情况和表达水平。分析微阵列能够同时对数千种蛋白质进行高通量分析，大大提高了疾病和生物标记物检测的效率。

分析微阵列被广泛应用于临床诊断和药物开发领域，通过精确评估蛋白质表达水平和分析绑定相互作用，帮助科学家更好地理解疾病路径、识别临床相关生物标志，并加速药物发现。这些微阵列使用荧光扫描技术，提供高信号强度和低检测极限，使得在广泛的动态范围内测量蛋白质丰度成为可能。

2. 功能微阵列

功能微阵列主要用于研究蛋白质的生物化学活性和功能特性。这种类型的微阵列通过固定化已折叠并具有活性的蛋白质，可以用于分析蛋白质之间的相互作用、酶底物反应，以及蛋白质-DNA、蛋白质-RNA、蛋白质-磷脂、蛋白质-小分子等不同形式的生物分子相互作用。

功能微阵列在基础研究和转化研究中得到了广泛应用，例如用于筛选分子相互作用、研究信号转导途径、识别翻译后修饰相关的信息，以及反映信号通路和网络的活性状态。此外，它们还被用于临床研究中，对活检样本进行分析，以识别疾病改变细胞中蛋白质的功能失调。

功能微阵列的一个重要应用是在药物靶点鉴定和验证方面，通过研究蛋白质-配体相互作用来寻找潜在的药物靶点。这种高通量的方法不仅能够提供关于蛋白质功能的重要信息，还能帮助科学家们更好地理解复杂的生物过程和疾病机制。

3. 反相微阵列

反相微阵列即反相蛋白微阵列（reverse phase protein array，RPPA），是一种高通量蛋白质组学技术，用于定量分析蛋白质及其翻译后修饰状态。这种技术的核心在于将蛋白质样品直接固定在微阵列上，然后利用特异性抗体进行检测，从而实现对大量样本的高通量分析。

RPPA技术的"反相"特性指的是将被检测的蛋白质作为捕获分子固定在阵列上，而不是像基因芯片那样将抗体固定在阵列上。这种方法使得RPPA能够以极高的灵敏度和特异性检测低丰度蛋白质，并且可以同时分析多种蛋白质的表达水平和翻译后修饰状态。

在实验流程中，细胞裂解物或其他生物样本被打印到硝化纤维素涂层的载玻片上，形成微点阵列。这些微点包含来自不同样本的蛋白质组谱，随后使用针对特定蛋白质的抗体进行检测。检测方法包括化学发光、荧光或比色分析等。

RPPA平台的设计非常精密，流程高度自动化，质量控制严格，确保了实验结果的高度可重复性和可信度。反相蛋白微阵列技术因其高通量、高灵敏度和高特异性，在蛋白质组学研究中扮演着重要角色，尤其是在癌症研究和功能蛋白质组学领域。它能够揭示细胞信号通路的活性状态，帮助识别新的生物标志物和药物靶点。此外，RPPA还被用于研究细胞信号网络、药物筛选以及肿瘤分类等。

4. 基本流程

蛋白质微阵列芯片技术在免疫学中的应用主要涉及高通量检测和分析抗原与抗体之间的相互作用。这种技术的基本流程和方法包括以下几个步骤。

① 载片准备与阻断：首先，将载片（如玻璃或硝酸纤维素膜）与阻断缓冲液孵育，以减少非特异性背景信号。这一步骤是为了确保后续实验中样品与探针的特异性结合。

② 样品点印与固定：将蛋白质或抗体样品点印到载片上，并进行固定。这一步骤通

常使用电泳打印技术或其他方法，以确保蛋白质在载片上的均匀分布和稳定性。

③ 样品孵育与洗涤：将稀释的血清或血浆样品加到载片上，进行一定时间的孵育，使样品中的抗体或抗原与载片上的探针结合。之后，使用探针/洗涤缓冲液冲洗载片，以去除未结合的物质。

④ 标记抗体的添加与检测：加入荧光标记的人 IgG 抗体或其他标记物，并再次孵育。然后，使用荧光扫描仪或化学发光法对载片进行扫描，捕捉标记物发出的信号。

⑤ 数据分析：通过软件对扫描得到的图像进行处理和分析，识别出特定的抗原或抗体结合信号。这一步通常涉及数据采集、预处理、可视化、差异分析等步骤。

⑥ 结果验证：由于蛋白微阵列技术可能存在非特异性和假阳性事件，因此需要通过其他方法如 Western Blot、ELISA、Luminex 或质谱法进行验证，以确保结果的准确性。

二、微流控免疫芯片

微流控免疫芯片是一种结合了微流控技术和免疫分析的高科技设备，它通过在微尺度通道中操控微小流体来进行生物分子的检测和分析。微流控免疫芯片的核心优势在于其能够显著减少试剂消耗、缩短分析时间，并提高分析的自动化程度。微流控技术通过在微米尺度的芯片上构建微流路系统，实现对液体样本的精准操控和分析，从而提高检测的灵敏度和效率。

微流控芯片技术还具有操作简便、自动化程度高、试剂和样品用量少等优点，使其在临床检验和即时检测（POCT）中展现出巨大的潜力。例如，利德曼公司开发的微流控荧光免疫芯片技术专利，应用于临床检验的免疫分析领域，能够实现快速、准确的免疫分析。

微流控免疫芯片作为一种创新的生物传感器，正在逐步改变传统的免疫分析方法，为精准医疗和快速诊断提供了新的解决方案。随着技术的不断进步和应用领域的扩展，微流控免疫芯片有望在未来几年内得到更广泛的应用。

1. 基本原理

① 抗原-抗体特异性结合：微流控免疫芯片技术的核心在于利用抗原与抗体之间的特异性结合进行检测。这种结合具有高度的选择性和灵敏度，能够有效地识别和定量目标分子。

② 微流体控制：微流控芯片通过在微米级尺度下精确控制流体的流动，确保免疫反应过程的规则性和彻底性。层流状态下的微流体流动能够保证反应的均匀进行，从而提高检测的准确性和速度。

③ 样品和试剂的微量使用：由于微流控芯片可以将多个部件和功能集成在一起，因此只需极少量的样本和试剂即可进行分析，大大减少了试剂消耗并提高了环境友好性。

2. 基本流程

① 样本准备：首先，将待测样本（如血样、尿液等）引入微流控芯片。样本通常需

要经过预处理以去除杂质，减少干扰。

② 抗原-抗体反应：样本进入芯片后，与固定在微通道表面的抗体或抗原发生特异性结合反应。这一过程可以在芯片上的特定区域进行，如捕获仓或反应仓。

③ 标记和检测：结合物通常会通过荧光标记或其他生物标记进行检测。标记后的复合物可以通过光学检测模块进行分析，以获取信号强度，从而计算出目标分子的浓度。

④ 清洗和分离：为了去除未结合的试剂和杂质，芯片通常会包含清洗步骤。清洗液通过微流道冲洗，以确保检测结果的准确性。

⑤ 数据处理和输出：最后，检测信号被收集并处理，生成定量结果。这些数据可以通过连接的计算机系统进行分析和输出。

三、荧光免疫分析芯片

荧光免疫分析芯片是一种利用荧光标记的抗体或抗原与目标分子结合，通过检测荧光信号的变化来定量分析样品中特定成分的技术。荧光免疫分析芯片通常采用微流控技术，这种技术可以实现微量样本的高效处理和分析。微流控芯片通过设计精密的通道系统，能够控制液体的流动和混合，从而提高检测的灵敏度和准确性。荧光免疫分析芯片结合了微流控技术和荧光检测技术的优点，成为现代生物医学研究和临床诊断的重要工具。

1. 基本原理

荧光免疫分析芯片可以采用多种检测模式，包括竞争型和夹心型两种主要模式。

（1）竞争型模式 在竞争型模式的免疫分析中，未标记的抗原（Ag）与标记的抗原（Ag-L）竞争性地争夺有限的抗体（Ab）结合位点。随着样本中未标记抗原浓度的升高，它们会与固相载体上的抗体结合，这导致标记抗原与抗体的结合机会减少，从而使得抗体-抗原-标记复合物（Ab-Ag-L）的数量降低，或者游离的标记抗原（Ag-L）的数量增加。通过测量这些变化，可以对样本中的抗原含量进行定量分析。这种方法依赖于标记抗原和未标记抗原对抗体的竞争性结合，其信号的强弱与样本中抗原的浓度成反比关系。通过这种方法，可以精确地测定小分子物质，如药物、激素等的含量，因为它们通常只有一个抗原决定簇，无法使用夹心法进行检测。

（2）夹心型模式 夹心型模式使用两株抗体，形成"三明治"结构。其中一株抗体固定在固相载体上，用于捕获分析物，另一株抗体识别分析物的另一表位，并与之结合，形成夹心免疫复合物。样品中存在的抗原越多，结合的标记抗体（Ab-L）也越多，从而产生更强的标记荧光信号。

2. 基本流程

（1）竞争型模式

① 将固定抗体与样品混合。

② 加入标记抗原（Ag-L），进行初步反应。

③ 测量 Ab-Ag-L 复合物的减少或游离 Ag-L 的增加。

④ 根据信号变化计算样品中抗原的浓度。

（2）夹心型模式

① 在免疫反应载体上固定过量的捕获抗体（Ab）。

② 加入待测样品，使样品中的抗原与捕获抗体结合。

③ 加入标记的检测抗体（Ab-L），形成夹心复合物。

④ 测量夹心复合物产生的标记荧光信号强度，该强度与样品中抗原浓度成正比。

竞争法和夹心法在荧光免疫分析芯片中各有应用优势。竞争法适用于小分子抗原的检测，因为其反应体系中抗体数量有限，而夹心法则常用于大分子如蛋白质的检测，因为其灵敏度较高且结果更准确。此外，夹心法由于使用两种抗体，步骤较为复杂，但其特异性强，适合于需要高精度检测的应用场景。

四、化学发光免疫分析微流控芯片

化学发光免疫分析（CLIA）微流控芯片是一种将生物、化学和医学分析过程集成在微米尺度芯片上的技术，通过微流控技术实现自动化检测。其基本原理是利用化学发光反应的高灵敏度和免疫反应的特异性，通过标记发光物质或酶作用于底物，形成激发态中间体，再通过测量光量子产额来定量分析样品中的待测物质。

基本流程

① 样本处理：待测样本通过微流控芯片的加样口加入，经过一系列预处理步骤，如过滤、分离等，以去除干扰成分。

② 抗原抗体结合：样本与标记抗体在微流控芯片的反应区混合，通过免疫反应实现抗原与抗体的特异性结合。

③ 磁珠分离：利用磁珠与抗体结合的特性，通过外部磁场控制磁珠的移动，从而实现抗原抗体复合物的分离和富集。

④ 清洗步骤：未结合的成分通过清洗液进行清洗，以去除多余的试剂和杂质，确保检测结果的准确性。

⑤ 酶促发光反应：将检测试剂与清洗后的产物混合，并在特定条件下引发酶促发光反应，产生可检测的化学发光信号。

⑥ 信号检测：通过集成在芯片上的光学检测模块，对产生的化学发光信号进行检测和分析，最终输出检测结果。

化学发光免疫分析结合了高灵敏度化学发光测定与高特异性免疫反应，广泛应用于抗原、半抗原、抗体和激素等生物标志物的检测。近年来，微流控芯片技术在化学发光免疫分析中的应用取得了显著进展，为临床诊断提供了新的解决方案。

 总　结

免疫分析法是以特异性抗原-抗体反应为基础的分析方法。本章首先介绍了抗原、抗体的基本概念和基本知识，然后介绍了放射免疫分析法、荧光免疫分析法、酶联免疫分析法、免疫扩散法、免疫电泳法及免疫芯片技术等免疫分析法的基本原理、操作技术及应用。现代免疫分析法是将免疫学的高特异性抗原-抗体识别和放射性核素示踪技术、酶促反应或荧光分析等高灵敏度的分析技术相结合，因此具有高特异性、高灵敏度的特点，在药物分析、临床医学等多个领域应用广泛。

📝 思考题

1. 论述免疫分析法的定义，有哪几种主要的免疫分析方法？
2. 论述半抗原、全抗原、合成抗原、抗体、单克隆抗体的定义。
3. 什么是制备合成抗原的常用载体？
4. 常用的抗体包括哪两类？并比较它们的特性。
5. 论述制备抗血清的方法要点。
6. 什么是抗体的效价？测定抗体效价的主要方法有哪些？
7. 论述免疫扩散法的定义，以及两向双扩散的方法及注意事项。举例说明免疫扩散法在药物分析中的应用。
8. 论述放射免疫测定法（RIA）的基本原理、方法要点及应用。
9. 论述酶联免疫分析法（ELISA）的基本原理和方法步骤。

第四章　高效液相色谱法及其应用

第一节　高效液相色谱法概述

一、高效液相色谱法的概念及发展沿革

高效液相色谱法（high performance liquid chromatography，HPLC）是采用高压输液泵将规定的流动相泵入装有填充剂的色谱柱，对供试品进行分离测定的色谱方法。注入的供试品，由流动相带入柱内，各组分在柱内被分离，并依次进入检测器，由积分仪或数据处理系统记录和处理色谱信号。

经典的液相色谱法是采用普通性能的固定相及常压输送流动相的液相色谱法。这种色谱法柱效低，分离周期长，且多不具备在线检测器，通常作为分离手段使用。高效液相色谱法是在经典的液相色谱法的基础上，于 20 世纪 60 年代后期引入了气相色谱法的理论，迅速发展起来的一种分离分析方法。早期以提高输液压力而获得高效率，因此前期称这种色谱法为高压液相色谱法（high perssure liquid chromatography，HPLC）。因分析速率快，又被称为高速液相色谱法（high speed liquid chromatography，HSLC）。70 年代，逐渐采用了高效固定相，装柱技术也不断改进，使液相色谱柱的柱效不断提高，因此把采用高效色谱柱的液相色谱法称为高效液相色谱法。

高效液相色谱法具有分离效能高、分析速率快、应用范围广等诸多优点，已成为药物分析中最重要的分析方法之一。1985 年版《中国药典》刚规定使用，且只有 8 个品种规定使用高效液相色谱法检测，而到 1995 年版已达到 113 个品种，2005 年版《中国药典》，HPLC 由 2000 年版的 105 个大幅上升为 518 个，2020 年版和 2025 年版《中国药典》相比于 2010 年版，则增补更改了更多使用 HPLC 方法检测的品种，在药典所有分析方法中它是发展最快的一种分析方法。

二、高效液相色谱的分离过程

高效液相色谱同其他的色谱一样，都是溶质在固定相和流动相之间进行的一种连续多次的分配过程，是借不同组分在两相间亲和力、吸附能力、离子交换或分子排阻作用等的差异而进行分离。

当样品进入色谱柱后，液体流动相在高压作用下携带样品通过色谱柱。样品与固定相之间发生相互作用，在流动相与固定相之间进行分配。由于样品中各组分物理、化学性质不同，在两相间的分配系数也不同。分配系数小的组分不易被固定相滞留，流出色谱柱较早，分配系数大的组分在固定相中滞留时间长，较晚流出色谱柱，若一个含有多组分的混合物进入色谱系统，则混合物中各组分便按其在两相间的分配系数的不同先后流出色谱柱。

高效液相色谱法按其分离机制的不同分为以下几种类型：液-固吸附色谱、液-液分配色谱、化学键合相色谱、离子交换色谱、离子对色谱、分子排阻色谱及亲和色谱等，如表 4-1 所示。

表 4-1 HPLC 按分离机理的分类及其应用领域

类型	主要分离机理	主要分析对象或应用领域
分配色谱	疏水作用	有机化合物分离、分析、制备
吸附色谱	吸附能、氢键	异构体分离、制备
离子交换色谱	库仑力	无机阴离子与阳离子，环境与食品工程分析
亲和色谱	特异亲和力	蛋白质、酶、抗体分离，生物工程和医药分析
凝胶色谱	溶质分子大小	大分子量样品分离测定，如蛋白质和人造聚合物的分离
离子排斥色谱	Donnan 膜平衡	有机离子、弱电解质
离子对色谱	疏水作用	离子性物质
离子抑制色谱	疏水作用	有机弱酸、弱碱
配位体交换色谱	配合作用	氨基酸、几何异构体
手性色谱	立体效应	手性异构体分离

三、高效液相色谱仪

高效液相色谱仪主要由高压输液系统、进样系统、色谱柱系统、检测器及数据处理系统等组成。其中输液系统主要为高压输液泵，有的仪器还有梯度洗脱装置；进样系统多为进样阀，较先进的仪器还带有自动进样装置；色谱柱系统除色谱柱外，还包括柱温控制器；数据记录系统可以是简单的记录仪，更多仪器有数据处理装置（工作站）。现代高效液相色谱仪还备有自动馏分收集装置。

　　图 4-1 所示为一台典型高效液相色谱仪的流程示意图。当样品被进样器注入色谱系统后，即被高压输液泵输送的流动相带入色谱柱，并在流动相和固定相之间进行色谱分离。经分离后的各组分依次通过检测器的流动样品池进行检测，并将检测信号送入数据处理系统，进行各组分的色谱峰及相关数据的记录、处理和保存。流出检测器的各部分，可依次进行自动收集和废弃。

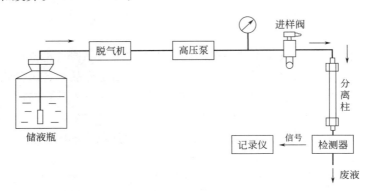

图 4-1　高效液相色谱仪的基本流程图

1. 高压输液系统

　　（1）高压输液泵　高效液相色谱的流动相是通过高压输液泵来输送的，泵的性能好坏直接影响到整个高效液相色谱仪的质量和分析结果的可靠性，因此高压输液泵是高效液相色谱仪最重要的部件之一。输液泵应具有输出流量稳定，重复性高；输出流量范围宽；能在高压下连续工作 8～24h；液缸容积小，密封性能好，耐化学腐蚀等性能。

　　往复柱塞泵因它的体积小，易于清洗和更换溶剂系统，特别适合于梯度洗脱，目前广泛应用于高效液相色谱中。

　　（2）梯度洗脱装置　在一种分离分配比 k 值相差几十乃至上百倍的样品液中，若用同一梯度的流动相洗脱，效果会很差，但如果采用梯度洗脱则效果可以很好。梯度洗脱是指在洗脱过程中连续或间断地改变流动相的相对组成，通过调节流动相的极性、pH 等因素，使每个流出的组分都有合适的 k 值，以获得良好的选择性分离。梯度洗脱可以提高柱效，缩短分析时间，改善检测器的灵敏度。梯度洗脱装置可分为低压梯度装置和高压梯度装置两类，多溶剂、低压梯度装置是目前仪器多采用的方式。

2. 进样系统

　　进样系统是将被分析试样导入色谱柱的装置，装在色谱柱的入口处。对于高压液相色谱的进样装置，通常要求具有重复性好，死体积小，保证中心进样，进样时色谱柱系统流量波动要小，便于实现自动化等性能。

　　简易液相色谱仪配有六通进样阀，高级液相色谱仪配有自动进样器。六通进样阀具有进样量准确、重复性好的优点，所用微量注射器的针是平头的，不同于能穿过隔膜的尖头进样器。自动进样器效率高、重复性好，适合于大量样品的分析，节省人力，可实现自动化操作。

3. 色谱柱系统

色谱柱是色谱分离系统的核心部分，要求分离度高、柱容量大、分析速度快。高性能的色谱柱与固定相本身性能、柱结构、装填和使用技术有关。

色谱柱管为内部抛光的不锈钢柱管或塑料柱管。高效液相色谱柱几乎都是直形，按主要用途分为分析型和制备型。内径小于 2mm 的为细管径柱；内径在 2～5mm 范围的为常规高效液相色谱柱；内径大于 5mm 的为半制备柱或制备柱；通用的分析型色谱柱一般为 10～30cm 长，增加柱长有利于组分的分离，但同时也增加了柱压。

近年来，内径为 0.1～0.5mm、长 10～200mm 的微径色谱柱受到人们的关注，其具有柱效和灵敏度高、流动相消耗少、分析速度快等特点。

4. 检测器

高效液相色谱仪中的检测器是检测色谱过程中组分的浓度随时间变化的部件。要求检测器应具有灵敏度高、噪声低、线性范围宽、对所有化合物都有响应、对温度和流速不敏感的性能，但实际上不总是都能达到。

常用紫外检测器，包括二极管阵列检测器，敏感波长在 254nm，现在常用可变波长检测器，应用范围较广。

除紫外检测器外，还有示差折光检测器，应用范围广，但灵敏度低，现已被蒸发光散射检测器所取代；荧光和电化学检测器灵敏度较高。

5. 色谱数据处理系统

高效液相色谱的分析结果除可用记录仪绘制谱图外，现已广泛使用色谱数据处理机和色谱工作站来记录和处理色谱分析的数据。色谱工作站多采用微型计算机，计算机技术的广泛应用使现代高效液相色谱仪的操作更加快速、便捷、准确、精密和自动化。其主要功能有自行诊断功能、全部操作参数控制功能、智能化数据处理和谱图处理功能以及进行计量认证的功能等。

四、高效液相色谱法的特点

高效液相色谱法是在经典液相色谱法的基础上引入了气相色谱的理论和实验方法发展而成的分离分析方法，它与经典的液相色谱的主要区别是：流动相改为高压输送、采用高效固定相、具有在线检测器及仪器化等。

高效液相色谱法分析对象广泛，它只要求样品能制成溶液，而不需要气化，因此不受样品挥发性的约束。对于挥发性低、热稳定性差、分子量大的样品，以及离子型化合物尤为有利，如氨基酸、多肽、蛋白质、生物碱、核酸类（DNA 等）、糖类、甾体、类脂、维生素、抗生素以及无机盐等，都可用高效液相色谱法进行分析。

HPLC 与经典液相色谱相比有如下优点：①速度快。通常分析一个样品在 15～30min，有些样品甚至在 5min 内即可完成一次分析。②分辨率高。可选择固定相和流动相以达到最佳分离效果。③灵敏度高。紫外检测器达 10^{-7} g，荧光和电化学检测器达 10^{-12} g。④柱子可反复使用。用一根色谱柱可分离不同的化合物，使用后柱子也可能变坏，这取决于样品的类型、溶剂的性质和操作的情况。⑤样品容易回收。样品经过色谱柱后不被破坏，可以收集单一组分或做制备。

高效液相色谱法虽具有应用范围广的优点，但也具有一定的局限性。如在 HPLC 中使用多种溶剂作为流动相，相对于气相色谱法来说，既增加了成本，又易引起环境污染。而且某些物质如受压易分解、变性的生物活性样品只能采用中、低压柱色谱法分析。

第二节　基本理论

一、色谱分离过程

1. 液-固吸附色谱法

（1）概述　流动相为液体，固定相为固体吸附剂，根据物质吸附作用的不同来分离物质。将带有活性表面的物质填到色谱柱中，填料一般为硅胶或氧化铝等，它们的表面含有极性的基团，是活性中心。分离是靠溶质分子（被分离组分）与流动相分子争夺填料表面的活性中心来实现。如果流动相是强极性的，它将与填料表面稳定地结合，弱极性的样品会很快从柱中流出。如果流动相的极性比样品弱，则样品将与填料表面稳定地结合，而慢慢流出柱子。

（2）固定相与流动相　吸附色谱中，首先考虑用硅胶作固定相，其次用活性氧化铝，较常用的还有高分子多孔微球（有机胶）、分子筛及聚酰胺等。吸附剂可分为极性和非极性两类，极性吸附剂又可分为酸性吸附剂（硅胶等）和碱性吸附剂（氧化铝等）。

在以硅胶为固定相的液-固色谱法中，流动相是以烷烃为底剂的，加入适量的极性调节剂，控制溶剂的极性，以控制组分的保留时间。极性越大，洗脱力越大，保留时间越短。

在液-固色谱中，依靠流动相溶剂分子与溶质分子竞争固定相活性位置，从而使溶质从色谱柱上洗脱下来。当组分分子结构与吸附剂表面活性中心的刚性几何结构相适应时，易于吸附。因而吸附色谱在分离几何异构体方面有较高的选择性，同时还可用于分离分子量中等的油溶性物质，例如磷脂、甾体化合物、脂溶性维生素和前列腺素等。

2. 液-液分配色谱法

（1）概述　流动相和固定相都是液体的色谱法即为液-液色谱法，是利用样品组分在两种不相溶的液相间的分配来进行分离。一种液相为流动相，另一种是涂渍于载体上的固定相。分离是由于样品在流动相和固定相中相对溶解度的差别。流动相极性小于固定相极性的液-液色谱法称为正相液-液分配色谱法。流动相极性大于固定相极性的液-液色谱法则称为反相液-液分配色谱法。实际上常用反相液-液分配色谱法。

（2）固定相和流动相　液-液分配色谱法固定相为涂渍在载体上的固定液，一般常用硅胶、硅藻土等作为固定液的载体。固定液可采用气相色谱中常用的某些固定液，如不同聚合度的聚乙二醇、甲酰胺、亚丙基二醇等。一般采用与固定液性质相差很大的不混溶的溶剂为流动相，流动相对固定液的溶解度尽可能小。为避免固定液流失，流动相使用前需预先用固定液饱和。

正相色谱法用含水硅胶为固定相，烷烃为流动相，可作为原始正相液-液色谱法的代表，这种方法因固定液易流失、重复性差，在 HPLC 中已被正相键合色谱法所替代。最早的反相色谱法的例子，是 1950 年 Howard 和 Martin 用正辛烷为固定相，用水作流动相，进行石蜡油的液-液色谱分离。由于固定液易于流失，也已被反相化学键合相色谱法取代。

3. 化学键合相色谱法

（1）概述　早期液-液色谱法，固定相是简单地吸附在柱上。由于固定相在流动相中的溶解度非常小，洗脱剂必须被固定相饱和，以避免固定相的流失，但温度的变化和不同批号流动相的差别常引起柱子的变化，另外在流动相中存在的固定相也使样品的分离和收集复杂化。因此，现在都应用键合固定相。固定相化学键合到固体支持剂上，这样就避免了固定相从柱中流出或样品被固定相污染。

将固定液的官能团键合在载体的表面，而构成化学键合相。以化学键合相为固定相的色谱法称为化学键合色谱法。由于化学键合相的官能团不易流失，因而化学键合相广泛应用于正相与反相色谱法、离子交换色谱法、手性色谱法及亲和色谱法等诸多色谱法中。

（2）固定相和流动相

① 反相键合色谱法。一般用非极性固定相，常用十八烷基硅烷（octadecyl silane，ODS；或用 C_{18} 表示），还有辛烷基（用 C_8 表示）。这类固定相适用于分离非极性样品，配合使用的流动相主要是水，加入与水互溶的有机溶剂为调节剂，常用的有甲醇、乙腈等。

② 正相键合色谱法。常用的固定相是氨基与氰基化学键合相，适用于分离极性样品。流动相主选烷烃溶剂，加入适量的有机溶剂进行调节，常用的有机调节剂为乙醇、异丙醇、四氢呋喃、三氯甲烷等。

反相色谱法随着应用范围的扩大，已应用于某些无机样品或易解离的样品的分析。为了控制样品在分离过程中的解离，就需要用缓冲溶液控制流动相的 pH 值。常用乙酸-乙酸钠（HAc-NaAc）缓冲液，其 pH 值应用范围为 $3.5\sim5.5$。磷酸及磷酸盐缓冲液可在较宽 pH 值范围使用，但色谱柱使用的 pH 值范围应控制在 $2\sim8$ 之间，太高的 pH 值会使硅胶溶解，太低的 pH 值会使键合的烷基脱落。有报道新商品柱可在 pH$1.5\sim10$ 范围操作。

4. 离子交换色谱法

离子交换色谱是一种成熟的技术，柱填料含有极性可离子化的基团，如羧酸、磺酸或季铵离子，在合适的 pH 值下，这些基团将解离，吸引相反电荷的物质。由于离子型物质能与柱填料反应，所以可被分离。

缓冲溶液常被用作离子交换色谱的流动相。缓冲溶液的 pH 值和离子强度将影响化合物从柱中的洗脱。这是由于改变 pH 值，可改变化合物的解离程度。样品电离度的降低，减小了样品与色谱柱的反应，样品组分就可以较快地从柱中流出。增加流动相的离子强度，平衡移向不利于样品与柱填料反应的方向，利于样品从柱中较快流出。

5. 离子对色谱法

设样品在水溶液中可解离为带电荷的离子，若向其中加入相反电荷的离子，使其形成中性的离子对，从而可增大在非极性固定相中的溶解度，增加分配系数，改善分离效果。

分析碱类物质常用的离子对试剂为烷基磺酸盐，如正戊磺酸盐、正己磺酸盐、正庚磺酸盐及正辛磺酸钠，另外过氯酸也可与多种碱性样品形成很强的离子对。分析酸性物质常用四丁基季铵盐。

离子对色谱法在药物分析中是很重要的方法。常用 ODS（十八烷基硅烷键合硅胶填料）柱，流动相为甲醇-水或乙腈-水中加入 $3\sim10\text{mmol/L}$ 的离子对试剂，在一定的 pH 值范围内进行分离。测定体内的药物浓度时，有利于与其代谢产物及内源性杂质分离。

6. 分子排阻色谱法

分子排阻色谱法是基于样品分子量大小不同而对样品进行分离的色谱法。固定相是有一定孔径的多孔性填料，小分子量的化合物可完全进入孔中，流动相是可以溶解样品的溶剂。分离过程是按分子量大小的顺序，分子量大的化合物先从柱中洗脱。

分子排阻色谱法常用于分离高分子化合物或复杂的物质，如组织提取物、核酸、蛋白质等。

7. 亲和色谱法

将具有生物活性的配基（如酶、辅酶、抗体等）键合到非溶性载体或基质表面上，形成固定相，利用蛋白质或生物大分子与亲和色谱固定相表面上配基的专属性亲和力进行分离的色谱法，称为亲和色谱法。这种方法专用于生物样品的分离、分析与纯化。

二、色谱流出曲线及相关术语

1. 色谱图

色谱仪以电信号强度对时间作图所绘制的曲线，为色谱流出曲线，即色谱图，如图 4-2 所示。图中曲线水平部分为基线，曲线上突起的部分为色谱峰。理想的色谱流出曲线应该是正态分布曲线。

2. 峰高

峰高（h）即色谱峰顶到基线的垂直距离。

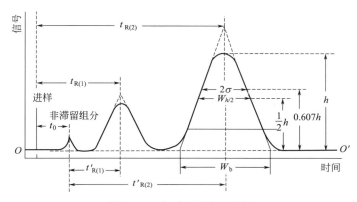

图 4-2　典型色谱流出曲线

3. 峰宽

峰宽（W）或称 W_b 是指峰两侧拐点处所做的两条切线与基线的两个交点间的距离。

4. 半高峰宽

半高峰宽（$W_{h/2}$）是指峰高一半处的峰宽。

5. 峰面积

峰面积（A）是指峰和峰底所包围的面积。峰面积或峰高是定量分析的主要依据。

6. 保留值

色谱保留值是定性分析的依据。

（1）死时间（t_0）　是指不保留组分从进样开始到流出色谱柱所需的时间，即流动相（溶剂）通过色谱柱的时间。

（2）死体积（V_0）　是柱中溶剂的总体积。

$$V_0 = Ft_0 \tag{4-1}$$

式中，F 为流速。

（3）保留时间（t_R）　是样品通过色谱柱所需时间，即从进样开始到柱后出现组分浓度极大值所需的时间。

t_R 与流动相和固定相的性质、固定相的量、柱温、流速和柱体积有关。

（4）保留体积（V_R）　是从进样开始到被测组分出现浓度最大值时流出溶剂的总体积。

$$V_R = Ft_R \tag{4-2}$$

在其他条件不变时，V_R 不受流速影响，因为流速（F）加大时，保留时间（t_R）缩短，二者乘积不变。

（5）调整保留时间（t_R'）　是指扣除了死时间的保留时间。

$$t_R' = t_R - t_0 \tag{4-3}$$

（6）调整保留体积（V_R'）　是指扣除了死体积后剩余的保留体积。

$$V_R' = V_R = V_0 = F(t_R - t_0) \tag{4-4}$$

三、色谱柱参数

色谱柱参数主要有相平衡参数（分配系数和容量因子）、柱选择性参数和柱效参数（理论塔板数和理论塔板高）。

1. 相平衡参数

（1）分配系数（k）　分配系数即相平衡常数，系在一定温度下，化合物在固定相和流动相之间分配达平衡时，在两相中的浓度之比。

（2）容量因子（k'）　容量因子系化合物在分配达平衡时在固定相和流动相中存在量的比值。

$$k' = \frac{化合物在固定相中的量}{化合物在流动相中的量} = \frac{M_S}{M_m} \tag{4-5}$$

容量因子与色谱保留值之间的关系为：

$$k' = \frac{M_S}{M_m} = k \cdot \frac{V_S}{V_0} = \frac{V_R - V_0}{V_0} = \frac{t_R - t_0}{t_0} = \frac{t_R'}{t_0} \tag{4-6}$$

从式（4-6）可以看出，容量因子与化合物在固定相和流动相中的分配性质、柱温以及固定相与流动相的体积比有关，与柱尺寸和流速无关。

容量因子是色谱保留行为的反映。k'值越小，保留时间越短。$k' = 0$ 时，化合物在固定相中不保留，全部存在于流动相中。k'越大，保留时间越长。

因为容量因子与定性参数及柱效参数密切相关，且比分配系数易于测定，所以在色谱分析中一般都用容量因子代替分配系数，是最重要的色谱参数之一。

2. 柱选择性参数

柱选择性（α）即色谱相对保留值，为两个组分调整保留值之比。α 与分配系数及容量因子的关系为：

$$\alpha = \frac{t_{R_2}'}{t_{R_1}'} = \frac{k_2'}{k_1'} = \frac{k_2}{k_1} \tag{4-7}$$

在同种条件下，样品中各组分的分配系数和容量因子不等（$\alpha \neq 1$）是色谱分离的前提。α 值越大，分离效果越好。

α 与溶质在固定相和流动相中的分配性质、柱温有关，与柱尺寸、流速、填充情况无关。

3. 柱效参数

色谱柱的分离效率（简称柱效）可定量地用理论塔板数（n）表示。如果峰形对称并符合高斯分布，理论塔板数可近似表示为：

$$n=\left(\frac{t_R}{\sigma}\right)^2=16\left(\frac{t_R}{W}\right)^2 \tag{4-8}$$

式中，σ 为标准偏差；W 为峰宽。

n 为常量时，W 随 t_R 成正比例变化。在一张多组分色谱图上，如果各组分含量相当，则后洗脱的峰比前面的峰要逐渐加宽，峰高则逐渐降低。由于峰宽随着组分在柱中的前进而加宽，故可用作色谱柱的峰相对扩展的量度。

理论塔板数也可用半高峰宽（$W_{h/2}$）和保留时间的关系来表示：

$$n=5.54\left(\frac{t_R}{W_{h/2}}\right)^2 \tag{4-9}$$

应用半高峰宽比用峰宽计算更为方便，因为半高峰宽更易准确测定，尤其是对稍有拖尾的峰。

理论塔板数与柱长成正比，柱子越长，n 值越高。用 n 表示柱效时应注明柱长，如果未注明，则表示柱长为 1m 时的理论塔板数。在计算理论塔板数时还应注意峰宽、半高峰宽与保留时间的单位必须一致。

计算理论塔板数是为了研究柱效受填料颗粒度、柱内径、流动相流速和黏度及进样方法等因素的影响。由于色谱柱长短不同，其理论塔板数亦不同，为了更方便地比较色谱柱之间的效率，采用理论塔板高度（H）来表示柱效。

$$H=\frac{L}{n} \tag{4-10}$$

式中，L 为柱长，H、L 的单位均为 mm。

H 值越小，柱效率越高。具有相同保留时间的两个峰，峰形越窄，其柱效越高，因此高柱效更易使化合物分离。但在实际工作中，对柱效要求并不太高，药典上对每个待测药物规定了理论塔板数的最低值。通过计算柱效可以比较不同柱子的性能和所使用柱子的变坏程度。

四、分离度及其影响因素

1.分离度

色谱过程的根本目的是样品中各组分的相互分离，考查相邻两峰的分离程度是至关重要的（图 4-3）。对于一个多组分样品的色谱图，相邻两峰之间的关系取决于最大峰值间的距离和峰的宽度。图 4-4 表示了三种不同的色谱分离情况。

图 4-4 中（a）为相邻两峰未被分开，峰底部重叠在一起；（b）为最大峰间距离加大，峰宽保持不变，两峰完全分开；（c）为最大峰间距离没有变化，但峰宽减小，两峰被分开。由此可见，要获得较好的色谱分离有两个途径，一是最大峰间的距离要大，二是色谱峰要窄。

一般采用分离度来定量表示相邻两峰的分离程度。分离度也叫分辨率，用 R 表示，是色谱中两个组分分离程度好坏的标志。

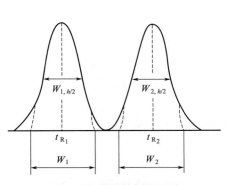

图 4-3　分离的相邻两峰

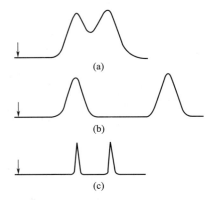

图 4-4　三种不同的色谱分离情况

$$R = \frac{2(t_{R_2} - t_{R_1})}{W_1 + W_2} \text{ 或 } R = \frac{2(t_{R_2} - t_{R_1})}{1.70(W_{1,h/2} + W_{2,h/2})} \tag{4-11}$$

式中，t_{R_2} 为相邻两峰中后一峰的保留时间；t_{R_1} 为相邻两峰中前一峰的保留时间；W_1、W_2 及 $W_{1,h/2}$、$W_{2,h/2}$ 分别为此相邻两峰的峰宽及半高峰宽（参见图 4-3）。

从式（4-11）也可以看出，保留时间差值越大（即两峰间距离越远），峰宽之和越小（即两峰越窄），分离度越大，分离越好。

如果两个峰的宽度相同，$W_1 = W_2 = 4\sigma$，则 R 可表示为：

$$R = \frac{t_{R_2} - t_{R_1}}{4\sigma} \tag{4-12}$$

当 $R = 1$ 时，两峰间的距离是 4σ，两组分分离可达 98%；当 $R = 1.25$ 时，可达 99.2%。如果需要获得更好的分离效果，可将 R 提高。当 $R < 1$ 时，两峰部分重叠，R 值越小，重叠程度越大。$R = 0.6$ 时，只有 86% 分离。

分离度越大，色谱峰分离越好，但并非要求其值很大，而是争取在最短的时间内获得最佳分离效果。如果得到的是高斯曲线，分离度 $R = 1.5$（6σ 的峰间距离）对于定量分析就足够了。

2. 影响分离度的因素

如果相邻两个色谱峰具有相同的峰宽和峰面积，其分离度与三个色谱基本参数有如下的关系：

$$R = \frac{1}{4}\left(\frac{\alpha - 1}{\alpha}\right)\left(\frac{k'}{1 + k'}\right) \cdot n^{\frac{1}{2}} \tag{4-13}$$

式中，α 为相对保留值；$\dfrac{\alpha - 1}{\alpha}$ 为相对分配值因子；k' 为容量因子；$\dfrac{k'}{1 + k'}$ 称为保留值因子；n 是理论塔板数。相对分配值因子和保留值因子与色谱过程热力学因素有关，理论塔板数 n 主要与色谱过程动力学特性有关。

从式（4-13）可以看出，提高分离度 R 有以下 3 种途径。

（1）增加选择性 α　即增加后一组分对于前一组分的保留时间以提高分离度。改变组分的分配系数可改进选择性，这可通过改变固定相和流动相的组成来实现。改变固定相是一种较好的方法,但必须用不同固定相的柱子,比较麻烦,而且往往由于考虑流动相的适应性而产生困难。比较有效的方法是改变流动相的组成及 pH 值,调整流动相的极性来改变 α。增加 α,适当地延长分离时间,提高分离度。

(2) 增加理论塔板数 n　在其他条件相同的情况下,增加理论塔板数使色谱峰变窄,这可通过增加柱长来实现,但分离时间增加,所以主要应通过提高固定相的效能实现。采用高效的固定相,不仅可提高分离度,而且可以因峰形变窄而提高检出灵敏度。

(3) 改变容量因子 k'　对于正相色谱,流动相极性增加,k' 减小,色谱峰保留时间缩短,分离度降低;流动相极性减小,k' 增加,组分峰保留时间增加,可提高分离度。但 k' 不能过大,否则不但分离时间拖得很长,而且峰形变宽,会影响分离度和检出灵敏度。一般 k' 在 $1.5\sim4$ 为宜。

由上述讨论可知,为了达到高速、高效分离的目的,最好是选用高效固定相来增加理论塔板数和适当增加选择性,如图 4-5 所示。

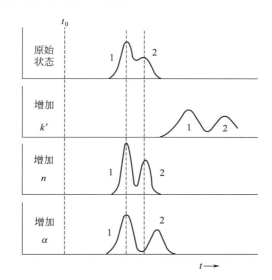

图 4-5　容量因子 (k')、柱效 (n) 及分配系数比 (α) 对分离度 (R) 的影响

理想的色谱分离具有较高的分辨率、较短的分析速度和大的样品容量,但现实中却很难达到。三者相互影响、相互制约,所以工作中必须谨慎处理三者之间的关系。分离度可由牺牲速度和样品容量来改善,通常一次分析不超过 30min。如果要收集样品做进一步鉴定,则柱容量是重要的,一些检测器的较低检测限也限制了样品的最小值。一般情况 HPLC 的首要优化条件是分析速度和分辨率,柱容量是次要的。制备柱的容量通常为 100mg 的样品。

五、速率理论及色谱峰扩大的影响因素

1. Van Deemter 方程式

1956 年,荷兰学者 Van Deemter 等人吸收了塔板理论的概念,并把影响塔板高度的

动力学因素结合起来，提出了色谱过程的动力学理论。速率理论认为：单个组分粒子在色谱柱内固定相和流动相间要发生千万次的转移，加之分子扩散和运动途径等因素，它在柱内的运动是高度不规则的，在柱中随流动相前进的速率是不均一的。无限多个随机运动的组分粒子流经色谱柱所用的时间呈现正态分布，t_R 是其平均值，即组分粒子的平均行为。

理论塔板高（H）与流动相线速度（u）之间的关系可用 Van Deemter 方程式来描述：

$$H = A + B/u + Cu \tag{4-14}$$

式中，A 为涡流扩散项；B 为分子扩散系数；C 为传质阻力系数。当流动相线速度（u）一定时，A、B、C 越小，板高越小，柱效越高。

（1）涡流扩散项（A） 在填充色谱柱中，流动相碰到填充物颗粒时，不断改变方向，使样品组分在流动相中形成紊乱的类似涡流的流动，从而导致同一组分的粒子所通过路径的长短互不相同，如图 4-6 所示。因此，在柱中停留的时间也不相同，引起色谱峰的扩张，称为涡流扩散。涡流扩散项与柱填充物的平均颗粒大小和均匀性有关。

$$A = 2\lambda d_p \tag{4-15}$$

式中，λ 为填充不规则因子；d_p 为填充物颗粒平均直径。使用适当细粒度和颗粒均匀的载体，并尽量填充均匀，是减少涡流扩散、提高柱效的有效途径。

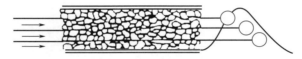

图 4-6　涡流扩散示意图

（2）分子扩散项（B/u） 分子扩散又称为纵向扩散，它是由于组分在柱中的分布存在浓度梯度，色谱带浓的中心部分有向两侧较稀的区域扩散的倾向而引起的，导致了色谱峰的扩展。分子扩散项与分子在流动相中的扩散系数（D_m）成正比，与流动相的线速度（u）成反比：

$$B/u = C_d D_m / u \tag{4-16}$$

式中，C_d 为常数；分子在液相中的扩散系数（D_m）比在气相中要小 4～5 个数量级。在 HPLC 中，纵向扩散项对谱带扩张的影响可以忽略不计。

（3）传质阻力项（Cu） 传质阻力项是由于组分在两相间的传质过程实际上不能瞬间达到平衡引起的。液相色谱的传质阻力项包括固定相传质阻力项和流动相传质阻力项。

① 固定相传质阻力项（H_s）。主要发生在液-液分配色谱中，样品分子从流动相进入固定液内，进行质量交换的传质过程取决于固定液的液膜厚度（d_f）以及样品分子在固定液内的扩散系数（D_s）：

$$H_s = \frac{C_s d_f^2 u}{D_s} \tag{4-17}$$

式中，C_s 为常数。从式（5-17）中可以看出，固定液的液膜较薄时，H_s 较小。

② 流动相传质阻力项（$H_m + H_{sm}$）。系样品分子在流动相中的传质过程，这种传质又有两种形式，即在流动的流动相中的传质和在滞留的流动相中的传质。

a. 流动的流动相中传质阻力（H_m）。当流动相流经柱内填充物时，靠近填充物颗粒的流动相流速较慢，而在流路中心流速较快。这种引起板高变化的影响是与固定相粒度（d_p）的平方和流动相线速（u）成正比，与样品分子在流动相中的扩散系数（D_m）成反比：

$$H_m = \frac{C_m d_p^2 u}{D_m} \tag{4-18}$$

式中，C_m 为常数。

b. 滞留的流动相中的传质阻力项（H_{sm}）。固定相的多孔性，使一部分流动相滞留在固定相微孔内。流动相中的样品分子要与固定相进行传质，必须先自流动相扩散到滞留区。由于固定相的微孔有一定深度，样品分子的扩散路程不同，因而就造成了谱带扩张。该种传质阻力项可用下式表示：

$$H_{sm} = \frac{C_{sm} d_p^2 u}{D_m} \tag{4-19}$$

式中，C_{sm} 是常数，与颗粒微孔中被流动相所占据部分的分数及容量因子有关。

滞留的流动相传质阻力对峰扩张的影响在整个传质过程中起着主要作用。固定相的颗粒越小，微孔孔径越大，传质途径就越小，传质速率就越高。所以改进固定相结构，减小滞留的流动相传质阻力是提高液相色谱柱效的关键。

综上所述，由柱内色谱峰扩展所引起的塔板高度的变化可归纳为：

$$H = 2\lambda d_p + \frac{C_d D_m}{u} + \left(\frac{C_s d_f^2}{D_s} + \frac{C_m d_P^2}{D_m} + \frac{C_{sm} d_p^2}{D_m} \right) u \tag{4-20}$$

要提高液相色谱法的柱效，必须提高柱内填料装填的均匀性并减小粒度以加快传质速率，减小涡流扩散和流动相传质阻力。选用低黏度的流动相也有利于减小传质阻力，提高柱效。降低流动相流速可降低传质阻力项的影响，但会增加纵向扩散项并延长分析时间，所以流速不宜太低。

2. 柱外展宽

影响色谱峰扩展的因素除了色谱柱内的涡流扩散、分子扩散和传质阻力外，对于液相色谱，还有其他一些因素，如柱外展宽等。柱外展宽也称为柱外效应，是指色谱柱外各种因素引起的峰扩展。它可分为柱前展宽和柱后展宽两种。

（1）柱前展宽　柱前峰扩展主要是由进样所引起的，HPLC 的进样常采用进样阀进样和注射进样两种方式。进样阀进样，是由流动相将样品带入柱内，由于阀有死体积，会引起峰的展宽；注射进样，将样品注入液流中或注入色谱柱顶端滤塞上，由进样器内的死体积以及注样时液流扰动引起的扩散会造成色谱峰的不对称和峰扩展。减小进样阀的死体积或将样品直接注入柱顶端填料上的中心点或中心点之内 1~2mm 处，可减小柱前峰展宽并使峰的不对称性得到改善，提高柱效。

（2）柱后展宽　柱后展宽主要由接管、检测器流通池体积及检测器与记录器等的响应速度等因素引起。由于流动相在接管中心流速较快而管壁附近流速较慢，因而管中心处样品分子比管壁部分先到达检测器，引起峰扩展。因此，应用尽可能短的接管并减小流通池的体积来提高柱效。另外，检测器、放大器和记录仪响应速度较慢也会使描绘的色谱峰宽增加，峰高降低，这对于保留值较小的组分影响尤为突出。所以，改进检测器等的响应速度也是降低柱后展宽的一个途径。

第三节 定性和定量分析

一、定性分析

HPLC 在药物分析中常用于药物的鉴别和检查。

1.利用已知物对照法定性

（1）利用保留特性 色谱图上的保留时间可用于各组分的鉴别。其方法是在完全相同的条件下，与已知物的保留时间相比进行确认。因同一种物质的保留时间在相同条件（色谱柱、流动相及流速、温度）下是一致的。

样品的保留时间应有好的重现性。重现性越高，用保留时间鉴别药物的准确性也越高，但不同化合物也可能有相同的保留时间。

（2）利用不同柱比较 若两种物质在同一根柱上有相同的保留时间，可和不同极性的柱子比较，观察已知物与未知物的峰是否始终一致。

2.色谱法与其他方法结合定性

（1）利用化学反应定性 色谱法与化学反应相结合是一种简便有效的用于官能团定性的方法。可将峰的流出物收集，利用分类试剂定性。

（2）利用选择性检测器定性 同一种检测器对不同的样品响应值不同，不同检测器对同一种化合物响应值也不同。所以当一个化合物被两种或两种以上的检测器检测时，根据响应值的不同可以鉴别不同的化合物。

（3）液相色谱-质谱联用技术、液相色谱-核磁共振联用技术 近年来发展起来的液相色谱-质谱联用技术、液相色谱-核磁共振联用技术可快速、准确地测定未知物，是目前解决复杂未知物定性的有效手段，尤其对药物代谢产物的研究很有用。最新的技术是把色谱仪、核磁共振仪和质谱仪三种仪器联合使用，形成 LC-DAD-NMR-MS 系统进行药物代谢的研究。

二、定量分析

一个混合物经 HPLC 分离后，进行测定的依据是色谱峰的峰面积或峰高与样品的量存在一定的关系。当流动相流速恒定时，峰面积与从柱中流出物质的量成正比；在峰宽固定的前提下，峰高也与物质的量成正比。

早期都用峰面积定量，但自动进样器的使用减小了峰宽的波动，而且峰高受流速波动的影响不像峰面积那样灵敏，因此用峰高定量也很准确。峰高和峰面积都可用于色谱的定量分析。多数情况下人们习惯采用峰面积进行定量分析，但有时用峰面积定量分析并不是最佳选择。以下情况更适合采用峰高定量：①色谱峰严重拖尾；②色谱峰有潜在干扰或未与相邻峰完全分离（痕量分析中常见问题）；③流动相流速不稳定。实际应用时，峰高法常用于痕量分析，因要考虑其他组分的干扰。用峰高计算受相邻部分重叠峰的干扰较小。

1. 峰高和峰面积的测量

（1）峰高 对于一个分离良好的单一组分而言，峰高是指色谱峰最高点到基线的距离，如图 4-7 中的色谱峰 2。当由长噪声或基线漂移导致基线变化时，测量峰高的方法就必须修正。如图 4-7 中的色谱峰 3，在这种情况下，基线的位置可从色谱峰的起点到终点用内插法求得。对于没有与相邻峰完全分离的色谱峰峰高可用切线法测得，如图 4-7 中的色谱峰 1。切线法仅适用于出在主峰峰尾上的小色谱峰。尽管现代色谱工作站可直接计算给出峰高，但确认它们是否恰当地判断了基线仍然是十分重要的。

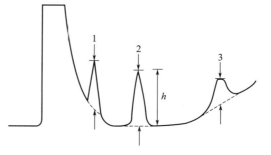

图 4-7 色谱图中峰高的测量

（2）峰面积 峰面积是色谱定量分析方法中最常用的表达检测器对待测物响应值的一个参数。对于一个完全分离的色谱峰而言，峰面积是指从色谱峰开始到结束时间范围内待测物信号响应的积分值。影响色谱峰面积准确测量的因素很多。首先必须准确判断基线，这一点在有长、短噪声存在时显得尤其重要。其次必须准确判断色谱峰的起点和终点。这种判断对于非对称峰或拖尾峰而言是比较困难的，往往会导致峰面积测量不准确。色谱工作站的数据处理系统判断色谱峰的起点和终点的准确与否取决于阈值的合理设定。

HPLC 的定量分析是建立在待测物的量与峰面积成正比的关系上。但是，同一物质在不同类型的检测器上具有不同的峰面积，不同组分对同一检测器的灵敏度不一定相同，所以不能用峰面积直接计算物质的含量，需要在定量计算中引入校正因子来解决这个问题。

2. 定量方法

（1）内标法 内标法分为内标工作曲线法和内标校正因子法。在校正因子未知的情况下，可采用内标对比法进行定量。《中国药典》（2025 年版）采用的是内标校正因子法，是按各品种项下的规定，精密称（量）取对照品和内标物质，分别配成溶液，精密量取各适量，混合配成校正因子测定用的对照溶液。取一定量注入仪器，记录色谱图。测量对照品和内标物质的峰面积或峰高，按下式计算校正因子。

$$校正因子(f) = \frac{A_S/c_S}{A_R/c_R} \tag{4-21}$$

式中，A_S 为内标物质的峰响应；A_R 为对照品的峰响应；c_S 为内标物质的浓度；c_R 为对照品的浓度。

再取该品种项下含有内标物质的供试品溶液适量，进样，记录色谱图，测量供试品中待测成分和内标物质的峰响应，按下式计算含量。

$$含量(c_X) = f \cdot \frac{A_X}{A_S'/c_S'} \tag{4-22}$$

式中，A_X 为供试品的峰响应；c_X 为供试品的浓度；A_S' 为内标物质的峰响应；c_S' 为内标物质的浓度；f 为内标法校正因子。

内标法的主要问题是选择合适的内标物。内标物必须满足下列要求：①在样品中不存在；②与样品中各组分完全分离；③与待测物的保留时间相近；④与待测物峰的大小相近；⑤不与待测物中各组分起化学反应；⑥很纯且在贮存中稳定。

采用内标法，可避免样品前处理及进样体积误差对测定结果的影响。故生物样品等复杂样品的分析一般采用内标法进行定量分析。

内标法的优点是定量比较准确，分析的操作条件不必像外标法那样严格，进样量也不必严格控制，只要被测组分与内标物产生信号即可测量。该法适宜于低含量组分的分析，且不受归一法使用上的限制。该法的缺点是样品配制比较麻烦，内标物不易寻找。

（2）外标法　外标法可分为外标工作曲线法、外标一点法及外标两点法等。《中国药典》（2025 年版）采用的是外标一点法，是用一定浓度被测组分的对照品溶液，对比测定供试品溶液中 X 组分含量的方法。按各品种项下的规定，精密称（量）取对照品和供试品，配制成溶液，精密量取各适量，进样，记录色谱图，测量对照品溶液和供试品溶液中待测物质的峰响应，按下式计算含量。

$$含量(c_X) = c_R \frac{A_X}{A_R} \tag{4-23}$$

式中各符号意义同上。

由于微量注射器不易精确控制进样量，当采用外标法测定供试品中成分或杂质含量时，以定量环或自动进样器进样为好。在 HPLC 中，因进样量较大，一般为 $20 \sim 100 \mu L$，而且常采用六通阀定量进样，进样量误差相对较小，因此外标法是 HPLC 常用定量方法之一。

外标法的优点是不需要知道校正因子，只要被测组分出峰，无干扰，保留时间适宜，就可以进行定量分析。缺点是进样量必须准确，否则定量误差大。外标法的主要误差来源是进样的重现性。对于现代分析仪器而言，仪器自动进样器的进样精密度好于 0.5%，这是常规定量分析可以接受的。对于手动进样而言，进样的重现性往往没有这么好，这主要取决于操作者的熟练程度等因素。化学药物制剂的分析一般采用外标法进行定量分析。

【示例】　叶酸（folic acid）的测定（《中国药典》2025 年版二部）

（1）色谱条件　用十八烷基硅烷键合硅胶为填充剂；以磷酸盐缓冲液（pH 5.0）（取磷酸二氢钾 2.0g，加水约 650mL 溶解，加 0.5mol/L 四丁基氢氧化铵的甲醇溶液 15mL、1mol/L 磷酸溶液 7mL 与甲醇 270mL，放冷，用 1mol/L 磷酸溶液或氨试液调节 pH 值至 5.0，用水稀释至 1000mL）为流动相；检测波长为 280nm；流速为每分钟 1.2mL；进样体积 $10\mu L$。

（2）测定方法　取叶酸约 10mg，精密称定，置 50mL 量瓶中，加 0.5% 氨溶液约 30mL 溶解后，用水稀释至刻度，摇匀，精密量取 $10\mu L$ 注入液相色谱仪，记录色谱图；另取叶酸对照品，同法测定。按外标法以峰面积计算，即得。

（3）主要成分自身对照法　　《中国药典》中用于考察药物中杂质的含量的方法有两种：不加校正因子的主成分自身对照法和加校正因子的主成分自身对照法。

① 加校正因子的主成分自身对照法。该法在测定杂质含量时使用。测定杂质含量时，可采用加校正因子的主成分自身对照法。在建立方法时，按各品种项下的规定，精密称（量）取杂质对照品和待测成分对照品各适量，配制测定杂质校正因子的溶液，进样，记录色谱图，按上述内标法计算杂质的校正因子。此校正因子可直接载入各品种项下，用于校正杂质的实测峰面积。这些需作校正计算的杂质，通常以主成分为参照，采用相对保留时间定位，其数值一并载入各品种项下。

测定杂质含量时，按各品种项下规定的杂质限度，将供试品溶液稀释成与杂质限度相当的溶液作为对照溶液，进样，调节检测灵敏度（以噪声水平可接受为限）或进样量（以柱子不过载为限），使对照溶液的主成分色谱峰的峰高约达满量程的 10％～25％或其峰面积能准确积分〔通常含量低于 0.5％的杂质，峰面积的相对标准偏差（RSD）应小于10％；含量在 0.5％～2％的杂质，峰面积的 RSD 应小于 5％；含量大于 2％的杂质，峰面积的 RSD 应小于 2％〕。然后，取供试品，分别进样，供试品溶液的记录时间，除另有规定外，应为主成分色谱峰保留时间的 2 倍，测量供试品溶液色谱图上各杂质的峰面积，分别乘以相应的校正因子后与对照溶液主成分的峰面积比较，依法计算各杂质含量。

② 不加校正因子的主成分自身对照法。该法用于估算药物中杂质的含量。测定杂质含量时，若没有杂质对照品，也可采用不加校正因子的主成分自身对照法。按上述加校正因子的主成分自身对照法配制对照溶液并调节检测灵敏度后，取供试品溶液和对照溶液适量，分别进样，前者的记录时间，除另有规定外，应为主成分色谱峰保留时间的 2 倍，测量供试品溶液色谱图上各杂质的峰面积并与对照溶液主成分的峰面积比较，计算杂质含量。

若供试品所含的部分杂质未与溶剂峰完全分离，则按规定先记录供试品溶液的色谱图Ⅰ，再记录等体积纯溶剂的色谱图Ⅱ。色谱图Ⅰ上杂质峰的总面积（包括溶剂峰）减去色谱图Ⅱ上的溶剂峰面积，即为总杂质峰的校正面积。然后依法计算。

（4）面积归一化法　　按各品种项下的规定，配制供试品溶液，取一定量注入仪器，记录色谱图。测量各峰的面积和色谱图上除溶剂峰以外的总色谱峰面积，计算各峰面积占总峰面积的百分率。

如果样品中所有组分都能流出色谱柱，且在检测器上均可得到相应的色谱峰，同时已知各组分的校正因子时，可按下式求出各组分的含量：

$$c_i\% = \frac{A_i f_i}{\sum\limits_{i=1}^{n} A_i f_i} \times 100\% \qquad (4\text{-}24)$$

如果试样中各组分为性质很相似的同系物，由于它们的校正因子很接近，可略去不计，用下式计算：

$$c_X = \frac{A_X}{A_1 + A_2 + A_3 + \cdots + A_n} \times 100\% \qquad (4\text{-}25)$$

本法的优点是简便、准确、定量结果与进样量重复性无关（在色谱柱不超载的范围内）、操作条件略有变化时对结果影响较小。缺点是用于杂质检查时，由于峰面积归一化法测定误差大，本法通常只能用于粗略考察供试品中的杂质含量。除另有规定外，一般不宜用于微量杂质的检测。

第四节　实际操作中的问题

一、HPLC 方法的建立

应用 HPLC 对样品进行分离、分析，主要根据样品的性质选择合适的分离类型及所用的色谱柱和流动相、检测器等。

1. 样品的性质

样品中待测组分的分子量大小、化学结构、溶解性等化学、物理性质决定着色谱分离类型的选择。

如果样品是复杂的混合物，需要柱效高的色谱柱，也可考虑梯度洗脱。若只需测定混合物中一个或两个组分或测定反应原料与产物的情况时，可选用较简单的方法，只要待测组分能分开即可，不必将所有组分都分开。

原料药常需要很纯，需将所有组分分开，即主药物、中间体、杂质和降解产物的峰都应分开。纯度范围窄的，方法的精密度必须足够好，通常重复测定的相对标准偏差应低于2%。如果分析复方制剂，应考虑赋形剂和降解产物的干扰。

如果测定的药品中有微量杂质存在，而且此杂质有毒性或副作用，则必须提高方法的灵敏度，以区分少量杂质与噪声，此时色谱柱和溶剂条件必须允许大量样品的进样。

HPLC 的检测通常是测定从柱中洗脱出来的组分的光学性质，常用的是紫外检测，因此组分的紫外和可见光谱对最佳检测波长的选择非常重要。

在选择色谱条件时，还应考虑样品的稳定性，如果某些条件能使待测组分分解，则必须避免使用此条件。

2. 色谱分离类型的选择

HPLC 的各种方法有其各自的特点和应用范围，应根据分离分析的目的、样品的性质和含量、现有的设备条件等选择合适的方法。通常分离类型应根据样品的性质（如分子量的大小、化学结构、溶解性及极性等）来选择，并据此选择色谱柱和流动相。

3. 溶剂的选择

在 HPLC 分析中，流动相的种类、配比对色谱分离效果影响很大，而可供选择的固定相填料种类较少，因此流动相的选择非常重要。

（1）对流动相的要求

① 溶剂纯度要高。一般使用分析纯或色谱纯溶剂，必要时需进一步纯化，以除去干扰性杂质。如四氢呋喃易被氧化，常加入一些抗氧化剂，用前需蒸馏。如果溶剂不纯，会

导致检测器噪声增加，同时也会影响收集的组分的纯度。

② 不能引起柱效损失或保留特性变化。如吸附色谱中，使用硅胶吸附剂时，不能使用碱性（胺类）溶剂或含有碱性杂质的溶剂；使用氧化铝吸附剂时，不能使用酸性溶剂。分配色谱中，流动相应与固定相不相溶，否则固定液会流失，柱的保留特性会发生变化。

③ 对样品要有适宜的溶解度。一般要求容量因子（k'）在 1～10 范围内。k' 值太小，不利于分离；k' 值太大，会使样品在流动相中沉淀而凝结于柱头。

④ 溶剂的黏度要小。溶剂黏度大，会降低样品组分的液相传质速率，降低柱效，另外也会增加柱压。

⑤ 必须与检测器相匹配。如使用紫外检测器时，不能使用在检测波长下对紫外光有吸收的溶剂。

（2）溶剂系统的选择　溶剂的极性是选择溶剂的重要依据。溶剂的极性大小顺序通常根据溶剂在氧化铝上的吸附能力（ε^0）排列，见表 4-2。

表 4-2　色谱用溶剂的强度和一般性质

溶剂	ε^0（Al_2O_3）	黏度（20℃）/cP[①]	折射率	紫外极限波长/nm	沸点/℃
多氟烷烃	−0.25	—	1.25	—	
正戊烷	0.00	0.23	1.358	210	36
异辛烷	0.01	0.54	1.404	210	118
正己烷	0.01	0.32	1.38	210	69
正庚烷	0.01	0.41	1.388	210	98.4
环己烷	0.04	0.93	1.427	210	81
二硫化碳	0.15	0.37	1.626	380	45
四氯化碳	0.18	0.97	1.466	265	76.7
异丙醚	0.28	0.37	1.368	220	69
甲苯	0.29	0.59	1.496	285	110.6
氯苯	0.30	0.80	1.525	280	132
苯	0.32	0.65	1.501	280	80.1
溴乙烷	0.37	0.41	1.424	225	38.4
乙醚	0.38	0.23	1.353	220	34.6
三氯甲烷	0.40	0.57	1.443	245	61.2
二氯甲烷	0.42	0.44	1.424	245	41
四氢呋喃	0.45	0.55	1.404	210	66
二氯乙烯	0.49	0.79	1.445	230	84
甲乙酮	0.51	0.43	1.381	330	79.6
丙酮	0.56	0.32	1.359	330	56.2
乙酸乙酯	0.58	0.45	1.370	260	77.1
乙酸甲酯	0.60	0.30	1.362	260	57
戊醇	0.1	4.1	1.410	210	137.3
苯胺	0.62	4.4	1.586	325	184

续表

溶剂	ε^0（Al_2O_3）	黏度（20℃）/cP[①]	折射率	紫外极限波长/nm	沸点/℃
硝基甲烷	0.64	0.67	1.394	380	100.8
乙腈	0.65	0.37	1.344	190	82
吡啶	0.71	0.94	1.510	305	115.5
二甲亚砜	0.75	2.24	1.478	270	189
异丙醇	0.82	2.3	1.38	210	82.4
乙醇	0.88	1.20	1.361	210	78.5
甲醇	0.95	0.60	1.329	210	65
乙二醇	1.11	19.9	1.472	210	198
乙酸	很大	1.26	1.372	230	118.5
水	很大	1.00	1.333	170	100

① $1cP=10^{-3}Pa\cdot s$。

溶剂的极性也可用 Snyder 提出的溶剂极性参数 p' 表示。Snyder 溶剂分类方法为：选乙醇（质子给予体）、二氧六环（质子接受体）和硝基甲烷（强偶极分子）三个参考物质来检验溶剂分子的接受质子能力（X_e）、给予质子能力（X_d）和偶极作用力（X_n）。X_e、X_n 分别为这三种作用力大小的相对值，三者之和为 1。常用溶剂的 p' 值和 X_e、X_d、X_n 值列于表 4-3 中。p' 值越大，溶剂的极性越强。对于吸附色谱和正相分配色谱，溶剂的极性越大，则洗脱能力越大。

表 4-3 常用溶剂的极性参数和选择性参数

溶剂	p'	X_e	X_d	X_n	溶剂	p'	X_e	X_d	X_n
正戊烷	0.0	—	—	—	乙醇	4.3	0.52	0.19	0.29
正己烷	0.1	—	—	—	乙酸乙酯	4.4	0.34	0.23	0.43
苯	2.7	0.23	0.32	0.45	丙酮	5.1	0.35	0.23	0.42
乙醚	2.8	0.53	0.13	0.34	甲醇	5.1	0.48	0.22	0.31
二氯甲烷	3.1	0.29	0.18	0.53	乙腈	5.8	0.31	0.27	0.42
正丙醇	4.0	0.53	0.21	0.26	乙酸	6.0	0.39	0.31	0.30
四氢呋喃	4.0	0.38	0.20	0.46	水	10.2	0.37	0.37	0.25
氯仿	4.1	0.25	0.41	0.33					

根据 X_e、X_d、X_n 选择性参数的相似性，Snyder 将常用溶剂分成八组（见表 4-4），不同组别的溶剂与组分的主要作用力不同，因此选用不同组别的溶剂会使样品组分有不同的分配系数，会提高分离选择性。

实际工作中，常用混合溶剂作为流动相，以改善分离效果。混合溶剂的极性参数 p' 可用下式表示：

$$p'_{混}=p'_a\varphi_a+p'_b\varphi_b+\cdots \tag{4-26}$$

式中，p'_a、p'_b 分别为纯溶剂 a、b 的极性参数；φ_a、φ_b 分别为溶剂 a、b 所占体积分数；其他以此类推。溶剂的极性参数应调节为分离组分的容量因子 k' 在 2～5 的最佳范围。

表 4-4　溶剂选择性分组

组别	溶剂	组别	溶剂
Ⅰ	脂肪醚、三烷基胺、四甲基胍、六甲基磷酰胺	Ⅵ(a)	三甲苯基磷酸酯、脂肪族酮和酯、聚醚、二氧六环
Ⅱ	脂肪醇	Ⅵ(b)	砜、腈、碳酸亚丙酯
Ⅲ	吡啶衍生物、四氢呋喃、酰胺(除甲酰胺)、乙二醇醚、亚砜	Ⅶ	芳烃、卤代芳烃、硝基化合物、芳醚
Ⅳ	乙二醇、苄醇、乙酸、甲酰胺	Ⅷ	氟代醇、间甲苯酚、水、氯仿
Ⅴ	二氯甲烷、二氯乙烷		

　　溶剂系统的选择常用 Glajch 三角形优化法。

　　在分析复杂样品时,可采用梯度洗脱方法,即按一定程序连续地或阶段地改变流动相的组成,来提高色谱分离效率,改善峰形,加快分析速度。

　　(3)样品溶剂的选择　样品的溶剂应对样品溶解性大,且对样品稳定并与检测器相匹配,最好与流动相相同。这样可允许大的进样量,但待测物的洗脱不应受影响。当样品溶剂与流动相不同时,则会出现样品溶剂的峰。

　　当样品溶剂不同于流动相时,理想情况是样品溶剂比流动相弱,这样允许进大体积样品,对典型的分析柱可达到 $50\sim100\mu L$。若样品的溶剂比流动相强,当样品体积变化时,将引起化合物保留体积的波动,为此,应用小体积样品,最大进样量为 $10\sim15\mu L$。

　　(4)缓冲系统　色谱柱使用的流动相 pH 范围为 2.5~7.5,酸性太强会使键合的烷基脱落,碱性太强会使硅胶溶解,通常用缓冲溶液维持一定的 pH 值。缓冲溶液浓度范围为 $0.005\sim0.5mol/L$,尽量用稀溶液为好。在用水和有机溶剂的系统中,应注意盐的存在会改变溶剂的可混合性。在色谱分离过程中,绝不能发生相的分离和盐的沉淀。

　　在 HPLC 中,最常用的缓冲溶液是乙酸盐和磷酸盐缓冲液。

4. 检测器的选择

　　HPLC 检测中,当样品有紫外吸收时,常选用紫外检测器。在药物分析文献中,用紫外检测器的占 95% 以上。使用时要注意溶剂的使用波长,即溶剂的极限波长必须低于检测波长,若使用荧光检测器或电化学检测器,可使灵敏度提高 2~3 个数量级,但不是所有化合物都有荧光,无荧光的物质可经衍生化作用形成有荧光的化合物,电化学检测适用于有氧化还原性的药物。

二、溶剂的处理

　　溶剂的纯度及溶在其中的气体常是液相色谱工作问题的来源,事先必须严格处理,以保证工作的顺利进行。

1. 溶剂的纯化

　　在 HPLC 分离测定中,溶剂的纯度是很关键的,溶剂足够纯才不至于产生问题,对溶剂纯度的要求依应用情况而定。

对于非梯度洗脱工作，溶剂纯度并不要求很高，只要不超出线性动态范围，检测器可用参比池空白或电臂来平衡。因为任何有紫外吸收或荧光的杂质通常可在柱内达到稳态平衡，检测器的基线可保持相对高但恒定，在许多非梯度分析工作中，基线漂移是不明显的。

对于梯度洗脱工作，溶剂纯度则要求很高。在梯度洗脱中，开始用弱的洗脱剂，然后随时间连续或阶梯地增加洗脱剂的强度。如果较弱的洗脱剂含有强保留的紫外吸收或荧光杂质，则在梯度洗脱开始或过程中将会在柱头浓集，当洗脱剂强度增加时，这些杂质将从柱中下移，当其从柱中流出时，就可被检测到，有时产生峰，但更多是引起基线漂移，这将干扰待测物峰的测定。

在不进样品的情况下进行溶剂空白梯度洗脱检测是检查溶剂纯度、决定溶剂是否适用的好方法，杂质的响应依据体积而变，体积越大，杂质的响应也越大，如果杂质来源于弱洗脱剂，则它通过柱子的体积越大，杂质响应也就越大，如果强洗脱剂含有杂质，情况相似，但由于其通过柱子的量少，杂质峰响应变化不很明显，但当溶剂强度增加时，杂质流出更快，强洗脱剂中的杂质常引起基线漂移。

为避免色谱分析工作问题的发生，应使用光谱纯或色谱纯溶剂，但考虑价格等因素，使用较低纯度溶剂或易被氧化分解等的溶剂时，则应将溶剂进行纯化。

水的纯化可通过滤过、反渗透、去离子、蒸馏、电解或这些技术相结合来实现，要求水中不能含有检测器能检测到的杂质。

有机溶剂可通过蒸馏或色谱方法纯化，如非极性溶剂可先用浓硫酸洗，以除去碱性杂质，然后将溶剂通过一个用100g铝床（上床）和100g硅床（下床）充满的玻璃色谱柱，这种方法可纯化烃（如己烷、庚烷等）、卤代烃（如二氯甲烷、氯仿）和环醚（如二氧六环、四氢呋喃）以及乙酸乙酯等。

在吸附色谱中，流动相中含有的水量的微小变化可较大地改变保留时间和分离度，因此，必须严格控制溶剂中水的含量，这可能通过混合需要量的纯溶剂与需要量的用水饱和的溶剂来实现，用水饱和的溶剂应保持在恒温下，因为水在烃中的溶解度随温度变化较大，并且一旦制备好了溶剂，必须防止大气中的湿气干扰。

2. 溶剂的脱气

液相色谱仪的检测器常被溶剂中的气泡干扰，气泡的形成是由于被空气饱和的溶剂从高压流向低压，如柱出口，这些气泡形成干扰检测器光学通路的折射表面，非极性溶剂（如己烷）可被溶解在溶剂中的氧"猝灭"而降低荧光，色谱柱的性能也受气泡影响，在流动相中的氧也会与某些柱填料反应，如氧与烷基胺反应。

限制气泡和伴随的噪声的常用办法是在用前从溶剂中除去气泡，常用的脱气方法有真空脱气法和煮沸脱气法。

（1）真空脱气法　真空脱气法可按下列方法操作：将溶剂放在抽气瓶中，盖好，接抽气装置，下面用磁力搅拌器，或用超声代替磁力快速搅拌，真空脱气5min即可。

脱气的溶剂应在一周内使用，否则用前还需脱气，应注意的是，如果被脱气的是混合溶剂，若其中一种组分易挥发时，脱气后的溶剂中易挥发组分的比例会减小，因此会改变色谱行为，如保留时间。

若溶液贮存在塑料容器中，可导致溶剂的污染，因许多有机溶剂如甲醇、醋酸等可浸出容器表面的增塑剂，所以溶剂应贮存在玻璃瓶中。

（2）煮沸脱气法　煮沸是溶剂脱气的另一种有效方法，可在回流下慢慢煮沸溶剂，混合流动相不用此法，因易挥发组分会损失而改变流动相组成。

（3）溶剂的滤过　所有溶剂在用前都必须通过 $0.5\mu m$ 的滤膜，一方面滤去机械性杂质，另一方面也起到脱气的作用。

在用滤膜滤过时，特别要注意分清脂溶性滤膜和水溶性滤膜，若用脂溶性滤膜滤过水，则滤不下来；用水溶性滤膜滤过有机溶剂，则滤膜会被溶解，进入滤器的烧结孔内，很难洗下，应特别小心，若发生此问题，应先用洗液泡，再用水洗净，用混合滤膜时无此问题。

3.缓冲液的处理

磷酸盐、乙酸盐缓冲液是霉菌生长的良好基质，这会堵塞色谱柱和系统，通常为避免霉菌生长，尽量使用新配的缓冲溶液，必要时可放在冰箱中贮存，另外贮液器应定期用酸、水清洗，特别是盛水和缓冲液的瓶子，很易发霉，因甲醇有防腐作用，所以盛有甲醇的瓶子无此现象。

三、系统适用性试验

当选用 HPLC 方法后，不同操作者及各实验室之间实验数据的重现应引起注意，在HPLC 中，很难实现很好的重现性，因有许多具有相同名称的填料，由于生产厂家不同，性质也不尽相同，有许多 HPLC 填料或柱随着使用而变坏，其原因是填料的水解或柱的死体积因填料溶解而增加，因此面临着色谱柱是否与建立方法时的柱效相同的问题。

当用 HPLC 方法时，系统要有合适的性能，系统性能受所用的色谱柱和溶剂的影响，通常用分离度、理论塔板数、重复性和峰拖尾因子等四个基本参数来测定系统性能，其中，分离度和重复性是系统适用性试验中更重要的参数。

分离度用于评价至少含有两个化合物的样品的测定，用样品中分离最差的两个组分的分离度来评价，其中之一应是主要待测物，此时应规定最小的分离度，并在测定前予以满足，通常 $R > 1.5$，否则此数据不可靠。

在药物分析中，分离度并不容易测得，因分离度的测定需要有与主要待测组分分子量相近的第二个化合物，而许多药物制剂中没有较大量的另种化合物（杂质或降解产物），为克服此问题，可用一参比样品。

引进第 2 个化合物的另一种方法是加入某一种与样品中待测组分有合适分离度的物质，内标物即可用于此目的。

峰形状是用于控制系统适用性的另一色谱参数，监测峰形的重要方法之一是测定理论塔板数，但因用峰宽或半峰宽的计算不能表示峰是否拖尾，所以用于测量理论塔板数的方法并不标准，而在系统适用性试验中，峰拖尾程度可作为衡量柱效的另一指标，峰拖尾程度用拖尾因子表示，拖尾因子（T）定义为：

$$T = \frac{W_{0.05h}}{2d_1} \tag{4-27}$$

式中，$W_{0.05h}$ 为5％峰高处的峰宽；d_1 为5％峰高出峰顶点至峰前沿之间的距离，如图4-8所示。除另有规定外，峰高法定量时，T 应在 0.95～1.05。

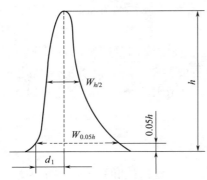

图4-8 拖尾因子的测量法

由于噪声及其他因素影响基线的稳定性，峰高5％处的峰宽值易受其影响，从而干扰测定结果，有人在峰高10％处测定，重现性较好，峰拖尾程度对柱死体积和柱填料的变化很敏感，因此可作为衡量柱能否再用的标准。

重复性用于评价连续进样后色谱系统响应值的重复性能。采用外标法时，通常取各品种项下的对照品溶液，连续进样5次，除另有规定外，其峰面积测量值的相对标准偏差应不大于 2.0％；采用内标法时，通常配制相当于 80％、100％和120％的对照品溶液，加入规定量的内标溶液，配成3种不同浓度的溶液，分别至少进样2次，计算平均校正因子。其相对标准偏差应不大于 2.0％。

总之，柱性能是否处于良好水平，可使用关键的参数（如校正线的斜率、理论塔板数和峰拖尾程度）来衡量，当这些参数已超出允许的范围时，就不应再用此柱进行实验。

四、无参比标准的纯度评价

HPLC 已成为鉴定药物纯度的主要工具，用于鉴别和检测样品中的杂质，首先要求分离完全，为此要选择合适的色谱系统将杂质、降解产物与主成分分离，评价杂质的主要问题是杂质的定量，可在相同的色谱条件下，将杂质的峰面积与已知浓度的对照品的峰面积进行比较，但通常杂质是未知的，因此为测定样品中未知杂质的浓度，就需做一些假设。

由于未知的痕量物常与主化合物有相同的色谱性质，并且是由同一生产过程产生的，因此假设痕量成分与主化合物有相似的光谱特性，痕量成分的定量可用主化合物的稀溶液的响应来校正，稀样品溶液的响应与每一痕量水平的峰相比较，以确定每一存在的物质的相对量。

首先应进一针样品溶剂空白，以决定哪些是样品产生的峰，哪些是溶剂产生的峰，可用样品峰减去空白的溶剂峰来判断。

HPLC 可评价许多参比物和特殊样品，然而在样品中存在的许多化合物却不能被观察到，如残留的溶剂和无机物，以及不能与样品主峰完全分离的物质等。另外杂质的光谱性质与样品主化合物完全不同的情况，杂质的定量会有误差。因此 HPLC 数据应与其他适宜技术联用，以得到样品中的杂质的真实值。如 HPLC-MS 联用技术的应用，结合了HPLC 和 MS 的优点，对药物分析的发展起到了很大的促进作用。

五、仪器的使用

液相色谱是通过电、机械和硬件系统的功能相结合使样品组分得以分离，但由于仪器的某些故障，常常致使实验失败，对于仪器的某些部件，使用寿命远比整个系统的使用寿命短，通常需要更换，如垫圈、检测器的灯等，但有些部件如积分电路或支承架很少出故障，它们的预期寿命超过仪器自身。

色谱仪的使用寿命通常为 $10\sim20$ 年，限制仪器使用寿命的是组件本身有一定的工作寿命，这意味着仪器的故障随时间增加而增加，有时故障出现非常频繁，以至于仪器变得不可靠或不值得维修，仪器的寿命可由于精心使用和保养而延长，为此介绍以下内容供参考。

1. 不锈钢管的清洗

HPLC 的检测器是光学通路，溶剂中一些外来物质都会引起检测器的响应，因此用在溶剂流路的管子都必须在用前清洗，清洗不锈钢管的过程如下。

① 确保管尖已被去除毛刺。

② 用溶剂洗管子，顺序为：a. 丙酮；b. 苯；c. 异丙醇；d. 蒸馏水；e. 5％HNO_{31} 将管放在酸中浸泡 20min；f. 蒸馏水。

③ 通空气、氮气或氦气吹干，要确保气体清洁干燥。

注意不要将酸和有机溶剂混在一起，否则会发生危险的放热反应。

2. 紫外检测池的清洗

紫外检测池应清洁，应避免外来物和残留液的膜迹，可用硝酸清洗样品池和参比池，如果池子太脏且其他方法都解决不了时，就必须拆下，清洗后再装上，如果拆下清洗，应注意有些部件不能在硝酸中清洗。

许多检测池可用硝酸洗，但它必须是由对硝酸稳定的物质制作而成，用硝酸清洗检测池的过程如下。

① 戴上安全眼镜。

② 用蒸馏水洗池。

③ 用 $5\sim10$mL 注射器取 50％硝酸溶液。

④ 用尼龙管将注射管针头连到流通池的入口处。

⑤ 用硝酸彻底洗池，可使酸在池中停留 20min，以氧化污染物，应避免硝酸碰到流通池附件或光学部件，否则会损坏池。

⑥ 用清洁、滤过的水彻底洗每个池，蒸馏水必须洁净，否则会二次污染流通池，也可用氦气吹扫出流通池中的外来颗粒。

3. 仪器使用注意事项

仪器使用前应仔细阅读仪器说明书，应保持系统和周围环境的清洁，由于压缩液体，尤其有机溶剂对人和仪器有潜在的危害，遵守下列操作注意事项，可安全操作并能减少仪器的维修。

① 实验前应检查系统中是否有气泡和泄漏。

② 注意安全，实验室内禁止吸烟，应无火源，在使用易燃、可燃性溶剂时更应注意。

③ 当泵压缩或冲击时，不要在泵上操作，除非是修理时。

④ 不要在电气装置上存放有机溶剂。

⑤ 当用腐蚀性溶剂时，要特别小心，因其对仪器、衣服和人都有危险。

⑥ 当流动相流速、柱压力和基线漂移等改变时，要考虑溶剂黏度的改变。

⑦ 尽量用光谱纯或 HPLC 级溶剂，若用其他级别的试剂，应经试验确证后方可使用。

⑧ 仔细检查系统和流通池中有无气泡，如有，应设法除去。

⑨ 当改变溶剂时要清洗系统和流通池。

⑩ 当流动相的组成、流速和温度变化时，要监测并记录色谱柱的柱头压力和流速。

⑪ 构成溶剂输送系统的不锈钢管易受卤酸和强氧化剂腐蚀，所以，流动相中不应有这类物质。

六、操作中常出现的问题及其解决方法

仪器在使用中出现的故障或不正常现象多数情况是由操作不当引起的，而且可能是一个也可能是多个原因造成，必须先找出原因，才能尽快排除故障，使仪器正常工作，表 4-5 列出了 HPLC 操作中常出现的问题及解决方法。

表 4-5 HPLC 操作中常出现的问题和解决方法

问题	可能的原因	解决方法
1.无柱后流出液或柱压	1.1 无溶剂或溶剂泄漏	1.1 加溶剂或检漏
2.柱压或流速不对	2.1 流动相泄漏	2.1 检漏
	2.2 泵中有气泡	2.2 溶剂脱气、洗泵
	2.3 有外来污染物	2.3 滤过或使用高纯溶剂
3.柱压太高	3.1 化学吸附	3.1 洗柱或更换柱
	3.2 样品或溶剂组分残留	3.2 过滤或使用高纯溶剂
4.柱头压太高	4.1 柱头堵塞	4.1 洗柱或将柱头拆下超声处理
	4.2 检测池脏	4.2 洗检测池
5.保留时间改变	5.1 溶剂组成变化	5.1 控制溶剂组成
	5.2 柱温改变	5.2 控制柱温
6.保留时间增加	6.1 管道泄漏	6.1 检漏
	6.2 溶剂错	6.2 检查并纠正溶剂
	6.3 流速低	6.3 提高流速
	6.4 柱温太低	6.4 提高柱温

问题	可能的原因	解决方法
7.保留时间减小	7.1 固定相流失	7.1 换柱
	7.2 流动相改变后未充分平衡	7.2 平衡柱子
8.分离不好	8.1 柱过载	8.1 减少样品进样量
	8.2 柱中有大的死体积	8.2 减少柱死体积,填柱
	8.3 坏柱	8.3
	8.3.1 烧结片阻塞	8.3.1 倒洗柱或换烧结过滤片
	8.3.2 柱头塌陷	8.3.2 补柱头并倒柱或换柱
	8.4 强保留的物质保留在柱上	8.4 洗柱
	8.5 溶剂组成不对	8.5 改变溶剂组成
	8.6 流速太高	8.6 降低溶剂流速
	8.7 流动相的 pH 值太高或太低	8.7 选择合适的缓冲液,调节 pH 值
	8.8 柱与溶剂不匹配	8.8 换溶剂
9.平头峰	9.1 柱过载	9.1 减少样品量
	9.2 检测器过载	9.2 减少样品量或改变检测波长
10.歪斜峰或分叉峰	10.1 柱中有大死体积	10.1 填柱
	10.2 坏柱	10.2 换柱
11.检测器信号为脉冲状	11.1 流过系统有气泡	11.1 溶剂脱气
	11.2 灯坏了(变闪、灯失灵)	11.2 换灯
12.检测器调不到零而具有高背景	12.1 样品池脏	12.1 洗池
	12.2 超过溶剂的极限	12.2 改变检测波长或选不同的溶剂
	12.3 溶剂中含紫外吸收的杂质	12.3 用不含杂质的溶剂
	12.4 灯能量低	12.4 换灯
	12.5 检测池不平衡	12.5 洗池
13.检测器具有低背景	13.1 参比池脏或有外来物	13.1 洗池
	13.2 参比池漏或有湿气	13.2 修池
14.基线噪声	14.1 样品或参比池污染	14.1 洗池
	14.2 灯老化	14.2 换灯
	14.3 样品池中有小气泡	14.3 溶剂脱气
	14.4 记录仪或仪器地线有问题	14.4 检查地线
	14.5 溶剂脏,不纯	14.5 使用高纯溶剂
15.基线漂移	15.1 柱污染	15.1 柱再生或换柱
	15.2 参比和样品池间漏	15.2 检漏
	15.3 柱温变化	15.3 控制温度
	15.4 溶剂组成变化	15.4 控制溶剂组成

第五节   高效液相色谱法在生物药物分析中的应用

高效液相色谱法（HPLC）的种类很多，应用十分广泛，现将生化药物分析中常用的方法概述如下。

一、反相高效液相色谱法

反相高效液相色谱法（RP-HPLC）是以（C_4、C_8、C_{18}）烷基硅键合相为柱填料，以甲醇与水、乙腈与水或甲醇和乙腈与缓冲液构成的溶液为流动相，以紫外、荧光或电化学检测器为检测手段，这种色谱体系在生化药物（例如肽类、氨基酸、蛋白质、多糖等）定量分析中应用广泛。

【示例】 生长抑素（somatostatin）的含量测定

生长抑素又称生长激素释放抑制激素，是由 14 个氨基酸组成的环状肽类化合物。其具有广泛的生物学活性，目前已广泛用于治疗门静脉高压、上消化道出血和胰腺炎等疾病。其含量测定方法如下所述。

（1）色谱条件   色谱柱规格为 Ominispher C_{18} 柱（$250mm \times 46mm$，$5\mu m$，美国 Varian 公司）。流动相 A 液：含 0.1% 三氟乙酸的水溶液；流动相 B 液：含 0.1% 三氟乙酸的乙腈溶液。采用梯度洗脱，洗脱程序：流动相 A 与流动相 B 比例在 2min 维持 100∶0，然后，20min 内由 100∶0 调至 65∶35，流速 1mL/min。检测波长 215nm，柱温为室温。进样量 $20\mu L$。理论塔板数按生长抑素峰计算大于 20000，样品色谱图如图 4-9（a）所示。

（2）样品含量测定   精密称取合成的生长抑素原料约 10mg，置 50mL 容量瓶中。加蒸馏水溶解并稀释至刻度，摇匀，得贮备液。再吸取 4mL 置 10mL 容量瓶中，用蒸馏水稀释至刻度，摇匀，取 $20\mu L$ 进样测定，记录峰面积。

上述色谱条件下测定生长抑素的方法灵敏、准确、重复性好，生长抑素浓度在 $40 \sim 140\mu g/mL$ 范围内与峰面积呈良好的线性关系，操作简便，可同时测定生长抑素的含量及其有关物质的含量。

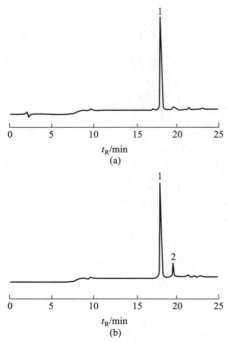

图 4-9   生长抑素色谱图和分离度考察

(a)生长抑素色谱图；(b)生长抑素分离度考察

1—生长抑素；2—中间体未环化 14 肽

用建立的色谱方法，分析样品中的生长抑素和杂质，主峰峰形对称，与杂质峰得到很好的分离。

二、高效离子交换色谱法

高效离子交换色谱法（HPIEC）是蛋白质、多肽分离分析中常见的方法之一。HPIEC 具有以下特点。

① 蛋白质、多肽的分离是根据其相应的离子化程度而进行的。暴露在外的带电荷的氨基酸残端的数量（如天冬氨酸、赖氨酸）将影响洗脱过程。

② 分离过程是以盐浓度增大的梯度洗脱法进行的。样品液必须和进样前的流动相保持相同的 pH 和离子强度。为获得良好的重现性，样品进样前，柱必须充分平衡。典型的分离梯度是缓冲液为 0.3～1.0mol/L 的盐溶液。如有可能应尽量避免使用卤素类盐，以延长不锈钢柱的寿命。

③ 柱效中等并具有较高的活性回收率。虽然获得的峰比反相色谱更宽，但活性回收效果更佳。活性蛋白质的回收率可能通过不同强弱交换剂类型的选择而优化。对于一些敏感蛋白质，如果回收率不理想，弱型离子交换剂可获得更好的活性和质量回收率。

【示例】　阳离子交换 HPLC 测定合成鲑鱼降钙素（sCT）

（1）色谱条件　色谱柱为 Bio-Gel TSK，SP-5PW 柱（75cm×7.5mm）。流动相：A 20mmol/L 磷酸钾缓冲液（pH 6.8)-乙腈（95：5）；B 20mmol/L 磷酸钾和 500mmol/L 氯化钠，pH 6.8。梯度 0～20min，0～100% B。流速 1mL/min。检测波长 220nm。

（2）样品测定　取鲑鱼降钙素样品用流动相稀释成 0.2mg/mL 的溶液。取溶液 200μL 进样。鲑鱼降钙素保留时间为 43min。

（3）测定结果　用上述色谱条件进行合成鲑鱼降钙素纯度检查并与 RP-HPLC 梯度洗脱比较，结果一致；用离子交换法对降钙素 sCT 及其杂质，以及天（门）冬-3sCT、亮-16sCT 片段进行分离获得较好效果；将粗降钙素溶液用离子交换色谱法分离并分段收集，再对每段分别进行检查测定，也获得较好结果。在测定浓度的 50%～150% 范围内，浓度与峰高或峰面积有良好线性关系；用该法可将降钙素合成副产物及其他杂质分离，也可证实降钙素与其分子量相似的合成产物具有不同的分子结构。

三、高效凝胶过滤色谱法

高效凝胶过滤色谱法（HPGFC）可用于多肽和蛋白质等生化药物的分离及分子量的测定。HPGFC 柱上填充着微粒状的由亲水性表面组成的有机物载体或表面性质得到改造的硅胶类物质。HPGFC 具有如下优点。

① 活性蛋白质可得以回收。在所有的液相色谱技术中，本法填料和样品间的相互作用是最温和的。因此，活性蛋白质几乎可以全部回收，除非流动相中含有变性剂（如尿素等）。

② 分离是在固定比例的水溶液中进行的。流动相通常为缓冲液。为了提高分离能力，可加入少量的能与水互溶的有机改性剂或表面活性剂。

③ 分离是根据蛋白质或多肽在溶液中相应的有效粒径而进行的。当蛋白质具有相同的形状（如球状或纤维状）时，通常可以根据分子量来预示组分的洗脱顺序，故可用来测定蛋白类药物的分子量。

【示例】 用 HPGFC 法测定重组人肿瘤坏死因子（rh-TNF）衍生物的分子量，现介绍如下。

rh-TNF 属基因工程药物，其分子量的测定是该药质量控制的主要指标之一。

(1) 仪器与色谱条件　岛津 LC-10A HPLC 仪；色谱柱：Beckman Ultraspherogel SEC 3000（30cm×7.5cm）柱；流动相为 0.1mmol/L KH_2PO_4：0.1mmol/L Na_2SO_4（1∶1）+0.05%叠氮化钠，流速 1mL/min；检测波长为 280nm。

(2) 标准蛋白分子量曲线的制备　选用 4 种蛋白质：醛缩酶、血清白蛋白、碳酸酐酶及抑蛋白酶肽制成混合标样。考虑到流速等因素对保留时间 T 的影响而选用了内标法，即在混合标样中加入右旋糖酐蓝和酪氨酸作为内标，进样后可同时测得完全排阻和完全进入填料孔隙的两种内标的保留时间 T_0 和 T_1，用分配系数（K_d）对分子量对数（$\lg M_W$）作图，从而保证测定结果有较好的重现性。结果见表 4-6、图 4-10、图 4-11。

(3) 样品测定　根据样品的保留时间 T 求出其分配系数 K_d $[K_d=(T-T_0)/(T_t-T_0)]$，由 K_d 从标准蛋白分子量曲线上查出相应的 $\lg M_W$ 计算出相对分子质量。测定了 3 个厂家的 7 批 rh-TNF 衍生物样品，其中 3 批分子量为 45000，提示其天然活性成分形式可能是三聚体；而其他 4 批分子量为 36000，提示其天然活性成分形式可能是二聚体。

表 4-6　用内标法测定 K_d 计算结果（$n=5$）

蛋白质	K_d	RDS/%	蛋白质	K_d	RDS/%
醛缩酶	0.436	0.97	碳酸酐酶	0.670	0.082
血清白蛋白	0.528	1.12	抑蛋白酶肽	0.796	0.089

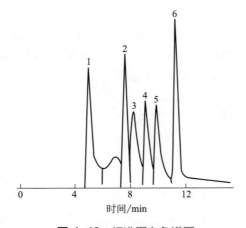

图 4-10　标准蛋白色谱图
1—右旋糖酐蓝；2—醛缩酶；3—血清白蛋白；
4—碳酸酐酶；5—抑蛋白酶肽；6—酪氨酸

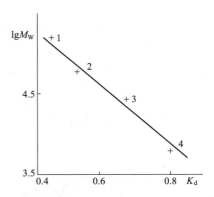

图 4-11　标准蛋白分子量曲线
1—醛缩酶；2—血清白蛋白；3—碳酸酐酶；
4—抑蛋白酶肽；M_W 为分子量

HPGFC 法测定蛋白质分子量，具有快速、准确、重现性好、简便易行、样品用量少（微克级）等优点，是一种测定蛋白质分子量的重要方法。

第六节　超高效液相色谱法

一、概述及原理

超高效液相色谱法（ultra-performance liquid chromatography，UPLC）是一种先进且高效的色谱分析技术，借助于 HPLC 的理论及原理，通过减小填料粒径、提高操作压力和优化系统设计，来实现对复杂样品中化合物的精确、快速及高分辨率的分离与检测。UPLC 技术由 Jorgenson 于 1997 年首次提出，最初被称为超高压液相色谱。随后，Waters 公司在 2004 年推出了首个与 14503.8psi（1psi≈6.89476kPa）压力兼容的色谱系统，并称之为超性能液相色谱。2020 年版《中国药典》正式引入 UPLC，标志着药典的 UPLC 时代正式来临。

UPLC 基于液相色谱技术，通过流动相携带样品经过固定相以实现分离。具体来说，当样品经自动进样器被注入 UPLC 系统时，流动相在高压输液泵的作用下，以稳定的流速将其带入色谱柱中。样品进入色谱柱后，由于固定相对样品中的不同组分具有不同的亲和力，从而使它们在柱中以不同的速度移动，在时间轴上形成不同的色谱峰。从色谱柱流出的已分离的样品组分依次通过检测器，检测器根据样品组分的某些物理或化学性质产生相应的电信号，如紫外吸收、荧光发射等。这些电信号经过放大和转换后，被传输到计算机数据处理系统中，生成色谱图，以峰的位置、面积或高度等参数来定量和定性分析样品中的各个组分。

UPLC 的理论基础是范德姆特（Van Deemeter）方程，即 $HETP = Ad_p + B/v + CdP2v$，其中 HETP 代表理论塔板高度，$A$ 代表涡流扩散系数，d_p 代表填料粒径，B 代表分子径向扩散系数，v 代表流动相线速度，C 代表传质因子。根据此方程，可以得出以下结论：随着填料粒径的减小，柱效逐渐升高；每种粒径都存在一个可实现最高柱效的最佳流速；较小的粒径会使最高柱效点向更高的流速（线速度）方向移动，并且流速范围更宽。因此，减小粒径不仅能提升柱效，还能提高分离速度。UPLC 采用的小颗粒填料，提高了分析通量、灵敏度和色谱峰容量，弥补了传统 HPLC 系统的不足。

UPLC 由于高效率、高分辨率和分析速度快等显著优势被广泛关注，在药物分析和生化分析等多个领域均展现出了巨大的应用潜力。

二、改进及优势

相较于 HPLC，UPLC 技术的主要改进之处有如下几点。
① 使用小颗粒、高性能微粒作为固定相。HPLC 的色谱柱，例如常见的 C_{18} 柱，其

粒径是 $5\mu m$，而 UPLC 的色谱柱粒径一般在 $2.5\sim3.5\mu m$ 之间，甚至更小至 $1.7\mu m$，更小的填料颗粒提供了更宽的最佳流速范围。

② 使用超高压输液泵。由于 UPLC 使用的色谱柱粒径减小，因此操作过程中产生的压力会显著增加，通常情况下，UPLC 可以承受的压力超过 6000psi，甚至可以达到 15000psi 或更高，用超高压的输液泵代替原来的输液泵可缓解压力对仪器带来的损害。

③ 使用高速采样的灵敏检测器。UPLC 采用的高速检测器可以适应快速的色谱峰洗脱，从而获得更好的峰形和更准确的峰积分。

④ 使用低交叉污染、低扩散的自动进样器。UPLC 配置了内置针头的进样器和压力辅助进样技术，有效防止了样品进样时产生的污染问题。

⑤ 优化设计仪器整体系统。UPLC 色谱工作站配备了多种软件平台，实现了 UPLC 与 HPLC 的自动转换。

经过改进，UPLC 的优势大幅提升：①分析速度更快。UPLC 系统可以在高流速、高压力下保持高柱效，使得溶剂（流动相）能够以更快的速度通过色谱柱，在更短的时间内完成复杂的分离任务，显著缩短分析时间，其分析速度可达 HPLC 的 9 倍。②灵敏度和分辨率更高。UPLC 系统的高柱效和快速分析能力使其具有比 HPLC 高近 3 倍的灵敏度，同时 UPLC 还具有更小的系统体积和更低的扩散体积（$15\sim30\mu L$），也有助于提高色谱峰的分辨率（可达 HPLC 的 1.7 倍）。③溶剂消耗更低。UPLC 由于分析速度快，所需溶剂的量也相对较少，同时还减少了废液处理量，大大降低了实验室的运营成本，成为一种更经济和更环保的选择。④兼容性更好。UPLC 可以与多种检测器联用，如紫外-可见光检测器、荧光检测器等，在药物分析和生化分析等领域中占有极大的优势。尤其是 UPLC 与质谱的兼容性较为优异，为复杂样品的表征、定量和确认提供了无与伦比的性能。

综上，UPLC 在色谱柱粒径、系统耐压性、系统体积、分析速度、分离效率、灵敏度和溶剂消耗等方面相比 HPLC 和其他色谱技术有着更突出的特点，被广泛用于药物分析领域，尤其是对组成复杂的中药中各组分的分离与分析。

三、实际操作

同样，应用 UPLC 对样品进行分离、分析，主要也是根据样品的性质选择合适的色谱条件，例如色谱柱、流动相和检测器等，以提高分析结果的准确度与精确度。

1. 样品准备

（1）样品采集　根据样品特性选择合适的采集方法，包括固体样品的提取和液体样品的稀释等。

（2）样品处理　根据样品特性选择合适的前处理步骤，如蛋白质沉淀、固液萃取、液液萃取等，使样品达到合适的浓度和体积。此外，还应对处理后的样品进行过滤，以确保分析结果的准确性和灵敏度。

（3）样品稳定性　样品的稳定性是确保 UPLC 分析结果可靠性的重要因素，因此需要考虑样品在储存和处理过程中可能发生的降解或变化。若某些成分或溶剂会导致其降解和污染，则必须避免使用，同时还可以通过添加稳定剂或调整 pH 值来维持稳定性。

2. 色谱条件选择

（1）分离类型选择　　UPLC 的各种分离类型都有着各自的特点和应用范围，应根据样品的分子量、化学结构、溶解性等物理化学性质来选择合适的分离类型，实现快速准确的分离。

（2）色谱柱选择　　根据上述样品的物理化学性质选择合适的色谱柱，如 C_{18} 柱适用于非极性化合物，而 HILIC 柱适用于极性化合物。色谱柱的尺寸、耐受性、重现性还应考虑在内。其中色谱柱的柱长和内径影响分离度和柱压，长柱可提高分离度但会增加柱压和运行时间，小内径可提高灵敏度但载样量小。因此，需要综合考量各个影响因素来选取最合适的色谱柱。

（3）流动相选择　　流动相的选择依赖于样品的化学性质，通常使用甲醇、乙腈和水的混合物作为流动相。流动相的比例需要根据样品的保留特性进行调整，以达到最佳的分离效果。流动相的 pH 值可以影响样品的电荷状态，从而影响其在色谱柱上的保留行为，通过调整 pH 值，可以优化分离条件。此外，缓冲盐的添加可以稳定 pH 值，防止色谱柱性能随时间变化，因此可以根据样品的化学稳定性和色谱柱的要求来选择合适的缓冲盐的类型和浓度。

（4）梯度洗脱　　对于复杂的样品，梯度洗脱是一种常用的方法，梯度洗脱时间与色谱柱体积成正比，与流速成反比。通过设计梯度洗脱程序，逐渐改变流动相的组成、流动速度和时间，可以进一步优化分离效果。

（5）系统校准　　在进行样品分析之前，需使用标准品对系统进行校准，以确保分析结果的准确性。

3. 数据采集与分析

（1）检测器选择　　UPLC 系统可以与多种检测器配合使用，以确保可靠检测目标化合物。常用的检测器如下：①紫外/可见光吸收检测器（UV-Vis），适用于大多数有机化合物的检测，特别是具有生色团的化合物；②荧光检测器（FLD），对特定能够发荧光的化合物敏感，适用于需要高灵敏度检测的场合；③电雾式检测器（CAD），能够测量样品中的所有分析物，不依赖于生色团的性质；④质谱分析（MS）仪，要求分析物形成气相离子，适用于结构鉴定和复杂样品分析。

（2）数据采集　　根据分析目的设置需要采集的参数，如采集时间、检测波长等。

（3）数据处理　　对获得的色谱图进行基线校正，以消除噪声或漂移的影响。使用专业分析软件进行数据的峰识别、积分（计算峰的面积或高度）及定量分析。

四、实例应用

UPLC 在生物药物分析领域被广泛应用。在药物研发方面，UPLC 技术可用于分析药

拓展阅读 6
头孢克洛有关物质分析

拓展阅读 7
阿莫西林有关物质分析

拓展阅读 8
双环醇有关物质分析

物中的活性成分、杂质和降解产物等，帮助研究人员了解药物的化学结构和性质，优化药物合成路线。在药物质量控制方面，UPLC技术可对药品的原料、中间体和成品进行质量检测，确保药品的纯度及含量等指标符合药典标准。如在抗生素生产中，采用 UPLC 可精确测定其有效成分含量和杂质限度，保证药品质量和安全性。此外，UPLC 技术还可用于研究药物在生物体内的吸收、分布和代谢过程，通过分析生物样品中的药物及其代谢产物浓度，为药物的临床应用提供依据。

除单独使用 UPLC 对样品进行分离与分析以外，还可以将其与多种其他色谱分离技术联用，进一步提高检测的精度，并缩短分析时间。

尺寸排阻色谱（size-exclusion chromatography，SEC），又称凝胶渗透色谱（GPC）或凝胶过滤色谱（GFC），是一种根据分子尺寸进行分离的色谱技术，常用于蛋白质和聚合物的分析，包括分子量及分子量分布。SEC 基于分子对色谱介质内部孔隙体积的可接近性，实现不同大小的分子的分离，即不同大小的样品分子通过一个装有多孔填料的色谱柱时，大分子因为无法进入填料的孔隙而被排阻，较快流出柱子；而小分子则能够进入孔隙，在柱子中滞留时间更久，较慢流出。事实证明，UPLC 与 SEC 的联用（SE-UPLC）可提高分离通量和分辨率，拓宽表观分子量范围，这在与生物治疗蛋白质相关的发现和过程开发活动中具有重要价值。此外，SE-UPLC 还成功地应用于分析蛋白质片段、肝素、PEG 化蛋白质以及胰岛素和胰岛素变体等。当运用 SE-UPLC 对单克隆抗体进行分离时，可去除样品中的干扰小分子，减少蛋白质与色谱柱之间的相互作用，同时缩短每个样品的分析时间至 2min 以下，与 SE-HPLC 相比，SE-UPLC 的样品处理量、灵敏度和速度都明显提高。

质谱（mass spectrometry，MS）是一门新型的分析技术，主要原理是利用电场电离化合物，将运动的离子按其质荷比（质量-电荷比）进行排序，通过测量离子的准确质量从而确定化合物的组成，具有应用范围广、灵敏度高、样品用量少及多组分同时检测等特点。其与 UPLC 的联用结合了 UPLC 的快速分离能力和 MS 的高灵敏度检测，使得分析速度更快，灵敏度更高。同时，UPLC-MS 还可以进一步减少溶剂使用，符合环保要求。天然药物是药物的一个重要组成部分，天然药物来自植物、动物、矿物和微生物，往往含有结构、性质不尽相同的多种成分。在评估中药药材或方剂中的活性成分等的药动学行为时，由于中药组成成分的复杂及低含量，运用普通的色谱分析技术几乎无法对其中的成分进行定性和定量分析，而运用 UPLC-MS 便能很好地实现多组分药动学研究，对中药的各组分进行精确测定。例如，在检测中药枳壳中的黄酮苷类化合物时，采用 UPLC-MS 成功分离并检测了枳壳中的 6 种黄酮苷类化合物，获得了其准分子离子峰及分子加钠峰，还实现了结构鉴定。与常规 HPLC 相比，UPLC 和 MS 的联用，可在离子源处减弱相互竞争的化合物之间的离子抑制，使代谢产物的离子化效率提高，保证检测到更低浓度的代谢物，减少代谢物的共洗脱，还可避免潜在毒素在药物发现的进程中的滞留。目前，UPLC 和 MS 的联用被认为是许多应用领域的黄金标准。

除用于药物分析领域外，UPLC 技术还可用于生化分析，例如进行蛋白质的分离、纯化、鉴定和定量，多肽的合成和表征，核酸的分离和纯化，以及寡核苷酸的合成和质量控制等。在蛋白质组学研究中，UPLC-MS 技术可对复杂生物样品中的蛋白质进行高效分离和鉴定，特别是分离低含量的具有手性的分子。此外，UPLC 技术还可用于检测生物样本中的疾病标志物，如肿瘤标志物、心血管疾病标志物、糖尿病标志物等，辅助疾病的早期诊断和治疗监测。通过 UPLC-MS 技术，血浆中的低丰度蛋白质标志物得以检测，可为疾病的早期诊断提供更准确的信息。

五、未来发展和挑战

UPLC 作为一种新型液相色谱技术，延伸了传统液相色谱的应用范围，随着科技的不断进步与创新，UPLC 技术将与智能制造系统深度融合，实现自动化、智能化的分析流程。同时，为了响应国家绿色发展战略，UPLC 技术将推动分析方法向更环保、更节能的方向发展，未来还可能会出现小型化、便携式的 UPLC 设备，使其在野外或现场快速检测中得到应用。

高精度的 UPLC 设备成本较高，且维护复杂，这限制了其在部分实验室中的普及。UPLC 系统使用的小颗粒填料在高流动相速度下会产生非常高的压力，导致摩擦热，这可能对分离性能不利，并且会产生相对应的问题，如泵的使用寿命相对降低，连接部位老化速度加快，单向阀等部位零件易出现问题等。此外，UPLC 对溶剂和样品的纯度要求更高，需要使用 UPLC 或 LC-MS 级别的溶剂，并且样品需要严格过滤以去除颗粒物，这也对操作人员的技术水平提出了更高的要求，需要更多的专业人才进行设备操作和数据分析。

总　结

高效液相色谱法（high performance liquid chromatography， HPLC）系采用高压输液泵将规定的流动相泵入装有填充剂的色谱柱，对供试品进行分离测定的色谱方法。注入的供试品，由流动相带入柱内，各组分在柱内被分离，并依次进入检测器，由积分仪或数据处理系统记录和处理色谱信号。具有分离效能高、选择性高、检测灵敏度高、分析速度快等优点。高效液相色谱仪主要由高压输液系统、进样系统、色谱柱系统、检测器及数据处理系统等组成。高效液相色谱法按其分离机制的不同分为以下几种类型：液-固吸附色谱、液-液分配色谱、化学键合相色谱、离子交换色谱、离子对色谱、分子排阻色谱及亲和色谱。高效液相色谱法利用纯物质对照法来进行定性。常用定量方法有内标法、外标法、主要成分自身对照法、面积归一化法等。 HPLC 法广泛应用于生物药物的鉴别、检查和含量测定中。

思考题

1. 什么是高效液相色谱法？高效液相色谱法具有哪些特点？

2.高效液相色谱法按分离机制的不同可分为哪几种类型？简述各种分离类型的原理。

3.常用的化学键合相有哪几种，分别用于哪些液相色谱法中？

4.HPLC 对流动相有什么要求？

5.什么是正相色谱？什么是反相色谱？各适用于分离哪些组分？

6.简述高效液相色谱仪的组成及主要部件。

7.提高液相色谱柱效的途径有哪些？最有效的途径是什么？

第五章　生物检定法

○○ ───── ○○ ○ ○○ ─────────────

第一节　胰岛素生物检定法

　　胰岛素是从哺乳动物胰腺的胰岛 β 细胞中提取的一种蛋白类激素，为六方系结晶，分子量约 6000，易溶于 80% 乙醇和酸性水溶液，在 pH 2.5 的酸性溶液中比较稳定。

　　胰岛素的主要药理作用是降低血糖，大剂量注入可引起惊厥、休克甚至死亡。常用制剂有普通胰岛素注射液（一般为每 1mL 含 40U、80U）、精蛋白锌胰岛素（胰岛素长效制剂，每 1mL 含 40U、80U）。

　　长期以来，胰岛素的效价测定采用生物测定法，不过，在 2010 年版《中国药典》中，胰岛素的含量测定采用了高效液相色谱法，生物测定法则用于胰岛素的生物活性检查。

　　胰岛素的生物检定法，是基于其有降低血糖的作用而采用小鼠血糖法、小鼠惊厥法、家兔血糖法。长效制剂的延缓作用只能用血糖法测定。下面介绍小鼠血糖法：该法是利用胰岛素引起小鼠血糖降低的原理，检测给药后小鼠血糖降低的程度，与标准品比较以决定供试品效价的一种方法。

一、供试用动物

　　选取出生日期相近（不超过 3d）、体重 18～20g、性别相同、来源相同的健康小鼠 40只（各鼠体重差不超过 3g），按体重均匀分成 4 组，每组 10 只。将动物逐只编号备用。

二、试剂准备（均用 AR 规格）

　　(1) 0.1mol/L 枸橼酸缓冲液（pH 6.60）　取枸橼酸 0.7350g、枸橼酸三钠 13.620g，

混合加水至 500mL，测 pH 应在 5.4～7.0 之间。

（2）葡萄糖氧化酶试剂（或用血糖测定试剂盒） ①过氧化物酶（POD）溶液：精密称取 POD 适量，用水溶解并稀释成 3mg/mL 的溶液，冰箱保存；②葡萄糖氧化酶（GOD）溶液：效价 40U/mL 以上，避光冷藏；③4-氨基安替比林（4-AA）；④二甲基苯胺。

取 POD 溶液 0.2mL（0.6mg）、GOD 溶液 120 U、4-AA 10mg、二甲基苯胺 0.05mL 混合，加枸橼酸缓冲液至 200mL，置冰箱保存，1 周内不显红色可用。

（3）5% 三氯乙酸溶液 称取三氯乙酸 5g，加水至 100mL。

（4）1% 草酸钾溶液 称取草酸钾 1g，加水至 100mL。

（5）葡萄糖标准溶液 精密称取无水葡萄糖 200mg，加煮沸放冷的水至 20mL，得 10mg/mL 溶液。

分别精密量取 10mg/mL 葡萄糖标准溶液 0.25mL、0.5mL、1.0mL、1.5mL 置 50mL 容量瓶中，加水稀释至刻度，混匀，得 5mg/100mL、10mg/100mL、20mg/100mL、30mg/100mL 不同浓度的葡萄糖标准液。置 4～8℃ 保存备用，如出现浑浊长菌时，不得使用。

三、操作

1. 标准品溶液的配制与稀释

精密称取胰岛素标准品适量，按标示效价，加入每 100mL 中含苯酚 0.2g 并用盐酸调节 pH 值为 2.5 的 0.9% 氯化钠溶液，使溶解成每 1mL 中含 20 单位的溶液，4～8℃ 储存，以不超过 5d 为宜。

试验当日，精密量取标准品溶液适量，按高低剂量组（d_{S_2}，d_{S_1}）加 0.9% 氯化钠溶液（pH 2.5）配成两种浓度的稀释液，高低剂量的比值（r）不得大于 1：0.5。高浓度稀释液一般可配成每 1mL 中含 0.06～0.12 单位，调节剂量使低剂量能引起血糖明显下降，高剂量不致引起血糖浓度降低，高低剂量间引起的血糖下降有明显差别。

2. 供试品溶液的配制与稀释

按供试品的标示量或估计效价（A_T），照标准品溶液的配制与稀释法配成高、低两种浓度的稀释液，其比值（r）应与标准品相等，供试品与标准品高低剂量所致的反应平均值相近。

3. 检定

四组动物按顺序分别自皮下注射相同量（0.2～0.3mL）的标准品及供试品稀释液，给药 40min 后按给药顺序分别自眼眶静脉丛取血，用葡萄糖氧化酶-过氧化物酶法测定血糖值。

第一次给药后间隔 3h 后，按双交叉设计，对每组的各鼠进行第二次给药，并测定给药后 40min 的血糖值。交叉设计安排见表 5-1。

表 5-1　给药顺序

项目	第一组	第二组	第三组	第四组
第一次实验	d_{S_1}	d_{S_2}	d_{T_1}	d_{T_2}
第二次实验	d_{T_2}	d_{T_1}	d_{S_2}	d_{S_1}

血糖测定法：用毛细管插入小鼠眼眶静脉丛，使血液滴于凝集盘（预先滴入1%草酸钾溶液3滴并使其自然干燥），用取液器吸取0.06mL血，加入预先盛有5%三氯乙酸0.36mL的离心管中，2500～3000r/min离心15min，取上清液0.2mL，加葡萄糖氧化酶试剂2mL，再水浴（37℃）保温30min，于550nm处测定吸光度值。并以每100mL含5mg、10mg、20mg、30mg葡萄糖的标准液按与血样同法操作制备标准曲线，根据吸光度值求出血糖浓度值。

结果计算：按《中国药典》（2025年版）附录中量反应平行线测定双交叉设计法计算效价及实验误差。

【示例】　小鼠血糖法测定胰岛素效价

S为胰岛素标准品、T为供试品、标示量 A_T：27U/mg

d_{S_1}：25mU/mL，0.25mL/鼠　　　d_{S_2}：50mU/mL，0.25mL/鼠

d_{T_1}：25mU/mL，0.25mL/鼠　　　d_{T_2}：50mU/mL，0.25mL/鼠

$r = 1 : 0.5$　$I = 0.301$　反应值 y：血糖值（mg%）

每组用鼠10只（$n=10$），测定结果如下（表5-2）。

表 5-2　胰岛素效价测定结果

	第一组			第二组			第三组			第四组			
	第一次 d_{S_1}	第二次 d_{T_2}	2次反应和	第一次 d_{S_2}	第二次 d_{T_1}	2次反应和	第一次 d_{T_1}	第二次 d_{S_2}	2次反应和	第一次 d_{T_2}	第二次 d_{S_1}	2次反应和	总和
	$y_{S_{1(1)}}$	$y_{T_{2(2)}}$	y_1+y_2	$y_{S_{2(1)}}$	$y_{T_{1(2)}}$	y_1+y_2	$y_{S_{2(1)}}$	$y_{S_{2(2)}}$	y_1+y_2	$y_{T_{2(1)}}$	$y_{S_{1(2)}}$	y_1+y_2	
	103.99	87.01	191.00	83.21	119.43	202.64	116.54	85.82	202.36	105.37	128.92	234.29	
	113.21	104.61	217.82	61.05	76.53	137.58	94.19	77.72	171.91	73.40	126.95	200.35	
	106.94	100.26	207.20	85.56	139.40	224.96	92.82	100.26	193.08	74.38	106.19	180.57	
	94.19	96.10	190.29	76.54	126.95	203.49	103.99	79.89	183.88	72.42	100.26	172.68	总和
	103.99	74.56	178.55	76.54	97.49	174.03	113.21	87.01	200.22	66.54	90.77	157.31	
	92.82	82.27	175.09	78.70	130.90	209.60	101.05	100.26	201.31	106.94	109.35	216.29	
	108.50	87.01	195.51	72.42	93.34	165.76	106.94	122.99	229.93	98.31	103.22	201.53	
	89.09	84.64	173.73	77.52	121.21	198.73	92.82	82.27	175.09	113.21	132.88	246.09	
	131.45	93.34	224.79	76.54	110.93	187.47	98.31	91.95	190.26	61.83	89.58	151.41	
	111.64	88.20	199.84	64.58	94.72	159.30	127.53	106.19	233.72	95.56	110.93	206.49	
Σ	1055.82$S_{1(1)}$ $T_{2(2)}$ 898.00			752.66$S_{2(1)}$ $T_{1(2)}$ 1110.90			$S_{2(2)}$934.36 1047.40$T_{1(1)}$			$S_{1(2)}$1099.05 867.96$T_{2(1)}$			$S_1$2154.87 $S_2$1687.02 $T_1$2158.30 $T_2$1765.96
													Σy 7766.15

（1）方差分析

$$差方和_{(总)} = 103.99^2 + 113.21^2 + \cdots + 89.58^2 + 110.93^2 - \frac{7766.15^2}{2 \times 4 \times 10} = 25865.8223$$

$$f_{(总)} = 2 \times 4 \times 10 - 1 = 79$$

$$差方和_{(动物间)} = \frac{191.00^2 + 217.82^2 + \cdots + 151.41^2 + 206.49^2}{2} - \frac{7766.15^2}{2 \times 4 \times 10} = 11320.6387$$

$$f_{(动物间)} = 4 \times 10 - 1 = 39$$

（2）将测定结果进行变异分析及可靠性测验　结果见表 5-3 和表 5-4。

表 5-3　胰岛素双交叉法剂间变异分析

变异来源	第一次实验 $\Sigma y_{(1)}$				第二次实验 $\Sigma y_{(2)}$				$n \cdot \Sigma C_i^2$	$\Sigma(C_i \cdot \Sigma y)$	差方和 $[\Sigma(C_i \cdot \Sigma y)]^2 / n \cdot \Sigma C_i^2$
	$S_{1(1)}$	$S_{2(1)}$	$T_{1(1)}$	$T_{2(1)}$	$S_{1(2)}$	$S_{2(2)}$	$T_{1(2)}$	$T_{2(2)}$			
	1055.82	752.66	1047.70	867.96	1099.05	934.36	1110.90	898.00			
	$C_y \cdot \Sigma y$										
试品间	−1	−1	1	1	−1	−1	1	1	10×8	82.37	84.8102
回归	−1	1	−1	1	−1	1	−1	1	10×8	−860.19	9249.0855
偏离平行	1	−1	−1	1	1	−1	−1	1	10×8	75.51	71.2720
次间	−1	−1	−1	−1	1	1	1	1	10×8	318.47	1267.7893
次间×试品间	1	−1	−1	1	−1	1	1	−1	10×8	−131.39	215.7915
次间×回归	1	−1	1	−1	−1	1	−1	1	10×8	105.01	137.8388
次间×偏离平行	−1	1	1	−1	1	1	−1	1	10×8	−171.93	369.4991

表 5-4　可靠性测验结果

变异来源	f	差方和	方差	F	P
偏离平行	1	71.2720	71.2720	<1	>0.05
次间×试品间	1	215.7917	215.7917	<1	>0.05
次间×回归	1	137.8388	137.8388	<1	>0.05
误差₂	36	10895.7362	302.6593(s_2^2)		
动物间	39	11320.6387	290.2728	2.92	>0.05
试品间	1	84.8102	84.8102	<1	>0.05
回归	1	9249.0855	9249.0855	93.16	<0.01
次间	1	1267.7893	1267.7893	12.77	<0.01
次间×偏离平行	1	369.4911	369.4911	3.72	>0.05
误差₁	36	3573.8223	99.2778(s_1^2)		
总	79	25865.8223			

计算：

$$差方和(误差_1) = 25865.8223 - 11320.6387 - 84.8102 - 9249.0855 - 1267.7895 - 369.4991$$
$$= 3573.9995$$

$$f(误差_1) = 4 \times (10 - 1) = 36$$

差方和(误差$_2$)＝11320.6387－71.2720－215.7917－137.8388＝10895.7362

$$f(误差_2)＝4×(10－1)＝36$$

结论：回归非常显著，偏离平行不显著，实验结果成立。两次实验间的差异非常显著，用双交叉设计可以消除实验间变异对实验误差的影响，提高实验的精确度。

（3）效价（P_T）及可信限（FL）计算　　用表 5-2 的 S_1、S_2、T_1、T_2，按《中国药典》（2025 年版）二部附录的"生物检定统计法"量反应平行线测定（2.2）法双交叉设计的有关公式计算。

$r＝1：0.5$　　$I＝0.301$

$s^2＝99.2778$　　$f＝36$　　$t＝2.03$

$V＝1/2×(1765.96＋2158.30－1687.02－2154.87)＝41.185$

$W＝1/2×(1765.96－2158.30＋1687.02－2154.87)＝－430.95$

$$R＝\frac{50}{50}\lg^{-1}\left(\frac{41.185}{－430.095}×0.301\right)＝0.936$$

$P_T＝27×0.936＝25.27u/mg$

$$g＝\frac{99.2778×2.03^2×2×10}{(－430.095)^2}＝0.044$$

$$S_M＝\frac{0.301}{(－430.095)^2×(1－0.044)}×$$

$$\sqrt{2×10×99.2778×[(1－0.044)×(1－430.095)^2＋41.185^2]}$$

$$＝0.03204$$

R 的 $FL＝\lg^{-1}\left[\frac{\lg 0.936}{(1－0.044)}±2.03×0.03204\right]＝0.803\sim1.084$

P_T 的 $FL＝27×(0.803\sim1.084)＝21.68\sim29.27u/mg$

P_T 的 $FL\%＝\left[\frac{29.27－21.68}{2×25.27}×100\right]\%＝15.0\%$

本法的可信限率 FL（%）不得大于 25%。测得 P_T 的 FL% 为 15.0%，实验误差符合要求。可信限率大于 25% 者应重复实验。

可靠性测验结果中（表 5-4），试品间差异若非常显著，说明测得效价与估计效价相差较大，应调整剂量或估计效价重复试验。次间×试品间、次间×回归、次间×偏离平行如非常显著，说明该项变异在第一次与第二次试验间有差别，对此检定结果的结论应慎重，以复试为宜。

四、注意事项

① 实验常用剂量：高剂量浓度用 30～130mU/100mL，具体使用时因各单位动物饲养条件、饲料配方不同而不同。一般小鼠正常血糖浓度值（全血）为 120～160mg/100mL（6.7～8.96mmol/L）。实验中要求低剂量能使血糖下降 20%～30%，高剂量血糖值（全血）不要低于 50mg/100mL（2.8mmol/L）。以保证在灵敏度较好的范围内，提高实验成

功率。

② 动物质量与实验结果关系密切，动物间应选用胎次、体重、日龄相近，性别相同的小鼠，可提高实验成功率，减少误差。

③ 季节、室温与胰岛素降糖作用有较密切关系，所用剂量要按季节、室温而变，夏天室温较高时降糖作用较为敏感，试验过程中应保持室温的恒定。

④ 交叉间隔时间一般可选用 3h。

⑤ 血糖测定方法很多，为避免采血过多可选用灵敏度较高的葡萄糖氧化酶-过氧化物酶法。

第二节　肝素生物检定法

肝素是从健康牛、猪、羊等食用动物的肺、肝、肠黏膜中提取的有延长血凝时间作用的黏多糖类物质，本品为白色或淡黄色无晶形粉末，有吸湿性，在水中易溶，在中性及微碱性溶液中较稳定。按干燥品计算，每 1mg 的效价不得低于 170U。

肝素的生物检定法是根据对数剂量与血凝时间的对数呈线性关系而设计的，常用的有兔全血法、硫酸钠兔全血法，此外还有使用牛、羊血法测定肝素效价的方法。

一、供试用动物

体重 2.5kg 以上家兔一只，雌雄均可，雌性应无孕。

二、操作

1. 标准品溶液的配制与稀释

精密称取肝素标准品适量，按标示效价，用新沸放冷的蒸馏水溶解成每毫升中含 100U 的溶液，密封，置冰箱保存，如无沉淀可使用三个月。临用时用生理盐水稀释成适当浓度。

试验当日，精密量取肝素标准品适量，按高、中、低剂量组（d_{S_3}、d_{S_2}、d_{S_1}）用 0.9%氯化钠溶液配成三种浓度的稀释液，相邻两浓度的比值（r）应相等；调节剂量使低剂量组各管的平均凝结时间较不加肝素对照组明显延长。高剂量组各管的平均凝结时间以不超过 60min 为宜，其稀释一般可配成每 1mL 含肝素 2~5 个单位，r 为 1：0.7 左右。

2. 供试品溶液的配制与稀释

按供试品的标示量或估计效价（A_T），照标准品溶液的配制与稀释法配成高、中、低

（d_{T_3}、d_{T_2}、d_{T_1}）三种浓度的稀释液，相邻两浓度的比值（r）应与标准品相等，供试品与标准品剂量组的凝结时间应相近。

3. 检定

① 采血。取供试用家兔，以兔台固定，在颈部以1%普鲁卡因局部麻醉后，切开皮肤，分离出一侧颈动脉，结扎远心端，向心端夹以动脉夹，切口后以8号针头连接20mL注射器抽取全血约20mL。

② 取内径约0.8cm小试管20支，分别加上述各种浓度的标准品与供试品稀释液0.1mL，每种剂量3支，另两支各加生理盐水0.1mL为空白对照。取刚抽出的血液，分别加于上述小试管内。每管0.9mL，立即混匀后放入37℃±0.5℃恒温水浴中，注意观察，记录由保温到血凝的时间。由抽血到开始保温的间隔不得超过3min。高剂量血凝时间为30～60min，低剂量血凝时间明显高于空白管，相邻较低剂量的血凝时间不超过较高剂量的85%。将剂量及血凝时间换算成对数后，再按《中国药典》（2010年版）生物检定统计法中量反应平行线测定（3.3）法随机或随机区组设计法计算效价及试验误差。

【示例】 肝素效价的测定（用倒转法观察终点）

试验设计：肝素国家标准品，标示效价170U/mg，供试品为肝素粉，标示效价150U/mg。注射剂量如下。

标准品稀释液：

d_{S_3}　　4.00U/mL　0.1mL/只
d_{S_2}　　2.80U/mL　0.1mL/只
d_{S_1}　　1.96U/mL　0.1mL/只

供试品稀释液：

d_{T_3}　　4.00U/mL　0.1mL/只
d_{T_2}　　2.80U/mL　0.1mL/只
d_{T_1}　　1.96U/mL　0.1mL/只

$r=1:0.7$　　$I=0.1549$　　$k=6$　$m=3$

反应值：y（血凝时间的对数值）

测定结果见表5-5。

表5-5 肝素效价测定结果（兔全血法）

组别	d_{S_1} 0.196U		d_{S_2} 0.280U		d_{S_3} 0.400U		d_{T_1} 0.196U		d_{T_2} 0.280U		d_{T_3} 0.400U		$\sum y_{(m)}$
	min	y	min	y	min	y	min	y	min	y	min	y	
反应值 y	18.67	1.2711	32.25	1.5085	46.50	1.6674	17.83	1.2512	32.17	1.5074	52.83	1.7229	8.9285
	20.50	1.3118	32.83	1.5163	53.33	1.7270	21.00	1.3222	33.33	1.5228	55.00	1.7404	9.1405
	23.00	1.3617	33.00	1.5185	54.33	1.7350	21.33	1.3290	39.50	1.5966	55.33	1.7430	9.2838
$\sum y_{(k)}$	3.9446		4.5433		5.1294		3.9024		4.6268		5.2063		27.3528

（1）计算各项差方和

$$SS_{(总)}=\sum y^2-\frac{(\sum y)^2}{mk}=1.2711^2+1.3118^2+\cdots+1.7404^2+1.7430^2-\frac{27.3528^2}{3\times6}=0.5347$$

$$f_{(总)}=km-1=6\times3-1=17$$

$$SS_{(组间)}=\frac{\sum[\sum y_{(k)}]^2}{m}-\frac{(\sum y)^2}{mk}$$

$$=\frac{3.9446^2+4.5433^2+\cdots+4.6268+5.2063^2}{3}-\frac{27.3528^2}{3\times6}=0.1593$$

$$f_{(组间)}=k-1=6-1=5$$

$$SS_{(区组)}=\frac{\sum[\sum y_{(m)}]^2}{k}-\frac{(\sum y)^2}{mk}=\frac{8.9285^2+9.1405^2+9.2838^2}{6}-\frac{27.3528^2}{3\times6}=0.0106$$

$$f_{(区组)}=m-1=3-1=2$$

$$SS_{(误差)}=SS_{(总)}-SS_{(组间)}-SS_{(区组)}=0.5347-0.1593-0.0106=0.3648$$

$$f_{(误差)}=f_{(总)}-f_{(组间)}-f_{(区组)}=17-5-2=10$$

（2）组间变异分析及可靠性测验　见表 5-6、表 5-7。

表 5-6　肝素效价测定（3.3）法组间变异分析

变异来源	$\sum y_{(k)}$						$m\sum C_i^2$	$\sum[C_i\sum y_{(k)}]$	差方和 $\dfrac{[\sum(C_i\sum y_{(k)})]^2}{m\sum C_i^2}$
	S_1	S_2	S_3	T_1	T_2	T_3			
	3.9446	4.5433	5.1294	3.9024	4.6268	5.2063			
	正交多项系数（C_i）								
试品间	−1	−1	−1	1	1	1	3×6	0.1182	0.0008
回归	−1	0	1	−1	0	1	3×4	2.4887	0.5161
偏离平行	1	0	−1	−1	0	1	3×4	0.1191	0.0012
二次曲线	1	−2	1	1	−2	1	3×12	−0.1575	0.0007
反向二次曲线	−1	2	−1	1	−2	1	3×12	−0.1323	0.0005

表 5-7　肝素效价测定（3.3）法可靠性测验结果

变异来源	f	差方和	方差	F	P
试品间	1	0.0008	0.0008	1.60	＞0.05
回归	1	0.5161	0.5161	1032.20	＜0.01
偏离平行	1	0.0012	0.0012	2.40	＞0.05
二次曲线	1	0.0007	0.0007	1.40	＞0.05
反向二次曲线	1	0.0005	0.0005	1.00	＞0.05
剂间	5	0.5193	0.1039	207.80	＜0.01
区组（行）间	2	0.0106	0.0053	10.60	＜0.01
误差	10	0.0048	0.0005（s^2）		
总	17	0.5347			

结论：回归、组间非常显著，偏离平行、二次曲线、反向二次曲线均不显著，可靠性测验通过，实验结果成立。

（3）计算效价（P_T）及平均可信限率（FL%）

$$V = \frac{1}{3}(T_3 + T_2 + T_1 - S_3 - S_2 - S_1)$$

$$= \frac{1}{3} \times (3.9024 + 4.6268 + 5.2063 - 3.9446 - 4.5433 - 5.1294) = 0.0394$$

$$W = \frac{1}{4} \times (T_3 - T_1 + S_3 - S_1) = \frac{1}{4} \times (5.2063 - 3.9024 + 5.1294 - 3.9446) = 0.6222$$

$$R = D \cdot \lg^{-1} \frac{IV}{W} = \frac{4.00}{4.00} \times \lg^{-1} \frac{0.1549 \times 0.0394}{0.6222} = 1.0228$$

$$P_T = A_T \cdot R = 150 \times 1.0228 = 153.4 \text{U/mg}$$

$$f = 10 \qquad t = 2.23 \qquad s^2 = 0.0005$$

$$g = \frac{t^2 s^2 m}{4W^2} = \frac{2.23^2 \times 0.0005 \times 3}{4 \times 0.6222^2} = 0.0048$$

$$A = \frac{2}{3} \qquad B = \frac{1}{4}$$

$$S_M = \frac{I}{W^2(1-g)}\sqrt{mS^2[(1-g)AW^2 + BV^2]} = \frac{0.1549}{0.6222^2(1-0.0048)}$$

$$\times \sqrt{3 \times 0.0005 \times \left[(1-0.0048) \times \frac{2}{3} \times (0.6222)^2 + \frac{1}{4} \times (0.0394)^2\right]} = 0.0079$$

$$P_T \text{ 的 FL} = A_T \cdot \lg^{-1}\left[\frac{\lg R}{1-g} \pm t \cdot S_M\right] = 150 \times (0.9822 \sim 1.0652)$$

$$= 147.33 \sim 159.78 \text{U/mg}$$

$$P_T \text{ 的 FL\%} = \left[\frac{P_T \text{ 的高限} - P_T \text{ 的低限}}{2P_T} \times 100\right]\% = \left[\frac{159.78 - 147.33}{2 \times 153.4} \times 100\right]\% = 4.06\%$$

三、注意事项

① 本法常用 3.3 法，如一次做 20 管，则一次即可得出实验结果，节约了时间。如一次做 7 管（六个剂量各 1 管，空白一管），则应连续做 3~5 次，结果合并计算。两种方法均可采用。

② 采用 20 管时，可按下列顺序加血。

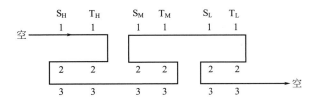

③ 血液加入预先加有肝素的小试管时，应防止产生气泡，加血后立即用小玻棒混匀，各管搅拌要均一。

④ 肝素溶液浓度，一般高剂量浓度在 3～6U/mL。

⑤ 终点观察可采用倾斜法或压板法，采用细管时，只能用压板法或测凝棒法。

倾斜法：将试管轻轻拿出，倾斜 90°，血液不流动为终点，开始时，手拿起管子并用手指轻弹管壁，即可见液面颤动，此时可间隔 2～3min 观察 1 次，当液面开始凝固，手指轻弹管壁已不太颤动时，每隔 1min 观察 1 次，当手弹管壁几乎不再颤动时，半分钟观察 1 次。

⑥ 硫酸钠兔全血法测定时，下述几点与兔全血法不同。

a. 采用 1.4%～1.8% 硫酸钠兔全血：取适当浓度的硫酸钠溶液（相当于无水硫酸钠 0.28～0.36g），置 50mL 锥形瓶中烘干，加入新鲜抽取兔血 20mL，摇匀即得。

b. 测试时先预试氯化钙浓度：取清洁干燥小试管，加硫酸钠兔全血 0.7mL、蒸馏水 0.1mL、凝血质溶液 0.1mL 与氯化钙 0.1mL，调节氯化钙含量（0.02%～0.06% 间），选择凝血时间在 4～6min 的浓度。

c. 取小试管 6 支，供试品高、中、低剂量及标准品高、中、低剂量各 1 支。每支加入硫酸钠兔全血 0.7mL，放入 27℃±0.5℃ 恒温水浴，预温 20min，分别加入各剂量稀释液 0.1mL（剂量比值不大于 1：0.7）、0.3% 凝血质 0.1mL、选择的氯化钙溶液 0.1mL，立即混匀，记录时间，放入恒温水浴。3min 后每隔 30s 用压板法或测凝棒观察终点 1 次。重复测试不少于 4 次。依统计法计算结果。

第三节　抗生素的微生物检定法

一、概述

由于抗生素多为结构复杂的多组分物质，异构体多，且不稳定，容易产生降解杂质，故各国药典均以微生物检定法为主要含量测定法，因为抗生素药品的医疗作用主要是它的抗菌活力，而微生物检定法正是以抗生素的抗菌活力为指标来衡量抗生素效价的一种方法，其测定原理与临床要求一致，能直接反映抗生素的医疗价值，因此一直为各国药典所采用的主要测定方法。

微生物检定法测定抗生素效价，一般分为稀释法、浊度法（比浊法）和琼脂扩散法（管碟法）三类。其中浊度法和管碟法被列为抗生素微生物检定的国际通用方法。我国一直将管碟法作为微生物检定的经典方法。

二、琼脂扩散法——管碟法

1. 琼脂扩散法——管碟法的原理

琼脂扩散法，亦称管碟法，是利用抗生素在琼脂培养基内的扩散作用，采用量反应平行线原理的设计，比较标准品与供试品两者对接种的试验菌产生抑菌圈的大小，以测定供试品效价的一种方法（图 5-1）。

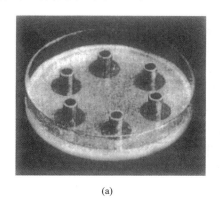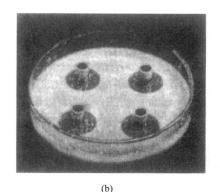

(a)　　　　　　　　　　　　　(b)

图 5-1　《中国药典》（2025 年版）方法——管碟法

(a)三剂量法[(3.3)法]；(b)二剂量法[(2.2)法]

将不锈钢小管安置在摊布特定试验菌的琼脂培养基平板上，当小管内加入抗生素溶液后，抗生素随溶剂向培养基内呈球形扩散。将培养基平板置培养箱中培养，试验菌就开始繁殖。抗生素分子在琼脂培养基中的浓度，随离开小管距离的增大而降低。当抗生素分子扩散到 T 时间，这时琼脂培养基中抗生素的浓度恰高于该抗生素对试验菌的最低抑菌浓度，试验菌的繁殖被抑制而呈现出透明的抑菌圈。在抑菌圈的边缘处，琼脂培养基中所含抗生素的浓度即为该抗生素对试验菌的最低抑菌浓度。将已知效价的抗生素标准品溶液与未知效价的供试品溶液在同样试验条件下进行培养，比较两者抑菌圈的大小，由于同质的抗生素对特定试验菌所得的两条剂量反应曲线为平行直线，故可根据此原理，设计一剂量法、二剂量法及三剂量法［《中国药典》（2025 年版）中抗生素微生物效价检定主要用二剂量法和三剂量法］等，从而可以较准确地对比出供试品的效价。T＝扩散时间，细菌刚繁殖到显示抑菌圈所需的时间，h；M＝抗生素在小钢管内的总量，μg；r＝抑菌圈的半径，mm；L＝小钢管的高度，mm；H＝培养基的厚度，mm；C'＝最低抑菌浓度，$\mu g / mm^3$；D＝扩散系数，mm^2/h。

根据抗生素在琼脂培养基中的扩散现象，可总结为方程式：

$$r^2 = 4DT\left[\ln\frac{M}{H} - \ln C' - \ln(4\pi DT)\right] \tag{5-1}$$

$$\frac{r^2}{4DT} = \ln M - \ln H - \ln C' - \ln(4\pi DT)$$

$$= \ln M - [\ln H + \ln C' + \ln(4\pi DT)]$$

$$= \ln M - \ln C' 4\pi DTH$$

$$\ln M = \frac{r^2}{4DT} + \ln C' 4\pi DTH$$

换成常用对数　　　$2.303\lg M = \frac{r^2}{4DT} + 2.303\lg C' 4\pi DTH$

$$\lg M = \frac{r^2}{2.303 \times 4DT} + \lg C' 4\pi DTH$$

$$\lg M = \frac{1}{9.21DT}r^2 + \lg C' 4\pi DTH \qquad (5\text{-}2)$$

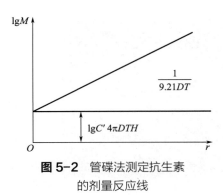

图 5-2 管碟法测定抗生素的剂量反应线

式（5-2）相当于直线方程 $y = bx + a$，其中 $y = \lg M$，$x = r^2$，$b = \frac{1}{9.21DT}$，$a = \lg C' 4\pi DTH$，可作图（图 5-2）。

由式（5-2）及图 5-2 可知，抗生素对数剂量与抑菌圈半径平方值成直线关系，抗生素的量可根据抑菌圈的大小来推算。这就是抗生素微生物检定法的理论依据。由于抗生素所产生的抑菌圈大小不仅与抗生素的量有关，而且也与抗生素的最低抑菌浓度（C'）、琼脂培养基的厚度（H）、抗生素在琼脂培养基内的扩散系数（D）和细菌生长到显示抑菌圈的时间（T）等各因素有关，其中任何一个因素的改变都能影响抑菌圈的大小，因此，在测定抗生素效价时，标准品与供试品必须在相同条件下进行对比试验。应用生物检定平行线设计原理，即可测出相对效价的比率，然后根据标准品的已知效价就可计算出供试品的效价。

2. 基本设备、用具、试验材料

（1）基本设备

① 抗生素效价测定实验室。室内应为半无菌环境，装有紫外线灯，有固定的效价测定台，台面要求水平、防震。该室应与稀释抗生素溶液的工作室隔离，防止空气、地面污染抗生素。

② 超净工作台。超净工作台应放置在洁净工作室或半无菌室内。

③ 抑菌圈面积测量分析仪。该仪器装有微处理机，可自动测量抑菌圈面积，并打印出统计分析的各种数据。

（2）用具

① 玻璃双碟。为硬质玻璃制品，碟底内径约 90mm，碟高 16～17mm，碟底面应平，厚薄均匀，无凹凸现象。新购的双碟应按上述要求进行检查。检查时可将双碟底平放在水平台上，每碟内加入 2mL 染料液，仔细观察碟底反映的颜色深浅是否一致，挑选底部平的双碟，洗净晾干，置高温烘箱内 140～160℃ 干热灭菌 2h 后备用。

② 陶瓦圆盖。应平，无凹凸现象。

③ 不锈钢小管。外径（7.8±0.1）mm，内径（6.0±0.1）mm，高（10.0±0.1）mm，重量差异不超过 ±25mg，钢管内外壁要求光洁，管壁厚薄要一致，两端面要平坦光洁。

④ 小钢管放置器。四孔和六孔各一台。

⑤ 游标卡尺。精密度 0.02mm。

⑥ 滴管。管口应细长平滑，不得有缺口。

（3）试验材料

① 培养基

培养基Ⅰ：蛋白胨 5g；琼脂 15～20g；牛肉浸出粉 3g；水 1000mL；磷酸氢二钾 3g。

除琼脂外，混合上述成分，调节 pH 值使比最终的 pH 值略高 0.2～0.4，加入琼脂，加热溶化后滤过，调节 pH 值使灭菌后为 7.8～8.0 或 6.5～6.6，在 115℃灭菌 30min。

培养基Ⅱ：蛋白胨 6g；葡萄糖 1g；牛肉浸出粉 1.5g；琼脂 15～20g；酵母浸出粉 6g；水 1000mL。除琼脂和葡萄糖外，混合上述成分，调节 pH 值使比最终的 pH 值略高 0.2～0.4，加入琼脂，加热溶化后滤过，加葡萄糖溶解后，摇匀，调节 pH 值使灭菌后为 7.8～8.0 或 6.5～6.6，在 115℃灭菌 30min。

培养基Ⅲ：蛋白胨 5g；磷酸氢二钾 3.68g；牛肉浸出粉 1.5g；磷酸二氢钾 1.32g；酵母浸出粉 3g；葡萄糖 1g；氯化钠 3.5g；水 1000mL。除葡萄糖外，混合上述成分，加热溶化后滤过，加葡萄糖溶解后，摇匀，调节 pH 值使灭菌后为 7.0～7.2，在 115℃灭菌 30min。

培养基Ⅳ：蛋白胨 10g；葡萄糖 10g；氯化钠 10g；琼脂 20～30g；枸橼酸钠 10g；水 1000mL。除琼脂和葡萄糖外，混合上述成分，调节 pH 值使比最终的 pH 值略高 0.2～0.4，加入琼脂，在 109℃加热 15min，于 70℃以上保温静置 1h 后滤过，加葡萄糖溶解后，摇匀，调节 pH 值使灭菌后为 6.0～6.2，在 115℃灭菌 30min。

培养基Ⅴ：蛋白胨 10g；琼脂 20～30g；麦芽糖 40g；水 1000mL。除琼脂和麦芽糖外，混合上述成分，调节 pH 值使比最终的 pH 值略高 0.2～0.4，加入琼脂，加热溶化后滤过，加麦芽糖溶解后，摇匀，调节 pH 值使灭菌后为 6.0～6.2，按需要分装，在 115℃灭菌 30min。

培养基Ⅵ：蛋白胨 8g；磷酸二氢钾 1g；牛肉浸出粉 3g；葡萄糖 2.5g；酵母浸出粉 5g；琼脂 15～20g；氯化钠 45g；水 1000mL；磷酸二氢钾 3.3g。除琼脂和葡萄糖外，混合上述成分，调节 pH 值使比最终的 pH 值略高 0.2～0.4，加入琼脂，加热溶化后滤过，加葡萄糖溶解后，摇匀，调节 pH 值使灭菌后为 7.2～7.4，在 115℃灭菌 30min。

培养基Ⅶ：蛋白胨 5g；枸橼酸钠 10g；牛肉浸出粉 3g；琼脂 15～20g；磷酸氢二钾 7g；水 1000mL；磷酸二氢钾 3g。除琼脂外，混合上述成分，调节 pH 值使比最终的 pH 值略高 0.2～0.4，加入琼脂，加热溶化后滤过，调节 pH 值使灭菌后为 6.5～6.6，在 115℃灭菌 30min。

培养基Ⅷ：酵母浸出粉 1g；琼脂 15～20g；硫酸铵 1g；磷酸盐缓冲液（pH 6.0）1000mL；葡萄糖 5g。混合上述成分，加热溶化后滤过，调节 pH 值使灭菌后为 6.5～6.6，在 115℃灭菌 30min。

培养基Ⅸ：蛋白胨 7.5g；氯化钠 5.0g；酵母膏 2.0g；葡萄糖 10.0g；牛肉浸出粉 1.0g；水 1000mL。除葡萄糖外，混合上述成分，加热溶化后滤过，加葡萄糖溶解后，摇匀，调节 pH 值使灭菌后为 6.5，在 115℃灭菌 30min。

营养肉汤培养基：蛋白胨 10g；肉浸液 1000mL；氯化钠 5g。取蛋白胨和氯化钠加入肉浸液内，微温溶解后，调节 pH 值为弱碱性，煮沸，滤清，调节 pH 值使灭菌后为 7.2±0.2，在 115℃灭菌 30min。

营养琼脂培养基：蛋白胨 10g；琼脂 15～20g；氯化钠 5g；肉浸液 1000mL。除琼脂外，混合上述成分，调节 pH 值使比最终的 pH 值略高 0.2～0.4，加入琼脂，加热溶化后滤过，调节 pH 值使灭菌后为 7.0～7.2，分装，在 115℃灭菌 30min，趁热斜放使凝固成斜面。

改良马丁培养基：蛋白胨 5.0g；酵母浸出液 2.0g；硫酸镁 0.5g；琼脂 15～20g；磷酸氢二钾 1.0g；水 1000mL；葡萄糖 20.0g。除葡萄糖外，混合上述成分，微温溶解，调节 pH 值约为 6.8，煮沸，加入葡萄糖溶解后，摇匀，滤清，调节 pH 值使灭菌后为 6.4±0.2，分装，在 115℃灭菌 30min，趁热斜放使凝固成斜面。

多黏菌素 B 用培养基：蛋白胨 6.0g；酵母浸膏 3.0g；牛肉浸膏 1.5g；琼脂 15～20g；胰消化酪素 4.0g；水 1000mL；葡萄糖 1.0g。除琼脂外，混合上述成分，调节 pH 值使比最终的 pH 值略高 0.2～0.4，加入琼脂，加热溶化后滤过，调节 pH 值使灭菌后为 6.5～6.7，在 115℃灭菌 30min。

培养基可以采用相同成分的干燥培养基代替，临用时，照使用说明配制和灭菌，备用。

② 缓冲液制备

磷酸盐缓冲液（pH 6.0）：取磷酸氢二钾 2g 与磷酸二氢钾 8g，加水使成 1000mL，滤过，在 115℃灭菌 30min。

磷酸盐缓冲液（pH 7.0）：取磷酸氢二钾 9.39g 与磷酸二氢钾 3.5g，加水使成 1000mL，滤过，在 115℃灭菌 30min。

磷酸盐缓冲液（pH 7.8）：取磷酸氢二钾 5.59g 与磷酸二氢钾 0.41g，加水使成 1000mL，滤过，在 115℃灭菌 30min。

磷酸盐缓冲液（pH 10.5）：取磷酸氢二钾 35g，加 10mol/L 氢氧化钾溶液 2mL，加水使成 1000mL，滤过，在 115℃灭菌 30min。

③ 试验用菌种。试验用菌种对被测定的抗生素应具有高度的敏感性，在一般培养基上能生长繁殖，易于保存，不应变异或变异性小，具有敏感的生化培养特性，能适合多种抗生素的检定，最好是芽孢菌，因芽孢菌制备成悬液后易于保存，不易变异，使用时间长。

a. 试验用菌种的保存。中国食品药品检定研究院生物制品检定所提供的菌种为冷冻干燥菌种，可保存在 4℃冰箱内。以无菌操作启开冻干菌种，接种在普通琼脂斜面上，置 37℃培养箱中培养 22h。取出涂片镜检，应为典型菌型，证明无杂菌后，再接种于普通琼脂斜面上，置 37℃培养箱中培养 20～22h。取出放至室温后，放入 4℃冰箱中保存，即为试验用菌种。试验用菌种每月传代一次，每季度平板分离一次。

b. 菌种的接种方法。从冰箱中取出菌种 1 支，放至室温。另取新鲜制备的普通琼脂斜面 1 支（如琼脂斜面已干燥无凝结水，则不可使用），注明菌名、接种日期，与菌种斜面一同放于预先用 0.1%新洁尔灭溶液擦拭过的超净工作台内。操作人员用新洁尔灭溶液洗手，然后按无菌操作要求开始接种。先将菌种斜面和待接种的培养基斜面试管口上的棉花塞通过酒精灯火焰稍稍扭动一下，以免接种时不易拔出棉塞。用左手握住菌种斜面和待接种的培养基斜面，将试管口靠近火焰旁，右手拿接种棒后端，在火焰上将接种环烧红约 30 s，然后将全部金属棒通过火焰往返 3 次，用右手无名指及小指同时将菌种斜面和待接种的培养基斜面试管口的棉塞拔出，并将两支试管口在火焰上通过一下，立即将接种环伸入菌种斜面管内，先在近管壁的琼脂培养基表面靠一下，使稍冷却，再移至菌苔上刮取少量菌苔，迅速将接种棒取出，并立即伸入待接种的培养基斜面管内，由下至上在培养基斜面上轻轻曲折移动 1 次，取出接种棒，立即在火焰旁将原来的棉塞塞上，然后将接种棒上的残余细菌在火焰上烧灼，烧灼时应先将接种环离沾菌处的远端烧灼，使其传热至沾菌处，待菌苔已枯焦、炭化后，才能直接烧灼，切不可直接猛火烧灼沾菌处，以防细菌溅出。接种完毕后，将细菌管置 37℃ 培养箱内培养 22～24h（霉菌管一般置 26～27℃ 培养箱内培养 7 天）。取出放冷至室温后，放入 4℃ 冰箱中保存。

　　c.试验用菌液的制备和保存

　　Ⅰ.枯草芽孢杆菌悬液：取枯草芽孢杆菌［CMCC(B)63 501］的营养琼脂斜面培养物，接种至盛有营养琼脂培养基的培养瓶中，在 35～37℃ 的培养箱中培养 7 天，用革兰氏染色法涂片镜检，应有芽孢 85% 以上，用 20mL 灭菌水将芽孢洗下，在 65℃ 水浴中加热 30min，即得，置 4℃ 冰箱中保存，可使用 6 个月。

　　Ⅱ.短小芽孢杆菌菌悬液：取短小芽孢杆菌［CMCC(B)63 202］的营养琼脂斜面培养物，照枯草芽孢杆菌悬液制备方法制备。在 4℃ 冰箱中保存，可使用 6 个月。

　　Ⅲ.金黄色葡萄球菌悬液：取金黄色葡萄球菌［CMCC(B)26 003］的营养琼脂斜面培养物，接种至营养琼脂斜面上，在 35～37℃ 的培养箱中培养 20～22h，临用时，用灭菌水或 0.9% 灭菌氯化钠溶液将菌苔洗下，备用。

　　Ⅳ.藤黄微球菌悬液：取藤黄微球菌［CMCC(B)28 001］的营养琼脂斜面培养物，接种于盛有营养琼脂培养基的培养瓶中，在 26～27℃ 的培养箱中培养 24h，或采用适当方法制备的菌斜面，用培养基Ⅲ或 0.9% 灭菌氯化钠溶液将菌苔洗下，备用。此悬液在 4℃ 冰箱中保存，可使用 1 个月。

　　Ⅴ.大肠埃希菌悬液：取大肠埃希菌［CMCC(B)44 103］的营养琼脂斜面培养物，接种至营养琼脂斜面上，在 35～37℃ 的培养箱中培养 20～22h，临用时，用灭菌水将菌苔洗下，备用。

　　Ⅵ.啤酒酵母菌悬液：取啤酒酵母菌［ATCC(9763)］的Ⅴ号培养基琼脂斜面培养物，接种于Ⅳ培养基琼脂斜面上，置 32～35℃ 的培养箱中培养 24h，用灭菌水将菌苔洗下置含有灭菌玻璃珠的试管中，摇匀。此菌液供当日使用。

　　Ⅶ.肺炎克雷伯菌悬液：取肺炎克雷伯菌［CMCC(B)46 117］的营养琼脂斜面培养物，接种于营养琼脂斜面上，在 35～37℃ 培养 20～22h。临用时，用灭菌水将菌苔洗下，备用。

　　Ⅷ.支气管炎博德特菌悬液：取支气管炎博德特菌［CMCC(B)58 403］的营养琼脂斜面培养物，接种于营养琼脂斜面上，在 32～35℃ 培养 24h。临用时，用灭菌水将菌苔洗下，备用。

　　④ 标准品溶液的制备。标准品的使用和保存，应照标准品说明书的规定。临用时对照《中国药典》（2025 年版）的规定进行稀释。

　　⑤ 供试品溶液的制备。精密称（或量）取供试品适量，用各品种项下规定的溶剂溶解后，再按估计效价或标示量参照《中国药典》（2025 年版）的规定稀释至与标准品相当的浓度。

　　⑥ 双碟的制备。取已干热灭菌的平底双碟，分别注入加热融化的培养基 20mL，使在碟底内均匀摊布，放置水平台面上使凝固，作为底层。另取培养基适量加热融化后，放冷至 48～50℃，加入菌悬液适量（能得清晰的抑菌圈为度），摇匀，在每一双碟中分别加入 5mL，使在底层上均匀摊布，作为菌层。放置水平台面上冷却后，在每一双碟中以等距离均

匀安置不锈钢小管 [内径 (6.0±0.1)mm，高 (10.0±0.1)mm，外径 (7.8±0.1)mm]] 4 个，用陶瓦圆盖覆盖备用。

3. 效价测定方法

(1) 二剂量法　取照上述方法制备的双碟不得少于 4 个，在每一双碟中对角的 2 个不锈钢小管中分别滴装高浓度及低浓度的标准品溶液，其余 2 个小管中分别滴装相应的高低两种浓度的供试品溶液；高、低浓度的剂距为 2∶1 或 4∶1。在规定的条件下培养后，测量各个抑菌圈的直径（或面积），照生物检定统计法 [《中国药典》（2025 年版）通则 1431] 中的二剂量法进行可靠性测验以及效价和可信限计算。

(2) 三剂量法　取照上述方法制备并放置 6 个不锈钢小管的双碟数个（不得少于 6 个），在每一双碟中间隔的 3 个不锈钢小管中分别滴装高浓度 (S_3)、中浓度 (S_2)、低浓度 (S_1) 的标准品溶液，其余 3 个小管中分别滴装相应的高浓度 (T_3)、中浓度 (T_2)、低浓度 (T_1) 的供试品溶液，三种浓度的剂距为 1∶0.8。在规定的条件下培养后，测量各个抑菌圈的直径（或面积），照生物检定统计法 [《中国药典》（2025 年版）通则 1431] 中的三剂量法进行可靠性测验以及效价和可信限计算。

4. 效价计算公式的推导

(1) 二剂量法效价计算公式的推导　从式 (5-2) 知

$$\lg M = \frac{1}{9.21DT}r^2 + \lg C'4\pi DTH$$

设：S_2＝高剂量标准品所产生抑菌圈的半径；

S_1＝低剂量标准品所产生抑菌圈的半径；

T_2＝高剂量供试品所产生抑菌圈的半径；

T_1＝低剂量供试品所产生抑菌圈的半径；

M_2＝标准品高剂量；

M_2'＝供试品高剂量；

M_1＝标准品低剂量；

M_1'＝供试品低剂量。

标准品高剂量与抑制圈关系应为

$$\lg M_2 = \frac{1}{9.21DT}S_2^2 + \lg C'4\pi DTH \tag{5-3}$$

供试品高剂量与抑制圈关系应为

$$\lg M_2' = \frac{1}{9.21DT}T_2^2 + \lg C'4\pi DTH \tag{5-4}$$

由于标准品与供试品的质相同，所以最低抑菌浓度 C' 也相同，且又在同一双碟的菌层平板上进行试验，故二者的 $\lg C'4\pi DTH$ 的数值也应相同。

式 (5-4) 与式 (5-3) 相减，得

$$\lg \frac{M_2'}{M_2} = \frac{1}{9.21DT}(T_2^2 - S_2^2)$$

设 θ 表示供试品与标准品的效价比率。

即
$$\theta = \frac{M_2'}{M_2} \qquad \lg\theta = \lg\frac{M_2'}{M_2}$$

则
$$\lg\theta = \frac{1}{9.21DT}(T_2^2 - S_2^2) \tag{5-5}$$

$\dfrac{1}{9.21DT}$ 为剂量反应直线的斜率，供试品与标准品的效价比，即等于斜率乘供试品抑菌圈半径平方值与标准品抑菌圈半径平方值的差。因供试品与标准品为同质的抗生素，在特定的试验菌与试验条件下，二者的斜率变异极小，基本上稳定。但为了抵消可能因试验条件变异而导致二者斜率的变异，故设计采用二剂量法。

同理，将标准品低剂量反应和供试品的低剂量反应代入式（5-2），得

$$\lg M_1 = \frac{1}{9.21DT}S_1^2 + \lg C'4\pi DTH \tag{5-6}$$

$$\lg M_1' = \frac{1}{9.21DT}T_1^2 + \lg C'4\pi DTH \tag{5-7}$$

式（5-7）与式（5-6）相减，得

$$\lg\frac{M_1'}{M_1} = \frac{1}{9.21DT}(T_1^2 - S_1^2)$$

$$\lg\theta = \frac{1}{9.21DT}(T_1^2 - S_1^2) \tag{5-8}$$

式（5-5）与式（5-8）相加，得

$$2\lg\theta = \frac{1}{9.21DT}(T_2^2 - S_2^2 + T_1^2 - S_1^2) \tag{5-9}$$

［式（5-3）＋式（5-4）］－［式（5-6）＋式（5-7）］，得

$$\lg\frac{M_2}{M_1} + \lg\frac{M_2'}{M_1'} = \frac{1}{9.21DT}(S_2^2 + T_2^2 - T_1^2 - S_1^2)$$

设高剂量 M_2 与低剂量 M_1 的比值的对数为 I

即
$$\lg\frac{M_2}{M_1} = I \qquad \lg\frac{M_2'}{M_1'} = I$$

则
$$2I = \frac{1}{9.21DT}(S_2^2 + T_2^2 - T_1^2 - S_1^2) \tag{5-10}$$

式（5-9）与式（5-10）相除，得

$$\frac{2\lg\theta}{2I} = \frac{T_2^2 - S_2^2 + T_1^2 - S_1^2}{S_2^2 + T_2^2 - S_1^2 - T_1^2}$$

$$\lg\theta = \left(\frac{T_2^2 - S_2^2 + T_1^2 - S_1^2}{S_2^2 + T_2^2 - S_1^2 - T_1^2}\right) \times I$$

$$\theta = \lg^{-1}\left[\left(\frac{T_2^2 - S_2^2 + T_1^2 - S_1^2}{S_2^2 + T_2^2 - S_1^2 - T_1^2}\right) \times I\right] \tag{5-11}$$

此即管碟法的二剂量计算式。从标准曲线绘制的实践中，证明各种抗生素的效价测定，在特定的试验条件下，对数剂量与抑菌圈直径成正比。因此，用抑菌圈直径直接计算

效价，可避免用抑菌圈半径平方值的麻烦，故式（5-11）可简化为

$$\theta=\lg^{-1}\left[\left(\frac{T_2+T_1-S_2-S_1}{T_2+S_2-T_1-S_1}\right)\times I\right] \tag{5-12}$$

当效价测定用几个双碟为一组时，则可用抑菌圈直径的总和代入式（5-12）计算，可用下式表示：

$$\theta=\lg^{-1}\left[\left(\frac{\sum T_2+\sum T_1-\sum S_2-\sum S_1}{\sum T_2+\sum S_2-\sum T_1-\sum S_1}\right)\times I\right] \tag{5-13}$$

当剂距为 2∶1 时，$I=\lg\dfrac{2}{1}=0.30103$；

当剂距为 4∶1 时，$I=\lg\dfrac{4}{1}=0.60206$

（2）三剂量法效价计算公式的推导　从式（5-2）知

$$\lg M=\frac{1}{9.21DT}r^2+\lg C'4\pi DTH$$

设：S_3＝高剂量标准品所产生抑菌圈的半径；

S_2＝中剂量标准品所产生抑菌圈的半径；

S_1＝低剂量标准品所产生抑菌圈的半径；

T_3＝高剂量供试品所产生抑菌圈的半径；

T_2＝中剂量供试品所产生抑菌圈的半径；

T_1＝低剂量供试品所产生抑菌圈的半径；

M_3＝标准品高剂量；

M_2＝标准品中剂量；

M_1＝标准品低剂量；

M_3'＝供试品高剂量；

M_2'＝供试品中剂量；

M_1'＝供试品低剂量。

同理得

$$\theta=\lg^{-1}\left[\frac{4(T_3^2+T_2^2+T_1^1-S_3^2-S_2^2-S_1^2)}{3(S_3^2+T_3^2-S_1^2-T_1^2)}\times I\right] \tag{5-14}$$

前已证明，在特定的试验条件下，抗生素的对数剂量与抑菌圈直径或面积成正比。当效价测定，用几个双碟为一组时，可将抑菌圈直径的总和或面积的总和代入式（5-14），得

$$\theta=\lg^{-1}\left[\frac{4(\sum T_3+\sum T_2+\sum T_1-\sum S_3-\sum S_2-\sum S_1)}{3(\sum S_3+\sum T_3-\sum S_1-\sum T_1)}\times I\right] \tag{5-15}$$

式（5-15）中 I 随所用的剂距而定。

当剂距为 1∶0.8，则

$$I=\lg\frac{1}{0.8}=0.0969$$

如剂距为 1∶0.88，则

$$I=\lg\frac{1}{0.88}=0.0555$$

式（5-15）即管碟法的三剂量法计算式。

5. 可靠性测验、效价及可信限计算

抗生素微生物检定法以微生物为工具，不可避免地存在着较大的生物差异性，因此，必须借助于生物统计方法来减少生物差异对检定结果的影响，使结果达到一定的精确度。各国药典附录中都详细地制定了生物检定方法的实验设计和统计分析，并根据生物统计的要求规定了各个品种的误差范围。

（1）可靠性测验　抗生素微生物检定法按照观察的方法和生物反应的类型属量反应，即观察每一反应本身所表现的程度，可以用量来表示。实验设计采用供试品（T）和已知效价的标准品（S）对比试验的平行线原理。由于平行线测定的计算原理是在 T 和 S 的对数剂量与反应呈直线关系以及在 T 和 S 两条直线互相平行的基础上，因此，可靠性测验就是运用统计方法来验证实验结果是否符合量反应的平行线设计原理，是否偏离了直线性和平行性，以便评价实验结果的可靠性。

① 可靠性测验的统计方法。抗生素微生物检定法的可靠性测验采用 F 测验，即实验结果的方差分析。方差分析即测验多组均数之间的差别是否显著。通过统计运算求得试品间、回归、偏离平行、剂间及碟间项的方差，并以统计得到的以上各项方差和误差项方差（s^2）的比值称 F 值（各项 F 值 $=\dfrac{各该项方差}{误差项方差（s）}$）作为指标来观察其差别的显著性程度。

将实验结果求得的 F 值，按相应各项的自由度及误差项的自由度查 F 值表来判断实验结果求得的 F 值是大于还是小于 F 值表上 $F_{(f_1 \cdot f_2)0.05}$ 和 $F_{(f_1 \cdot f_2)0.01}$ 的 F 值。

若大于 $F_{(f_1 \cdot f_2)0.05}$ 的 F 值，则 $P < 0.05$，表示差别有显著意义。

若大于 $F_{(f_1 \cdot f_2)0.01}$ 的 F 值，则 $P < 0.01$，表示差别有非常显著意义。

若小于 $F_{(f_1 \cdot f_2)0.05}$ 的 F 值，则 $P > 0.05$，表示差别无显著意义。

在这里 P 称为概率，即某一事件在一定条件下可能发生的机会，P 就是机会的定量表现形式，用数量的形式来反映事情必然性的规律，它是生物统计的基础，一般在统计中评定实验结果的可靠程度以 P 表示，$P = 0.05$，即表示有 95% 的可靠性，$P = 0.01$，即表示有 99% 的可靠性。

可靠性测验一般分为下述两个步骤。

a. 实验结果的方差分析。从实验数据的总变异差方和中分出剂间变异和碟间变异的差方和后，即为误差项的差方和，其方差以 s^2 表示。

首先按剂量组将各反应值 y（抑菌圈的直径）列成方阵，见表 5-8。

表 5-8　实验结果

双碟数	剂量组					总和 $\sum y_m$	总和平方 $[\sum y_m]^2$
	（1）	（2）	（3）	…	（k）		
1	$y_{1(1)}$	$y_{1(2)}$	$y_{1(3)}$	…	$y_{1(k)}$	$\sum y_1$	$[\sum y_1]^2$
2	$y_{2(1)}$	$y_{2(2)}$	$y_{2(3)}$	…	$y_{2(k)}$	$\sum y_2$	$[\sum y_2]^2$
3	$y_{3(1)}$	$y_{3(2)}$	$y_{3(3)}$	…	$y_{3(k)}$	$\sum y_3$	$[\sum y_3]^2$

第五章

双碟数	剂量组					总和 $\sum y_m$	总和平方 $[\sum y_m]^2$
	（1）	（2）	（3）	…	（k）		
⋮	⋮	⋮	⋮	⋮	⋮	⋮	⋮
m	$y_{m(1)}$	$y_{m(2)}$	$y_{m(3)}$	…	$y_{m(k)}$	$\sum y_m$	$[\sum y_m]^2$
总和 $\sum y_{(k)}$	$\sum y_{(1)}$	$\sum y_{(2)}$	$\sum y_{(3)}$	…	$\sum y_{(k)}$	$\sum y$	总和 $\sum[\sum y_m]^2$
总和平方 $[\sum y_{(k)}]^2$	$[\sum y_{(1)}]^2$	$[\sum y_{(2)}]^2$	$[\sum y_{(3)}]^2$	…	$[\sum y_{(k)}]^2$	总和 $\sum[\sum y_{(k)}]^2$	y^2 的总和 $\sum y^2$

注：表 5-8 中，k 为 S 和 T 的剂量组数，m 为各组内 y 的个数（即双碟数），各组的 m 应相等，n 为反应的总个数，$n = m \times k$。

各项变异的差方和及自由度（f）的计算为

$$差方和_{(总)} = \sum y^2 - \frac{(\sum y)^2}{n}$$

$$f_{(总)} = n - 1$$

式中，$\dfrac{(\sum y)^2}{n}$＝校正数。

$$差方和_{(剂间)} = \frac{\sum[\sum y_{(k)}]^2}{m} - 校正数$$

$$f_{(剂间)} = k - 1$$

$$差方和_{(碟间)} = \frac{\sum[\sum y_{(m)}]^2}{k} - 校正数$$

$$f_{(碟间)} = m - 1$$

$$差方和_{(误差)} = 差方和_{(总)} - 差方和_{(剂间)} - 差方和_{(碟间)}$$

$$f_{(误差)} = f_{(总)} - f_{(剂间)} - f_{(碟间)} = (k-1)(m-1)$$

$$方差 = \frac{该项差方和}{该项自由度}$$

$$s^2 = \frac{差方和_{(误差)}}{f_{(误差)}}$$

$$或\ s^2 = \frac{km \cdot \sum y^2 - k \cdot \sum[\sum y_{(k)}]^2 - m \cdot \sum[\sum y_m]^2 + [\sum y]^2}{km(k-1)(m-1)}$$

b. 剂间变异的分析。剂间变异的显著性测验主要包括 S 和 T 试品间、回归、平行性及直线性等变异内容。

各项变异的差方和及自由度（f）按表 5-9 二剂量法和表 5-10 三剂量法可靠性测验正交多项系数表计算。

各项变异的差方和 ＝ $\dfrac{\{\sum[C_i \cdot \sum y_{(k)}]\}^2}{m \cdot \sum C_i^2}$，除以该项的自由度即等于方差。以各项变异的方差与误差项的方差（s^2）的比值作为指标，进行 F 测验，以判断各项变异来源差异是否有显著意义。

表 5-9　二剂量法可靠性测验正交多项系数表

变异来源	$\Sigma y_{(k)}$				差方和	自由度
	S_1	S_2	T_1	T_2		
	正交多项系数（C_i）					
试品间	-1	-1	1	1	$\dfrac{\{\sum[C_i \cdot \sum y_{(k)}]\}^2}{m \cdot \sum C_i^2}$	1
回归	-1	1	-1	1	$\dfrac{\{\sum[C_i \cdot \sum y_{(k)}]\}^2}{m \cdot \sum C_i^2}$	1
偏离平行	1	-1	-1	1	$\dfrac{\{\sum[C_i \cdot \sum y_{(k)}]\}^2}{m \cdot \sum C_i^2}$	1

注：表中正交多项系数用 C_i 表示，$\sum y_{(k)}$ 为各剂量组反应值之和。

表 5-10　三剂量法可靠性测验正交多项系数表

变异来源	$\Sigma y_{(k)}$						差方和	自由度
	S_1	S_2	S_3	T_1	T_2	T_3		
	正交多项系数（C_i）							
试品间	-1	-1	-1	1	1	1	$\dfrac{\{\sum[C_i \cdot \sum y_{(k)}]\}^2}{m \cdot \sum C_i^2}$	1
回归	-1	0	1	-1	0	1	$\dfrac{\{\sum[C_i \cdot \sum y_{(k)}]\}^2}{m \cdot \sum C_i^2}$	1
偏离平行	1	0	-1	-1	0	1	$\dfrac{\{\sum[C_i \cdot \sum y_{(k)}]\}^2}{m \cdot \sum C_i^2}$	1
二次曲线	1	-2	1	1	-2	1	$\dfrac{\{\sum[C_i \cdot \sum y_{(k)}]\}^2}{m \cdot \sum C_i^2}$	1
反向二次曲线	-1	2	-1	1	-2	1	$\dfrac{\{\sum[C_i \cdot \sum y_{(k)}]\}^2}{m \cdot \sum C_i^2}$	1

② 可靠性测验结果分析

a. 试品间。验证标准品（S）和供试品（T）的结果是否有差别，如 $P<0.05$，即差别显著，就表明 T 的效价估计得不够正确。若 S 和 T 之间差别大，将影响整个实验误差，因此，实验时对 T 的效价估计应尽量接近真实效价，使该项统计得的 $P>0.05$，即表示差别无显著意义。《中国药典》（2025 年版）规定测定效价应在估计效价的 $90\%\sim110\%$，超过此范围，需重新测定。

b. 回归。验证 S 和 T 两条对数剂量反应直线是否偏离直线性。因实验设计采用的剂量间距是等比级数，故反应应随剂量的增加而有规律的增加，若各反应点均匀地分布在一条直线上，就表明实验的直线性好，当该项统计得的 $P<0.01$ 时，就证实差别有非常显著的意义。

c. 偏离平行。验证 S 和 T 两条对数剂量反应直线是否偏离平行性。按照平行线的设计原理，实验中所得的 S 和 T 两条直线应互相平行，若不平行，则不能按照平行线原理计算公式来计算效价。如该项统计得的 $P>0.05$，即证明偏离平行不显著，从而说明 S 和 T 两条直线互相平行。

d. 二次曲线与反向二次曲线。当实验设计采用三剂量法时，为验证 S 和 T 两条直线的三点是否偏离直线性和平行性而增加的测验指标。因三点相连能形成曲线，故二次曲线与反向二次曲线能同时验证 S 和 T 的直线性和平行性。如该项统计得的 $P>0.05$，即表示差别无显著意义，从而证明 S 和 T 为直线且互为平行。

e. 剂间。二剂量法和三剂量法，各有两个剂量和三个剂量，不同剂量所致的反应应有明显的差别，如无差别则说明剂量反应不在直线范围内，应重新调整剂量进行实验。若该项统计得的 $P<0.05$，则表示差别显著。

f. 碟间。一组实验的双碟在四个以上时，应尽量控制双碟间的误差小一些，从而使实验误差减少。当该项统计得的 $P>0.05$ 时，则表示差别无显著差别。但在一般情况下，双碟之间的差别总是存在的，故在统计公式中已适当地分除碟间差异。

综上所述，实验最可靠的结论归纳如下：

试品间差别不显著，$P>0.05$；

回归显著，$P<0.01$；

偏离平行不显著，$P>0.05$；

二次曲线与反向二次曲线均不显著，$P>0.05$；

剂间差异显著，$P<0.01$；

碟间差异不显著，$P>0.05$。

（2）效价计算　《中国药典》（2025 年版）在抗生素微生物效价检定的二剂量法和三剂量法中要求 S 和 T 相邻高低剂量组的比值 r 要相等。二剂量法中 r 用 1：0.5；三剂量法中 r 用 1：0.8。S 和 T 各剂量组的抑菌圈数应相等。

$$P_T = R \times A_T$$

式中，P_T 表示测得供试品的效价单位数，u/mg 或 u/mL；A_T 表示供试品的标示量效价或估计效价；R 表示测得的供试品（T）的效价相当于 A_T 的百分率。

$$R = D \cdot \lg^{-1} M$$

$$M = \frac{VI}{W}$$

I 表示高、低剂量比值的对数。

二剂量法：$D = \dfrac{d_{S_2}}{d_{T_2}} = \dfrac{\text{标准品高剂量}}{\text{供试品高剂量}}$。

$$V = \frac{1}{2}(\sum T_2 + \sum T_1 - \sum S_2 - \sum S_1)$$

$$W = \frac{1}{2}(\sum T_2 + \sum S_2 - \sum T_1 - \sum S_1)$$

三剂量法：$D = \dfrac{d_{S_3}}{d_{T_3}}$。

$$V = \frac{1}{3}(\sum T_3 + \sum T_2 + \sum T_1 - \sum S_3 - \sum S_2 - \sum S_1)$$

$$W=\frac{1}{4}\left(\sum T_3+\sum S_3-\sum T_1-\sum S_1\right)$$

（3）可信限计算　由于生物差异性的存在，生物检定的实验误差一般都比较大，故实验结果只是对真正结果的一个估计值，它离真正结果还有一段距离，可信限（FL）就是对真正结果的一个估计范围。因此，可信限是精密度的一个标志，常用来表示实验误差，一般以概率水平 $P=0.95$ 时实验结果的可信限高限和低限的范围来表示，即"实际结果 $\pm$ 可信限"，在生物检定中，每个品种根据所规定的检验方法，都可总结出一个正常的可信限率［如《中国药典（2025 年版）》规定抗生素微生物检定法的可信限率不得大于5％］，若超过这个可信限率，说明实验结果可疑，应重新进行实验。

$$R\text{ 的可信限}=\lg^{-1}(M\pm\tau\cdot S_M)$$

$$R\text{ 的可信限低限}=\lg^{-1}(M-\tau\cdot S_M)$$

$$R\text{ 的可信限高限}=\lg^{-1}(M+\tau\cdot S_M)$$

$$P_T\text{ 的可信限低限}=R\text{ 的低限}\times A_T$$

$$P_T\text{ 的可信限高限}=R\text{ 的高限}\times A_T$$

$$P_T\text{ 的平均可信限}(\overline{FL})=P_T\pm\frac{P_T\text{ 高限}-P_T\text{ 低限}}{2}$$

$$P_T\text{ 的平均可信限率}(\overline{FL}\%)=\frac{P_T\text{ 高限}-P_T\text{ 低限}}{2P_T}\times100\%$$

S_M 为 M 的标准误差：

$$S_M=\frac{I}{W^2(1-g)}\sqrt{ms^2\left[(1-g)AW^2+BV^2\right]}$$

g 是回归系数 b 的显著性指数。当 $g<0.1$ 时，可省略 g 的计算。

$$S_M=\frac{I}{W^2}\sqrt{ms^2(AW^2+BV^2)}$$

二剂量法：$g=\dfrac{t^2s^2m}{W^2}$，$A=1$，$B=1$。

三剂量法：$g=\dfrac{t^2s^2m}{4W^2}$，$A=\dfrac{2}{3}$，$B=\dfrac{1}{4}$。

6. 限度要求及结果判断

（1）抑菌圈大小的要求

① 二剂量法：抗生素高剂量浓度溶液所致抑菌圈直径应为 18～22mm。

② 三剂量法：抗生素中剂量浓度溶液所致抑菌圈直径应为 15～18mm。

（2）可靠性检验　符合可靠性检验各项规定后，才能认为试验结果可靠，方可进行效价和可信限率计算。

（3）可信限率　供试品效价测定结果（P_T）的可信限率除特殊规定外，不得大于5％。

（4）实测效价与估计效价　试验计算所得效价应在估计效价的 $\pm10\%$ 以内，若试验所得效价低于估计效价的 90％或高于估计效价的 110％，则检验结果仅作为初试，应调整供试品估计效价，予以重试。

以上各项都能符合者，试验结果成立。

7. 影响效价测定的因素

微生物法测定各种抗生素药品的效价，除培养基配方及其 pH 值、缓冲液浓度及其 pH 值、供试品溶液的配制方法、试验用菌种及培养条件等略有不同外，其操作步骤基本相同。因而，影响各种抗生素药品效价测定的因素也基本相同。现就可能影响各种抗生素药品效价测定的因素及其解决方法简述如下。

（1）试验菌种　当试验菌种中含有对抗生素敏感度不同的两种或两种以上的菌株时，由于各菌株的最低抑菌浓度不同，在形成抑菌圈时可能出现双圈及边缘不清的情况，影响测量抑菌圈的准确度。因此，应定期将试验菌种进行平板分离。经涂片镜检后，挑选典型的单个菌落作为工作菌种。陈旧的试验菌培养物也会使抑菌圈边缘模糊不清，故试验时应用新鲜制备的试验菌液。

（2）培养基　培养基的质量对抑菌圈的大小和清晰度都有影响，故配制培养基用的几种主要原材料如胨、肉膏、酵母膏及琼脂等都应通过预试验选择适宜的品种。琼脂的使用量须随季节不同加以调整，使培养基的硬度合适，太软小钢管容易下陷，太硬抗生素溶液容易从小钢管底部漏出，使抑菌圈破裂。

（3）双碟的制备　铺双碟底层培养基时，培养基的温度不宜过高，一般将融化后的培养基在室温下冷至约 70℃时加入双碟中为宜，否则加双碟盖后，底层培养基上会出现冷凝水。当铺菌层培养基时，冷凝水的局部冷却和稀释作用，可使菌层培养基凝固后表面不平。菌层培养基一定要铺均匀，这是抗生素效价测定的关键。故要求铺菌层时一定要与铺底层培养基时双碟的位置、方向一致。制备菌层时，培养基的温度不要太高，受热时间也不宜过长，特别是一些对热敏感的试验菌更要注意。否则，可使试验菌部分或全部被杀死，导致抑菌圈破裂甚至无抑菌圈形成。因此，一定要按规定控制菌层培养基的温度。

在双碟培养基上放置的小钢管距离要合适。当距离太小而抑菌圈又太大时，则相邻两个抑菌圈之间的抗生素扩散区中抗生素的浓度增大，形成互相影响的卵圆形或椭圆形抑菌圈。在滴加抗生素溶液至小钢管时，若毛细滴管口不圆或有小缺口，或管内有气泡，均可使抗生素溶液从管口溅出，若加液太满，溶液会从小钢管口溢出，以上原因均会造成抑菌圈不圆整或破裂成桃形。防止出现以上情况的办法是滴管口要圆整，管口不能太细，管内不能有气泡，加液时滴管口离小钢管的距离不能太大，小钢管两端面要平。

（4）双碟的培养温度和时间　培养箱的温度要均匀，每组双碟要放在同一层盘内，在培养过程中，不要开启培养箱，以免影响培养箱内的温度。双碟的培养时间也与抑菌圈的清晰度有关，如用黑根霉菌作试验菌种测定制霉菌素效价时，在培养过程中应注意观察，待培养至抑菌圈清晰时，即停止培养。如果培养时间过长，菌丝长出就会导致抑菌圈边缘不整齐。如用藤黄八叠球菌作试验菌种测定四环素、土霉素和氯霉素等效价时，在 37℃ 培养 16h 后，有时抑菌圈边缘不清晰，可继续培养一段时间，若抑菌圈边缘的菌群继续生长并产生色素，则可使抑菌圈逐渐变清晰。

（5）抗生素污染　无抑菌圈形成的原因，大多由抗生素污染所致。因此，在进行抗生素效价测定时，要严防抗生素污染。防止污染的办法是将配制和稀释抗生素所用的容器与制备培养基所用的容器严格分开。切不可将抗生素溶液洒于地面，以免抗生素附着在微小尘埃上随风飘落在双碟琼脂培养基上，从而造成抑菌圈破裂或无抑菌圈形成。

（6）标准品 抗生素微生物检定法的实验设计采用标准品与供试品对比试验的平行线原理。因此，要求标准品与供试品必须是同质的抗生素。若标准品与供试品所含的活性物质不同，则标准品和供试品的两条剂量反应线不成平行直线关系，就不能按平行线原理公式计算效价。各种抗生素都有它同质的标准品，绝不能用这一型抗生素组分制备的标准品去测定另一型抗生素的供试品，如不能用多黏菌素 B 标准品对比测定多黏菌素 E 供试品。如供试品中的添加物已知，则应在标准品溶液中加入同量的添加物，以抵消其影响。总之要使标准品溶液与供试品溶液的内容物相同。

（7）直线的斜率与截距 以抗生素对数剂量为纵坐标，以抑菌圈直径为横坐标，在一定剂量范围内，斜率（b）愈小，生物反应的灵敏度愈高，试验结果愈精密。

从式（5-2）知剂量反应直线的斜率为 $1/9.21DT$，要使斜率小，则应使 D 值、T 值变大，即抗生素在培养基中的扩散系数（D）要大，试验菌的生长时间（T）要长。扩散系数除了与抗生素分子量有关外，还与培养基成分、缓冲液的浓度和 pH 值以及试验菌的菌量等因素有关，适当控制这些因素，可增大抗生素的扩散系数。增大 T 值的办法，可在滴加抗生素溶液后，将双碟置室温中放置 $1\sim2h$，然后再置培养箱中培养。

从式（5-2）知 $\lg C' 4\pi DTH$ 为截距，截距小，除受抗生素溶液浓度、扩散系数和试验菌的生长时间等因素影响外，主要的影响因素是培养基的厚度，培养基的厚度减小则截距随之减小，抑菌圈就相应的增大，从而提高试验的灵敏度。

【示例】 红霉素效价测定

以红霉素眼膏为例，红霉素标示量为 0.5%，即每 1g 红霉素眼膏中含 5000u 红霉素。假设投料量为 100%，那么估计效价为 100%。试验采用二剂量法，剂距为 2∶1，试验菌为短小芽孢杆菌［CMCC(B)63 202］。

标准品取样 27.18mg（标准品效价 923u/mg），27.18mg×923u/mg＝25087u，稀释至 25.09mL（相当于 1000u/mL），再进一步稀释至 10u/mL 和 5u/mL。

供试品取样 2.0108g，$2.0108\times0.005\times10^6=10054$（u），稀释至 100.54mL（相当于 100u/mL），再进一步稀释至 10u/mL 和 5u/mL。

测定结果见表 5-11。

表 5-11 红霉素眼膏抑菌圈测量值

双碟号	d_{S_1}	d_{S_2}	d_{T_1}	d_{T_2}	Σy_m
1	13.80	18.00	13.44	18.00	63.24
2	14.50	18.64	14.20	18.62	65.96
3	13.72	17.60	13.40	17.72	62.44
4	13.54	17.46	13.54	17.44	61.98
5	13.90	18.00	13.86	18.00	63.76
6	13.70	18.24	13.60	18.28	63.82

续表

双碟号	d_{S_1}	d_{S_2}	d_{T_1}	d_{T_2}	Σy_m
7	14.22	18.42	14.00	18.50	65.14
8	14.38	18.10	14.12	18.00	64.60
Σy_k	111.76	144.46	110.16	144.56	510.94
	S_1	S_2	T_1	T_2	Σy

可靠性测验计算如下：

试品间	$F_1 = 2.5888$	$P = 0.05$	$F = 4.3320$	
回归	$F_2 = 5180.4012$	$P = 0.01$	$F = 8.0460$	
偏离平行	$F_3 = 3.3252$	$P = 0.05$	$F = 4.3320$	$P > 0.05$
剂间	$F_6 = 1728.7717$	$P = 0.01$	$F = 4.8970$	
碟间	$F_7 = 16.4926$	$P = 0.01$	$F = 3.7235$	

结论：回归非常显著 $F_2 > 8.05$（$P < 0.01$）；偏离平行不显著（$P > 0.05$）；试验结果成立。组内差异非常显著（$P < 0.01$），分除组内差异，可以减小实验误差。

效价计算如下：

碟数	$m = 8$	圈数	$k = 4$	估计效价	$A_T = 100.00$
剂间比	$r = 2.0000$	浓度比	$D = 1.0200$	对数值	$I = 0.0969$
t 值	$t = 2.0800$	样品方差	$s^2 = 0.0272$	自由度	$f = 40$
$M = -0.0067$	回归系数	$g = 0.0008$	标准误	$S_M = 0.0041$	
效价比值	$R = 1.0043$	测定效价	$P_T = 100.4317$	P_T 上限	$P_h = 102.4655$
P_T 下限	$P_1 = 98.4390$				
平均可信限率（$\overline{FL\%}$）	2.0046%				

三、浊度法

1. 浊度法测定原理

浊度法是利用抗生素在液体培养基中对试验菌生长的抑制作用，通过测定培养后细菌浊度值的大小，比较标准品与供试品对试验菌生长抑制的程度，以测定供试品效价的一种方法。

其根据抗生素在一定的浓度范围内的浓度或浓度的数学转换值与试验菌生长产生的浊度之间存在线性关系而设计。

浊度法因在液体中进行，所以不受扩散因素的影响，因此不会像管碟法那样易受如钢圈的放置、向钢圈内滴液的速度、液面的高低、菌层厚薄等种种因素影响，而造成结果的差异或试验的失败，也就是说不受一切扩散因素的影响。同时，该法测定时间短，培养3~4h 则可有结果，杯碟法需要 16~24h（如磷霉素含量测定需培养 24h）。再者，该法误差小，管碟法可信限率为 5%，最大可达 7%［如《中国药典》（2025 年版）的红霉素含量测定项下，规定的可信限率为不得大于 7%]，而本法约在 1%～3%，同时可进行自动化测定，易实行规范化操作。

2. 试验材料

（1）培养基及缓冲液制备方法　同管碟法。

（2）菌悬液制备

① 金黄色葡萄球菌（*Staphylococcus aureus*）悬液：取金黄色葡萄球菌［CMCC(B) 26 003］的营养琼脂斜面培养物，接种于营养琼脂斜面上，在 35～37℃培养 20～22h。临用时，用灭菌水或 0.9% 灭菌氯化钠溶液将菌苔洗下，备用。

② 大肠埃希菌（*Escherichia coli*）悬液：取大肠埃希菌［CMCC(B)44 103］的营养琼脂斜面培养物，接种于营养琼脂斜面上，在 35～37℃培养 20～22h。临用时，用灭菌水将菌苔洗下，备用。

③ 白色念珠菌（*Candida albicans*）悬液：取白色念珠菌［CMCC(F)98 001］的改良马丁琼脂斜面的新鲜培养物，接种于 10mL Ⅸ号培养基中，置 35～37℃培养 8h，再用Ⅸ号培养基稀释至适宜浓度，备用。

（3）标准品溶液的制备　标准品的使用和保存，应照标准品说明书的规定。临用时对照《中国药典》（2025 年版）的规定进行稀释。

（4）供试品溶液的制备　精密称（或量）取供试品适量，用规定的溶剂溶解后，再按估计效价或标示量参照《中国药典》（2025 年版）的规定稀释至与标准品相当的程度。

（5）含试验菌液体培养基的制备　临用前，取规定的试验菌悬液适量（35～37℃培养 3～4h 后测定的吸光度在 0.3～0.7 之间，且剂距为 2 的相邻剂量间的吸光度差值不小于 0.1），加入到各规定的液体培养基中，混合，使在试验条件下能得到满意的剂量-反应关系和适宜的测定浊度。

3. 效价测定方法

浊度法测定抗生素的含量，一般采用一剂量法（标准曲线法）及二剂量（2.2）法。

标准曲线法的具体操作如下所述。

除另有规定外，取大小适宜厚度均匀的已灭菌试管，在规定的剂量-反应线性范围内，以线性浓度范围的中间值作为中间浓度，标准品溶液选择 5 个剂量，剂量间的比例应适宜（通常为 1∶1.25 或更小），供试品根据估计效价或标示量溶液选择中间剂量，每一剂量不少于 3 个试管。在各试验管内精密加入含试验菌的液体培养基 9.0mL，再分别加入各浓度的标准品或供试品溶液各 1.0mL，立即混匀，按随机区组分配将各管在规定条件下培养至适宜测量的浊度值（通常为 4h），在线测定或取出立即加入甲醛溶液（1→3）0.5mL 以终止微生物生长，在 530nm 或 580nm 波长处测定各管的吸光度。同时另取 2 支试管各加入药品稀释剂 1.0mL，再分别加入含试验菌的液体培养基 9.0mL，其中一支试管与上述各管同法操作作为细菌生长情况的阳性对照，另一支试管立即加入甲醛溶液 0.5mL，混匀，作为吸光度测定的空白液。照标准曲线法进行可靠性测验和效价计算。

（1）标准曲线法的计算　标准品的各浓度 lg 值及相对应的吸光度列成表 5-12。

表 5-12   抗生素标准品浓度 lg 值与吸光度表

组数	抗生素浓度 lg 值	吸光度	组数	抗生素浓度 lg 值	吸光度
1	x_1	y_1	$\vdots$	$\vdots$	$\vdots$
2	x_2	y_2	n	x_n	y_n
3	x_3	y_3	平均值	$\bar{x}$	$\bar{y}$
4	x_4	y_4			

按式（5-16）和式（5-17）分别计算标准曲线的直线回归系数（即斜率）b 和截距 a，从而得到相应标准曲线的直线回归方程，见式（5-18）。

回归系数：
$$b=\frac{\sum(x_i-\bar{x})(y_i-\bar{y})}{\sum(x_i-\bar{x})^2}=\frac{\sum x_i y_i-\bar{x}\sum y_i}{\sum x_i^2-\bar{x}\sum x_i} \tag{5-16}$$

截距：
$$a=\bar{y}-b\bar{x} \tag{5-17}$$

直线回归方程：
$$\hat{Y}=bX+a \tag{5-18}$$

（2）回归系数的显著性测验   判断回归得到的方程是否成立，即 X、Y 是否存在着回归关系，可采用 t 检验。

假设 $H_0：b=0$，在假设 H_0 成立的条件下，按式（5-19）计算 t 值。

$$t=\frac{b-0}{S_b} \tag{5-19}$$

估计标准差：$S_{Y,X}=\sqrt{\dfrac{\sum(y_i-\hat{y})^2}{n-2}}$

回归系数标准误：$S_b=\dfrac{S_{Y,X}}{\sqrt{\sum(x_i-\bar{x})^2}}$

式中，y_i 为标准品的实际吸光度；$\hat{y}$ 为估计吸光度［由标准曲线的直线回归方程式（5-18）计算得到］；$\bar{y}$ 为标准品实际吸光度的均值；x_i 为抗生素标准品实际浓度 lg 值；$\bar{x}$ 为抗生素标准品实际浓度 lg 值的均值。

对于相应自由度（$2n-4$）给定的显著性水平 α（通常 $\alpha=0.05$），查表得 $t_{\alpha/2n-4}$，若 $|t|>t_{\alpha/2n-4}$，则拒绝 H_0，认为回归效果显著，即 X、Y 具有直线回归关系；若 $|t|\leqslant t_{\alpha/2n-4}$，则接受 H_0，认为回归效果不显著，即 X、Y 不具有直线回归关系。

（3）抗生素浓度的计算及可信限率估计

① 抗生素浓度 lg 值的计算。当回归系数具有显著意义时，测得供试品吸光度的均值后，根据标准曲线的直线回归方程式（5-18），按方程式（5-20）计算抗生素的浓度 lg 值。

抗生素的浓度值：
$$X_0=\frac{Y_0-a}{b} \tag{5-20}$$

② 抗生素浓度（或数学转换值）可信限的计算。按式（5-19）和式（5-21）计算得到的抗生素浓度 lg 值在 95% 置信水平（$\alpha=0.05$）的可信限。

X_0 的可信限：
$$\mathrm{FL}=X_0\pm t_{\alpha/2n-4}\cdot\frac{S_{Y,X}}{|b|}\cdot\sqrt{\frac{1}{m}+\frac{1}{n}+\frac{(X_0-\bar{x})^2}{\sum x_i^2-\bar{x}\sum x_i}} \tag{5-21}$$

式中，n 为标准品的浓度数乘以平行测定数；m 为供试品的平行测定数；X_0 为根据线性方程计算得到的抗生素的浓度 lg 值。式（5-20）中的 Y_0 表示抗生素供试品吸光度的均值。

③ 可信限率的计算。按式（5-22）计算得到抗生素浓度（或数学转换值）的可信限率。

$$\text{可信限率：} \qquad FL\% = \frac{X_0 高限 - X_0 低限}{2X_0} \times 100\% \qquad (5\text{-}22)$$

式中，X_0 应以浓度为单位。

其可信限率除另有规定外，应不大于 5%。

（4）供试品效价的计算　将计算得到的抗生素浓度（将 lg 值转换为浓度）再乘以供试品的稀释度，即得供试品中抗生素的量。

二剂量（2.2）法：浊度法效价测定二剂量（2.2）法结果的计算，照管碟法效价测定二剂量（2.2）法的公式计算。

4. 限度要求与结果判断

二剂量（2.2）法同管碟法。一剂量法同管碟法中对可信限率及估计和实测效价的要求。

5. 试验操作应注意的一些问题

（1）仪器用具　本法需要配备精密度较高的分光光度计。分光光度计用的方形玻璃吸收池或石英吸收池，透光面 1cm，需用硝酸-硫酸混合液（取浓硫酸 95mL，加浓硝酸 3～5mL，混匀）浸泡 1～48h，以去除附着的污物，先后用水、去离子水（蒸馏水）冲洗干净，晾干，备用。

应采用 20.5cm×2.5cm 或适宜的玻璃大试管，大小应一致，厚薄均匀，玻璃质地相同，应使用同一品牌和批号。使用过的试管经灭菌后，将培养基倾出，用水清洗，沥干，再用硫酸-重铬酸钾洗液浸泡，以清水冲洗干净后，晾干，在 160℃干烤 2～3h 灭菌，保持干净，备用。注意避免污染毛点、纤维等，以免干扰测定结果。

（2）培养基　比浊法使用的培养基应澄明，颜色以尽量浅为佳，培养后培养基本身不得出现浑浊。培养基灭菌后不得出现沉淀。

（3）试管培养　培养温度要恒定，以振摇培养法为佳。

浊度法的培养过程较短，因此培养时间的差异可导致结果的误差。在将含菌培养基从第一支试管加至最后一支试管时，应尽快操作，减小各试管间在室温放置时间的差异。操作过程中，培养基的温度应尽可能低，以延缓试验菌在培养基中的生长。

第四节　生物制品的效力检定

生物制品的效力，从实验室检定来讲，一是指制品中有效成分的含量水平，二是指制品在机体中建立自动免疫或被动免疫后所引起的抗感染作用的能力。对于诊断用品，其效力则表现在诊断试验的特异性和敏感性。制品的质量主要从效力上体现出来。无效的制品，不仅没有使用价值，而且可能给防疫、治疗或诊断工作带来贻误疫情或病情的严重后果。因此，必须十分重视制品的效力检定。

效力检定的方法有两大类：一是体外测定法；二是体内试验法。

根据各类制品的不同性质，又有各种不同的检测方法。大体可以分为以下几类。

一、动物保护力试验

将制品对动物进行自动（或被动）免疫后，用活菌、活毒或毒素攻击，从而判定制品的保护力水平。

（1）定量免疫定量攻击法　用豚鼠或小鼠，先以定量制品（抗原）免疫 2~5 周后，再以相应的定量 [若干最小致死量（MLD）或最小感染量（MID）] 毒菌或毒素攻击，观察动物的存活数或不受感染的情况，以判定制品的效力。但需事先测定一个 MLD（或 MID）的毒菌或毒素的剂量水平，同时要设立对照试验组。只有在对照试验成立时，方可判定试验组的检定结果。该法多用于活菌苗和类毒素的效力检定。

（2）变量免疫定量攻击法　即 50% 有效免疫剂量 [半数有效量（ED_{50}），半数致死量（LD_{50}）] 测定法。菌苗或疫苗经系列稀释成不同的免疫剂量，分别免疫各组动物，间隔一定日期后，各免疫剂量组均用同一剂量的毒菌或活毒攻击，观察一定时间，用统计学方法计算能使 50% 的动物获得保护的免疫剂量。此法多用小白鼠进行，其优点是较为敏感和简便，百日咳菌苗系用此法检定效力。

（3）定量免疫变量攻击法　即保护指数（免疫指数）测定法。动物经制品免疫后，其耐受毒菌或活毒攻击量相当于未免疫动物耐受量的倍数称为保护指数。试验时，将动物分为对照组及免疫组，每组又分为若干试验组。免疫组动物先用同一剂量制品免疫，间隔一定日期后，与对照组同时以不同稀释度的毒菌或活毒攻击，观察两组动物的存活率，按 LD_{50}（半数致死量）计算结果，如对照组 10 个菌有 50% 动物死亡，而免疫组需要 1000 个菌，则免疫组的耐受量为对照组的 100 倍，表明免疫组能保护 100 个 LD_{50}，即该制品的保护指数为 100，此法常用于死菌苗及灭活疫苗的效力检定。

（4）被动保护力测定　先从其他免疫机体（如人体）获得某制品的相应抗血清，用以注射动物，待一至数日后，用相应的毒菌或活毒攻击，观察血清抗体的被动免疫所引起的保护作用。

二、活菌数和活病毒滴度测定

（1）活菌数测定　卡介苗、鼠疫活菌苗、布氏菌病活菌苗、炭疽活菌苗等多以制品中抗原菌的存活数表示其效力。一般先用比浊法测出制品含菌浓度，然后作 10 倍或 2 倍系列稀释，由最后几个稀释度（估计接种后能长出 1~100 个菌），取一定量菌液涂布接种于适宜的固体培养基上，培养一定时间后，由生长的菌落数及稀释度计算每毫克（或每毫升）中所含的活菌数。

（2）病毒滴度测定 活疫苗多以病毒滴度表示其效力。例如，麻疹减毒活疫苗的 $CCID_{50}$（50%细胞感染剂量）测定，将供试疫苗做系列稀释，由各稀释度取一定量接种于特定敏感细胞（Vero 细胞），培养后，镜检细胞病变（CPE），按统计学方法计算 $CCID_{50}$。

三、类毒素和抗毒素的单位测定

（1）抗毒素单位测定 当与一个致死限量或反应界量的相应毒素作用后，以特定途径注射动物（小白鼠、豚鼠或家兔）仍能使该动物在一定时间内死亡或呈现特征性反应的最小抗毒素量，即为一个抗毒素单位（经国际标准品标定后，称国际单位）。常用中和法测定。将供试品与国际（或国家）标准品抗毒素分别与相应试验毒素结合后，通过动物进行对比试验，由标准品效价求出每 1mL 供试品中所含的国际单位数（IU/mL）。据文献报道，反向血凝、酶联免疫吸附试验、火箭电泳、单扩散等方法亦可用以测定抗毒素单位，但中和法仍为国际上通用的基准方法。

（2）絮状单位测定 能和一个单位抗毒素首先发生絮状凝集反应的类毒素或毒素量，即为一个絮状单位。此单位数常用以表示类毒素或毒素的效价。类毒素与相应抗毒素在适当的含量比例及一定温度条件下，经一定反应时间，可在试管中发生抗原、抗体结合，产生肉眼可见的絮状凝集反应。利用已知絮状反应单位（Lf）的类毒素测定待检抗毒素的国际单位（IU）值。本方法利用常规的"类毒素絮状凝集反应试验"，由已知抗体测定未知抗原，改为由已知抗原测定未知抗体。适用于白喉、破伤风抗毒素的测定。

四、血清学试验

主要用来测定抗体水平或抗原活性。预防制品接种机体后，可产生相应抗体，并可保持较长时间，接种后抗体形成的水平，也是反映制品质量的一个重要方面，基于抗原和抗体的相互作用，常用血清学方法检查抗原活性，并多在体外进行试验。包括沉淀试验、凝集试验、间接血凝试验、间接血凝抑制试验、反向血凝试验、补体结合试验及中和试验等。

五、其他有关效力的检定和评价

（1）鉴别试验 亦称同质性试验。一般采用已知特异血清（国家检定机构发给的标准血清或参考血清）和适宜方法进行特异性鉴别。

（2）稳定性试验 制品的质量水平，不仅表现在出厂时的效力检定结果，而且还表现在效力稳定性方面，因而需进行测定和考核。一般方法是将制品放置不同温度（2~10℃、25℃、37℃），观察不同时间（1周、2周、3周、……、1月、2月、3月、……）的效力下降情况。

（3）人体效果观察 有些用于人体的制品，特别是新制品，仅有实验室检定结果是不够的，必须进行人体效果观察，以考核和证实制品的实际质量。观察方法有以下几种。

① 人体皮肤反应观察。一般在接种制品的一定时间后（一个月以上），再于皮内注射变应原，观察 24～48 的局部反应，以出现红肿、浸润或硬结反应为阳性，表示接种成功。阳转率的高低反映制品的免疫效果，也是细胞免疫功能的表现。

② 血清学效果观察。将制品接种于人体后，定期采血检测抗体水平，并连续观察抗体的动态变化，以评价制品的免疫效果和持久性。它反映接种后的体液免疫状况。

③ 流行病学效果观察。在传染病流行期的疫区现场，考核制品接种后的流行病学效果。这是评价制品质量的最可靠方法之一。但观察方案的设计必须周密，接种和检查的方法正确，观察组和对照组的结果统计说明问题，方能得出满意的结论。

④ 临床疗效观察。治疗用制品的效力，必须通过临床使用才能确定。观察时，必须制订妥善计划和疗效指标，选择一定例数的适应证患者，并取得临床诊断和检验的准确结果，才能获得正确的疗效评价。

第五节　基因编辑药物的生物检定法

一、基因编辑药物概述

基因编辑是利用基因编辑技术对生物体特定基因组进行修饰的过程，能够高效精准地进行基因插入、缺失或替换，进而改变遗传信息和表型。基因编辑技术涉及的工具有锌指核酸酶技术、转录激活因子样效应物核酸酶技术以及成簇规律间隔短回文重复序列相关核酸酶技术（CRISPR-Cas）等，其中 CRISPR/Cas9 系统应用最为广泛。

基因编辑药物通常由含工程化基因构建体的载体或递送系统组成，其活性成分可为DNA、RNA 以及基因改造的病毒、细菌或细胞，通过将外源基因导入靶细胞或组织，替代、补偿、阻断、修正特定基因，以达到预防和治疗疾病的目的。基因编辑的过程可以概括为"一找、二剪、三修补"，即识别染色体上的 DNA 靶位点（找），切割使 DNA 双链断裂（剪），诱导 DNA 的损伤修复（修补），实现定向编辑特定基因组。基因编辑药物是当今最前沿的药物开发领域之一，在治疗遗传病、癌症、糖尿病以及预防传染病等方面不断取得突破性进展。

基因工程药物是将分离提取的目的基因插入适宜的质粒载体，而后导入特定的受体细胞中进行增殖，将获得的目的基因产物制成的用于预防、治疗或诊断的生物制品。其可以分为重组蛋白多肽类药物和核酸类药物两大类，基因编辑药物作为核酸类药物的一个分支，在预防或治疗疾病中发挥着重大作用。

二、基因编辑药物的分类

基因编辑药物包括反义核酸药物、非反义的寡核苷酸药物、基因疫苗和基因药物等。

（1）反义核酸药物　指依据碱基互补配对原则，能够抑制、封闭或破坏目的基因，进而阻止有害基因表达和失控基因过表达的药物，在 mRNA 的转录、剪接、成熟、转运、翻译和降解等过程中发挥作用。反义核酸药物涵盖反义脱氧核糖寡核苷酸、反义 RNA、核酶和三链形成寡核苷酸等。反义脱氧核糖寡核苷酸通过与靶 mRNA 结合，形成 DNA-RNA 杂合体来调控基因的表达。反义 RNA 通过与目的 mRNA 形成双链复合物来调控基因的表达。核酶是一种具有催化活性的 RNA 分子，可对 RNA 分子进行特异性剪切，进而调节基因的表达。三链形成寡核苷酸，也称反基因，能够与双链 DNA 结合，形成三股螺旋结构，从而抑制基因的转录。

（2）非反义的寡核苷酸药物　分为免疫调节剂 CpG DNA 和诱饵核酸等。脊椎动物 DNA 中的 CpG 二核苷酸含量较低，多为甲基化状态，相比之下，细菌 DNA 中未甲基化的 CpG 二核苷酸的寡核苷酸能够有效激活先天性免疫应答和获得性免疫应答。诱饵核酸能够与目的基因的转录调节因子竞争性地结合双链寡核苷酸，通过阻止转录调节因子与启动子的特异性结合，在转录水平上调控致病基因的表达。

（3）基因疫苗　也称 DNA 疫苗，即将编码抗原的基因导入机体，激活机体的免疫系统，产生特异性免疫应答，阻挡病原体的攻击。

（4）基因药物　指将人体正常或有治疗效果的基因导入患者体内，纠正或补偿基因缺陷，调节基因表达，进而实现疾病的治疗。这些基因药物可以是正常基因的副本，用于替代异常基因，也可以是能够调控其他基因表达的基因片段，用于调节细胞功能。

基因编辑药物的优点如下。

① 利用基因编辑技术可以改造内源生理活性物质的 DNA，提高其生物活性。

② 可以降低利用天然生物材料生产药物的潜在危险。

③ 可以大规模生产，满足临床需要。

④ 可以降低药物成本，让更多人受益。

三、基因编辑药物的生物检定实例

接下来介绍两种典型的基因编辑药物的生物检定法。

（一）重组乙型肝炎疫苗的生物检定法

重组乙型肝炎疫苗通过模拟乙型肝炎病毒的表面抗原，促使人体免疫系统产生有保护作用的抗体。这种疫苗不含活的病毒成分，不会引起乙型肝炎病毒感染，具有很高的安全性，主要用于预防乙型肝炎病毒感染，降低慢性肝炎、肝硬化和肝癌的风险。重组乙型肝炎疫苗通常为液体形式，需要在 $2\sim8℃$ 下储存，以保持其稳定性和有效性。

重组乙型肝炎疫苗的生物检定法依据动物接种乙肝疫苗后产生的抗-HBs 的水平而定。用梯度稀释的供试疫苗与参考品免疫小鼠后，采集小鼠血清，用酶联免疫吸附试验（ELISA）测定抗-HBs，由参考品与供试疫苗的 ED_{50} 之比计算供试疫苗的相对效价。

1. 供试用动物

选取 BABL/c 雌性未孕小鼠，体重 $12\sim14g$ 或 5 周龄，具体所用数量根据后续测量所用的不同稀释倍数计算。

2. 试剂准备

（1）稀释液　取无菌氯化钠溶液，加入氢氧化铝悬液使其含量为 1.2mg/mL，灭菌后备用。

（2）ELISA 试剂盒　市购。

（3）参考品　由国家药品检定机构提供。

3. 操作

（1）供试疫苗与参考品的稀释　分别作 4 倍梯度稀释，稀释度为 1∶4、1∶16、1∶64和 1∶256。

（2）检定

① 取供试疫苗及参考品梯度稀释液，各稀释度分别取 1mL 对 10～20 只小鼠进行腹腔注射。空白对照组另取稀释液，分别对 10 只小鼠进行腹腔注射（1mL）。

② 待小鼠免疫 4～6 周后，采集小鼠血清，置 2～8℃冰箱保存（需尽快使用）。

③ 按 ELISA 试剂盒说明书方法，分别测定供试疫苗及参考品各稀释度的小鼠血清中的抗-HBs 阳转数。

④ 按下式计算结果。

供试疫苗的相对效价＝供试疫苗 ED_{50}/参考品 ED_{50}。

【示例】 **重组乙型肝炎疫苗的相对效价测定，表 5-13 与表 5-14 分别为重组乙型肝炎疫苗实验数据与计算。**

表 5-13　重组乙型肝炎疫苗实验数据

动物序号	疫苗稀释倍数			
	4	16	64	256
1	0.772	0.175	0.078	0.043
2	2.138	0.173	0.268	0.053
3	2.446	1.209	0.048	0.052
4	2.252	0.233	0.148	0.059
5	2.307	0.736	0.170	0.074
6	2.599	1.938	0.220	0.108
7	0.255	0.378	0.040	0.093
8	2.453	1.436	0.568	0.061
9	0.387	0.164	0.138	0.045
10	2.496	0.298	0.050	0.070
阳性率	10/10	10/10	6/10	1/10

表 5-14 重组乙型肝炎疫苗实验数据计算

稀释度	稀释对数	抗体阳性	抗体阴性	阳性累计	阴性累计	阳转比例	百分率
1：4	0.6020	10	0	27	0	27/27	100%
1：16	1.2041	10	0	17	0	17/17	100%
1：64	1.8062	6	4	7	4	7/11	64%
1：256	2.4082	1	9	1	13	1/14	7%

$$\lg ED_{50} = 1.8062 + \frac{64-50}{64-7} \times (2.4082 - 1.8062) = 1.9541$$

$$50\%阳转终点疫苗稀释倍数(ED_{50}) = \lg^{-1}(1.9541) = 89.92$$

$$50\%阳转终点疫苗剂量(ED_{50}) = 10/50\%阳转终点疫苗稀释倍数(ED_{50}) = 0.11\mu g/只。$$

（二）重组破伤风抗毒素生物检定法

重组破伤风抗毒素由数千个氨基酸组成，分子质量较大，通常在数十万 kDa，在特定的缓冲溶液中稳定。重组破伤风抗毒素可中和破伤风杆菌产生的毒素，从而预防破伤风的发生，在治疗破伤风或作为破伤风暴露后的预防措施中具有重要作用。

重组破伤风抗毒素的生物检定法依据破伤风抗毒素能中和相应毒素这一原理，将供试品与标准品抗毒素分别与试验毒素结合后，通过动物进行对比试验，由标准品效价推算出每 1mL 供试品中所含抗毒素的国际单位数（IU/mL）。

1. 供试用动物

选取出生日期相近、体重 17～19g、性别相同、来源相同的健康小鼠若干只，按体重均分成若干组（根据后续测量所用的不同稀释倍数计算）。将小鼠逐只编号备用。

2. 试剂准备

（1）硼酸盐缓冲盐水 称取氯化钠 8.5g、硼酸 4.5g、四硼酸钠 0.5g，加水溶解并稀释至 1000mL，过滤，灭菌后调 pH 值为 7.0～7.2。

（2）试验毒素 由国家药品检定机构提供。试验毒素须以国家药品检定机构分发的标准抗毒素准确标定其试验量，并须每 3 个月复检一次。

3. 操作

（1）标准品溶液的配制与稀释 用硼酸盐缓冲盐水稀释重组破伤风抗毒素标准品，使其浓度为 0.5IU/mL，即与毒素等量混合后，确保每 0.4mL 注射量中含约 0.1IU 的抗毒素。抗毒素标准品原倍溶液的 1 次吸取量应不低于 0.5mL。

（2）供试品溶液的配制与稀释 用硼酸盐缓冲盐水稀释供试品

拓展阅读 9
重组生长激素生物检定法

拓展阅读 10
注射用人干扰素 a2b 生物检定法

拓展阅读 11
注射用人粒细胞巨噬细胞刺激因子生物检定法

第五章

成数个稀释度，使其浓度约为 0.5IU/mL，即与毒素等量混合后，确保每 0.4mL 注射量中含约 0.1IU 的抗毒素。可设约 5％的稀释度间隔。

（3）毒素的稀释　用硼酸盐缓冲盐水稀释毒素至每 1mL 含 5 个试验量，即与抗毒素等量混合后，确保每 0.4mL 注射量中含约 1 个试验量的毒素。

（4）检定

① 取稀释后的抗毒素标准品溶液和不同稀释度的供试品溶液至小试管中，向每管加入等量的稀释毒素溶液，充分混匀后加塞，于 37℃ 条件下反应 1h，随后立即注射。

② 取 0.4mL 上述溶液对小鼠进行腹部或大腿根部皮下注射，标准品及供试品的每个稀释度各注射小鼠至少 3 只。可用同一支注射器注射供试品的不同稀释度溶液，但要由高稀释度向低稀释度依次注射，更换稀释度时应用下一稀释度溶液洗 2~3 次。

③ 连续 5 天每日上、下午至少观察小鼠 1 次，并记录其发病及死亡情况。

4. 结果判定

对照小鼠应于 72~120h 内全部死亡。

供试品的效价是与对照小鼠同时死亡或出现最严重破伤风神经毒症状最重者的最高稀释度。

有下列情况之一者应重试：

① 供试品的稀释度过高或过低；

② 对照试验小鼠在 72h 前或 120h 后死亡；

③ 死亡不规则以及在同一稀释度的小鼠中有 2 只以上属非特异死亡。

总　结

生物检定属生物分析法，是利用药物对生物体（整体动物、离体组织、微生物等）的作用以测定其效价或生物活性的一种方法。它以药物的药理作用为基础，统计学方法为工具，选用特定的实验设计，在一定条件下比较供试品和相当的标准品所产生的特定反应，通过等反应剂量间比例的计算，从而测得供试品中活性成分的效价。

生物反应基本上可分为质反应和量反应，质反应是特殊的量反应。生物检定统计方法包括质反应的直接测定法和量反应的平行线测定法。抗生素微生物检定法是利用抗生素在低微浓度下选择性地抑制或杀死微生物的特点，以抗生素的抗菌活性为指标，来衡量抗生素中的有效成分效力的方法。微生物检定法测定抗生素效价，一般可分为稀释法、浊度法（比浊法）和琼脂扩散法（管碟法）三类。其中浊度法和管碟法被列为抗生素微生物检定的国际通用方法。

思考题

1. 什么是生物检定法？生物检定的常用方法有哪些？

2. 微生物检定法测定抗生素效价常用方法有哪些？原理是什么？

3. 管碟法测定抗生素效价的影响因素有哪些？

4. 生物检定法在生物药物分析中的应用有哪些？

第六章　生物药物结构分析

○○ ──── ○○ ○ ○○ ────────

　　生物药物即生物技术药物（biopharmaceuticals），是一类通过生物技术生产的药物，广泛应用于疾病的预防、诊断和治疗。这类药物包括单克隆抗体（mAb）、治疗性蛋白质、融合蛋白质、抗体药物偶联物以及其他类似的生物制剂。从广义上看，生物药物还涵盖直接从动植物和微生物中提取的天然生理活性物质，以及人工合成或半合成的天然物质类似物。随着现代生物技术的迅猛发展，生物药物的种类和组成被大大丰富。

　　生物药物通常具有较大的分子质量，例如抗体药物的分子质量可达 15 万道尔顿（Da）。此外，由于翻译后修饰、结构本身的不稳定性以及复杂的生产工艺等因素，生物药物在分子结构上表现出显著的异质性和多样性，而这种结构变化可能会影响其生物学活性。因此，研究生物药物的结构表征及其与生物学活性的关联，对于药物开发，尤其是关键质量属性评估和质量标准的制定，具有重要意义。

第一节　生物药物的结构表征方法

　　生物药物的结构主要包括一级结构和高级结构。

　　一级结构是指多肽链中氨基酸残基的排列顺序，是蛋白质的基本结构单元。氨基酸通过肽键连接，而肽键则成为生物药物分子中最基本的化学键。此外，由于氨基酸侧链的化学性质各异，部分氨基酸残基可以发生翻译后修饰，这在一级结构的研究中尤为重要。翻译后修饰是蛋白质在翻译完成后发生的化学修饰过程，例如某些前体蛋白需要经过加工才能成为具有功能的成熟蛋白。在生物药物中，单克隆抗体是常见的代表，其翻译后修饰包括 N 端焦谷氨酸环化、C 端赖氨酸切除、糖基化修饰和糖化等。对于融合蛋白和重组天然蛋白质等复杂蛋白质，还可能出现磺酸化、磷酸化以及 γ-羧基化等特殊修饰。

　　高级结构则是指多肽链通过折叠和盘曲形成的稳定三维空间构象，这直接决定了生物药物的生物学活性和理化性质。高级结构包含二级结构、三级结构和四级结构，是蛋白质结构研究的重要内容之一。

在众多翻译后修饰中，糖基化修饰是生物药物中最为常见的一种。这一过程在酶的催化下完成，起始于内质网并在高尔基体中完成。糖基通过糖基转移酶转移到蛋白质的特定氨基酸残基上，形成糖苷键，最终生成糖蛋白。糖基化修饰对蛋白质的空间结构、功能活性、运输和定位有重要影响，并在信号转导、分子识别和免疫反应中发挥关键作用。糖基化可分为 N-糖基化和 O-糖基化两类。

生物药物的结构表征是确保其质量、安全性和疗效的基础。一级结构和高级结构共同决定了生物药物的功能和特性。其中，一级结构的氨基酸序列及翻译后修饰影响分子的基本化学组成，而高级结构通过三维折叠和空间构象调控分子的生物学活性。糖基化修饰不仅是一级结构的重要组成部分，还与高级结构密切相关，对维持蛋白质的空间构象、功能活性和分子识别至关重要。因此，为了全面掌握和控制生物药物的关键质量属性，需要对其结构特性进行系统表征，包括一级结构、高级结构、翻译后修饰及聚集状态等，这些特性都会显著影响药物的活性和稳定性。以下将详细介绍用于生物药物结构表征的主要方法。

一、一级结构表征

蛋白质的一级结构指多肽链中氨基酸残基按照特定顺序排列形成的线性序列，是蛋白质最基本的结构层次。该结构由氨基酸残基通过肽键连接而成，肽键是由一个氨基（—NH$_2$）与一个羧基（—COOH）通过共价键结合形成的化学结构。由于肽键具有共振效应，其原子排列稳定性较高，这种特性为蛋白质折叠成特定的三维构象提供了基础。氨基酸侧链（R 基团）的化学性质多样性则赋予蛋白质丰富的功能潜力。

蛋白质以 L-氨基酸为基本构成单元，主要由 20 种常见氨基酸组成，包括甘氨酸、丙氨酸、缬氨酸、亮氨酸、异亮氨酸、甲硫氨酸、脯氨酸、色氨酸、丝氨酸、酪氨酸、半胱氨酸、苯丙氨酸、天冬酰胺、谷氨酰胺、苏氨酸、天冬氨酸、谷氨酸、赖氨酸、精氨酸和组氨酸。此外，还发现了两种特殊氨基酸：硒代半胱氨酸和吡咯赖氨酸。这些氨基酸通过脱水缩合反应形成肽键，逐步连接成多肽链。在多肽链中，氨基酸残基通过形成肽键失去了部分基团，因此通常被称为"残基"。

蛋白质的一级结构从 N 端（氨基末端）到 C 端（羧基末端）呈线性排列，是高级结构（如二级、三级和四级结构）形成的基础，并携带了构建蛋白质复杂三维结构所需的全部信息。这种排列方式不仅决定了蛋白质的化学组成，也对其生物学功能起着至关重要的作用。因此，一级结构的确证是研究蛋白质功能和性能的重要步骤。

（1）埃德曼（Edman）降解法

【原理】该方法通过化学降解从 N 端逐步切割肽链的氨基酸，每次切割一个残基并将其鉴定。操作步骤包括耦合、切割、转化和鉴定。每次循环可得一个氨基酸的序列信息。

【应用】主要用于测定蛋白质的 N 端氨基酸序列，评价蛋白质均一性，尤其在单克隆抗体等生物药物中应用广泛。对于存在 N 端修饰的蛋白质（如焦谷氨酸环化），需要先酶切去除修饰后再进行分析。

（2）质谱分析法

【原理】质谱法通过检测化合物的质荷比（m/z），提供分子量和结构信息。质谱与分离仪器（如液相色谱）联用可进一步减少干扰，提高分析精度。

【应用】

① 分子量分析：包括完整分子量、还原分子量和切糖分子量等，用于验证蛋白质修饰和序列一致性。例如，通过去除糖基化修饰后检测，可确认糖基化是否影响分子量分布。

② 氨基酸序列分析：结合酶切和液相色谱，质谱可鉴定肽段的一级分子量和二级碎片离子，进一步验证序列及修饰信息。

③ 翻译后修饰分析：可检测修饰类型（如糖基化、磷酸化）、位点和比例，对关键修饰进行深入研究。

二、高级结构表征

蛋白质作为生命活动的重要分子，其种类繁多，结构复杂，其分子结构通常分为四级：一级结构、二级结构、三级结构和四级结构（图 6-1）。

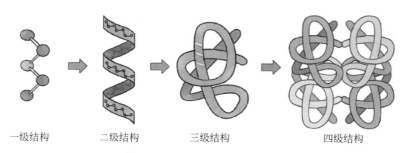

一级结构　　　　二级结构　　　　三级结构　　　　　　四级结构

图 6-1 蛋白质结构的示意图

蛋白质的一级结构：一级结构是指蛋白质分子中氨基酸残基按照特定顺序以共价键（肽键）连接而成的线性排列。这种排列决定了蛋白质的基本化学组成，是所有高级结构（如二级、三级和四级结构）形成的基础。一级结构的确立依赖于基因编码，任何特定的蛋白质都有其唯一的氨基酸序列。一级结构中氨基酸的顺序直接影响蛋白质的折叠方式和生物学功能，其变异可能导致蛋白质功能异常，甚至引发疾病，如镰状细胞贫血就是由单个氨基酸突变引起的。

蛋白质的二级结构：多肽链的主链骨架通过特定的盘曲和折叠方式在空间中形成二级结构，这一过程不涉及氨基酸侧链（R 基团）的空间构象。二级结构的稳定性主要由氢键提供支持。肽键具有部分双键特性，使得肽键所在的酰胺平面具备一定的刚性，同时，相邻酰胺平面之间能够形成一定的旋转角度。此外，由于多肽链上 R 基团的大小和极性各异，二级结构的稳定构象通常通过最小化原子间斥力和最大化引力来实现。蛋白质的典型二级结构包括 α 螺旋和 β 折叠，它们是由主链骨架的氢键网络精确构建的稳定空间形式。

蛋白质的三级结构：蛋白质的三级结构是在二级结构的基础上，通过进一步盘曲和折叠形成的复杂空间构象。这一结构的形成和稳定主要依赖于氨基酸侧链之间的多种次级作用力，包括氢键、疏水相互作用、范德瓦耳斯力等。三级结构的形成使多肽链中的所有原子在三维空间中重新排列，构建出具有功能性的整体构象。三级结构通常基于二级结构、超二级结构以及结构域的组合，是球状蛋白质高级空间结构的重要体现。

蛋白质的四级结构：四级结构是由两条或更多条具有独立三级结构的多肽链通过次级作用力（如疏水作用、离子键和氢键等）缔合形成的空间排列。这种结构通常见于多亚基蛋白质，如血红蛋白，其由两条 α 链和两条 β 链组成，每条链具有独立的三级结构，通过协同作用完成氧气运输。四级结构不仅实现了多亚基间的功能协同，还增加了蛋白质的结构稳定性和功能多样性。

（1）质谱分析法

【原理】质谱法结合液相色谱和蛋白质酶切技术，通过分析肽段的一级分子量和二级碎片离子，确定二硫键肽段的氨基酸序列和连接位点。酶切前需加入烷基化试剂（如碘乙酰胺）封闭游离巯基，避免样品处理过程中出现二硫键错配。

【应用】适用于验证蛋白质中二硫键的正确性及其连接形式。此方法尤其适合复杂蛋白质（如单克隆抗体）的二硫键分析。

（2）圆二色谱法（CD）

【原理】基于蛋白质二级结构对左旋和右旋圆偏振光吸收的差异，形成特征图谱。

【应用】快速、简便地评估蛋白质的 α 螺旋、β 折叠等二级结构比例。还可用于研究蛋白质的三级结构变化，以及环境因素对其产生的影响。

（3）热分析法

【原理】

① 差示扫描量热法（DSC）：测量样品吸热或放热过程，得出热力学参数（如熔解温度）。

② 差示扫描荧光法（DSF）：利用蛋白质内源荧光信号的变化，评估化学和热稳定性。

【应用】广泛用于制剂处方筛选、蛋白质稳定性评估，以及制剂储存和生产条件优化。

（4）傅里叶变换红外光谱法（FTIR）

【原理】根据蛋白质二级结构（如酰胺 I 带）的特征吸收峰，分析结构成分及比例。

【应用】评估 α 螺旋、β 折叠等二级结构含量，用于蛋白质二级结构的详细解析。

（5）X 射线衍射法

【原理】晶体周期性结构对 X 射线产生衍射，通过布拉格方程解析蛋白质三维结构。

【应用】提供高分辨率的蛋白质三维结构，用于研究结构功能关系。适用于结晶性样品的详细结构分析。

（6）核磁共振法（NMR）

【原理】核磁共振法基于某些原子核（如 ^1H 和 ^{13}C）在强磁场中吸收射频辐射并产生共振现象。原子核的共振频率由其周围的电子环境决定，因此 NMR 能够反映分子内的化学环境和三维空间结构。多维 NMR（如 2D、3D、4D NMR）可通过相关信号揭示原子的空间邻近关系，解析蛋白质的高级结构。

【应用】

① 蛋白质高级结构解析：NMR 可以提供液态蛋白质的高分辨率三维结构信息，与 X 射线衍射法互补。特别适用于分析难以结晶的蛋白质（如膜蛋白或柔性结构域）。通过多

维 NMR 技术，如 NOESY（核 Overhauser 效应谱）和 TOCSY（总相关谱），测定蛋白质内部氢原子间的空间距离和耦合关系，从而构建三维结构。

② 蛋白质-配体相互作用研究：利用 NMR 检测化学位移变化和饱和转移差（STD-NMR），分析配体与蛋白质结合的特异性和结合位点。可用于筛选小分子药物并研究其与靶标蛋白的结合模式。

③ 蛋白质动态行为研究：NMR 可捕捉蛋白质在溶液中的构象变化、侧链运动以及分子间相互作用的动态信息，帮助理解其功能机制。通过弛豫实验，获得蛋白质各区域的柔性和稳定性数据。

④ 翻译后修饰与异构体分析：NMR 能区分蛋白质的不同异构体状态（如糖基化或磷酸化修饰），并解析修饰对蛋白质构象的影响。

三、糖基化修饰分析

N-糖基化和 O-糖基化是两种主要的糖基化修饰形式。两者的末端都可以连接唾液酸，而唾液酸对生物药物的性质和功能有一定影响，因此需要关注其修饰水平。N-糖基化通常包含一个五糖核心结构，由两个乙酰化葡萄糖胺和三个甘露糖组成，并可分为三类：高甘露糖型、杂合型和复合型。相比之下，O-糖基化的结构更为复杂，且没有固定的核心结构。通过分析一级分子量和二级碎片离子，可以确认糖型的结构信息。N-糖基化的修饰位点呈规律性，通常发生在多肽序列 Asn-X-Ser/Thr（其中 X 为除脯氨酸和 Asn 外的任何氨基酸）中的 Asn 残基上。O-糖基化则主要发生在丝氨酸或苏氨酸残基上，尤其是在这些残基附近存在脯氨酸时，O-糖基化更容易发生。N-糖基化和 O-糖基化对蛋白质的功能、活性及高级结构有显著影响，因此需要对糖基化修饰的位点、类型和组成进行深入分析。

（1）单糖分析　单糖分析是糖类化学中非常重要的环节，其目的是识别和定量单糖的类型、结构及其在不同样品中的分布情况。单糖作为多糖和寡糖的基本构成单元，在细胞代谢、能量供给、免疫反应和信号转导等生物学过程中发挥着至关重要的作用。随着糖生物学和糖化学领域的不断发展，精确的单糖分析成为揭示其生物学功能、开发糖类药物、优化食品和药品配方以及研究糖基化修饰相关疾病的基础。

单糖分析的主要目标是准确测定样品中不同单糖的种类和浓度。通过对单糖分子结构的分析，可以获得有关其化学特性、功能特点及其与其他生物分子相互作用的详细信息。单糖分析通常包括样品的前处理、分离、检测和定量等步骤。常用的分析技术有色谱法［如高效液相色谱（HPLC）和气相色谱（GC）］和质谱法（MS），这些方法能够有效分离并定量复杂样品中的单糖成分。此外，核磁共振（NMR）和傅里叶变换红外光谱（FTIR）等技术也被广泛用于单糖的结构解析和功能研究。

（2）寡糖结构分析　寡糖是由少量单糖单位通过糖苷键连接形成的糖类分子，通常由 2～10 个单糖单位组成。它们广泛存在于自然界中，是多糖和糖蛋白的组成部分，具有多种生物学功能。寡糖不仅参与细胞识别、信号转导、免疫调节等重要生物过程，还在药物和生物制品中具有重要应用价值。由于寡糖结构的复杂性和高度异质性，准确分析其结构对于理解其生物功能及优化应用至关重要。

寡糖的结构分析主要包括识别其单糖组成、确定糖苷键连接方式、揭示可能存在的修饰（如磷酸化、硫酸化等）以及分析其空间构象。常见的分析方法包括质谱（MS）、高效液相色谱（HPLC）、氨基酸分析、核磁共振（NMR）和傅里叶变换红外光谱（FTIR）等。这些技术能够有效地分离、定性和定量分析寡糖的组成与结构，从而深入探讨寡糖的生物活性、稳定性及其与蛋白质、脂质等其他分子的相互作用。

（3）寡糖组成分析　寡糖组成分析是糖类化学研究中的关键环节，目的是明确寡糖分子中各单糖单元的类型、数量及排列方式。寡糖由 2～10 个单糖通过糖苷键连接而成，在细胞间通讯、免疫反应和信号转导等生物学过程中发挥着至关重要的作用。精确分析寡糖的组成不仅有助于了解其生物功能，还为糖基化修饰的研究及药物开发等领域提供了基础性数据。

分析的重点在于准确识别并解析单糖的种类和结构。常见的分析手段包括高效液相色谱（HPLC）、气相色谱（GC）、质谱（MS）和核磁共振（NMR）。HPLC 和 GC 主要通过分离单糖并根据其保留时间进行定性识别。质谱技术则提供关于寡糖分子量及结构的详细信息，有助于进一步确认其分子特征。NMR 则在分析糖链连接方式及其立体化学构造方面具有重要作用。为了确保精确的分析结果，通常需要综合利用多种技术手段。

（4）糖基化位点分析　糖基化位点分析是研究糖类修饰在蛋白质、脂质等生物大分子中发挥作用的核心环节。作为一种翻译后修饰，糖基化通过酶促反应将糖分子共价连接至目标分子上，进而影响这些分子的结构、稳定性、功能和细胞定位。糖基化在细胞间通讯、免疫调节及病理变化等过程中具有重要作用。因此，糖基化位点分析旨在准确定位糖基化的发生位置，揭示其对生物大分子功能的具体影响。

糖基化位点分析的主要目的是识别蛋白质或其他分子上的糖基化位置及其类型。常用的分析手段包括质谱（MS）、液相色谱（LC）、核磁共振（NMR）及基因工程。质谱，特别是液相色谱-质谱联用（LC-MS）技术，被广泛用于糖基化位点的鉴定。通过对蛋白质片段质量的测定，可以精确定位糖基化的具体位置，并进一步分析糖分子的种类及其修饰模式。HPLC 和 NMR 则可辅助进行糖基化位点的定性和定量分析。糖基化的常见类型包括 N-糖基化和 O-糖基化，其中 N-糖基化多发生在天冬酰胺残基上，而 O-糖基化则主要发生在丝氨酸或苏氨酸残基上。

第二节　质谱在生物药物结构分析中的应用

质量是物质的固有属性之一，除了少数异构体外，不同物质具有独特的质量谱。利用这一特性，质谱法能够对物质进行定性分析。质谱法作为一种测定分子量的分析技术，广泛应用于生物药物的纯度检测、分子量测定和序列解析等研究领域。

质谱法是在高真空条件下通过离子化被分析物质，依据离子的质荷比（m/z）进行分离，从而分析物质的成分和结构。这一方法的检测灵敏度通常为 $10^{-15} \sim 10^{-12}$ mol。通过分析质谱图中的离子峰强度及其相互关系，可以获得有关分子量和分子结构的重要信息。

质谱分析是通过质谱仪进行的。质谱仪主要由计算机控制系统、进样系统、离子源、质量分析器和检测器等组成（图 6-2）。进样后，样品在由泵维持的约 $10^{-4} \sim 10^{-3}$ Pa 真空环境中，通过离子源生成正离子或负离子，并加速后进入质量分析器进行分离，最后由检测器捕捉。计算机控制系统负责控制仪器操作，记录、处理和储存数据。离子根据其质荷比进行分离和检测，形成质谱图。通过比较质谱图中相对离子流（信号）与 m/z 值，可以确定物质的分子量。配备标准谱库软件时，计算机还可以将测得的质谱与标准谱库中的数据进行比对，从而推测物质的成分和结构。

图 6-2　质谱仪的组成

一、分子量分析

生物药物的一级结构即氨基酸序列是已知且固定的，因此其分子式和分子量也是固定的。通过质谱法对生物药物进行多种分子量的检测，可以验证其一级结构的正确性。由于蛋白质的结构较为复杂，分析其分子量时可以采用多种方法，以确保得到准确的分子量信息，并进一步确认蛋白质的结构。质谱法能够提供高精度的分子量数据，帮助确认生物药物的氨基酸序列和整体结构，从而保障药物的质量和功能。

（1）完整分子量　蛋白质的完整分子量测定反映了蛋白质整体的质量，其中包括所有可能的修饰。以单克隆抗体为例，其常见的修饰类型包括 N 端焦谷氨酸环化、C 端赖氨酸切除、糖基化修饰等。此外，对于融合蛋白或重组天然蛋白质等更为复杂的蛋白质，还可能存在磺酸化、磷酸化、γ-羧基化等特定修饰。每一种修饰都对应着固定的分子量偏移，因此，通过实测分子量，可以确定蛋白质的修饰情况，并核对其是否与理论分子量一致，从而验证一级结构的准确性。

对于生物类似药，除了需要确认实测分子量与理论分子量的一致性，还需比对自制样品与参照药的分子量分布图是否一致。若分子量分布存在差异，则说明两者在修饰上有所不同，需对这种差异进行详细评估。

对于修饰较为复杂的生物药物，尤其是糖基化复杂的蛋白质，液相色谱质谱联用技术（LC-MS）可能无法提供完整的分子量信息。在这种情况下，可以采用基质辅助激光解吸电离（MALDI），该技术可以提供一个大致的分子量范围，帮助初步了解蛋白质的修饰状态。

（2）还原分子量　生物药物中的蛋白质通常由两条或更多的链构成，链与链之间通过二硫键连接。当这些二硫键与还原剂反应时，它们会被断开，形成游离的巯基。常用的与质谱兼容的还原剂包括二硫苏糖醇（DTT）和三(2-羧乙基)膦（TCEP）。二硫键被还原断开后，蛋白质会变为多个链，每解开一对二硫键，两个半胱氨酸残基的分子质量会增加 1Da。此外，蛋白质除了链间二硫键外，还可能存在链内二硫键。在非变性条件下进行还原时，链内二硫键往往难以被还原，并且不同实验中的链内二硫键的还原效率可能不同。为了减少因还原效率差异引起的分子量偏移，可以通过变性酶切的方法，加入盐酸胍或尿素等溶液，使蛋白质充分展开，再进行还原，这样链间二硫键与链内二硫键都能得到有效还原。

对于生物药物中最常见的单克隆抗体，其结构包括两条重链和两条轻链。还原后，抗体会分解成两条重链和两条轻链。轻链和重链的氨基酸序列是已知的，若发生翻译后修饰，其分子量会发生相应偏移。通过比对实测分子量与理论分子量，可以验证一级结构的准确性，同时也能根据分子量的分布分析修饰类型及其相对含量。

对于融合蛋白和重组天然蛋白质等更复杂的蛋白质，还原后可以减少分子量的异质性，提供更多的链分子量信息。通过分析每条链的分子量分布，可以进一步确定特定修饰的相对含量，从而帮助深入了解蛋白质的修饰情况。

（3）切糖分子量　糖基化修饰的复杂性会导致分子量异质性加剧，从而使得完整的分子量图谱变得更加复杂。通过糖苷酶去除糖基化修饰，可以减少因糖基化带来的分子量异质性，从而简化分子量图谱，并有助于更清晰地解析除糖基化外的其他修饰类型。

在生物药物中，大多数蛋白质都包含 N-糖基化修饰，少部分则含有 O-糖基化修饰。单克隆抗体是生物药物中最常见的一类，通常包含两个 N-糖基化修饰，而不包含 O-糖基化修饰。因此，去除 N-糖基化修饰就足以简化单克隆抗体的分析。对于融合蛋白和重组天然蛋白质等包含天然序列的复杂蛋白质，它们常常含有更为复杂的 N-糖基化修饰，同时也可能包含 O-糖基化修饰。在这种情况下，根据需要可以单独去除 N-糖、O-糖，或者同时去除这两种糖基化修饰。

有些生物药物在分子设计时为了避免糖基化引入的异质性、减少对功能活性的负面影响或增强功能活性，会对氨基酸序列进行突变，避免糖基化修饰的发生。这类蛋白质在使用糖苷酶进行酶切时，不会对其分子量产生变化。

最常见的糖基化修饰去除方法是切除 N-糖，通常的方法是在一定比例下加入糖苷酶 PNGase F，并在 37℃下过夜进行酶切，从而去除蛋白质上的 N-糖。如果目标蛋白质的 N-糖基化位点较多，可以适量增加糖苷酶的用量或延长酶切时间。

O-糖基化的分子量分析相对复杂。首先需要加入唾液酸酶去除末端的唾液酸，然后再加入 O-糖苷酶进行酶切，也可以同时加入唾液酸酶和 O-糖苷酶进行联合酶切。不过，O-糖苷酶只能切除 Core1 和 Core3 结构的 O-糖，因此该方法存在一定的局限性。如果需要同时去除 N-糖和 O-糖，可以同时加入糖苷酶 PNGase F、唾液酸酶和 O-糖苷酶，在 37℃下过夜酶切，这样可以去除 N-糖以及 Core1 和 Core3 结构的 O-糖。去除糖基化修饰后，分子量分布图谱会显得更加简洁，若含有糖基化修饰，也能在图谱中观察到。

通过对去糖基化后的分子量进行分析，可以验证实测分子量与理论分子量的一致性，从而确认生物药物的一级结构是否正确。

（4）切糖还原分子量　在去除糖基化修饰后，对样品进行变性还原，并使用质谱法进行检测，可以得到切糖还原后的分子量。对于生物药物中最常见的单克隆抗体，轻链通常不含有糖基化位点，因此切糖还原后的分子量与还原后的分子量一致。相比之下，重链含有一个糖基化位点，切糖还原后的分子量与还原后的分子量之间会出现明显的差异，且峰形显著简化，分子量向更小的方向转化。通过分析切糖还原后的分子量，可以验证实测分子量与理论分子量的一致性，从而确认生物药物的一级结构是否正确。

（5）亚基分子量　在生物药物中，尤其是在单克隆抗体的分析中，常通过特殊蛋白酶对铰链区附近进行酶切，得到亚基片段。由于这些亚基片段可能含有链间二硫键，因此可采用变性还原的方法来处理，生成约 2 万 Da 的三种片段。早期的研究通常使用木瓜蛋白酶（papain）和胃蛋白酶（pepsin），然而，这两种酶具有较弱的酶切位点特异性，且酶切缓冲液要求复杂，容易发生过度酶切，且酶切效率和稳定性较差。随着蛋白酶技术的不断进步，免疫球蛋白 G 降解酶（IdeS）逐渐被广泛应用。免疫球蛋白 G 降解酶能够高效且特异性地切割单克隆抗体，并避免过度酶切，经过还原处理后可生成轻链、Fd′和单链 Fc（scFc）三种亚基，每个亚基的分子质量大约为 2 万 Da。

虽然分子量较小，但质谱检测的精度较高，可以精确测定分子量，并与理论分子量进行比较，验证每一段序列的正确性。同时，scFc 的分子量较小，有助于分辨糖基化修饰的特征分子量峰，从而实现对糖基化修饰的快速分析，这也非常适用于生物类似药糖基化修饰的相似性评价。

（6）氨基酸序列　质谱法在生物药物分析中，尤其是在单克隆抗体的一级结构确认方面，起着关键作用。其基本原理是对蛋白质进行变性、还原和烷基化处理后，使用蛋白酶将蛋白质切割为较小的肽段，随后，利用液相色谱对肽段进行分离，再通过质谱分析得到这些肽段的精确分子量。通过对肽段离子的碎裂及二级碎片离子的分析，能够与理论序列进行比对，从而获得肽段的氨基酸序列信息及发生的修饰信息。

常用的蛋白酶包括胰蛋白酶（trypsin）、内切蛋白酶 Lys-C（endoproteinase Lys-C）、V8 蛋白酶（Glu-C）、糜蛋白酶（chymotrypsin）和 Asp-N 蛋白酶等。不同的酶切位点特异性不同，因此在选择酶时需要根据蛋白质的氨基酸序列特性来定。比如，胰蛋白酶主要切割赖氨酸（K）和精氨酸（R）的羧基端肽键，糜蛋白酶则切割色氨酸（W）、酪氨酸（Y）和苯丙氨酸（F）等的羧基端肽键。

蛋白质的氨基酸序列中可能包含多个酶切位点，进行酶切时需选择合适的酶以避免生成过长或过短的肽段。过长的肽段在二级碎裂时可能难以有效碎裂，导致无法获取足够的碎片信息。而过短的肽段由于极性较大，可能无法被有效保留，且其碎片信息不足以进行准确的氨基酸序列匹配。因此，对于特殊蛋白质，可能需要采用多种酶联合或分步酶切的方法，以确保所有区域均能被充分分析。

通过对肽段进行序列分析，可以得到氨基酸的序列信息。由于蛋白酶的酶切效率无法达到 100％，会产生漏切肽段，通过对漏切肽段的分析，可以获取邻接肽段的氨基酸序列，从而填补酶切遗漏的部分。综合所有肽段和漏切肽段的序列信息，可以最终确证蛋白质的完整氨基酸序列，并验证其一级结构的正确性。

如果采用一种酶切方式无法覆盖全部氨基酸序列，可采用其他酶进行补充分析。通过这种综合的酶切和分析方法，可以满足《中国药典》（2025 年版）对 N 端和 C 端氨基酸序列的分析要求，并确保生物药物一级结构的准确性。

二、高级结构分析

（1）二硫键分析　二硫键在蛋白质三维结构中发挥着关键作用，影响蛋白质的稳定性、活性及功能调节，尤其在生物药物中，单克隆抗体（如 IgG1、IgG2、IgG3 和 IgG4 等亚型）都包含特定的二硫键，这些二硫键在维持抗体结构的完整性及功能上起到了重要作用。不同的 IgG 亚型含有不同数量和连接方式的二硫键，这对它们的稳定性和生物学效应有着显著影响。例如，IgG1 和 IgG4 的重链通过 2 个二硫键连接，而 IgG2 则含有 4 个二硫键，IgG3 含有最多的 11 个二硫键，通常不作为生物药物使用。

在分析蛋白质中的二硫键时，质谱法是最常用的技术之一。质谱分析二硫键的基本流程如下。

① 烷基化处理：使用烷基化试剂（如碘乙酰胺或 N-乙基马来酰亚胺）封闭游离的巯基，防止二硫键的错配。

② 变性处理：通过变性处理破坏蛋白质的高级结构，使其恢复到适合酶切和质谱分析的状态。

③ 酶切：使用适当的蛋白酶（如胰蛋白酶）将蛋白质切割为较小的肽段。

④ 液相色谱分离：将肽段通过液相色谱进行分离，接着用质谱检测肽段的一级分子量和二级碎片离子。

⑤ 二硫键分析：通过一级分子量和二级碎片离子的对比，进一步分析二硫键的连接方式和氨基酸序列信息。

质谱法不仅可以精准地分析单克隆抗体中的二硫键，还能通过与其他技术（如 Edman 氨基酸序列分析法或 X 射线衍射法）结合，提供更全面的结构验证。

二硫键易受到氧化还原环境的影响，造成断裂和错配，尤其是蛋白质中未配对的游离半胱氨酸残基可能会与其他半胱氨酸残基发生二硫键错配，因此，确保实验过程中正确的烷基化步骤和变性条件的优化至关重要。通过精确控制这些步骤，可以有效减少错配现象，确保二硫键的准确分析和结构确证。

（2）氢氘交换质谱法　氢氘交换质谱法（HDX-MS）是一种先进的质谱技术，用于研究蛋白质的空间构象。其基本原理是将蛋白质样品置于重水溶液中，蛋白质表面的氢原子与重水中的氘原子发生交换反应。经过酶切后，生成的肽段在质谱仪中进行分析，通过测量肽段的质量变化来推测蛋白质表面的构象。表面氨基酸的氢氘交换速率较快，氢氘交换速率较慢的区域通常位于蛋白质的内部，因此，通过分析肽段的质量变化，可以反映蛋白质的空间构象。

氢氘交换质谱法不仅能揭示蛋白质的空间结构，还广泛应用于研究蛋白质的动态变化、蛋白质-蛋白质相互作用位点以及蛋白质的活性位点。该技术为研究蛋白质与其他分子的相互作用提供了强有力的工具，特别是在了解蛋白质如何与配体、受体或其他分子结合方面。

尽管 HDX-MS 技术具有显著优势，但也面临一些挑战，主要包括氢氘交换过程可能受到氢氘原子回交的影响，这会导致实验结果的精确度下降。为了克服这一问题，研究人员通常通过优化实验条件（如缩短液质分析时间、控制温度和 pH 值）来减少回交的影响。此外，自动化样品处理装置的引入有助于提高实验的重现性，减少人为操作误差，从而提升分析的准确性和可重复性。

总体而言，氢氘交换质谱法是一项强大的技术手段，能够为蛋白质结构和功能研究提供深入的见解，尤其在动态表位和活性位点的研究中，展现了巨大的应用潜力。

（3）离子淌度质谱法　　离子淌度质谱法（IMMS）是一种结合离子淌度分离与质谱分析的二维质谱技术。该方法基于离子在漂移管中与缓冲气体碰撞时的碰撞截面差异，利用离子与气体分子的相互作用对离子进行分离。由于离子在漂移管中的迁移速度与其大小、形状和电荷分布相关，具有不同特征的离子能够以不同的速度进行迁移，因此可以被有效地分开。

离子淌度质谱法能够深入研究蛋白质的三维构象，尤其是在气体和液体状态下的构象差异。通过测量蛋白质的横截面积，研究人员可以获得蛋白质的结构信息，这些数据与传统的 X 射线衍射法和核磁共振法（NMR）所获得的结果非常接近。因此，IMMS 为蛋白质高级结构的研究提供了一个新颖且有效的分析手段，能够对蛋白质构象进行深入了解。

通过结合离子淌度质谱法，研究人员能够获得蛋白质的详细结构特征，并进一步探讨其生物学功能和与其他分子的相互作用。这对于药物设计、蛋白质功能解析以及结构功能关系的研究具有重要意义，为相关领域的科研提供了有力的支持。

三、翻译后修饰

在氨基酸序列确证时，不仅能够获取蛋白质的氨基酸序列，还可以获得翻译后修饰（PTMs）的相关信息，包括修饰类型、修饰位点和修饰比例。常见的翻译后修饰类型包括 N 端焦谷氨酸环化、氧化、脱酰胺、C 端赖氨酸切除、糖化、N-糖基化等，此外，生物药物中还可能存在 O-糖基化、磷酸化、磺酸化、乙酰化和 γ-羧基化等修饰。

在进行修饰位点确证时，二级碎裂模式发挥着重要作用。最常见的二级碎裂模式包括碰撞诱导解离（CID）和电子转移解离（ETD）。在 CID 模式下，肽键断裂形成 b 离子和 y 离子，该模式优先断裂不稳定的共价键，如磺酸化、磷酸化、糖基化等修饰与氨基酸残基之间的共价键较不稳定，导致相关修饰碎片离子的检测较为困难。因此，在 CID 模式下很难直接确证修饰位点，可以通过氨基酸序列间接推测。与此不同，ETD 模式通过断裂与电子捕获位点相关的化学键，产生 c 离子和 z 离子，能够在保持修饰完整性的前提下精确确定修饰位点，这使得 ETD 特别适用于不稳定修饰的分析。

翻译后修饰发生在氨基酸残基上，可能会影响蛋白质整体的疏水性、电荷和分子大小，进而影响蛋白质的高级结构。例如，甲硫氨酸残基的氧化修饰增加了氨基酸侧链的大小和极性，降低了疏水性，增强了氢键亲和力，从而可能提高体内清除速率，缩短半衰期。对于单克隆抗体，N 端焦谷氨酸环化和 C 端赖氨酸切除是常见的修饰类型，虽然这两种修饰对单克隆抗体的功能和安全性没有影响，但会影响其电荷异质性。

此外，蛋白质在储存过程中也可能发生氧化、脱酰胺等修饰，这些修饰可能会影响其功能和稳定性，甚至加速其降解，因此在产品研发中也需要对这些修饰进行研究。需要特别注意的是，样品前处理过程中可能引入的氧化和脱酰胺等修饰，应通过优化样品处理方法来减少人为影响，从而确保评价结果的准确性。

质谱法在翻译后修饰分析中的应用非常重要。它不仅能有效识别修饰类型和位点，还能定量分析修饰的比例，帮助研究人员理解蛋白质的功能、调控机制及其在生物过程中的作用。通过高分辨率技术，如液相色谱-质谱联用（LC-MS/MS），质谱法能够同时分析多种翻译后修饰及其交互作用，为生物学研究和药物开发提供强有力的支持，成为翻译后修饰研究中不可或缺的技术手段。

第三节　核磁共振在生物药物结构分析中的应用

核磁共振（nuclear magnetic resonance，NMR）技术在药物结构分析中的应用非常广泛，下面将概述其在生物药物结构分析中常用的应用并以 5-甲基-2-异丙基苯酚为例进行分析。

一、质子（^{1}H）核磁共振

质子（^{1}H）核磁共振是一种利用氢原子核（即质子）在磁场中的行为来研究分子结构的技术。当置于强磁场中时，质子会根据其化学环境的不同而吸收特定频率的射频脉冲，产生共振信号。通过分析这些信号的频率、强度和相位等信息，科学家可以确定分子中质子的位置、数量以及它们之间的相互作用，从而推断出分子的结构和动态特性。

【示例】　5-甲基-2-异丙基苯酚质子（^{1}H）核磁共振图像（图 6-3）

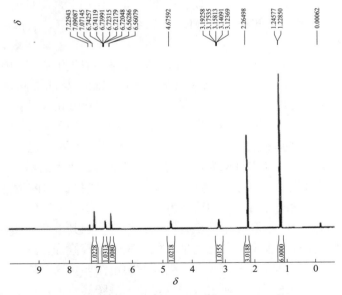

图 6-3　5-甲基-2-异丙基苯酚的 ^{1}H NMR 谱图

（1）样品准备

① 称量样品：称取适量的 5-甲基-2-异丙基苯酚样品（通常 5～10mg），精确记录质量。

② 溶剂选择：选择适当的核磁溶剂，如氘代氯仿（$CDCl_3$）或氘代二甲基亚砜（DM-SO-d_6）。这取决于化合物的溶解性。

③ 样品溶解：将样品溶于 0.5mL 左右的核磁溶剂中，确保样品完全溶解。

④ 转移至 NMR 管：将溶液小心转移到干净的 5mm NMR 管中，注意避免产生气泡，溶液高度距管底约 4～5cm。

（2）仪器准备

① 校准与锁相：将 NMR 仪器调整到合适的探头（通常为 400MHz 或 600MHz），确保溶剂锁相正确。

② 参比物质：加入适量的四甲基硅烷（TMS）作为内标，若溶剂本身无内标（如 $CDCl_3$）。

③ 调节磁场：利用自动调谐或调谐工具，优化信号接收。

（3）谱图采集　参数设置如下。

① 频率范围：根据氢核化学位移范围，一般设置为 0～10。

② 采样时间：一般设置为 1s，具体需根据样品信号强度调整。

③ 脉冲宽度：调整 90°脉冲宽度。

④ 扫描次数（NS）：通常 16～64 次，信噪比低时可增加扫描次数。

⑤ 实验运行：启动^{1}H NMR 实验，等待数据采集完成。

（4）数据处理

① 基线校正：对谱图进行基线调整，确保平滑。

② 化学位移校准：利用 TMS 内标将谱图零点校准。

③ 积分处理：计算峰面积，确定氢峰的相对强度。

④ 耦合常数（J 值）：根据峰的裂分情况计算耦合常数。

⑤ 峰归属：根据化学位移和裂分模式分析 5-甲基-2-异丙基苯酚的结构特征。

（5）谱图解读　典型信号如下。

① 异丙基 $[CH(CH_3)_2]$：一个双峰（^{1}H，CH）和两个三重峰（^{6}H，CH_3）。

② 甲基（CH_3）：单峰信号。

③ 芳香氢（Ar-H）：位于 6.5～8，显示为复杂的裂分信号。

④ 酚羟基（OH）：可能为宽峰，通常出现在 4～6。

二、碳-13（^{13}C）核磁共振

碳-13 核磁共振（^{13}C-NMR）是一种核磁共振技术，专门用于研究分子中碳原子的核磁共振特性。由于^{13}C 是碳的稳定同位素之一，其自然丰度较低（约 1.1％），因此^{13}C-NMR 信号较弱，需要使用灵敏度更高的仪器来检测。

【示例】　对氨基苯甲酸乙酯碳-13［^{13}C（H）］质子去核磁共振图像（图 6-4）

（1）样品准备

① 称量样品：称取 5～10mg 对氨基苯甲酸乙酯，确保质量准确。

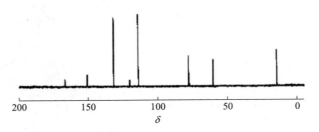

图 6-4   对氨基苯甲酸乙酯的 $^{13}C(H)$ NMR 谱图（碳的质子去耦谱）

② 选择溶剂：根据样品溶解性，使用氘代氯仿（$CDCl_3$）、氘代二甲基亚砜（DMSO-d_6）或氘代甲醇（CD_3OD）作为溶剂。

③ 溶解样品：将样品溶于 $0.5\sim1mL$ 的核磁溶剂中，确保完全溶解。

④ 转移样品：将溶液转移至干净的 5mm NMR 管中，避免产生气泡。

（2）仪器准备

① 探头选择：使用宽频探头（BBI/BBO 探头）支持 ^{13}C 核信号检测。

② 溶剂锁相：根据所用溶剂进行自动或手动锁相（如 $CDCl_3$：$\delta=77$）。

③ 参比内标：若无四甲基硅烷（TMS）内标，可直接用溶剂自带信号校准。

（3）实验参数设置

① 实验类型：选择 $^{13}C(^1H)$（质子去耦碳谱）。

② 化学位移范围：设为 $0\sim200$，覆盖所有典型碳化学位移。

③ 质子去耦设置：开启 ^1H 去耦模式，减少质子-碳耦合裂分，得到单峰碳信号。

④ 脉冲宽度：根据仪器校准，设置 $90°$ 脉冲宽度。

⑤ 弛豫延迟（D1）：设置 $2\sim5s$，确保不同碳信号充分弛豫。

⑥ 扫描次数（NS）：为提升信噪比，建议设置 $256\sim1024$ 次，根据样品浓度调整。

⑦ 去耦模式：确认是否采用宽带去耦来确保均匀的质子去耦效果。

（4）数据采集

① 启动实验：运行 $^{13}C(^1H)$ NMR 实验，系统自动采集数据。

② 监控信号质量：观察信噪比，如果信号较弱，可增加扫描次数。

（5）数据处理

① 基线校正：对谱图进行基线修正。

② 化学位移校准：使用 TMS 或溶剂信号进行校准。

③ 峰归属：结合化学位移值，分析不同碳环境对应的峰。

（6）典型信号归属（对氨基苯甲酸乙酯，如图 6-4 所示）

碳环境	化学位移/δ
酯羰基碳	165~170
芳环碳(C-芳香)	115~150
亚甲基碳	60~65
甲基碳	10~20

三、质子-质子（^{1}H-^{1}H）相关二维质谱（^{1}H-^{1}H COSY）

COSY 一般指的是^{1}H-^{1}H COSY，它表达的是氢-氢相关图谱上的横轴耦合纵轴均设定成氢的化学位移，两个坐标轴上则画有通常的一维谱，相互耦合的氢核给出交叉峰。COSY 一般反映的是邻碳氢的耦合关系，从而可知同一自旋体系里质子之间的耦合关系，是归属谱线、推导结构强有力的工具。谱图特征是对角线上的峰对应一维^{1}H 谱，对角线外的交叉峰在 F1 和 F2 域的 σ 值对应相耦合核的化学位移，提供通过三键耦合的^{1}H-H 的相关信息。每个交叉峰做平行于 F1 和 F2 轴的纵线和水平线，得到两个相互耦合核的化学位移。通过交叉峰可以建立各相互耦合^{1}H 的关联。非对角线表明两个氢存在耦合。

【示例】 5-甲基-2-异丙基苯酚质子-质子（^{1}H-^{1}H）相关质谱核磁共振图像（图 6-5）

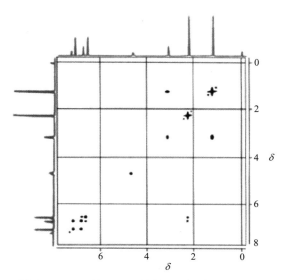

图 6-5 5-甲基-2异丙基苯酚的^{1}H-^{1}H 二维谱图

（1）样品准备

① 称量样品：称取 5~10mg 5-甲基-2-异丙基苯酚（化学式：$C_{10}H_{14}O$），确保质量准确。

② 选择溶剂：根据溶解性，优先选择氘代氯仿（$CDCl_3$），若溶解性较差可选择氘代二甲基亚砜（DMSO-d_6）。

③ 溶解样品：将样品溶解于 0.5~1mL 的核磁溶剂中，确保完全溶解。

④ 转移样品：将溶液转移至干净的 5mm NMR 管中，避免产生气泡。

（2）仪器准备

① 探头选择：使用高分辨率宽频探头（BBI 或 BBO 探头），支持 ^{1}H 和二维核磁实验。

② 溶剂锁相：使用溶剂信号（如 CDCl$_3$ 的 $\delta=7.26$）进行手动或自动锁相。

③ 内标校准：以 TMS（$\delta=0$）或溶剂信号作为内标校准化学位移。

（3）实验参数设置

① 谱图类型：选择二维 COSY（correlation spectroscopy）实验。

② 扫描次数：视样品浓度，建议 128~256 次采集，确保信噪比适合分析。

③ 采集时间：设置为 0.5~1s。

④ 弛豫延迟（D1）：2~3s，确保质子信号充分弛豫。

⑤ 化学位移范围：^{1}H 频率范围设为 0~10。

⑥ 二维参数：F1（演化维）分辨率设置为 2048 点。F2（检测维）分辨率设置为 512 点。

（4）数据采集与处理

① 实验启动：运行二维 COSY 实验，系统自动采集数据。

② 数据处理：使用傅里叶变换对二维谱图进行处理，生成二维 COSY 谱。

对谱图进行基线校正和峰归属，分析交叉峰（cross-peaks）。确定通过 ^{3}J 耦合的相关质子信号，例如邻近质子间的长程耦合。

（5）结果分析　COSY 谱图解读如下。

① 主对角线（diagonal peaks）：显示 5-甲基-2-异丙基苯酚分子中 ^{1}H NMR 化学位移的单峰信号（与一维 ^{1}H NMR 对应）。

② 交叉峰（cross-peaks）：揭示通过 ^{3}J 偶合相关的质子信号，包括芳环质子和甲基/异丙基质子之间的偶合关系。

（6）特征信号归属

① 芳环质子（5 个）：$\delta\approx6.5~7.2$，交叉峰反映芳环质子之间的偶合。

② 异丙基质子（2 个 CH$_3$，1 个 CH）：$\delta\approx0.9~3.0$，异丙基中央碳上的质子显示与甲基质子的偶合交叉峰。

③ 酚羟基质子：$\delta\approx4.5~5.5$，可能不显示交叉峰（快交换或弱偶合）。

四、碳-质子（^{13}C-^{1}H）相关二维质谱（^{13}C-^{1}H COSY，HMQC）

HMQC 是 H 检测的直接的异核化学位移相关谱。F 维代表 ^{1}H 的化学位移，F1 维代表 ^{13}C 的化学位移，所给出的信息与直接检测的 C H-COSY 谱基本相同。在实验时可采用 ^{13}C 去耦和不去耦两种方式。采用 ^{13}C 去耦时，^{13}C H 的交叉峰只出一个。无 ^{13}C 去耦时，^{13}C ^{1}H 的交叉峰出两个，即受 ^{13}C 的耦合作用，与其相连的 H 在 F1 维（^{13}C 方向）分裂成两个峰，两峰的距离即 ^{13}C ^{1}H 耦合常数。

【示例】　5-甲基-2-异丙基苯酚碳-质子（^{13}C-^{1}H）相关质谱核磁共振图像（图 6-6）

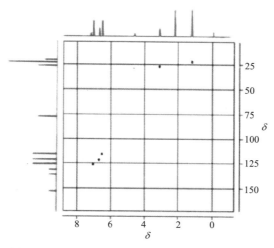

图 6-6　5-甲基-2-异丙基苯酚的^{13}C-^{1}H 二维谱图

（1）样品准备

① 称量样品：称取 5～10mg 5-甲基-2-异丙基苯酚。

② 溶解样品：将样品溶解于 0.5～1mL 氘代氯仿（CDCl$_3$）中，确保完全溶解。如果溶解性较差，可尝试 DMSO-d$_6$ 或氘代甲醇（甲醇-d$_4$）。

③ 转移样品：将溶液转移至干净的 5mm NMR 管中，避免混入气泡，保证样品均匀。

（2）仪器准备

① 探头选择：使用宽频双共振探头（BBI/BBO 探头）支持 ^{13}C-^{1}H 检测。

② 溶剂锁相：使用所选溶剂的信号进行自动或手动锁相（例如，CDCl$_3$ 的锁信号为 $\delta = 77$）。

③ 参比内标：使用四甲基硅烷（TMS），化学位移为 $\delta = 0$。

（3）实验参数设置

① 谱类型：HMQC（单量子相关）模式。

② 频率设置：^{1}H 频率中心约 $\delta = 0 \sim 9$，覆盖芳环及烷基质子信号范围。^{13}C 频率中心约 $\delta = 0 \sim 175$，涵盖芳环碳和甲基碳的典型化学位移范围。

③ 弛豫延迟（D1）：2～3s，确保样品中不同类型碳的信号充分弛豫。

④ 采集点数：2048×512，保证高分辨率。

⑤ 扫描次数（NS）：8～16 次，提升信噪比。

（4）数据采集与处理

① 数据采集：运行 HMQC 实验，记录二维谱图（直接和间接维的信号）。

② 数据分析：结合一维 ^{1}H 谱和 ^{13}C 谱，分析二维谱图中的对角线信号和相关峰。

③ 基线校正：调整基线以优化信号清晰度。

（5）结果分析　在 HMQC 谱中，碳和质子信号的相关性可明确归属以下原子。

① 芳环碳-质子关联：芳环上的质子与邻近碳的相关信号化学位移约在 $\delta(^{13}C) =$

$110\sim140$ 和 $\delta(^1H)=6.5\sim7.5$ 范围。每个信号可通过 HMQC 对比一维 ^1H 和 ^{13}C 谱确定。

　　② 甲基（CH_3）和甲基桥（CH_2）：异丙基的甲基和中心碳（CH）的相关信号分别出现在 $\delta(^{13}C)=18\sim30$ 和 $\delta(^1H)=0.8\sim3.0$ 之间。

　　③ 羟基（—OH）：羟基质子一般不直接出现在 HMQC 谱图中，但可通过与邻近质子的间接相关性推测。

总　结

　　本章系统介绍了生物药物的结构分析方法，全面覆盖了一级结构、高级结构以及翻译后修饰的表征技术。一级结构的表征主要通过 Edman 降解法和质谱分析法实现，这些技术能够精确测定氨基酸序列及其修饰情况，为生物药物的基本化学组成提供重要依据。高级结构的解析则借助圆二色谱法、核磁共振法和 X 射线衍射法等手段，深入揭示蛋白质的三维空间构象及其生物学功能基础。此外，翻译后修饰（如糖基化、磷酸化等）对生物药物的稳定性、活性和功能具有显著影响，因此本章重点介绍了质谱技术在修饰类型、位点和比例分析中的应用。其中，氢氘交换质谱法和离子淌度质谱法为高级结构的动态研究和构象分析提供了强有力的支持。通过这些关键技术的系统阐述，本章为生物药物的结构研究、质量控制以及后续开发应用奠定了坚实的理论基础。

思考题

1. 简述质谱分析法在一级结构分析中可进行的研究。
2. 简述核磁共振法（NMR）在蛋白质结构分析中的优势及难点。
3. 简述 N-糖基化和 O-糖基化的糖型结构特征。
4. 简述糖基化位点的识别方法及其生物学意义。

第七章 氨基酸、肽、蛋白质和酶类药物的分析

○○ ——— ○○ ○ ○○ ————

第一节 氨基酸类药物的分析

氨基酸是构成蛋白质的基本单位，是具有高度营养价值的蛋白质补充剂，广泛应用于医药、食品、动物饲料和化妆品制造等领域。氨基酸在医药领域既可用作治疗药物，也可用来制备复方氨基酸输液，以及用于合成多肽类药物。目前用作药物的氨基酸有 100 多种。

一、氨基酸的结构与物化性质

1. 结构

羧酸分子中一个或一个以上氢原子被氨基取代后生成的化合物称为氨基酸。在自然界中，组成生物体各种蛋白质的氨基酸有 20 余种，除脯氨酸（Pro）外，所有的氨基酸其分子结构的共同特点是都有一个 α-氨基，故统称为 α-氨基酸。结构式如下：

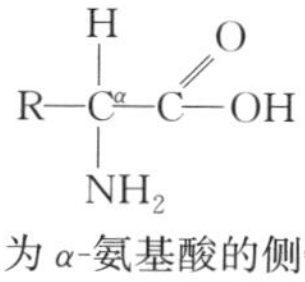

$$R-\underset{\underset{NH_2}{|}}{\overset{\overset{H}{|}}{C^\alpha}}-\overset{\overset{O}{\|}}{C}-OH$$

（R 为 α-氨基酸的侧链）

从氨基酸结构式可知其具有两个特点：①具有酸性的—COOH 和碱性的—NH_2，为两性电解质；②如果 R≠H，则具有不对称碳原子，因而是光学活性物质。这两个特点使不同的氨基酸具有某些共同的化学性质和物理性质。除甘氨酸无不对称碳原子因而无 D 型及 L 型之分外，一切 α-氨基酸的 α-碳原子皆为不对称碳原子，故有 D 型及 L 型两种异构体。天然蛋白质水解得到的 α-氨基酸几乎都是 L 构型。

2. 物理性质

（1）晶形和熔点 α-氨基酸都是白色晶体，各有其特殊的结晶形状，熔点都很高，一

般在 200～300℃之间，而且多在熔解时分解。

（2）溶解度　各种氨基酸均能溶于水，但在水中的溶解度差别较大，精氨酸、赖氨酸溶解度最大，胱氨酸、酪氨酸溶解度最小。在乙醇中，除脯氨酸外，其他氨基酸均不溶解或很少溶解；都能溶于强酸和强碱中，不溶于乙醚、氯仿等非极性溶剂。

（3）旋光性　除甘氨酸外，所有的天然氨基酸都有旋光性。天然氨基酸的旋光性在酸中可以保持，在碱中由于互变异构，容易发生外消旋化而失去旋光性。用测定比旋度的方法可以测定氨基酸的纯度。

3. 化学性质

（1）两性性质和等电点　氨基酸分子中含有氨基和羧基，可与酸反应生成铵盐，又可与碱反应生成羧酸盐，因此氨基酸具有酸、碱两性。

$$\underset{\underset{NH_2}{|}}{R—CH—COOH} \rightleftharpoons \underset{\underset{NH_3^+}{|}}{R—CH—COO^-}$$

分子内的氨基和羧基能相互作用形成内盐。内盐同时带有正电荷和负电荷，为偶极离子。氨基酸在结晶状态下是以偶极离子形式存在的。

（2）α-氨基参加的反应

① 与 HNO_2 反应。氨基酸的氨基与其他伯胺一样，在室温下与亚硝酸反应生成氮气。在标准条件下测定生成氮气的体积，即可计算出氨基酸的量。这是范斯莱克（van Slyke）法测定氨基氮的基础。可用于氨基酸定量和蛋白质水解程度的测定。

② 与酰化试剂反应。氨基酸的氨基与酰氯或酸酐在弱碱性溶液中发生反应时，氨基即被酰基化。酰化试剂在多肽和蛋白质的人工合成中被用作氨基的保护剂。

③ 烃基化反应。氨基酸氨基中的一个 H 原子可被烃基取代，例如氨基酸与 2,4-二硝基氟苯在弱碱性溶液中发生亲核芳环取代反应而生成二硝基苯基氨基酸。该反应被用来鉴定多肽或蛋白质的 NH_2 末端氨基酸。

④ 形成席夫碱反应。氨基酸的 α-氨基能与醛类化合物反应生成弱碱，即席夫碱。

⑤ 脱氨基反应。氨基酸经氨基酸氧化酶催化脱去 α-氨基而转化为酮酸。

（3）α-羧基参加的反应

① 成盐和成酯反应。氨基酸与碱作用即生成盐，氨基酸的羧基被醇酯化后，形成相应的酯。当氨基酸的羧基被酯化或成盐后，羧基的化学反应性能即被掩蔽，而氨基的化学反应性能得到加强，容易和酰基或烃基结合，这就是为什么氨基酸的酰基化和烃基化需要在碱性溶液中进行的原因。

② 成酰氯反应。氨基酸的氨基如果用适当的保护剂保护，例如经苄氧甲酰基保护后，其羧基可与二氯亚砜或五氯化磷作用生成酰氯。

③ 脱羧基反应。氨基酸经氨基酸脱羧酶作用，放出二氧化碳并生成相应的伯胺。

④ 叠氮反应。氨基酸的 α-氨基通过酰化加以保护，羧基经酯化转变成甲酯，然后与肼和亚硝酸反应即变成叠氮化合物。此反应可使氨基酸的羧基活化。

（4）α-氨基和 α-羧基共同参加的反应

① 茚三酮反应。茚三酮在弱碱性溶液中与 α-氨基酸共热，引起氨基酸氧化脱羧、脱氨反应，最后茚三酮与反应产物氨和还原茚三酮发生作用，生成紫色物质。该反应可用于

氨基酸的定性和定量测定。

② 成肽反应。一个氨基酸的氨基可与另一个氨基酸的羧基缩合成肽，形成肽键。该反应可用于肽链的合成。

二、鉴别试验

（1）旋光性　除甘氨酸外，所有的天然氨基酸都有旋光性，且每种氨基酸的比旋度不同，因此，可以用比旋度作为氨基酸类药物的鉴别指标。

（2）薄层色谱法（TLC）　比较供试品溶液与对照品溶液所显主斑点的颜色与位置是否一致进行鉴别。

（3）红外吸收光谱法（IR）　氨基酸在红外区均有吸收图谱，可以通过与标准图谱比较作为氨基酸的鉴别依据。

（4）紫外分光光度法（UV）　色氨酸、酪氨酸、苯丙氨酸在紫外区的光吸收特性是鉴别这些氨基酸的重要依据。

（5）茚三酮反应　α-氨基酸溶液与茚三酮作用，生成紫色物质。该反应可用于氨基酸的定性鉴别。

三、含量测定

氨基酸类药物结构上有羧基和氨基，故在进行含量测定时常用下列几种分析方法。

1. 酸碱滴定法

谷氨酸（glutamic acid）、天冬氨酸（aspartic acid）和赖氨酸（lysine）等氨基酸，其分子结构中均有羧基，故其原料药一般采用氢氧化钠滴定液滴定。

2. 非水溶液滴定法

甘氨酸（glycine）、丝氨酸（serine）、缬氨酸（valine）、亮氨酸（leucine）、精氨酸（arginine）、丙氨酸（alanine）和色氨酸（tryptophan）等氨基酸，因其分子结构中含有氨基，故对其原料药，一般采用在非水溶剂中用高氯酸滴定液测定含量的方法。根据酸碱质子理论，一切能给出质子的物质为酸，能接受质子的物质为碱。弱碱在酸性溶剂中碱性显得更强，而弱酸在碱性溶剂中酸性显得更强，因此，本来在水溶液中不能滴定的弱碱或弱酸，如果选择适当的溶剂使其强度增加，则可以顺利滴定。氨基酸有氨基和羧基，在水中呈现中性，假如在冰醋酸中就显示出碱性，因此可以用高氯酸进行滴定。

【示例】 酪氨酸的含量测定

取酪氨酸约 0.15g，精密称定，加无水甲酸 6mL 溶解后，加冰醋酸 50mL，照电位滴定法，用高氯酸滴定液（0.1mol/L）滴定，并将滴定的结果用空白试验校正，每 1mL 的高氯酸滴定液（0.1mol/L）相当于 18.12mg 的无水酪氨酸。计算式：

$$P = \frac{FT(V-V_0)}{S} \times 100\% \tag{7-1}$$

式中，P 为经检验、计算得到的酪氨酸的质量分数；F 为高氯酸滴定液的浓度校正因子，$F = \dfrac{实际摩尔浓度}{规定摩尔浓度}$；$T$ 为高氯酸滴定液（0.1mol/L）对酪氨酸的滴定度，18.12；S 为酪氨酸的样品质量，mg；V 为供试品消耗的高氯酸滴定液（0.1mol/L）的体积，mL；V_0 为空白试验中消耗的高氯酸滴定液（0.1mol/L）的体积，mL。

电位滴定法为容量分析中用以确定终点的一种方法，选用适当的电极系统可以作为氧化还原法、中和法（水溶液或非水溶液）、沉淀法等的终点指示。

电位滴定法选用 2 支不同的电极：一支为指示电极，其电极电势随溶液中被分析成分的离子浓度的变化而变化；另一支为参比电极，其电极电势固定不变。在到达滴定终点时，因被分析成分的离子浓度急剧变化而引起指示电极的电势突减或突增，此转折点称为突跃点。

滴定方法：将盛有供试品溶液的烧杯置于电磁搅拌器上，浸入电极，搅拌，并自滴定管中分次滴加滴定液；开始时可每次加入较多的量，搅拌，记录电位；至将近终点前，则应每次加入少量，搅拌，记录电位；至突跃点已过，仍应继续滴加几次滴定液，并记录电位。然后用坐标纸以电位（E）为纵坐标，以滴定液体积（V）为横坐标，绘制 E-V 曲线，以此曲线陡然上升或下降部分的中心为滴定终点。

3. 定氮法

精氨酸（arginine）和天冬酰胺（asparagine）的原料及其制剂可以采用定氮法测定含量。定氮法的基本原理为：将被测药物（有机含氮化合物）置于凯氏烧瓶中，加浓硫酸、硫酸盐及适量的催化剂，加热进行有机物的破坏，其中所含的氮完全转变为氨，再与硫酸结合为硫酸铵。硫酸铵与强碱反应，放出氨，用水蒸气蒸馏法将其蒸出，吸收于硼酸溶液或定量的酸溶液中，然后用酸滴定溶液或碱滴定溶液滴定，从而计算出氮的含量并换算成被测药物的含量。

【示例】 天冬酰胺片的含量测定

取本品 10 片，精密称定，研细，精密称取适量（约相当于天冬酰胺 0.15g），照《中国药典》（2025 年版）的氮测定法进行测定。每 1mL 硫酸滴定液（0.005mol/L）相当于 1.401mg 的 N。

4. 碘量法或溴量法

【示例一】 盐酸半胱氨酸（cysteine hydrochloride）的测定

盐酸半胱氨酸因其分子结构中含有—SH，可用碘量法测定。

测定方法：取本品约 0.25g，精密称定，置碘瓶中，加水 20mL 与碘化钾 4g，振摇溶解后，加稀盐酸 5mL，精密加入碘滴定液（0.05mol/L）25mL，于暗处放置 15min，再置冰浴中冷却 5min，用硫代硫酸钠滴定液（0.1mol/L）滴定，至近终点时，加淀粉指示液 2mL，继续滴定至蓝色消失，并将滴定的结果用空白试验校正。每 1mL 碘滴定液（0.05mol/L）相当于 15.76mg 的 $C_3H_7NO_2S \cdot HCl$。

【示例二】　L-胱氨酸（L-cystine）的测定

L-胱氨酸因其分子结构中含有—S—S—，可用溴量法测定。

测定方法：取本品约 80mg，精密称定，置碘瓶中，加氢氧化钠试液 2mL 与水 10mL，振摇溶解后，加溴化钾溶液（20→100）10mL，精密加入溴酸钾滴定液（0.01667mol/L）50mL 和稀盐酸 10mL，密塞，置冰浴中暗处放置 10min 后，用硫代硫酸钠滴定液（0.1mol/L）滴定，至近终点时，加淀粉指示液 2mL，继续滴定至蓝色消失，并将滴定结果用空白试验校正，每 1mL 的溴酸钾滴定液（0.01667mol/L）相当于 2.403mg 的 $C_6H_{12}N_2O_4S_2$。

5. HPLC 或氨基酸自动分析仪法

对于由多种氨基酸配制成的复方制剂如谷丙甘氨酸胶囊、复方氨基酸注射液等，可以用 HPLC 或氨基酸自动分析仪进行含量测定。

第二节　肽类药物的分析

一、概述

多肽在生物体内的浓度很低，在血液中一般为 $10^{-12} \sim 10^{-10}$ mol/L，但它们的生理活性很强，在调节生理功能方面起着非常重要的作用。多肽类药物包括多肽激素和多肽类细胞生长调节因子，除了利用天然来源的多肽类药物（如胸腺肽、转移因子等）外，还有通过现代生物技术生产的重组肽类药物。

二、鉴别试验

肽类药物的鉴别方法主要包括以下几种。

（1）紫外分光光度法　如五肽胃泌素（pentagastrin）的分子结构中具有很多羧酰基和酰氨基，它在 280nm 波长处有最大吸收，可以采用分光光度法进行定性与定量测定。《中国药典》（2025 年版）规定，其含量测定项下的溶液，在 280nm 与 288nm 的波长处有最大吸收，在 275nm 的波长处有转折点。此为五肽胃泌素的鉴别试验之一。

（2）薄层色谱法　杆菌肽的鉴别试验采用薄层色谱法，依《中国药典》（2025 年版）方法试验，供试品溶液所显主斑点的位置和颜色应与标准溶液主斑点的位置和颜色相同。

（3）高效液相色谱法　如胸腺法新系化学合成的由 28 个氨基酸组成的多肽，是一种免疫调节药。其鉴别试验之一是采用高效液相色谱法，《中国药典》（2025 年版）规定，在含量测定项下记录的色谱图中，供试品溶液主峰的保留时间应与对照品溶液主峰的保留时间一致。

（4）生物学法　以生物体对生物药物特定的生物活性的反应为基础进行供试品的鉴别即为生物学法。缩宫素的鉴别试验利用了生物学法，依《中国药典》（2025 年版）的测定方法试验，供试品应具有引起离体大鼠子宫收缩的作用。

（5）显色反应　如抑肽酶为蛋白酶抑制剂，具有抑制胰蛋白酶、糜蛋白酶及纤维蛋白酶的作用，可抑制胰蛋白酶对甲苯磺酰-L-精氨酸甲酯的水解。当抑肽酶溶液和胰蛋白酶溶液混匀后，加入甲苯磺酰-L-精氨酸甲酯盐酸盐试液，应不显紫红色，以胰蛋白酶溶液作对照，则显紫红色。

三、检查

不同的肽类药物有不同的检查项目，主要有吸光度或吸光度比值、氨基酸比值、热原或细菌内毒素、有关物质、高分子蛋白质、酸度、水分和生物活性等。

四、含量或效价测定

活性肽类药物根据各自的结构和特性，常用的含量或效价测定方法如下。

1. 酸碱滴定法

【示例】　苯替酪胺（bentiromide）的测定

测定方法：取本品约 0.5g，精密称定，加中性乙醇（对酚酞指示液呈中性）60mL，振摇，溶解后加酚酞指示液数滴，用氢氧化钠滴定液（0.1mol/L）滴定，即得。

2. 紫外分光光度法

五肽胃泌素的含量测定利用了紫外-可见分光光度法，方法如下：取本品适量，精密称定，加 0.01mol/L 氨溶液溶解并定量稀释成每 1mL 中约含 50μg 的溶液，照紫外-可见分光光度法在 280nm 波长处测定吸光度，按 $C_{37}H_{49}N_7O_9S$ 的吸收系数（$E_{1cm}^{1\%}$）为 70 计算，即得。

3. 效价测定法

【示例一】　抑肽酶（aprotinin）效价的测定

（1）试液的制备

① 底物溶液的制备。取 N-苯甲酰-L-精氨酸乙酯盐酸盐 171.3mg，加水溶解并稀释

至 25mL，临用时配制。

② 胰蛋白酶溶液的配制。取胰蛋白酶对照品适量，精密称定，用 0.001mol/L 的盐酸滴定液制成每 1mL 中约含 0.8 单位（每 1mL 中约含 1mg）的溶液，临用时配制并置于冰浴中。

③ 胰蛋白酶稀释液的制备。精密量取胰蛋白酶溶液 1mL，用硼砂-氯化钙缓冲液（pH 8.0）稀释成 20mL，室温放置 10min，置冰浴中。

④ 供试品溶液的配制。取本品适量，精密称定，加硼砂-氯化钙缓冲液（pH 8.0）溶解并制成每 1mL 约含 1.67 单位（每 1mL 中约含 0.6mg）的溶液，精密量取 0.5mL 与胰蛋白酶溶液 2mL，再用硼砂-氯化钙缓冲液（pH 8.0）稀释成 20mL，反应 10min，置冰浴中（2h 内使用）。

（2）测定方法　取硼砂-氯化钙缓冲液（pH 8.0）9mL 与底物溶液 1.0mL，置 25mL 烧杯中，于（25±0.5）℃恒温水浴中放置 3～5min，在搅拌下滴加氢氧化钠滴定液（0.1mol/L）调节 pH 值为 8.0，精密加入供试品溶液（经 25℃保温 3～5min）1mL，并立即计时，用 1mL 微量滴定管以氢氧化钠滴定液（0.1mol/L）滴定释放出的酸，使溶液的 pH 值始终保持在 7.9～8.1，每隔 1min 读取 pH 值恰为 8.0 时所消耗的氢氧化钠滴定液（0.1mol/L）的体积（mL），共 6min。另精密量取胰蛋白酶稀释液 1mL，按上法操作，作为对照（重复一次）。以时间为横坐标，消耗的氢氧化钠滴定液（0.1mol/L）体积（mL）为纵坐标作图，应为一条直线。供试品和对照两条直线应基本重合，求出每分钟消耗氢氧化钠滴定液（0.1mol/L）的体积（mL）。

（3）注意事项

① 本法测定的原理为在一定的条件下（pH 8.0，25℃），胰蛋白酶（trypsin）可使 N-苯甲酰-L-精氨酸乙酯水解为 N-苯甲酰-L-精氨酸，溶液的 pH 下降，当加入氢氧化钠滴定液后，溶液的 pH 值又回到 8.0，水解就继续进行。当胰蛋白酶溶液中加入抑肽酶后，50%胰蛋白酶的活性被抑制，剩余的胰蛋白酶与 N-苯甲酰-L-精氨酸乙酯仍进行水解反应，用氢氧化钠滴定液滴定释放出的酸，使溶液的 pH 值始终维持在 7.9～8.1。在一定时间内，根据样品消耗的氢氧化钠滴定液（0.1mol/L）的体积（mL）算出其活力单位。

② 结果计算。

$$每 1mg 抑肽酶的效价（单位）= \frac{(2 \times n_1 - n_2) \times 4000 \times f}{W} \qquad (7-2)$$

式中，4000 为系数；W 为抑肽酶制成每 1mL 中约含 1.67 单位时的酶量，mg；n_1 为对照测定时每秒钟消耗的氢氧化钠滴定液（0.1mol/L）的体积，mL；n_2 为供试品溶液每秒钟消耗氢氧化钠滴定液（0.1mol/L）的体积，mL；2 为供试品溶液中所加入胰蛋白酶的量为对照测定时的 2 倍；f 为氢氧化钠滴定液（0.1mol/L）校正因子。

效价单位定义：能抑制一个胰蛋白酶单位［每秒钟能水解 1μmol 的 N-苯甲酰-L-精氨酸乙酯（BAEE）为一个胰蛋白酶单位］的活力为一个抑肽酶活力单位（EPU）。每 1EPU 的抑肽酶相当于 1800kIU。

【示例二】 杆菌肽（bacitracin）效价的测定

（1）试液的制备

① 标准品溶液的配制。采用杆菌肽锌标准品，以藤黄微球菌为试验菌，在培养基Ⅱ

号，pH 值 6.5～6.6 条件下，用 pH 为 6.0 的灭菌缓冲液制成抗生素浓度范围为 2.0～12.0 单位/mL 的标准品溶液，在温度 35～37℃下培养 16～18h。

② 供试品溶液的配制。精密量取本品适量，用灭菌水制成每毫升约含 1000 单位的溶液，再按估计效价或标示量稀释成与上述标准品溶液相等的浓度。

③ 双碟的制备。取直径约 90mm、高 16～17mm 的平底双碟，分别注入加热融化的培养基 20mL，使在碟底内均匀摊布，放置水平台上使凝固，作为底层。另取培养基适量，加热融化后，放冷至 48～50℃，加入规定的试验菌悬液适量（能得到清晰的抑菌圈为度。二剂量法标准品溶液的高浓度所致的抑菌圈直径在 18～22mm），摇匀，在每双碟中分别加入 5mL，使在底层上均匀摊布，作为菌层，放置水平台上冷却后，在每双碟中以等距离均匀安置不锈钢小管 4 个（二剂量法）或 6 个（三剂量法），用陶瓦圆盖覆盖备用。

（2）检定法

① 二剂量法。取照上述方法制备的双碟不得少于 4 个，在每双碟中对角的 2 个不锈钢小管中分别滴装高浓度及低浓度的标准品溶液，其余 2 个小管中分别滴装相应的高低两种浓度的供试品溶液。高低浓度的剂距为 2∶1 或 4∶1，在规定条件下培养后，测量各个抑菌圈的直径（或面积），照《中国药典》（2025 年版）的生物检定统计法中的（2.2）法进行可靠性测验及效价计算。

② 三剂量法。取照上述方法制备的双碟不得少于 6 个，在每双碟中，间隔的 3 个不锈钢小管分别滴装高浓度（S_3）、中浓度（S_2）及低浓度（S_1）的标准品溶液，其余 3 个小管分别滴装相应的高、中、低 3 种浓度的供试品溶液。3 种浓度的剂距为 1∶0.8。在规定条件下培养后，测量各个抑菌圈的直径（或面积），照《中国药典》（2025 年版）的生物检定统计法中的（3.3）法进行可靠性测验及效价计算。

拓展阅读 12
缩宫素（oxytocin）
的效价测定

注意事项：①本法计算所得的效价，如低于估计效价的 90% 或高于估计效价的 110% 时，则应调整其估计效价予以重试。②除另有规定外，本法的可信限率不得大于 5%。

第三节　蛋白质类药物的分析

一、概述

蛋白质类药物应用广泛，品种很多，一般分成：①蛋白质激素，包括胰岛素（insulin）、生长激素（somatotropin）、绒毛膜催乳素（chorionic prolactin）等；②天然蛋白质，包括人血清白蛋白（human serum albumin）、干扰素（interferon）、硫酸鱼精蛋白（protamine sulfate）等；③蛋白类制剂，包括吸收明胶海绵（absorbable gelatin sponge）、氧化聚明胶（oxypoly gelatin）、碘干酪素（iodocasein）和强蛋白银（protargol）等。

二、鉴别试验

（1）显色反应　蛋白质含有多个肽键，可与某些试剂如双缩脲、福林-酚、茚三酮等发生颜色反应。如硫酸鱼精蛋白的鉴别试验利用了双缩脲反应，其方法如下：取供试品约 5mg，加水 1mL，微温溶解后，加 10％氢氧化钠溶液 1 滴及硫酸铜试液 2 滴，上清液应显紫红色。

（2）高效液相色谱法　胰岛素的鉴别试验为高效液相色谱法，《中国药典》（2025 年版）规定，在含量测定项下记录的色谱图中，供试品溶液主峰的保留时间应与对照品溶液主峰的保留时间一致。

（3）生物学法　尿促性素的鉴别试验，测定结果应能使未成年雌性大鼠卵巢增大，使未成年雄性大鼠的精囊和前列腺增重。

三、检查

（1）产品相关杂质　是指生物药物在生产制备和贮藏保存过程中产生的与产品结构类似的同系物、聚合体、异构体、氧化物和降解产物等，例如胰岛素中的胰岛素聚合体、脱酰氨基衍生物或人生长激素的脱酰氨基和亚砜衍生物等。《中国药典》（2025 年版）采用有关物质限量与纯度检查项目来控制生物药物中的产品相关杂质。

【示例】　胰岛素中的相关蛋白质和高分子蛋白质的检查

① 相关蛋白质。取本品适量，用 0.01mol/L 盐酸溶液配制成每 1mL 中含 3.5mg 的溶液，作为供试品溶液（临用时新配，置 10℃ 以下保存）。以 0.2mol/L 硫酸盐缓冲液（pH2.3）-乙腈（82：18）为流动相 A，乙腈-水（50：50）为流动相 B，进行梯度洗脱（表 7-1）。调节流动相比例使胰岛素峰的保留时间约为 25min，系统适应性试验应符合其含量测定项下的规定［《中国药典》（2025 年版）］。取供试品溶液 20μL 注入液相色谱仪，记录色谱图，按面积归一化法计算，脱氨胰岛素（与胰岛素峰的相对保留时间约为 1.2）不得过 5.0％，其他相关蛋白质总和不得过 5.0％。

表 7-1　胰岛素相关蛋白质检查的梯度洗脱顺序

时间/min	流动相 A/%	流动相 B/%
0	78	22
36	78	22
61	33	67
67	33	67

第七章

② 高分子蛋白质。取本品适量，用 0.01mol/L 盐酸溶液配制成每 1mL 中含 4mg 的溶液，作为供试品溶液。照分子排阻色谱法试验。以色谱用亲水改性硅胶为填充剂（3～10μm）；冰醋酸-乙腈-0.1％精氨酸溶液（15：20：65）为流动相；流速为每分钟 0.5mL；检测波长为276nm。取胰岛素单体-二聚体对照品，用 0.01mol/L 盐酸溶液制成每 1mL 中含 4mg 的溶液，取 100μL 注入液相色谱仪，胰岛素单体峰与二聚体峰的分离度应符合规定［《中国药典》（2025 年版）］。取供试品溶液 100μL，注入液相色谱仪，记录色谱图，按峰面积归一化法计算，保留时间小于胰岛素峰的所有峰面积之和不得过 1.0％。

（2）生物活性　《中国药典》（2025 年版）把生物活性作为检查项下的内容，按胰岛素生物测定法试验，要求供试品每 1mg 效价不得少于 15 单位。

胰岛素生物测定法原理是比较胰岛素标准品（S）与供试品（T）引起小鼠血糖下降的作用，以测定供试品的效价。其方法如下所述。

① 标准品溶液的制备。精密称取胰岛素标准品适量，按标示效价，加入每 100mL 中含有苯酚 0.2g 并用盐酸调节 pH 值为 2.5 的 0.9％氯化钠溶液，使溶解成每 1mL 中含 20 单位的溶液，于 2～8℃贮存，以不超过 5 天为宜。

② 标准品稀释液的制备。试验当日，精密量取标准品溶液适量，按高低剂量组（d_{S_2}、d_{S_1}）加 0.9％氯化钠溶液（pH 2.5）配成两种浓度的稀释液，高低剂量的比值（r）不得大于 1：0.5，高浓度稀释液一般可配成 1mL 中含 0.06～0.12 单位，调节剂量使低剂量能引起血糖明显下降，高剂量不致引起血糖过度降低，高低剂量间引起的血糖下降有明显差别。

③ 供试品溶液与稀释液的制备。按供试品的标示量或估计效价（A_T），照标准品溶液与其稀释液的制备法配成高、低两种浓度的稀释液，其比值（r）应与标准品相等，供试品与标准品高低剂量所致的反应平均值应相近。

④ 检定方法。取健康合格、同一来源、同一性别、出生日期相近的成年小鼠，体重相差不得超过 3g，按体重随机分成 4 组，每组不少于 10 只，逐只编号，各组小鼠分别自皮下注入一种浓度的标准品或供试品稀释液，每鼠 0.2～0.3mL，但各鼠的注射体积（mL）应相等。注射后 40min，按给药顺序分别自眼静脉丛采血，用适宜的方法，如葡萄糖氧化酶-过氧化酶法测定血糖值。第一次给药后间隔至少 3h，按双交叉设计，对每组的各鼠进行第二次给药，并测定给药后 40min 的血糖值，照生物检定统计法中量反应平行线测定双交叉设计法计算效价及实验误差。

本法的可信限率（FL％）不得大于 25％。

四、含量或效价测定

根据蛋白质的性质和结构选用不同的测定方法。

1. 定氮法

【示例】　人胎盘（human placental，中药紫河车）蛋白质的测定

测定方法：精密称取人胎盘一定量，用滤纸包裹后，投入 500mL 凯氏烧瓶中，加入硫酸钾 10g、硫酸铜粉末 0.5g，再沿瓶壁缓缓加入硫酸 20mL，在凯氏烧瓶口放一小漏斗，并使烧瓶成 45°斜置，用直火缓缓加热，使溶液的温度保持在沸点以下，当泡沸停止后，需继续强热至沸腾，直至溶液变成澄清的绿色，继续加热 30min，放冷，沿瓶壁缓缓加水 250mL，振摇，使混合，放冷后加 40%氢氧化钠溶液 75mL，注意使其沿瓶壁流至瓶底，自成一液层，加锌粒数粒，用氮气球将凯氏烧瓶与冷凝管连接，另取 2%硼酸溶液 50mL，置 500mL 锥形瓶中，加甲基红-溴甲酚绿混合指示液 10 滴，将冷凝管的下端插入硼酸溶液的液面下，轻轻转动凯氏烧瓶，使溶液混合均匀，加热蒸馏至接收液的总体积约为 250mL，将冷凝管的尖端提出液面，使蒸气冲洗约 1min，用水淋洗尖端后停止蒸馏，馏出液用硫酸滴定液（0.05mol/L）滴定至溶液由蓝绿色变为灰紫色，并将滴定结果用空白试验校正，每毫升的硫酸滴定液（0.05mol/L）相当于 1.401mg 氮。一般人胎盘中含氮量约为 12%。

2. 电泳法

【示例】　人血清白蛋白（human serum albumin）的纯度测定

采用乙酸纤维素薄膜电泳测定法。

（1）电泳　先将膜条（2cm×8cm）无光泽面向下，浸入巴比妥缓冲液（pH 6.8）中，浸透完全后，取出，用滤纸吸取多余的缓冲液，将膜条无光泽面向上，放在电泳支架的桥下（或桥上）于膜上距负极端 2cm 处直线状滴加蛋白质含量约 5%的供试液 2~3μL，通电，电流为 0.4~0.6mA/cm，同时取新鲜人血清作对照，电泳时间以白蛋白与丙种球蛋白之间的展开距离约 2cm 为宜。

（2）染色　电泳完毕，将膜条浸于染色液（取氨基黑 10B 0.5g，溶于甲醇 50mL、冰醋酸 10mL 及蒸馏水 40mL 的混合液中）2~3min，然后用漂洗液（冰醋酸 5mL、乙醇 45mL，加蒸馏水 50mL 制成）反复漂洗至底色完全洗净。

（3）透明薄膜制备　将漂洗并干燥后的膜条浸于透明液（由冰醋酸 25mL 加无水乙醇 75mL 混匀制成）至全部浸透为止，取出，平铺于洁净的玻璃板上，干后成透明薄膜，可供扫描法测定使用和作为标本长期保存。

（4）扫描测定　将干燥的供试品乙酸纤维素薄膜用色谱扫描仪测定，通过透射（已透明薄膜）或反射（未透明薄膜）方式自动绘出各蛋白质组分曲线图，以人血清作对照，按峰面积计算出供试品中白蛋白（或丙种球蛋白）的百分含量。

3. 高效液相色谱法

【示例】　胰岛素的含量测定

照高效液相色谱法测定。

（1）色谱条件与系统适应性试验　用十八烷基硅烷键合硅胶为填充剂（5~10μm），0.2mol/L 硫酸盐缓冲液（取无水硫酸钠 28.4g，加水溶解后，加磷酸 2.7mL，用乙醇胺调节 pH 值至 2.3，加水至 1000mL)-乙腈（74∶26）为流动相；柱温为 40℃；检测波长为 214nm。取系统适用性溶液 $20\mu L$（取胰岛素对照品，用 0.01mol/L 盐酸溶液制成每 1mL 中约含 40 单位的溶液，室温放置至少 24h）注入液相色谱仪，记录色谱图，胰岛素峰与 A_{21} 脱氨胰岛素峰（与胰岛素峰的相对保留时间约为 1.2）之间的分离度应不小于 1.8，拖尾因子应不大于 1.8。

（2）测定法　取本品适量，精密称定，用 0.01mol/L 盐酸溶液定量稀释至每 1mL 中约含 40 单位的溶液（临用时新配）。精密量取 $20\mu L$ 注入液相色谱仪，记录色谱图。另取胰岛素对照品适量，同法测定。按外标法以胰岛素峰面积与 A_{21} 脱氨胰岛素峰面积之和计算，即得。

4. 生物检定法

【示例】　硫酸鱼精蛋白（protamine sulfat）的效价测定

本法系比较硫酸鱼精蛋白供试品（T）与肝素钠标准品（S）所致延长新鲜兔血或猪、兔血浆凝结时间的程度，以测定供试品的效价。其方法如下所述。

（1）肝素钠标准品溶液的制备　精密称取肝素钠标准品适量，按标示效价加 0.9% 氯化钠溶液溶解使成几种不同浓度的溶液，相邻两种浓度每 1mL 中所含肝素钠效价（单位）相差应相等，且不超过 5 个单位，一般可配成每 1mL 中含 85 单位、90 单位、95 单位、100 单位、105 单位、110 单位、115 单位、120 单位、125 单位等的溶液。

（2）供试品溶液的制备　供试品如为粉末，精密称取适量，按干燥品计算，加 0.9% 氯化钠溶液溶解使成每 1mL 中含 1mg 的溶液。供试品如为注射液，则按标示量加 0.9% 氯化钠溶液稀释至同样浓度。

（3）血浆的制备　迅速收集兔或猪血置预先放有 109mol/L 枸橼酸钠溶液的容器中，枸橼酸钠溶液与血液容积之比为 1∶19，边收集边轻轻振摇，混匀，迅速离心约 20min（离心力不超过 1500×g 为宜，g 为重力常数），立即吸出血浆，分成若干份，并分装于适宜的容器中，低温冻结贮存。临用时置（37±0.5）℃水浴中融化，用两层纱布或快速滤纸滤过，使用过程中在 2～8℃放置。

（4）检查方法　取管径均匀（0.8cm×3.8cm）、清洁干燥的小试管 8 支，第 1 管和第 8 管为空白对照管，加入 0.9% 氯化钠溶液 0.2mL，第 2～7 管为供试品管，每管均加入供试品溶液 0.1mL，再每管分别加入上述同一浓度的肝素钠标准品稀释液 0.1mL，立即混匀。取刚抽出的兔血适量，分别加入上述 8 支试管内，每管 0.8mL，立即混匀，避免产生气泡，并开始计算时间，将小试管置（37±0.5）℃恒温水浴中，从采动物血时起至小试管放入恒温水浴的时间不得超过 2min。如用血浆，则分别于上述各管中加入 0.7mL 的血浆，置（37±0.5）℃恒温水浴中预热 5～10min，每管分别加入 1% 氯化钙溶液 0.1mL，立即混匀，避免产生气泡，并开始计算时间，观察并记录各管凝结时间。

（5）结果判断　两支对照管的凝结时间相差不得超过 1.35 倍。在供试品管的凝结时间不超过两支对照管平均凝结时间 150% 的各管中，以肝素钠浓度最高的一管为终点管。同样重复 5 次，5 次试验测得终点管的肝素钠浓度，相差不得大于 10 个单位。5 次结果的平均值，即为硫酸鱼精蛋白供试品（干燥品）1mg 中和肝素的效价（单位）。

第四节　酶类药物的分析

一、概述

　　酶和辅酶是我国生化药品中发展比较快的一类，已正式投产的有几十种，载入药典的有 10 多种。药用酶最早是从动物脏器中提取，到了 20 世纪 60 年代中期逐渐发展为利用微生物发酵生产酶制剂，进入 20 世纪 70 年代后，开始利用细胞培养技术和基因工程手段来获取有关酶及进行酶的修饰、改造，从而使酶类药物的开发与应用得到迅速发展。

　　酶类药物一般可分为：①促进消化酶类，其作用是水解和消化食物中的成分，如蛋白质、糖类和脂类等，主要有胰酶、胃蛋白酶。②抗炎酶类，已证实蛋白酶对抗炎确实有效，用得最多的是溶菌酶、菠萝蛋白酶、胰凝乳蛋白酶等。③溶血纤维蛋白酶类，其作用是防止血小板凝集，阻止血纤维蛋白形成或促进其溶解。主要有链激酶、尿激酶、纤溶酶、凝血酶等。④抗肿瘤酶类，酶能治疗某些肿瘤，如天冬酰胺酶。⑤其他酶类，青霉素酶能分解青霉素，治疗青霉素引起的过敏反应，超氧化物歧化酶能抗氧化、抗辐射、延缓衰老等。

二、鉴别试验

　　绝大多数的酶类药物是具有特异生物活性的蛋白质，其鉴别方法与蛋白质的鉴别方法大致相同，常用的鉴别试验如下。

　　（1）沉淀试验　　如胃蛋白酶的鉴别试验：取本品的水溶液，加 5％鞣酸或 25％氯化钡溶液，即生成沉淀。

　　（2）显色反应　　如天冬酰胺酶的鉴别试验之一：取本品 5mg，加水 1mL 使溶解，加 20％氢氧化钠溶液 5mL，摇匀，再加 1％硫酸铜溶液 1 滴，摇匀，溶液呈蓝紫色。

　　（3）生物学法　　如尿激酶的鉴别试验：取《中国药典》（2025 年版）尿激酶效价测定项下的供试品溶液，用巴比妥-氯化钠缓冲液（pH 7.8）稀释制成每 1mL 中含 20 单位的溶液，吸取 1mL，加牛纤维蛋白原溶液 0.3mL，再依次加入牛纤维蛋白溶酶原溶液 0.2mL、牛凝血酶溶液 0.2mL，迅速摇匀，立即置（37±0.5）℃恒温水浴中保温，计时，反应系统应在 30～45 s 内凝结，且凝块在 15min 内重新溶解。以 0.9％氯化钠溶液作空白，同法操作，凝块在 2h 内不溶（试剂的配制同效价测定）。

　　（4）高效液相色谱法　　如天冬酰胺酶可利用高效液相色谱法进行鉴别试验，方法如下。取本品适量，加流动相 A 制成每 1mL 中约含 100 单位的溶液，作为供试品溶液。另取天冬酰胺酶Ⅰ对照品，加流动相 A 配成每 1mL 中约含 1mg 的溶液，作为对照品溶液。照高效液相色谱法测定，以辛基硅烷键合硅胶为填充剂（4.6mm×250mm），以 0.05％三氟乙酸溶液为流动相 A、三氟乙酸-40％乙腈溶液（0.5∶1000）为流动相 B，柱温为

40℃，流速为每分钟 1mL，检测波长为 220nm，洗脱初始状态流动相 B 为 75%，在 60min 内，流动相 B 增至 100%，保持 10min，再在 2min 内回到初始状态，保持 10min。取 20μL 注入液相色谱仪，记录色谱图，供试品溶液主峰的保留时间应与对照品溶液主峰的保留时间一致。

三、检查

酶类药物的检查项目中除了一些与一般生化药物的检查项目和方法相同之外，某些酶类药物还需要一些比较特殊的检查项目，如下所述。

1. 脂肪含量限度检查

某些从动物脏器提取制备的生化产品，在生产过程中可能带入微量的脂肪类物质，影响药物的质量。例如，胰酶是从猪或牛、羊的胰脏中提取的蛋白酶，需要对脂肪含量进行限量检查，检查方法如下。

取本品 1.0g，置具塞锥形瓶中，加乙醚 10mL，密塞，时时旋动，放置约 2h 后，将乙醚液倾泻至用乙醚湿润的滤纸上，滤过，残渣用乙醚 10mL 照上法处理，再用乙醚 5mL 洗涤残渣，合并滤液及洗液至已恒重的蒸发皿中，使乙醚自然挥散后，在 105℃干燥 2h，精密称定，遗留脂肪不得过 20mg。

2. 其他酶类含量限度检查

胰蛋白酶是从猪、牛的胰脏中提取的蛋白分解酶，在提取过程中，易带入微量的糜蛋白酶，两酶的作用机制与临床适应证不同，因此需要对胰蛋白酶进行糜蛋白酶的限度检查，方法如下。

（1）底物溶液的制备   取 N-乙酰-L-酪氨酸乙酯 23.7mg，置 100mL 量瓶中，加磷酸盐缓冲液（取 0.067mol/L 磷酸二氢钾溶液 38.9mL 与 0.067mol/L 磷酸氢二钠溶液 61.1mL 混合，pH 值为 7.0）50mL，温热使溶解，冷却后再稀释至刻度，摇匀。冰冻保存，但不得反复冻融。

（2）供试品溶液的制备   取本品适量，精密称定，用 0.001mol/L 盐酸溶液制成每 1mL 中含 0.25mg 的溶液。

（3）测定法   取底物溶液 2.0mL、0.001mol/L 盐酸溶液 0.2mL 与上述磷酸盐缓冲液（pH 7.0）1mL，混匀，作为空白。取供试品溶液 0.2mL 与底物溶液［预热至（25±0.5）℃］3.0mL，立即计时并摇匀，使比色池内的温度保持在（25±0.5）℃，照紫外-可见分光光度法，在 237nm 的波长处，每隔 30 s 读取吸光度，共 5min，每 30s 吸光度的变化率应恒定，且恒定时间不得少于 3min。以吸光度为纵坐标，时间为横坐标，作图，取在 3min 内成直线部分的吸光度，按下式计算。

$$P = \frac{A_2 - A_1}{0.0075T} \times \frac{2500}{W \times 供试品效价（U/mg）} \tag{7-3}$$

式中，P 为每 2500 胰蛋白酶单位中含糜蛋白酶的量，单位；A_2 为直线上开始的吸光度；A_1 为直线上终止的吸光度；T 为 A_2 至 A_1 读数的时间，min；W 为测定液中含供试品的量，mg；0.0075 为在上述条件下，吸光度每分钟改变 0.0075，即相当于 1 个糜蛋白酶单位。每 2500 单位胰蛋白酶中不得多于 50 单位的糜蛋白酶。

3. 分子组分比

尿激酶是从新鲜人尿中提取的一种能激活纤维蛋白溶解酶原的碱性蛋白水解酶。它是由高分子量尿激酶（M_w 54000）和低分子量尿激酶（M_w 33000）组成的混合物，《中国药典》（2025 年版）规定，高分子量尿激酶含量不得少于 90％，因此必须进行分子组分比检查，其方法如下。

取本品，加水制成每 1mL 中含 2mg 的溶液后，加入等体积的缓冲液（取浓缩胶缓冲液 2.5mL、20％十二烷基硫酸钠溶液 2.5mL、0.1％溴酚蓝溶液 1.0mL 与 87％甘油溶液 3.5mL，加水至 10mL），置水浴中 3min，放冷，作为供试品溶液。取供试品溶液 10μL，加至样品孔，照电泳法 [《中国药典》（2025 年版）通则 0541 第五法　考马斯亮蓝染色] 测定，按下式计算高分子量尿激酶相对含量（％）。

$$\text{高分子量尿激酶相对含量}(\%) = \frac{\text{高分子量尿激酶的峰面积}}{\text{高、低分子量尿激酶的峰面积之和}} \times 100\% \qquad (7\text{-}4)$$

四、含量或效价测定

酶类药物的含量或效价测定，主要有酶活力测定和酶的效价测定。

酶活力是指在一定条件下，酶所催化的反应初速度。酶催化反应的速度，可以用单位时间内反应底物的减少量或产物的增加量来表示，酶反应的速度愈快意味着酶活力愈高。酶活力的测定方法很多，有化学测定法、光学测定法、气体测定法等。

酶效价是指酶制品达到其目的作用的预期效能，它是根据该产品的某些特性，通过适宜的定量试验方法测定，以表明其有效成分的生物活性。效价测定必须采用国际或国家参考品，或经过国家检定机构认定的参考品，以体内或体外（细胞法）测定其生物学活性，并标明其活性单位。酶类药物的效价一般用单位质量的酶类药物所含有的活力单位来表示。酶活力单位也可以称为一个效价单位。

1. 活力测定

【示例一】　胰酶的活力测定

胰酶是由猪、羊或牛胰脏中提取的多种酶的混合物，主要为胰蛋白酶、胰淀粉酶和胰脂肪酶。按干燥品计，每克含胰蛋白酶不得少于 600 活力单位，胰淀粉酶不得少于 7000 活力单位，胰脂肪酶不得少于 4000 活力单位，其测定方法如下。

① 胰蛋白酶（trypsin）活力测定

a. 对照品溶液的配制。取酪氨酸对照品，精密称定，加 0.2mol/L 盐酸溶液溶解并稀释制成每 1mL 中约含 50μg 的溶液。

b. 供试品原液的配制。取本品约 0.1g，精密称定，置乳钵中，加冷至 5℃以下的氯化钙溶液（取氯化钙 1.47g，加水 500mL 使溶解，用 0.1mol/L 盐酸溶液或 0.1mol/L 氢氧化钠溶液调节 pH 值至 6.0～6.2）少量，研磨均匀，移置 100mL 量瓶中，加氯化钙溶液至刻度，摇匀，精密量取适量，置 50mL 量瓶中，加入冷至 5℃以下的硼酸盐缓冲液（取硼砂 2.85g、硼酸 10.5g 与氯化钠 2.50g，加水使溶解成 1000mL，调节 pH 值至 7.5±0.1），定量稀释制成每 1mL 中约含胰蛋白酶 0.12 活力单位的溶液。

c. 测定方法。取试管 3 支，分别精密量取供试品原液 1mL 与上述硼酸盐缓冲液 2mL，在 40℃水浴中保温 10min，分别精密加入在 40℃水浴中预热的酪蛋白溶液（取酪蛋白对照品 1.5g，加 0.1mol/L 氢氧化钠溶液 13mL 与水 40mL，在 60℃水浴中加热使溶解，放冷，加水稀释至 100mL，调节 pH 值至 8.0）5mL，摇匀，立即置（40±0.5）℃水浴中准确反应 30min，再各精密加入 5％三氯醋酸溶液 5mL 终止反应，混匀，滤过，取续滤液作为供试品溶液。另精密量取供试品原液 1mL，加硼酸盐缓冲液 2mL，在 40℃水浴中保温 10min，精密加入 5％三氯醋酸溶液 5mL，摇匀，置（40±0.5）℃水浴中准确反应 30min，立即精密加入酪蛋白溶液 5mL，摇匀，滤过，取续滤液作空白对照，在 275nm 波长处，测定并计算供试品溶液吸光度的平均值（$\overline{A}$），另用 0.2mol/L 盐酸作空白对照，在 275nm 波长处测定对照品溶液的吸光度（A_S）。

d. 结果计算。

$$每克含胰蛋白酶活力（单位）=\frac{\overline{A}}{A_S}\times\frac{W_S}{181.19}\times\frac{13}{30}\times\frac{n}{W} \tag{7-5}$$

式中，W_S 为对照品溶液每毫升含酪氨酸的量，μg；W 为取供试品量，g；n 为供试品的稀释倍数，500；13 为酶促反应体积，mL；30 为反应时间，min；181.19 为 1μmol 酪氨酸的量，μg。在上述条件下，每分钟水解酪蛋白生成三氯醋酸不沉淀物（肽及氨基酸）在 275nm 波长处与 1μmol 酪氨酸相当的酶量，为 1 个胰蛋白酶活力的单位。

注意事项：供试品测得的 $\overline{A}$ 值应在 0.15～0.6，否则应调整浓度，另行测定。

② 胰淀粉酶（amylopsin）活力测定

a. 供试品溶液的配制。取本品 0.3g，精密称定，置研钵中，加冷至 5℃以下的磷酸盐缓冲液少量，研磨均匀，置 200mL 量瓶中，加磷酸盐缓冲液至刻度，摇匀，每毫升含胰淀粉酶 10～20 活力单位。

b. 测定方法。量取 1％马铃薯淀粉溶液（取马铃薯淀粉 1g，加水 10mL，搅匀后，边搅拌边缓缓倾入 100mL 沸水中，继续煮沸 20min，放冷，加水稀释至 100mL）25mL、磷酸盐缓冲液 10mL、1.2％氯化钠溶液 1mL 与水 20mL，置 250mL 碘瓶中，在 40℃水浴中保温 10min，精密加入供试品溶液 1mL，摇匀，立即置（40±0.5）℃水浴中准确反应 10min，加 1mol/L 盐酸溶液 2mL 终止反应，摇匀，放至室温后，精密加碘滴定液（0.05mol/L）10mL，边振摇边滴加 0.1mol/L 氢氧化钠溶液 45mL，在暗处放置 20min，加硫酸溶液（1→4）4mL，用硫代硫酸钠滴定液（0.1mol/L）滴定至无色。另取 1％马铃薯淀粉溶液 25mL、磷酸盐缓冲液 10mL、1.2％氯化钠溶液 1mL 与水 20mL，置碘瓶中，在（40±0.5）℃水浴中保温 10min，放冷，加 1mol/L 盐酸溶液 2mL，摇匀，加入供试品溶液 1.0mL，摇匀，精密加入碘滴定液（0.05mol/L）10mL，边振摇边滴加 0.1mol/L 氢氧化钠溶液 45mL，在暗处放置 20min，加硫酸溶液（1→4）4mL，用硫代硫酸钠滴定液（0.1mol/L）滴定至无色，作空白对照，按下式计算，每毫升碘滴定液（0.05mol/L）相当于9.008mg无水葡萄糖。

$$每克含胰淀粉酶活力（单位）=\frac{(B-A)F}{10}\times\frac{9.008\times1000}{180.16}\times\frac{n}{W}\qquad(7\text{-}6)$$

式中，A 为供试品消耗硫代硫酸钠滴定液的体积，mL；B 为空白消耗硫代硫酸钠滴定液的体积，mL；F 为硫代硫酸钠滴定液的浓度（mol/L）系数；W 为供试品取样量，g；n 为供试品稀释倍数，200；10为反应时间，min；180.16为1mol无水葡萄糖的分子量；9.008为滴定度［每毫升碘滴定液（0.05mol/L）相当于9.008mg无水葡萄糖］；1000为换算单位（把分子中的mg折算为与分母一致的g）。

注意事项：

Ⅰ.在上述条件下，每分钟水解淀粉生成1μmol葡萄糖的酶量，为1个胰淀粉酶活力的单位。

Ⅱ.（$B-A$）的硫代硫酸钠滴定液应为2.0～4.0mL，否则应调整浓度，另行测定。

Ⅲ.磷酸盐缓冲液的配制。取磷酸二氢钾13.61g与磷酸氢二钠35.80g，加水使溶解成1000mL，调节pH值至6.8，即得。

③ 胰脂肪酶（pancreatic lipase）活力的测定

a.供试品溶液的配制。取本品约0.1g，精密称定，置研钵中，加冷至5℃以下的三羟甲基氨基甲烷-盐酸缓冲液少量，研磨均匀，置50mL量瓶中，加上述缓冲液至刻度，摇匀，即得每毫升含胰脂肪酶8～16活力单位的溶液。

b.测定方法。量取橄榄油乳液25mL、8%牛胆酸盐溶液2mL与水10mL，置100mL烧杯中，用氢氧化钠滴定液（0.1mol/L）调节pH值至9.0，在（37±0.1）℃水浴中保温10min，再调节pH值至9.0，精密量取供试品溶液1mL，在（37±0.1）℃水浴中准确反应10min，同时用氢氧化钠滴定液（0.1mol/L）滴定，使反应液的pH值恒定在9.0，记录消耗氢氧化钠滴定液（0.1mol/L）的体积（mL）。另取在水浴中煮沸15～30min的上述供试品溶液1mL，按上述方法作空白对照。

c.结果计算。

$$每克含胰脂肪酶活力（单位）=\frac{(A-B)M\times1000}{10}\times\frac{n}{W}\qquad(7\text{-}7)$$

式中，A 为供试品消耗氢氧化钠滴定液的体积，mL；B 为空白消耗氢氧化钠滴定液的体积，mL；M 为氢氧化钠滴定液的浓度，mol/L；n 为供试品的稀释倍数，50；W 为供试品取样量，g。

注意事项：Ⅰ.在上述条件下，每分钟水解脂肪（橄榄油）生成1μmol脂肪酸的酶量，为1个胰脂肪酶活力的单位。Ⅱ.平均每分钟消耗的氢氧化钠滴定液（0.1mol/L）的量应为0.08～0.16mL，否则应调整浓度，另行测定。Ⅲ.三羟甲基氨基甲烷-盐酸缓冲液的配制。取三羟甲基氨基甲烷606mg，加0.1mol/L盐酸溶液45.7mL，加水至100mL，摇匀，调节pH值至7.1，即得。

【示例二】　胃蛋白酶（pepsin）活力的测定

① 对照品溶液的配制。精密称取105℃干燥至恒重的酪氨酸适量，加盐酸溶液（取

1mol/L 盐酸 65mL，加水至 1000mL）制成每毫升含 0.5mg 酪氨酸的溶液。

② 供试品溶液的配制。取本品适量，精密称定，用上述盐酸溶液制成每毫升约含 0.2～0.4 单位的溶液。

③ 测定方法。取试管 6 支，其中 3 支各精密加入对照品溶液 1mL，另 3 支各精密加入供试品溶液 1mL，置（37±0.5）℃水浴中保温 5min，精密加入预热至（37±0.5）℃的血红蛋白试液 5mL，摇匀，并准确计时，在（37±0.5）℃水浴中反应 10min，立即精密加入 5％三氯醋酸溶液 5mL，摇匀，滤过，取续滤液备用，另取试管 2 支，各精密加入血红蛋白试液 5mL，置（37±0.5）℃水浴中保温 10min，再精密加入 5％三氯醋酸溶液 5mL，其中 1 支加供试品溶液 1mL，另 1 支加上述盐酸溶液 1mL，摇匀，滤过，取续滤液，分别作为供试品和对照品的空白对照，在 275nm 波长处分别测定吸光度，并算出平均值 $\overline{A}_s$ 和 $\overline{A}$，按下式计算。

$$每克含胃蛋白酶的量 = \frac{\overline{A} \times W_s \times n}{\overline{A}_s \times W \times 10 \times 181.19} \tag{7-8}$$

式中，$\overline{A}_S$ 为对照品溶液的平均吸光度；$\overline{A}$ 为供试品溶液的平均吸光度；W_S 为对照品溶液每毫升含酪氨酸的量，μg；W 为供试品取样量，g，n 为供试品的稀释倍数；10 为反应时间，min；181.19 为 1μmol 酪氨酸的量，μg。

注意事项：在上述条件下，每分钟能催化水解血红蛋白质生成 1μmol 酪氨酸的酶量，为一个蛋白酶活力的单位。

【示例三】 尿激酶（urokinase）的比活力测定

本品是从新鲜人尿中提取得到的一种能激活纤维蛋白溶酶原的碱性蛋白水解酶，可水解聚血纤维蛋白，溶解血栓，它可分成两种：一种是分子量为 54000 的高分子尿激酶，在偏酸情况下，可激活尿胃蛋白酶原使成尿胃蛋白酶；另一种是分子量为 33000 的低分子尿激酶，这两种尿激酶的分子结构及氨基酸成分不尽相同，高分子尿激酶的溶解血栓能力高于低分子尿激酶，而高分子尿激酶的比活力低于低分子尿激酶，它们的比活力测定方法如下所述。

（1）效价测定

① 试剂

a. 牛纤维蛋白原溶液的配制。取牛纤维蛋白原，加巴比妥-氯化钠缓冲液（pH 7.8）制成每毫升含 6.67mg 可凝结蛋白的溶液。

b. 牛凝血酶溶液的配制。取牛凝血酶，加巴比妥-氯化钠缓冲液（pH 7.8）制成每毫升含 6.0 单位的溶液。

c. 牛纤维蛋白溶酶原溶液的配制。取牛纤维蛋白溶酶原，加三羟甲基氨基甲烷缓冲液（pH 9.0）制成每毫升含 1～1.4 酪蛋白单位的溶液（如溶液浑浊，离心、取上清液备用）。

d. 混合溶液的配制。临用前，取等容积的牛凝血酶溶液和牛纤维蛋白溶酶原溶液，混匀。

② 标准品溶液的配制。取尿激酶标准品，加巴比妥-氯化钠缓冲液（pH 7.8）制成每毫升含 60 单位的溶液。

③ 供试品溶液的配制。取本品适量，精密称定，用巴比妥-氯代钠缓冲液（pH 7.8）溶解，混匀，并稀释成与标准品溶液相同的浓度。

④ 测定方法。取试管 4 支，各加牛纤维蛋白原溶液 0.3mL，置于（37±0.5）℃水浴中，分别加入巴比妥-氯化钠缓冲液（pH 7.8）0.9mL、0.8mL、0.7mL、0.6mL，依次加标准品溶液 0.1mL、0.2mL、0.3mL、0.4mL，再分别加混合溶液 0.4mL，立即摇匀，分别计时，反应系统应在 30～40 s 内凝结，当凝块内小气泡上升到反应系统体积一半时作为反应终点，立即记时，每个浓度测定 3 次，求平均值（3 次测定中最大值与最小值的差不得超过平均值的 10%，否则重测），以尿激酶浓度的对数为横坐标，以反应终点时间的对数为纵坐标，进行线性回归。供试品按上法测定，用线性回归方程求得供试品溶液浓度，计算每 1mg 供试品的效价。

拓展阅读 13
溶菌酶（lysozyme）
的活力测定

（2）蛋白质含量测定　取本品约 10mg，精密称定，按定氮法测定，将结果乘以 6.25，计算每毫克供试品中的效价单位数，即得供试品中蛋白质含量，并计算每毫克供试品中的蛋白质质量（g），比活力的计算公式如下。

$$比活力 = \frac{每毫克供试品中效价单位数}{每毫克供试品中蛋白的质量（mg）} \qquad (7-9)$$

拓展阅读 14
超氧化物歧化酶的活
力测定

注意事项：《中国药典》（2025 年版）规定，高分子尿激酶的含量不得少于 90%，每毫克蛋白中尿激酶活力不得少于 12 万单位。

2. 效价测定

【示例一】　凝血酶（thrombin）的效价测定

本品为牛血或猪血中提取的凝血酶原，经激活而得的凝血酶的无菌冻干制品，按无水物计算，每毫克效价不得少于 10 单位，含凝血酶应为标示量的 80%～150%，它的测定方法如下所述。

（1）纤维蛋白原溶液的配制　取纤维蛋白原约 30mg，精密称定，用 0.9%氯化钠溶液 1.5mL 溶解，加凝血酶 0.1mL（约 3 单位），快速摇匀，室温放置约 1h 至完全凝固，取出凝固物，用水洗至洗出液加硝酸银不产生浑浊，在 105℃干燥 3h，称取重量，计算纤维蛋白原中凝固物的百分含量（%）。然后用 0.9%氯化钠溶液制成含 0.2%凝固物的纤维蛋白原溶液，用 0.05mol/L 磷酸氢二钠溶液调节 pH 值至 7.0～7.4，再用 0.9%氯化钠溶液稀释成含 0.1%凝固物的溶液，备用。

（2）标准曲线的绘制　取凝血酶标准品，用 0.9%氯化钠溶液分别制成每毫升含 5.0、6.4、8.0、10.0 单位的标准品溶液，另取内径 1cm、长 10cm 的试管 4 支，各精密加入纤维蛋白原溶液 0.9mL，置于（37±0.5）℃水浴中保温 5min，再分别精密量取上述 4 种浓度的标准品溶液各 0.1mL，迅速加入上述各试管中，立即计时，摇匀，置于（37±0.5）℃水浴中，观察纤维蛋白的初凝时间，每种浓度测 5 次，求平均值（5 次测定中的最大值与最小值的差不得超过平均值的 10%，否则重测）。标准品溶液的浓度应控制凝结时间在 14～60s 为宜，在双对数坐标纸上，以每管中标准品实际单位数（U）为横坐标，凝结时间（s）为纵坐标，绘制标准曲线，求出回归方程。

（3）测定方法　取本品 3 瓶，分别精密称定其内容物质量，每瓶按标示量分别加 0.9%氯化钠溶液制成与标准曲线浓度相当的溶液，精密吸取 0.1mL，按标准曲线的绘制方法平行测定 5 次，求出凝结时间的平均值（误差要求同标准曲线），在标准曲线上或用直线回归方程求得单位数后，按以下公式计算：

$$凝血酶(单位/mg)=\frac{U\times10\times V}{W} \tag{7-10}$$

$$凝血酶(单位/瓶)=U\times10\times V$$

式中，U 为 0.1mL 供试液在标准曲线上读得的实际单位数；V 为每瓶供试品溶解后的体积，mL；W 为每瓶供试品的质量，mg。

并计算出每瓶相当于标示量的百分数。

（4）注意事项　每瓶效价均应符合规定，如有一瓶不符合规定，另取 3 瓶复试均应符合规定。

【示例二】　玻璃酸酶（hyaluronidase）的效价测定

本品是从哺乳动物睾丸中提取的一种能水解玻璃酸糖胺聚糖的酶，每毫克的效价不得少于 300 单位，其测定方法如下所述。

（1）标准品溶液的配制　取玻璃酸酶标准品适量，精密称定，加冷的水解明胶稀释液制成每毫升含 1.5 单位的溶液，临用时配制。

（2）供试品溶液的配制　按估计单位，精密称取供试品适量，加冷的水解明胶稀释液制成每毫升约含 1.5 单位的溶液，临用时配制。

（3）标准曲线的绘制　取大小相同的试管 12 支，按顺序加入标准品溶液 0mL、0.10mL、0.20mL、0.30mL、0.40mL 与 0.50mL，每份各 2 支，再依次相应加入冷的水解明胶稀释液 0.50mL、0.40mL、0.30mL、0.20mL、0.10mL 和 0mL，每隔 30 s 顺序加入玻璃酸钾液 0.5mL，使每管的总体积为 1.0mL，摇匀，置（37±0.5）℃水浴中，每管准确保温 30min 后，每间隔 30s 顺序取出，立即加入血清溶液 4.0mL，摇匀，在室温放置 30min，摇匀，在 640nm 波长处测定吸光度，同时以磷酸盐缓冲液 0.5mL 代替玻璃酸钾溶液，加冷的水解明胶稀释液 0.5mL，摇匀，按上述方法自"置（37±0.5）℃的水浴中"起同样操作，作为空白，以吸光度为纵坐标，标准品溶液的单位数为横坐标，绘制标准曲线。

（4）测定方法　取大小相同的试管 6 支，依次加入供试品溶液 0.2mL、0.3mL 与 0.4mL，每份 2 支，再依次加入冷的水解明胶稀释液 0.3mL、0.2mL 与 0.1mL，照标准曲线的绘制项下自"每隔 30s 顺序加入玻璃酸钾液 0.5mL"起，依法测定，自标准曲线上查得单位数后，分别除以供试品的质量（mg），算出 6 份供试品的平均数，即为玻璃酸酶的效价单位。

附注：① 醋酸-醋酸钾缓冲液的配制。取醋酸钾 14g 与冰醋酸 20.5mL，加水使成 1000mL。

② 磷酸盐缓冲液的配制。取磷酸二氢钠 2.5g，无水磷酸氢二钠 1.0g 与氯化钠 8.2g，加水使成 1000mL。

③ 水解明胶的配制。取明胶 50g，加水 1000mL，在 121℃加热 90min，然后冷冻干燥。

④ 水解明胶稀释液的配制。取磷酸盐缓冲液与水各 250mL，加水解明胶 330mg，摇匀，在 0～4℃保存，如溶液不发生浑浊，可继续使用。

⑤ 血清贮备液的配制。取新鲜牛血清或冻干牛血清（先用水溶解并稀释至标示量体积）1 份，加醋酸-醋酸钾缓冲液 9 份稀释，再以 4mol/L 盐酸溶液调节 pH 值至 3.1，放置 18～24h 后再用。在 0～4℃保存，可应用 30 天。

⑥ 血清溶液的配制。血清贮备液中血清总固体（取牛血清适量，置装有洁净砂粒并在 105℃干燥至恒重的坩埚中，置水浴上蒸干后，再在 105℃干燥至恒重）在 8%左右者，取 1 份，用醋酸-醋酸钾缓冲液 3 份稀释；血清总固体在 5%左右者，取 1 份，用醋酸-醋酸钾缓冲液 2 份稀释，临用时配制。

⑦ 玻璃酸钾贮备液的配制。取预先经五氧化二磷减压干燥 48 的玻璃酸钾，加水制成每毫升含 0.5mg 的溶液，在 0℃以下保存，可应用 30 天。

⑧ 玻璃酸钾溶液的配制。取玻璃酸钾贮备液 1 份，用磷酸盐缓冲液 1 份稀释，临用时配制。

总　结

本章介绍了氨基酸类、肽类、蛋白质类和酶类药物的主要检验内容和分析方法，包括理化分析法、光谱法、电泳法、色谱法和生物测定法等。在这几类药物的分析中，可分别利用它们不同的理化性质，如旋光性质、光谱特征、色谱特征等进行定性与定量分析，其中，某些肽类、蛋白质类和酶类药物，需要利用生物法进行效价测定及酶活力测定，也有部分生物测定方法可以采用高效液相色谱法代替，另外，需要注意的是在这几类药物的杂质检查项中，有一些比较特殊的检查内容，包括高分子杂质限量、不同分子组分比以及脂肪含量限度等。

思考题

1. 简述氨基酸类药物常用的几种含量测定方法。
2. 试述非水滴定法测定酪氨酸的原理、非水滴定法中终点指示的方法及原理以及应用非水滴定法的注意事项。
3. 简述尿激酶、溶菌酶、超氧化物歧化酶的效价测定方法的原理。
4. 试述胰岛素生物效价测定方法的原理和方法。

第八章　糖类、脂类和核酸类药物的分析

○○ —— ○○ ○ ○○ ——————

第一节　糖类药物的分析

一、概述

糖类化合物是指具有多羟基醛或多羟基酮结构的一类化合物。按照含有糖基数目的不同，糖类化合物可分为以下几类：①单糖及其衍生物，如葡萄糖、果糖等。②低聚糖（寡糖），如蔗糖、麦芽糖、乳糖等。③多糖类，如右旋糖酐、淀粉、纤维素、肝素等。

动物来源的多糖以糖胺聚糖为主，糖胺聚糖是一类含有氨基己糖与糖醛酸的多糖，是动物体内蛋白多糖分子中的糖链部分。在多糖类药物中有相当一部分属于糖胺聚糖，如肝素、硫酸软骨素、透明质酸等，它们在抗凝、降血脂、抗肿瘤、抗病毒、抗菌和增强免疫作用等方面的应用越来越受到重视。

目前，在临床上使用广泛的糖类药物主要有葡萄糖、右旋糖酐、甘露醇、肝素、硫酸软骨素和一些植物多糖、真菌多糖等。关于糖类药物的分析方法分述如下。

二、物理常数测定

1. 比旋度

多数糖类药物均有一定的比旋度，可按《中国药典》（2025 年版）比旋度测定法进行测定。

【示例】　肝素钠的比旋度测定

取本品，精密称定，加水溶解并定量稀释制成每 1mL 中约含 40mg 的溶液，依法测定，比旋度应不小于＋50°。

2. 溶解度

溶解度是药物的一种物理性质，按照《中国药典》（2025 年版）关于溶解度的要求，测定糖类药物在水、有机溶剂、稀酸或稀碱中的溶解度。

例如，硫酸软骨素的溶解特性：在水中易溶，在乙醇、丙酮或冰醋酸中不溶。

三、鉴别试验

1. 沉淀反应

葡萄糖的鉴别试验之一：取本品约 0.2g，加水 5mL 溶解后，缓缓滴入微温的碱性酒石酸铜试液中，即生成氧化亚铜的红色沉淀。

2. 红外分光光度法

硫酸软骨素钠的鉴别试验之一：本品的红外光吸收图谱应与硫酸软骨素钠对照品的图谱一致。

3. 高效液相色谱法

肝素钠的鉴别试验之一：按高效液相色谱法测定，供试品溶液主峰的保留时间应与对照品溶液主峰的保留时间一致。

四、检查

1. 分子量与分子量分布

【示例】　右旋糖酐 20 的"分子量与分子量分布"项检查

内容如下所述。

取本品适量，加流动相制成每 1mL 中约含 10mg 的溶液，振摇，室温放置过夜，作为供试品溶液。另取 4～5 个已知分子量的右旋糖酐对照品，同法制成每 1mL 中各含 10mg 的溶液作为对照品溶液。照分子排阻色谱法，多糖测定用凝胶柱，以 0.71% 硫酸钠溶液（内含 0.02% 叠氮化钠）为流动相，柱温为 35℃，流速为每分钟 0.5mL，使用示差折光检测器。

称取葡萄糖和葡聚糖 2000 适量，分别用流动相制成每 1mL 中约含 10mg 的溶液，取 20μL 注入液相色谱仪，测得保留时间 t_T 和 t_0。供试品溶液和对照品溶液色谱图中主峰的保留时间 t_R 均应在 t_T 和 t_0 之间。理论塔板数按葡萄糖峰计算不小于 5000。

取上述各对照品溶液 20μL，分别注入液相色谱仪，记录色谱图，由 GPC 软件计算回归方程。取供试品溶液 20μL，同法测定，用 GPC 软件算出供试品的重均分子量及分子量分布。本品 10％大分子部分重均分子量不得大于 70000，10％小分子部分重均分子量不得小于 3500。

2. 总氮量

【示例】 肝素钠中"总氮量"检查

内容如下所述。

取本品，照氮测定法［《中国药典》（2025 年版）通则 0704 第二法］测定，按干燥品计算，总氮含量应为 1.3％～2.5％。

3. 残留溶剂

【示例】 肝素钠中"残留溶剂"检查

内容如下所述。

称取正丙醇适量，加水制成每 1mL 中含 80μg 的溶液作为内标溶液。精密称取甲醇、乙醇、丙酮适量，加内标溶液定量稀释制成每 1mL 中分别含甲醇 400μg、乙醇 400μg 和丙酮 80μg 的混合溶液，精密量取 3mL 置预先加入 500mg 氯化钠的顶空瓶中，密封瓶口，作为对照品溶液。取本品约 2.0g，精密称定，置 10mL 量瓶中，加内标溶液溶解并稀释至刻度，摇匀。精密量取此溶液 3mL，置预先加入 500mg 氯化钠的顶空瓶中，密封瓶口，作为供试品溶液。照残留溶剂测定法试验。以（6％）氰丙基苯基-（94％）二甲基聚硅氧烷为固定液（或极性相似的固定液）的毛细管柱为色谱柱；柱温 40℃保持 4min，以 3℃/min 的速率升至 58℃，再以 20℃/min 的速率升至 160℃；检测器为氢火焰离子化检测器（FID），检测器温度为 250℃；进样口温度为 160℃。顶空进样，顶空瓶平衡温度为 90℃，平衡时间为 20min，进样体积为 1.0mL。取对照品溶液进样测试，记录色谱图，出峰顺序依次为甲醇、乙醇、丙酮、正丙醇，相邻各色谱峰间分离度应大于 1.5。分别取供试品溶液与对照品溶液顶空进样，记录色谱峰，按内标法以峰面积计算，本品含甲醇不得过 0.3％，乙醇不得过 0.5％，丙酮不得过 0.5％。

五、含量测定方法

1. 旋光光度法

【示例】 右旋糖酐的含量测定

右旋糖酐是由细菌发酵生产的微生物多糖，产物的分子量范围很大，临床上使用的是平均分子量为 16000～24000、32000～42000、64000～76000 的右旋糖酐 20、右旋糖酐 40、右旋糖酐 70，它们均被用作代血浆。

右旋糖酐的含量测定采用旋光光度法，系根据右旋糖酐水溶液的旋光度在一定范围内与浓度成正比的关系来测定其含量。右旋糖酐 20 的含量测定方法如下所述。

精密量取本品 10mL，置 25mL（6％规格）或 50mL（10％规格）量瓶中，加水稀释至刻度，摇匀，照旋光度测定法测定，按下式计算右旋糖酐的含量。

$$C = 0.5128\alpha \tag{8-1}$$

式中，C 为每 100mL 注射液中含右旋糖酐 20 的质量，g；α 为测得的旋光度×稀释倍数 2.5（6％规格）或 5.0（10％规格）。

2. 滴定法

【示例】　甘露醇的含量测定

甘露醇为临床上常用的脱水药，可从海藻、海带中提取，或利用米曲霉发酵生产，或利用葡萄糖进行电解转化生产，其含量测定方法如下所述。

取本品约 0.2g，精密称定，置 250mL 量瓶中，加水使溶解并稀释至刻度，摇匀；精密量取 10mL，置碘瓶中，精密加入高碘酸钠溶液［取硫酸溶液（1→20）90mL 与高碘酸钠溶液（2.3→1000）110mL 混合制成］50mL，置水浴上加热 15min，放冷，加碘化钾试液 10mL，密塞，放置 5min，用硫代硫酸钠滴定液（0.05mol/L）滴定，至近终点时，加淀粉指示液 1mL，继续滴定至蓝色消失，并将滴定的结果用空白试验校正。每 1mL 硫代硫酸钠滴定液（0.05mol/L）相当于 0.9109mg 的 $C_6H_{14}O_6$。

3. 高效液相色谱法

【示例】　硫酸软骨素的效价测定

硫酸软骨素系自猪的喉骨、鼻中骨、气管等软骨组织提取制得的硫酸化链状糖胺聚糖钠盐，其含量测定可以采用分光光度法，不过，《中国药典》（2025 年版）采用了高效液相色谱法进行测定，方法如下所述。

（1）色谱条件与系统适用性试验　用强阴离子交换硅胶为填充剂，以水（用稀盐酸调节 pH 值至 3.5）为流动相 A，以 2mol/L 氯化钠溶液（用稀盐酸调节 pH 值至 3.5）为流动相 B，流速为 1.0mL/min，检测波长为 232nm。按下表进行线性梯度洗脱。取对照品溶液，注入液相色谱仪，组分流出顺序为硫酸软骨素 B，硫酸软骨素 C 和硫酸软骨素 A，硫酸软骨素 B 峰、硫酸软骨素 C 峰和硫酸软骨素 A 峰的分离度均应符合要求。

时间/min	流动相 A/%	流动相 B/%
0	100	0
4	100	0
45	50	50

（2）对照品溶液的制备　精密称取经 105℃干燥至恒重的硫酸软骨素钠对照品 0.1g，置 10mL 的量瓶中，用水溶解并稀释至刻度，摇匀，以 0.45μm 的滤膜过滤，作为对照品溶液。

（3）供试品溶液的制备　取本品约 0.1g，精密称定，置 10mL 的量瓶中，用水溶解并稀释至刻度，摇匀，以 $0.45\mu m$ 的滤膜过滤，作为供试品溶液。

（4）测定法　量取对照品溶液与供试品溶液各 $100\mu L$，各取两份，分别置具塞试管中，各加入 $50mmol/L$ 三羟甲基氨基甲烷缓冲液（取三羟甲基氨基甲烷 $6.06g$ 与三水乙酸钠 $8.17g$，用水溶解成 $900mL$，用盐酸试液调节 pH 值至 8.0，加水至 $1000mL$，即得）$800\mu L$，充分混匀后，加入硫酸软骨素 ABC 酶液（称取适量，用 $50mmol/L$ 三羟甲基氨基甲烷缓冲液稀释成每 $1\mu L$ 含 0.001 单位后使用）$100\mu L$ 后，摇匀，置于 $37℃$ 水浴中反应 1h，取出，在 $100℃$ 加热 5min 后，用冷水冷却至室温，以 $10000r/min$ 离心 20min，取上清液，用 $0.45\mu m$ 的滤膜过滤，分别得对照品溶液和供试品溶液的测定液，精密量取 $20\mu L$ 注入液相色谱仪，记录色谱图。按外标法以硫酸软骨素 A、B 和 C 的面积之和计算硫酸软骨素的含量。

4. 生物法

【示例】　肝素的效价测定

肝素系自猪或牛的肠黏膜中提取的硫酸氨基葡聚糖的钠盐，属糖胺聚糖类物质，具有延长血凝时间的作用。肝素原料来源须有一定的质量保证，生产过程要有病毒灭活的工艺验证，确保不被外来物质污染和去除有害的污染物。

肝素的效价测定采用生物检定方法，系比较肝素标准品（S）与供试品（T）延长新鲜兔血或兔、猪血浆凝结时间的作用，以测定供试品的效价。测定方法如下所述。

（1）标准品溶液的配制　精密称取肝素标准品适量，按标示效价加灭菌水溶解，使成每毫升含 100 单位的溶液，分装于适宜的容器内，$2\sim8℃$ 贮存，如无沉淀析出，可在 3 个月内使用。

（2）标准品稀释液的配制　精密量取标准溶液，按高、中、低剂量组（d_{S_3}、d_{S_2}、d_{S_1}）用 0.9% 氯化钠溶液配成三种浓度的稀释液，相邻两浓度的比值（r）应相等，调节剂量使低剂量组各管的平均凝结时间较不加肝素对照管组明显延长。高剂量组各管的平均凝结时间，用新鲜兔血者以不超过 60min 为宜，其稀释液一般可配成每毫升含肝素 $2\sim5$ 单位，r 为 1∶0.7 左右；用血浆者以不超过 30min 为宜，其稀释液一般可配成每毫升含肝素 $0.5\sim1.5$ 单位，r 为 1∶0.85 左右。

（3）供试品溶液与稀释液的配制　按供试品的标示量或估计效价（A_T）照标准品溶液与稀释液的配制法配成高、中、低（d_{T_3}、d_{T_2}、d_{T_1}）三种浓度的稀释液。相邻两浓度的比值（r）应与标准品稀释溶液相等，供试品与标准品各剂量组的凝结时间应相近。

（4）血浆的制备　迅速收集兔或猪血置预先放有 8% 枸橼酸钠溶液的容器中，枸橼酸钠溶液与血液容积之比为 1∶9，边收集边轻轻振摇，混匀，离心约 20min（离心力不超过 $1500\times g$ 为宜，g 为重力常数），立即分出血浆，分成若干份分装于适宜容器中，低温冻结贮存，临用时置 $(37\pm0.5)℃$ 水浴中融化，用两层纱布滤过，使用过程中在 $2\sim8℃$ 放置。

（5）检定方法

① 新鲜兔血：取管径均匀（$0.8cm\times3.8cm$）、清洁干燥的小试管若干支，每管加入一种浓度的标准品或供试品稀释液 $0.1mL$，每种浓度不得少于 3 管，各浓度的试管支数

相等。取刚抽出的兔血适量，分别注入小试管内，每管 0.9mL，立即混匀，避免产生气泡，并开始计算时间，将小试管置（37±0.5）℃恒温水浴中，从采血时起至小试管放入恒温水浴的时间不得超过 3min，注意观察并记录各管血的凝血时间。②血浆：取上述规格的小试管若干支，分别加入血浆一定量，置（37±0.5）℃恒温水浴中预热 5～10min 后，依次每管加入一种浓度的标准品或供试品稀释液及 1％氯化钙液（每种浓度不得少于 3 管，各浓度的试管支数相等），血浆、肝素稀释液和氯化钙溶液的加入量分别为 0.5mL、0.4mL 和 0.1mL，加入 1％氯化钙溶液后立即混匀，避免产生气泡，并开始计算时间，注意观察并记录各管的凝结时间，将各管凝结时间换算成对数，照《中国药典》（2025 年版）生物检定统计法中的量反应平行线测定法计算效价及实验误差。

注意事项：检定法①的可信限率（FL％）不得大于 10％；检定法②的可信限率（FL％）不得大于 5％。

六、附：低分子肝素

低分子肝素（low molecular weight heparin，LMWH 或 low molecular mass heparin，LMMH）是 20 世纪 70 年代末发展起来的一类抗血栓药物，由肝素分级或降解而得，其平均分子量一般小于 8000。其检验方法如下所述。

1. 抗 F Ⅹ a 活性和抗 F Ⅱ a 活性的测定

LMWH 的体外活性测定一般包括抗 F Ⅹ a 效价和抗 F Ⅱ a 效价。其测定的基本原理同肝素的"生色底物法"。LMWH 的标准品采用第一次国际标准品，该标准品于 1987 年建立，是由世界卫生组织于 1986 年 12 月在第 37 次会议上通过建立的，编码 85/600。其每一安瓿装有冻干的 LMWH 钠盐 10.0mg。该标准品的生物活性由 25 个实验室，采用 6 种方法，测了 284 次而得出，每一安瓿含有 1680 抗 F Ⅹ a 活性单位和 665 抗 F Ⅱ a 活性单位。LMWH 的平均分子量及其分布很重要。该标准品的平均分子量为 5000，分子量范围在 2000～9000 者占 90％。它是由猪肠黏膜肝素通过亚硝酸控制降解法而生产的。

（1）抗 F Ⅹ a 活性测定　根据标准品的抗 F Ⅹ a 活性和供试品的估计活性，用 pH 7.4 的 Tris-HCl 缓冲液分别配制 4 个浓度的系列溶液，浓度范围为 0.025～0.20IU/mL。按两份平行实验共标记 16 个试管，供试品标记为 T_1、T_2、T_3 和 T_4，标准品标记为 S_1、S_2、S_3 和 S_4。向每个试管中加入 1IU/mL 的抗凝血酶Ⅲ 50μL，并加入上述稀释好的 LMWH 供试品溶液和标准品溶液，混匀后在 37℃保温 1min，然后向每个试管中加入牛的 F Ⅹ a 溶液 100μL。准确保温 1min 后，各加入生色底物 R_1 250μL，准确反应 4min，加入醋酸 375μL 停止反应。以 pH 7.4 的 Tris-HCl 缓冲液作空白对照，用半微量比色皿在 405nm 波长处测定吸光度。以吸光度对标准品溶液浓度的对数作回归曲线，并用常规的平行线统计法计算供试品的抗 F Ⅹ a 活性。

（2）抗 F Ⅱ a 活性测定　抗 F Ⅱ a 活性测定方法类似抗 F Ⅹ a 活性测定的步骤，不同的是抗凝血酶Ⅲ的浓度为 0.5IU/mL，生色底物为 R_2，F Ⅹ a 改为凝血酶。

生色底物 R_1 为 pH 8.4、0.0005mol/L 的 N-α-苄氧羰基-D-精氨酰-L-甘氨酰-精氨酸-

对硝基苯胺二盐酸盐的 Tris-EDTA 溶液；生色底物 R_2 为 pH 8.4、0.0005mol/L 的 D-苯丙氨酰-哌嗪-精氨酸-对硝基苯胺二盐酸盐的 Tris-EDTA 溶液；牛的 FⅩa 溶液用 pH 7.4 的 Tris-HCl 缓冲液配制，使其作空白对照时在 405nm 波长处吸光度的变化值每分钟不超过 0.15～0.20；凝血酶溶液为以 pH 7.4 的 Tris-HCl 配制的浓度为 5IU/mL 的溶液。

2. 平均分子量的测定

LMWH 的分子量及分子量分布是一项重要指标，欧洲药典和英国药典均规定采用高效液相色谱（HPLC）法来测定，并以肝素酶降解的 LMWH 作为分子量标准品，其数均分子量 $M_{na}=3700$，每瓶装有 25mg。以此为标准所测得的分子量较接近于真实值。

LMWH 的平均分子量及分子量分布范围的测定方法如下。

（1）溶液　流动相为 pH 5.0 的 2.85mg/mL 的硫酸钠溶液；分子量标准品溶液和供试品溶液的浓度为 10mg/mL。

（2）色谱条件　色谱柱为 30cm×7.5mm；填料为多孔二氧化硅珠（5μm）；理论塔板数为 20000，蛋白质的分子量分离范围为 15000～100000；流速为 0.5mL/min；检测器为 UV 分光光度计和示差折光仪（RI）。

（3）测定与计算　注入分子量标准品溶液 25μL，用 UV 检测器（波长为 234nm）与柱的出口相连，RI 检测器与 UV 检测器出口相连，准确测出两个检测器之间的时间差，以便正确校准色谱图，校准中使用的保留时间应是来自 RI 检测器的保留时间。

首先计算 RI 与 UV_{234} 的面积比 r：$r=\dfrac{\sum RI}{\sum UV_{234}}$。

并计算因子 f：$f=\dfrac{M_{na}}{r}$。色谱峰上任一点的分子量为：$M=f\dfrac{RI}{UV_{234}}$。

注入供试品溶液 25μL，并记录样品峰和溶剂峰完全洗脱这段时间的色谱图。重均分子量 M_{wa} 按下式计算：

$$M_{wa}=\frac{\sum(RI_i M_i)}{\sum RI_i} \tag{8-2}$$

式中，RI_i 为组分 i 的洗脱量；M_i 为相应组分 i 的分子量。

第二节　脂类药物分析

一、概述

脂类系脂肪、类脂及其衍生物的总称。其中具有特定生理、药理效应的物质称为脂类药物。脂类药物的共同性质是微溶或不溶于水，易溶于氯仿、乙醚、苯、石油醚等有机溶剂，即具有脂溶性。目前，应用广泛的脂类药物有熊去氧胆酸（ursodesoxycholic acid）、鹅去氧胆酸（chenodeoxycholic acid）、谷固醇（sitosterol）、辅酶 Q_{10}（coenzyme Q_{10}）和大豆磷脂、卵磷脂等。

二、脂类药物的含量测定方法

1. 酸碱滴定法

熊去氧胆酸和鹅去氧胆酸因其分子结构中均含有羧基，可以酚酞为指示剂，用氢氧化钠滴定液进行滴定。

2. 重量法

谷固醇的含量测定：谷固醇可溶于无水乙醇，在水浴中煮沸，加入洋地黄皂苷乙醇溶液后，取出，静置过夜，即可产生沉淀，用垂熔坩埚滤过，用丙醇-水-乙醇（73∶18∶9）进行洗涤 3 次（8mL、4mL、4mL），然后在 105℃干燥 3h，称重，即得（每 1g 沉淀物相当于 0.253g 谷固醇）。

3. 紫外分光光度法

【示例一】 大豆磷脂（soybean phospholipid）中磷的含量测定

大豆磷脂中含有磷，加入硫酸和硝酸后在凯氏烧瓶中加热至淡黄色，再缓缓加入过氧化氢溶液，使之褪色，继续加热 30min，即成为磷酸，然后与钼酸铵试剂作用生成磷钼酸，再与亚硫酸钠和对苯二酚试液作用生成钼蓝，在 620nm 波长处测定，并与磷酸二氢钾标准液按同样方法操作，将测得的吸光度比较，即可计算出大豆磷脂中磷的含量。

【示例二】 胆红素（bilirubin）的含量测定

胆红素存在于人及多种动物的胆汁中，也是天然牛黄和人工牛黄的主要成分。人工牛黄中胆红素的含量测定方法如下所述。

（1）对照品溶液的制备　取胆红素对照品约 10mg，精密称定，置 100mL 棕色量瓶中，加三氯甲烷溶解并稀释至刻度，摇匀，精密量取 5mL，置 50mL 棕色量瓶中，加乙醇至刻度，摇匀，即得（每 1mL 中含胆红素 10μg）。

（2）标准曲线的制备　精密量取对照品溶液 1mL、2mL、3mL、4mL、5mL，置具塞试管中，分别加乙醇至 9mL，各精密加重氮化溶液（甲液：取对氨基苯磺酸 0.1g，加盐酸 1.5mL 与水适量使成 100mL；乙液：取亚硝酸钠 0.5g，加水使溶解成 100mL，置冰箱内保存。用时取甲液 10mL 与乙液 0.3mL，混匀）1mL，摇匀，于 15～20℃暗处放置 1h，以相应的试剂为空白，照紫外-可见分光光度法，在 533nm 波长处测定吸光度，以吸光度为纵坐标，浓度为横坐标，绘制标准曲线。

（3）测定法　取本品细粉 10mg，精密称定，置锥形瓶中，加三氯甲烷和乙醇（7∶3）的混合溶液 60mL、盐酸 1 滴，摇匀，置水浴中加热回流约 30min，放冷，移至 100mL 棕色量瓶中。容器用少量混合溶液洗涤，并入同一量瓶中，加上述混合溶液至刻度，摇匀。精密量取上清液 10mL，置 50mL 棕色量瓶中，加乙醇至刻度，摇匀。精密量取 3mL，置具塞试管中，照标准曲线的制备项下的方法，自"加乙醇至 9mL"起，依法测定吸光度，从标准曲线上读出供试品溶液中含胆红素的质量（mg），计算，即得。

4. 气相色谱法

【示例】 鱼油多不饱和脂肪酸中二十碳五烯酸（EPA）和二十二碳六烯酸（DHA）的含量测定

鱼油多不饱和脂肪酸含二十碳五烯酸（EPA）和二十二碳六烯酸（DHA）等多不饱和脂肪酸（polyunsaturated fatty acid，PUFA）。EPA 的分子式为 $C_{20}H_{30}O_2$，分子量为 302.45；DHA 的分子式为 $C_{22}H_{32}O_2$，分子量为 328.49。EPA 和 DHA 为鱼油多不饱和脂肪酸的主要组成成分，不同来源和不同的制备方法获得的产品所含两者的比例有所差别。

鱼油多不饱和脂肪酸为黄色透明的油状液体，有鱼腥臭。鱼油多不饱和脂肪酸不稳定，其酯有利于蒸馏分离，故多以其酯的形式作为药用。现以鱼油多不饱和脂肪酸乙酯的一种产品为例，介绍其检验方法。

本品系用鲭鱼油、沙丁鱼油或马面鲀鱼油经乙酯化，浓缩精制加适量稳定剂制成。含二十碳五烯酸乙酯（$C_{22}H_{34}O_2$）和二十二碳六烯酸乙酯（$C_{24}H_{36}O_2$）的总量不得少于 70.0%。

其含量测定方法如下所述。

（1）仪器及性能要求　以聚二乙二醇酯（DE GS）为固定相，涂布浓度为 10%，载体 Chromosorb W AWDMCS 80-100 柱长 1.0～1.5m，内径为 3mm，柱温 185℃，进样温度 250℃，最小峰面积 500。

（2）对照品溶液的制备　分别称取二十碳五烯酸乙酯、二十二碳六烯酸乙酯对照品适量，用乙醚稀释成每 1mL 中约含 8mg 的溶液。

（3）供试品溶液的制备　取本品 0.1g，加乙醚 1mL 溶解。

（4）测定法　取对照品溶液和供试品溶液，分别进样，每次约 $2\mu L$，使二十二碳六烯酸乙酯峰高为满量程的 80%～100%，用对照品保留时间定性，除去溶剂峰面积后，用面积归一化法计算二十碳五烯酸乙酯和二十二碳六烯酸乙酯含量。

第三节　核酸类药物的分析

一、概述

核酸类药物是指具有药用价值的核酸、核苷酸、核苷以及碱基。核酸类药物可分为两大类，第一类为具有天然结构的核酸类物质，如 DNA、RNA、ATP、GTP、CTP、UTP、肌苷、肌苷酸、混合核苷酸等，它们多数是生物体自身能够合成的物质，在具有一定临床功能的前提下，毒副作用小，它们的生产基本上都可以经微生物发酵或从生物资源中提取。第二类为自然结构核酸类物质的类似物和聚合物，包括叠氮胸苷、阿糖腺苷、阿糖胞苷、三氮唑核苷、聚肌胞等，它们是当今人类治疗病毒、肿瘤、艾滋病等重大疾病的主要药物，也是产生干扰素、免疫抑制的临床药物，主要通过酶法或化学合成得到。

二、常用核酸类药物的分析与检验

1. 肌苷的质量分析

肌苷（inosine），为 9β-D-核糖次黄嘌呤，由次黄嘌呤与核糖结合而成，是临床上常用的细胞代谢改善药物，需遮光、密闭保存，常用的剂型有肌苷口服溶液、肌苷片、肌苷注射液和肌苷胶囊等。

质量检验方法如下所述。

（1）性状　本品为白色结晶性粉末；无臭，味微苦。在水中略溶，在三氯甲烷或乙醇中不溶，在稀盐酸和氢氧化钠试液中易溶。按干燥品计算，含 $C_{10}H_{12}N_4O_5$ 应为 $98.0\% \sim 102.0\%$。

（2）鉴别

① 取 0.01% 供试品溶液适量，加等体积的 3,5-二羟基甲苯溶液（取 3,5-二羟基甲苯与三氯化铁各 0.1g，加盐酸使成 100mL），混匀，在水浴中加热约 10min，即显绿色。

② 取 1% 供试品溶液适量，加氨制硝酸银试液数滴，即产生白色胶状沉淀。

③ 在含量测定项下记录的色谱图中，供试品溶液主峰的保留时间应与对照品溶液主峰的保留时间一致。

④ 本品的红外光吸收图谱应与对照的图谱一致。

（3）检查

① 溶液的透光率。取本品 0.5g，加水 50mL 使溶解，照紫外-可见分光光度法，在 430nm 的波长处测定透光率，不得低于 98.0%（供注射用）。

② 干燥失重。取本品，在 105℃ 干燥至恒重，减失重量不得过 1.0%。

③ 炽灼残渣。不得过 0.1%（供注射用），或不得过 0.2%（供口服用）。

④ 重金属　取本品 1.0g，按《中国药典》（2025 年版）通则 0821 第二法依法检查，含重金属不得过百万分之十。

⑤ 有关物质。取本品，加水制成每 1mL 中含 0.5mg 的溶液，作为供试品溶液；精密量取 1mL，置 100mL 量瓶中，加水稀释至刻度，摇匀，作为对照溶液。照含量测定项下的色谱条件，取对照溶液 20μL 注入液相色谱仪，调节检测灵敏度，使主成分峰的峰高为满量程的 20%，再精密量取供试品溶液与对照溶液各 20μL，分别注入液相色谱仪，记录色谱图至主成分峰保留时间的 3.5 倍。供试品溶液色谱图中各杂质峰面积的和不得大于对照溶液的主峰面积。

（4）含量测定　照高效液相色谱法测定。

① 色谱条件与系统适用性试验。用十八烷基硅烷键合硅胶为填充剂；以甲醇-水（10：90）为流动相；检测波长为 248nm。理论塔板数按肌苷峰计算不小于 2000。

② 测定法。取本品适量，精密称定，加水溶解制成每 1mL 中约含 $20\mu g$ 的溶液，摇匀，精密量取 $20\mu L$ 注入液相色谱仪，记录色谱图；另精密称取对照品适量，同法测定，按外标法以峰面积计算，即得。

2. 三氮唑核苷的质量分析

三氮唑核苷（ribavirin），又名利巴韦林，商品名病毒唑。三氮唑核苷由核糖的第一位碳原子与三叠氮羧基酰胺连接形成。本品为临床广泛应用的抗病毒药物。

质量检验方法如下所述。

本品为 1-β-D-呋喃核糖基-1H-1,2,4-三氮唑-3-羧酰胺。按干燥品计算，含 $C_8H_{12}N_4O_5$ 应为 $98.5\%\sim101.5\%$。

（1）性状　本品为白色结晶性粉末；无臭，无味。本品在水中易溶，在乙醇中微溶，在乙醚或三氯甲烷中不溶。

（2）比旋度　取本品，精密称定，加水制成每 1mL 中含 40mg 的溶液，依法测定，比旋度为 $-35.0°\sim-37.0°$。

（3）鉴别

① 取本品约 0.1g，加水 10mL 使溶解，加氢氧化钠试液 5mL，加热至沸，即发生氨臭，能使湿润的红色石蕊试纸变蓝色。

② 在含量测定项下记录的色谱图中，供试品溶液主峰的保留时间应与利巴韦林对照品溶液主峰的保留时间一致。

③ 本品的红外光吸收图谱应与对照的图谱一致。

（4）检查

① 酸度。取本品 0.5g，加水 25mL 溶解后，依法测定，pH 值应为 $4.0\sim6.5$。

② 吸光度。取本品 1.0g，加水 25mL 溶解后，照紫外-可见分光光度法，在 430nm 的波长处测定吸光度，不得大于 0.02。

③ 有关物质。取本品，加流动相制成每 1mL 中含 0.4mg 的溶液作为供试品溶液。精密量取供试品溶液 1mL，置 200mL 量瓶中，用流动相稀释至刻度，摇匀，作为对照溶液。照含量测定项下的色谱条件，取对照溶液 $20\mu L$，注入液相色谱仪，调节仪器灵敏度，使主成分峰的峰高为满量程的 $20\%\sim25\%$。再精密量取供试品溶液与对照溶液各 $20\mu L$，分别注入液相色谱仪，记录色谱图至主成分峰保留时间的 2 倍，供试品溶液的色谱图中各杂质峰面积的和不得大于对照溶液的峰面积（1.0%）。

④ 干燥失重。取本品，在 105℃干燥至恒重，减失重量不得过 0.5%。

⑤ 炽灼残渣。取本品 1.0g，依法检查，遗留残渣不得过 0.1%。

⑥ 重金属。取炽灼残渣项下遗留的残渣，依法检查，含重金属不得过百万分之十。

（5）含量测定　照高效液相色谱法测定。

① 色谱条件与系统适用性试验。用氢型阳离子交换树脂，磺化交联的苯乙烯-二乙烯基共聚物为填充剂；以水（用稀硫酸调节 pH 值至 2.5 ± 1.0）为流动相；检测波长为 207nm。理论塔板数按利巴韦林峰计算不低于 2000。

② 测定法。取本品，加流动相溶解并稀释制成每 1mL 中含利巴韦林 $50\mu g$ 的溶液，

精密量取 $20\mu L$ 注入液相色谱仪，记录色谱图；另取利巴韦林对照品适量，同法测定。按外标法以峰面积计算，即得。

3. 三磷酸腺苷二钠的质量分析

三磷酸腺苷二钠（adenosine disodium triphosphate），简称腺三磷（ATP），是一种具有高能键的化合物，在细胞能量代谢中起着重要作用。临床上作为细胞代谢改善药物使用。

质量检验方法如下所述。

本品为腺嘌呤核苷-5′-三磷酸酯二钠盐三水合物。按无水物计算，含 $C_{10}H_{14}N_5Na_2O_{13}P_3$ 不得少于 95.0%。

（1）性状　本品为白色或类白色粉末或结晶状物；无臭，味咸；有引湿性。本品在水中易溶，在乙醇、三氯甲烷或乙醚中几乎不溶。

（2）鉴别

① 取本品 20mg，加稀硝酸 2mL 溶解后，加钼酸铵试液 1mL，加热，放冷，即析出黄色沉淀。

② 取本品水溶液（3→10000）3mL，加 3，5-二羟基甲苯乙醇溶液（1→10）0.2mL，加硫酸亚铁铵盐酸试液（1→1000）3mL，置水浴中加热 10min，即显绿色。

③ 本品的红外光吸收图谱应与对照的图谱一致。

④ 本品的水溶液显钠盐的火焰反应。

（3）检查

① 酸度。取本品 0.5g，加水 10mL 溶解后，依法测定，pH 值应为 2.5～3.5。

② 溶液的澄清度与颜色。取本品 0.15g，加水 10mL 溶解后，溶液应澄清无色；如显色，与黄色 1 号标准比色液比较不得更深。

③ 有关物质。照含量测定项下三磷酸腺苷二钠的重量比的方法测定，按下式计算，有关物质不得过 5.0%。

$$有关物质(\%)=\frac{0.671T_1+0.855T_2+T_x}{0.671T_1+0.855T_2+T_{ATP}+T_x}\times100\% \tag{8-3}$$

式中，T_1 为一磷酸腺苷钠的峰面积；T_2 为二磷酸腺苷二钠的峰面积；T_{ATP} 为三磷酸腺苷二钠的峰面积；T_x 为其他物质的峰面积；0.671 为一磷酸腺苷钠与三磷酸腺苷二钠分子量的比值；0.855 为二磷酸腺苷二钠与三磷酸腺苷二钠分子量的比值。

④ 水分。取本品适量，精密称定，以乙二醇-无水甲醇（60∶40）为溶剂，并使溶解完全，照《中国药典》（2025 年版）水分测定法测定，含水分为 6.0%～12.0%。

⑤ 氯化物。取本品 0.10g，依法检查，与标准氯化钠溶液 5.0mL 制成的对照液比较，不得更浓（0.05%）。

⑥ 铁盐。取本品 1.0g，依法检查，与标准铁溶液 1.0mL 制成的对照液比较，不得更深（0.001%）。

⑦ 重金属。取本品 1.0g，加水 23mL 溶解后，加醋酸盐缓冲液（pH 3.5）2mL，依法检查，含重金属不得过百万分之十。

⑧ 细菌内毒素。取本品，依法检查，每 1mg 三磷酸腺苷二钠中含内毒素的量应小于

2EU（供注射用）。

（4）含量测定

① 总核苷酸。取本品适量，精密称定，加 0.1mol/L 磷酸盐缓冲液（取磷酸氢二钠 35.8g，加水至 1000mL，无水磷酸二氢钾 13.6g，加水至 1000mL，两液互调 pH 值至 7.0）使溶解并制成每 1mL 含 20μg 的溶液，照紫外-可见分光光度法测定，在 259nm 的波长处测定吸光度，按 $C_{10}H_{14}N_5Na_2O_{13}P_3$ 的吸收系数 $（E_{1cm}^{1\%}）$ 为 279 计算。

② 三磷酸腺苷二钠的重量比。照《中国药典》（2025 年版）高效液相色谱法测定。

a. 色谱条件与系统适用性试验。用十八烷基硅烷键合硅胶为填充剂；以 0.2mol/L 磷酸盐缓冲液（取磷酸氢二钠 35.8g、磷酸二氢钾 13.6g，加水 900mL 溶解，用 1mol/L 氢氧化钠溶液调节 pH 值至 7.0，加入四丁基溴化铵 1.61g，加水至 1000mL，摇匀)-甲醇（95∶5）为流动相，柱温为 35℃，检测波长为 259nm。理论塔板数按三磷酸腺苷二钠峰计算不低于 1500，出峰次序依次为一磷酸腺苷钠、二磷酸腺苷二钠与三磷酸腺苷二钠，各色谱峰的分离度应符合要求。

b. 测定法。取本品适量，精密称定，用流动相制成每 1mL 中含 0.4mg 的溶液，取 10μL 注入液相色谱仪，记录色谱图，按下式计算三磷酸腺苷二钠（T_{ATP}）在总核苷酸中的重量比。

$$三磷酸腺苷二钠重量比 = \frac{T_{ATP}}{0.671T_1 + 0.855T_2 + T_{ATP} + T_x} \qquad (8\text{-}4)$$

式中，T_1 为一磷酸腺苷钠的峰面积；T_2 为二磷酸腺苷二钠的峰面积；T_{ATP} 为三磷酸腺苷二钠的峰面积；T_x 为其他物质的峰面积；0.671 为一磷酸腺苷钠与三磷酸腺苷二钠分子量的比值；0.855 为二磷酸腺苷二钠与三磷酸腺苷二钠分子量的比值。

三磷酸腺苷二钠含量，按下式计算。

$$三磷酸腺苷二钠含量(\%) = 总核苷酸 \times 三磷酸腺苷二钠的重量比 \times 100\% \qquad (8\text{-}5)$$

4. 胞磷胆碱钠的质量分析

胞磷胆碱钠是神经磷脂的前体之一，能在磷酸胆碱神经酰胺转移酶的催化下，将其携带的磷酸基团转给神经酰胺，生成神经磷脂和胞苷-磷酸（CMP）。当脑功能下降时，可以看到神经磷脂含量的显著减少。胞二磷胆碱通过提高神经磷脂含量，从而兴奋脑干网状结构，特别是上行网状联系，提高觉醒反应，降低"肌放电"阈值，恢复神经组织机能，增加脑血流量和脑耗氧量，进而改善脑循环和脑代谢，大大提高患者的意识水平。临床上作为细胞代谢改善药物，用于减轻严重脑外伤和脑手术伴随的意识障碍，治疗帕金森病、抑郁症等。

本品为胆碱胞嘧啶核苷二磷酸酯的单钠盐，按干燥品计算，含胞磷胆碱钠（$C_{14}H_{25}N_4NaO_{11}P_2$）不得少于 98.0%。

（1）性状　本品为白色结晶或结晶性粉末；无臭。本品在水中易溶，在乙醇、丙酮、三氯甲烷中不溶。

（2）鉴别

① 取本品约 1mg，加稀盐酸 3mL、溴试液 1mL，水浴中加热 30min，置通风处，待

溴除去后，加 3,5-二羟基甲苯乙醇溶液（1→10）0.2mL，再加入硫酸亚铁铵的盐酸溶液（1→1000）3mL，水浴中加热 20min，溶液显绿色。

② 在含量测定项下记录的色谱图中，供试品溶液主峰的保留时间应与对照品溶液主峰的保留时间一致。

③ 本品的红外光吸收图谱应与对照的图谱一致。

④ 本品的水溶液显钠盐的火焰反应。

（3）检查

① 酸碱度。取本品 0.5g，加水 10mL 溶解后，依法测定，pH 值应为 6.0～7.5。

② 溶液的澄清度与颜色。取本品 1.0g，加水 8mL 溶解后，溶液应澄清无色。

③ 有关物质。取本品，加水溶解并制成每 1mL 中含 2.5mg 的溶液，作为供试品溶液。精密量取 1mL，置 500mL 量瓶中，加水至刻度，摇匀，作为对照溶液。另精密称取 5′-胞苷酸适量，加水溶解并定量稀释制成每 1mL 中含 7.5μg 的溶液，作为对照品溶液。照含量测定项下色谱条件，取对照溶液 10μL，注入液相色谱仪，调节检测灵敏度，使主成分色谱峰的峰高约为满量程的 25%，再分别精密量取供试品溶液、对照溶液和 5′-胞苷酸对照品溶液各 10μL，分别注入液相色谱仪，记录色谱图，供试品溶液色谱图中如有杂峰，含 5′-胞苷酸的量，按外标法以峰面积计算，不得大于对照品溶液的主峰面积（0.3%），其他单个杂质的峰面积不得大于对照溶液的主峰面积（0.2%），各杂质峰面积的和不得大于对照溶液主峰面积 3.5 倍（0.7%）。

④ 甲醇与丙酮。精密称取乙醇适量，加水制成每 1mL 中含 75μg 的溶液，作为内标溶液。精密称取甲醇和丙酮适量，加内标溶液稀释制成每 1mL 中各约含 150μg 的溶液，作为对照溶液，另精密称取本品 0.5g，置 10mL 量瓶中，加内标溶液溶解并稀释至刻度，摇匀，作为供试品溶液。照残留溶剂测定法［《中国药典》（2025 年版）］测定，分别取供试品溶液和对照溶液各 1μL，注入气相色谱仪，采用填充柱或适宜极性的毛细管柱，柱温为 130℃测定。含甲醇和丙酮均应符合规定。

⑤ 氯化物。取本品 0.10g，依法检查，与标准氯化钠溶液 5.0mL 制成的对照品溶液比较，不得更浓（0.05%）。

⑥ 铵盐。取本品 0.20g，依法检查，与标准氯化铵溶液 10.0mL 制成的对照品溶液比较，不得更浓（0.05%）。

⑦ 铁盐。取本品 0.20g，依法检查，与标准铁溶液 2.0mL 制成的对照品溶液比较，不得更深（0.01%）。

⑧ 磷酸盐。取本品 0.10g，加水 10mL 溶解，加钼酸铵溶液（取钼酸铵 1g，用 0.5mol/L 硫酸溶液 40mL 溶解）1mL、1-氨基-2-萘酚-4-磺酸试液 0.5mL，放置 5min，与标准磷溶液（精密称取在 105℃干燥至恒重的磷酸二氢钾 0.286g，置 1000mL 量瓶中，加水稀释至刻度，摇匀。临用前精密量取 10mL，置 100mL 量瓶中，加水稀释至刻度，摇匀。每 1mL 相当于 20μg 的 PO_4^{3-}）5.0mL 同法制成的对照液比较，颜色不得更深（0.1%）。

⑨ 干燥失重。取本品约 0.50g，以五氧化二磷为干燥剂，在 100℃减压干燥 5h，减失重量不得超过 6.0%。

⑩ 重金属。取本品 2.0g，依法检查，含重金属不得超过百万分之五。

⑪ 砷盐。取本品 2.0g，依法检查，应符合规定（0.0001%）。

⑫ 细菌内毒素。取本品，依法检查，每 1mg 胞磷胆碱钠中含内毒素的量应小于 0.3EU。

⑬ 无菌。取本品，依法检查，应符合规定（供注射用）。

（4）含量测定   照《中国药典》（2025 年版）高效液相色谱法测定

① 色谱条件与系统适用性试验。用十八烷基硅烷键合硅胶为填充剂，磷酸盐缓冲液 [0.1mol/L 的磷酸二氢钾溶液和四丁基铵溶液（取 0.01mol/L 四丁基氢氧化铵溶液用磷酸调 pH 值至 4.5）等量混合] -甲醇（95:5）为流动相，检测波长为 276nm。取 5′-胞苷酸适量，加水制成每 1mL 含 0.25mg 的溶液，取上述溶液适量与胞磷胆碱钠对照品溶液等量混合，摇匀，取 20μL 注入液相色谱仪，记录色谱图，胞磷胆碱钠峰与 5′-胞苷酸峰的分离度应符合要求。

② 测定法。取本品适量，精密称定，加水溶解并制成每 1mL 中含 0.25mg 的溶液，精密量取 10μL 注入液相色谱仪，记录色谱图，另取胞磷胆碱钠对照品适量，精密称定，同法制成每 1mL 中含 0.25mg 的溶液，作为胞磷胆碱钠对照品溶液，同法测定，按外标法以峰面积计算，即得。

第四节   生物药物中糖类修饰分析技术

一、概述

糖类修饰（如糖基化）是生物药物（如单克隆抗体、疫苗和酶类药物）中一种重要的翻译后修饰，对药物的稳定性、活性、免疫原性和半衰期等特性有重要影响。例如，糖基化影响抗体依赖性细胞介导的细胞毒作用（ADCC）和补体依赖的细胞毒性（CDC）。因此，分析糖类修饰是生物药物开发中的关键步骤。

二、常用的糖类修饰分析技术

1. 高效液相色谱法（HPLC）

高效液相色谱法（high performance liquid chromatography，HPLC）是 20 世纪 60 年代末~70 年代初发展起来的一种新型分离分析技术，随着不断改进与发展，目前已成为应用极为广泛的化学分离分析的重要手段。HPLC 是在经典液相色谱基础上，引入气相色谱的理论，在技术上采用了高压泵、高效固定相和高灵敏度检测器，因而具备速度快、效率高、灵敏度高、操作自动化程度高的特点。

【示例】　单克隆抗体的 N-糖链分析

（1）样品制备　取适量单克隆抗体样品，精密称定后用纯化水稀释至 10mg/mL。移取 $100\mu L$ 样品溶液，加入 $10\mu L$ 1mol/L 乙酸铵缓冲溶液（pH 5.0），混匀。加入 $2\mu L$ 胰酶溶液（1mg/mL），于 37℃水浴孵育 18h，酶解后使用固相萃取柱进行糖链的分离与纯化。收集洗脱液，并使用旋转蒸发仪除去溶剂。所得残余物用 $50\mu L$ 纯化水溶解，作为供试品溶液。

（2）对照品溶液制备　取已知结构的 N-糖链标准品，精密称取一定量，用纯化水稀释至 1mg/mL。取 $100\mu L$ 上述标准溶液，按上述样品制备方法处理，所得溶液作为对照品溶液。

（3）色谱条件　C_{18} 反相色谱柱（250mm×4.6mm，$5\mu m$）作为固定相，流动相 A 为 0.1%三氟乙酸水溶液，流动相 B 为乙腈。

梯度洗脱：初始 10%B，0～30min 线性梯至 40%B，30～35min 50%B，35～40min 恢复至初始条件。

柱温为 30℃，流速为 1.0mL/min，检测波长为 254nm。每次进样量为 $10\mu L$。

（4）操作步骤　取供试品溶液与对照品溶液分别进样，记录色谱图。根据保留时间与峰形，确认供试品中各糖链组分的种类，并使用标准曲线法或峰面积归一化法计算供试品中各糖链组分的相对含量。

（5）注意事项　在操作过程中，应避免样品受到污染或降解。样品酶解及纯化步骤需严格按照规定时间与条件进行，以确保结果的准确性与可重复性。

2 超高效液相色谱法（UPLC）

超高效液相色谱法（ultra-high performance liquid chromatography，UPLC）是 21 世纪初发展起来的一种先进分离分析技术，是高效液相色谱（HPLC）的重要升级。UPLC 通过采用更高压的泵、更小粒径的固定相填料以及更精密的检测器，显著提高了分离效率和分析速度，同时降低了样品和溶剂的消耗。凭借其分辨率高、灵敏度强、分析时间短等特点，UPLC 已在药物分析、食品检测和生命科学等领域得到了广泛应用。

【示例】　EPO（红细胞生成素）O-糖链分析

（1）样品制备　取适量 EPO 样品，精密称定后用纯化水稀释至 1mg/mL。移取 $200\mu L$ 样品溶液，加入 $20\mu L$ 1mol/L 乙酸铵缓冲溶液（pH 5.0），混匀。加入 $5\mu L$ O-糖苷酶（O-glycosidase，$1U/\mu L$），于 37℃恒温孵育 16h 以释放 O-糖链。酶解后，用 C_{18} 固相萃取柱对 O-糖链进行分离和纯化，用 10%甲醇洗脱糖链组分，收集洗脱液，并用旋转蒸发仪除去溶剂。将残余物用 $50\mu L$ 纯化水溶解，作为供试品溶液。

（2）对照品溶液制备　选用结构明确的 O-糖链标准品（如 NeuAc-Gal-GlcNAc），精密称取适量，用纯化水稀释至 0.5mg/mL。移取 $200\mu L$ 标准品溶液，按上述样品制备方法处理，所得溶液作为对照品溶液。

（3）UPLC 测定条件

① 色谱柱：BEH Glycan 色谱柱（100mm×2.1mm，$1.7\mu m$）。

② 流动相：A 相为 100mmol/L 乙腈-水溶液（80∶20，V/V），B 相为 100mmol/L 乙腈-水溶液（30∶70，V/V）。

③ 梯度洗脱：初始 5%B，0～10min 线性梯度至 50%B，10～12min 至 80%B，12～15min 恢复至初始条件。

④ 柱温：25℃。

⑤ 流速：0.5mL/min。

⑥ 检测方式：荧光检测器（FLD），激发波长 330nm，发射波长 420nm。

（4）操作步骤　分别取供试品溶液与对照品溶液，用 UPLC 测定，记录色谱图。根据样品峰的保留时间与对照品对比，确认供试品中各 O-糖链的组成。使用标准曲线法计算供试品中各糖链组分的含量。

（5）注意事项　样品酶解需在避光条件下进行，防止糖链结构发生光化学降解。

洗脱液需尽量避免高温，防止糖链组分发生非酶促降解反应。

样品进样前需通过 0.22μm 滤膜过滤，防止柱堵塞。

3. 基质辅助激光解吸电离飞行时间质谱（MALDI-TOF MS）

基质辅助激光解吸电离飞行时间质谱（matrix-assisted laser desorption ionization time-of-flight mass spectrometry，MALDI-TOF MS）是 20 世纪 80 年代末发展起来的一种高效质谱分析技术。MALDI-TOF MS 通过引入基质辅助激光解吸电离技术与飞行时间质谱技术相结合，实现了对大分子如蛋白质、多肽和聚合物的快速、高灵敏度分析。其操作简单、分辨率高、分析速度快，并具有广泛的质量范围，使其在生命科学、医药研究和材料科学等领域中得到了广泛应用。

【示例】　赫赛汀（trastuzumab）N-糖链分析

（1）样品制备　取适量赫赛汀（trastuzumab）样品，精密称定后用纯化水稀释至 10mg/mL。移取 100μL 样品溶液，加入 10μL 1mol/L 乙酸铵缓冲溶液（pH 5.0），混匀。加入 5μL PNGase F（5U/mL）溶液，于 37℃恒温水浴孵育 18h 以释放 N-糖链。反应结束后，将酶解产物通过 C_{18} 固相萃取柱分离并纯化糖链组分，使用纯化水洗脱，收集洗脱液。旋转蒸发除去溶剂后，用 50μL 纯化水溶解残余物，作为供试品溶液。

（2）对照品溶液制备　取已知结构的 N-糖链标准品（如 GnGnBi-PA 等），精密称取一定量，用纯化水配制成 1mg/mL 溶液。移取 100μL 标准品溶液，按上述样品制备方法处理，所得溶液作为对照品溶液。

（3）MALDI-TOF MS 测定条件

① 仪器：采用 Bruker UltrafleXtreme 飞行时间质谱仪。

② 基质：2,5-二羟基苯甲酸（DHB），配制于 10mg/mL 的 50%乙腈溶液中，含 0.1%三氟乙酸。

③ 样品点样：将 1μL 供试品溶液与 1μL 基质溶液混合后点样于 MALDI 板上，待其完全干燥。

④ 测定模式：采用反射模式，质量范围设定为 500～5000m/z。

（4）操作步骤　分别取供试品溶液与对照品溶液按上述条件制备样品，进行 MALDI-TOF MS 测试。

记录质谱图，根据离子峰的 m/z 值与强度，确认供试品中各糖链组分的类型。

采用对比标准品的方法，进一步确认糖链结构。可使用峰面积进行相对含量的定量分析。

（5）注意事项　确保酶解和样品纯化过程严格按照规定条件操作，以避免糖链结构的降解或丢失。

在点样和质谱测试时，需避免样品和基质污染，确保质量数值的准确性和重复性。

4. 电喷雾电离质谱（ESI-MS）

电喷雾电离质谱（electrospray ionization mass spectrometer，ESI-MS）是 20 世纪 80 年代发展起来的一种重要质谱分析技术。ESI-MS 通过将液态样品电离为带电粒子，再结合质谱仪进行分析，可对复杂样品进行分子量测定和结构解析。其优点在于能够直接分析生物大分子如蛋白质、核酸和多肽等，同时具备高灵敏度、高分辨率和多重电荷检测的能力。目前，ESI-MS 已广泛应用于蛋白质组学、代谢组学和药物研发等领域。

拓展阅读 15
糖蛋白 TSH（促甲状腺素）糖链异构体分析

5. 毛细管电泳-激光诱导荧光检测（CE-LIF）

毛细管电泳-激光诱导荧光检测（capillary electrophoresis-laser induced fluorescence detector，CE-LIF）是 20 世纪 90 年代发展起来的一种高灵敏度分离分析技术。CE-LIF 结合了毛细管电泳的高效分离能力和激光诱导荧光检测的高灵敏度，可实现对复杂生物样品的快速分离与超痕量分析。其具有分析速度快、样品用量少、选择性强等特点，特别适合检测微量生物分子如氨基酸、核酸片段和蛋白质。CE-LIF 广泛应用于生物医学研究、食品安全检测和环境监测等领域。

拓展阅读 16
人胰岛素类似物糖链修饰分析

总　结

本章系统介绍了糖类、脂类和核酸类药物的分析与检验方法。在糖类药物分析中，涵盖了物理常数测定（如比旋度和溶解度）、鉴别试验（如沉淀反应、红外分光光度法和高效液相色谱法）、分子量分析、含量测定（包括旋光光度法、滴定法和高效液相色谱法）以及生物法（如肝素的效价测定）。在脂类药物分析中，主要采用酸碱滴定法、重量法、紫外分光光度法和气相色谱法进行含量测定。此外，本章还详细介绍了核酸类药物的质量标准与检验内容，包括肌苷、三氮唑核苷、三磷酸腺苷二钠和胞磷胆碱钠等药物的性状、鉴别、检查和含量测定方法。通过这些方法的系统阐述，读者对糖类、脂类和核酸类药物的分析检验有了全面且深入的理解，为相关药物的质量控制和研发提供了重要的理论依据。

思考题

1. 简述多糖类药物常用的含量测定方法的特点。
2. 阐述肝素常用的效价测定方法的基本原理。
3. 阐述胆红素常用的含量测定方法的基本原理。
4. 为什么三磷酸腺苷二钠的质量标准中规定了对"有关物质"进行检查？这个药物中的"有关物质"主要是什么？

第九章　基因工程药物检验

○○ —— ○○　○　○○ ————————

第一节　基因工程药物概述

一、基因工程药物及其种类

　　基因工程药物是指将生物体内生理活性物质的基因分离纯化或者人工合成，利用重组 DNA 技术加以改造，然后使其在细菌、酵母、动物细胞或转基因动物中大量表达，通过这种方法生产的新型药物。基因工程药物建立在基因工程（genetic engineering，又称重组 DNA 技术）基础上，从 20 世纪 70 年代初期起步并得到快速发展。

　　基因工程是一门能人工地定向改造生物遗传性状的育种新技术，被认为是 20 世纪生物学一项最伟大的成就之一，在其发展的短短 50 多年时间里，就展示出其在生产应用上的巨大发展前景，如在生物制药、食品、化工、轻工、农业、能源和环保等方面取得了重大突破，尤其是在基因工程制药和基因治疗技术上的突破更是引人注目。基因工程技术的突出优越性是能从极其错综复杂的各种生物细胞内获得所需基因，再通过体外基因操作后转入受体细胞，从而直接生产出大量的新型蛋白质（主要是多肽类、蛋白质类生物药物）。基因工程能够实现各种各样遗传信息的 DNA 片段组成到不同生物间，达到定向地控制、修饰和改变生物体的遗传和变异的目的，从而创造出自然界前所未有的生物新品种，并按研究设计合成人们需要的新产物。因此，基因工程技术已经渗透到与生命科学相关的各个领域中，特别是基因工程在医药生物技术领域中的应用，更是备受国内外生物技术界的关注。

　　基因工程、细胞工程、酶工程和发酵工程都是组成医药生物技术的主体，而且这几个技术体系是相互依赖、相辅相成的。但基因工程无疑起着主导作用，因为基因工程（包括蛋白质工程）改造过的生物细胞，能赋予其他技术体系以新的生命力，能真正更容易按照人们的意愿，生产出特定的新型高效的生物药物。因此，生物制药是基因工程研究开发的前沿，已成为生物技术研究与应用开发中最活跃、发展最快的高新技术产业之一。

　　基因工程药物主要是以活性多肽或蛋白质为主体的药物，包括各类细胞生长调节因子、基因工程疫苗、基因工程抗体等。例如，细胞生长调节因子在体内和体外能够通过与靶细胞的特异性质膜受体相结合，调节细胞的生长、增殖和分化。它作为临床治疗药物大量生产时，优先采用基因工程方法，其原因是在细胞生长调节因子早期研究阶段，通常从组织或体液中提纯，或者利用培养细胞诱生的方法获取纯品，量少且昂贵。如表皮生长因子从颌下腺或人尿中提取，白细胞介素-2 从人脾细胞或淋巴细胞中诱生，干扰素从人血白细胞中诱生提取等。

　　细胞生长因子种类繁多，迄今已发现 100 多种。基于对细胞增殖的效应可分为细胞生长刺激因子和细胞生长抑制因子。细胞生长刺激因子有神经生长因子、表皮生长因子、成纤维细胞生长因子、胰岛素和胰岛素样生长因子、血小板源生长因子、肝细胞生长因子、各种集落刺激因子、促红细胞生成素和白细胞介素等，细胞生长抑制因子有干扰素、肿瘤坏死因子和转化生长因子等。

二、基因工程药物的特点

1. 分泌量极低而生理、药理活性极高

　　大多数细胞生长因子在组织中的含量一般低于内分泌激素，但引起的生物学反应却有逐级放大作用。因此，作为药物使用时的剂量非常低，如干扰素剂量为 $10\sim30\mu g$，白介素剂量为 $0.1\mu g$，表皮生长因子剂量则只有 ng 水平。

2. 具有细胞和组织特异性

　　大多数细胞生长因子都有各自的特异性细胞表面受体，它们引起的反应都是首先与受体结合，形成受体-配体复合物后才开始发挥作用，可见细胞生长因子只是对有其相应受体的细胞才具有生物活性。

3. 多数细胞生长因子具有多功能性

　　一种细胞生长因子对特定类型的细胞具有多种不同的作用，并且可对多种类型的细胞起作用。因此，多数细胞生长因子都是多功能因子。除了刺激或抑制细胞增殖外，还有其他细胞调节功能，例如，转化生长因子-β 能刺激骨母细胞、外周神经细胞和某些成纤维细胞增殖，但却对角化细胞、肝细胞、多种上皮细胞及 T 淋巴细胞有抑制作用，还能刺激成纤维细胞中葡萄糖和氨基酸的运输、糖酵解以及胶原蛋白和纤连蛋白的形成。因此，多数细胞生长因子具有广泛的生理和药理活性。

4. 细胞因子间存在复杂的相互作用

　　不同细胞生长因子之间存在复杂的相互作用，一种细胞生长因子的作用性质往往取决于其他生长因子的存在。例如，白介素-4 是增强还是拮抗造血细胞的生长，取决于其他生长因子，尤其是白介素-3 的存在，肿瘤坏死因子和转化生长因子-β 能互相逆转对方对 T

淋巴细胞的作用等。因此，临床应用有时需要几种细胞生长因子配合使用。

5. 具有低免疫原性

细胞生长因子是细胞产生的多肽，一般分子较小，在体内不会引起强烈的免疫反应，人体能耐受较大剂量。

第二节　基因工程药物质量控制

基因工程药物与传统意义上的一般药品在生产上的不同之处有：①它是利用活细胞作为表达系统，所获得的蛋白质产品往往分子量较大，并具有复杂的结构；②许多基因工程药物是参与人体一些生理功能精密调节所必需的蛋白质，极微量就可产生显著效应，任何药物性质或剂量上的偏差都可能贻误病情甚至造成严重危害；③宿主细胞中表达的外源基因，在转录、翻译、工艺放大等过程中，都有可能发生变化。因此，从原料到产品以及制备全过程都必须进行严格的检验鉴定和质量控制，确保产品符合质量标准、安全有效。

一、基因工程药物的质量要求

在一般生物制品质量要求的基础上，基因工程药物特别强调以下质量要求。

① 提供关于表达体系的详细资料，以及工程菌（或工程细胞）的特征、纯度（是否污染外来因子）和遗传稳定性等资料。

② 提供培养方法、产量的稳定性、纯化方法以及各步中间产品的收率和纯度，除去微量的外来抗原、核酸、病毒或微生物等方法。

③ 要求进行理化鉴定，包括产品的特征、纯度及与天然产物的一致性，如测定 N 端 15 个氨基酸序列、肽图，聚丙烯酰胺凝胶电泳与等电聚焦电泳、高效液相色谱等分析。一般纯度应在 95％以上。

④ 要求进行外源核酸和抗原检测，规定每剂量 DNA 含量不超过 100pg，细胞培养产品中小牛血清含量须合格。成品中不应含有纯化过程中使用的试剂，包括色谱柱试剂、亲和色谱用的鼠免疫球蛋白 G（IgG）等。

⑤ 生物活性或效价试验结果应与天然产物进行比较。

⑥ 基因工程产品的理化和生物学性质与天然产物完全相同者一般不需重复所有动物毒性试验，与天然产物略有不同者需做较多试验，与天然产物有很大不同者则须做更多试验，包括致癌、致畸试验和对生育力的影响等。

⑦ 凡蛋白质工程产品，必须非常慎重地评价其对人体的有益和有害作用，提供足够的安全性资料。

⑧ 所有基因工程产品都必须经过临床试验，以评价其安全性和有效性。

二、基因工程药物的质控要点

1. 原材料的控制

（1）表达载体和宿主细胞 应提供有关表达载体的详细资料，包括基因的来源、克隆和鉴定，表达载体的构建、结构和遗传特性。应说明载体组成各部分的来源和功能，如复制子和启动子的来源、抗生素抗性标志物等。提供至少包括构建中所用位点的酶切图谱。提供宿主细胞的资料，包括细胞株（系）名称、来源、传代历史、检定结果及基本生物学特性等。应详细说明载体引入宿主细胞的方法及载体在宿主细胞内的状态，是否整合到染色体内，以及拷贝数。应提供宿主和载体结合后的遗传稳定性资料。

（2）基因克隆序列 应提供插入基因和表达载体两端控制区的核苷酸序列。所有与表达有关的序列均应详细叙述。

（3）表达 应详细叙述在生产过程中，启动和控制克隆基因在宿主细胞中表达所采用的方法及表达水平。

2. 生产的控制

（1）原始细胞库 重组 DNA 制品的生产应采用种子批（seed lot）系统。从已建立的原始细胞库中，进一步建立生产用细胞库。含表达载体的宿主细胞应经过克隆而建立原始细胞库。在此过程中，在同一实验室工作区内，不得同时操作两种不同细胞（菌种），一个工作人员亦不得同时操作两种不同细胞或菌种。

应详细记述种子材料的来源、方式、保存及预计使用寿命。应提供在保存和复苏条件下宿主载体表达系统的稳定性证据。采用新的种子批时，应重新做全面检定。

高等真核细胞用于生产时，细胞的鉴别标志，如特异性同工酶或免疫学或遗传学特征，对鉴别所建立的菌种是有用的。有关所用传代细胞的致癌性应有详细报告。如采用微生物培养物作为种子，则应叙述其特异表型特征。

一般在原始种子阶段应确证克隆基因的 DNA 序列。但在某些情况下，如传代细胞基因组中插入多拷贝基因，此时不适合对克隆基因做 DNA 序列分析，可采用总细胞 DNA 的杂交印迹分析，或做 mRNA 的序列分析。对最终产品的特征鉴定应特别注意。

种子不应含可能致癌因子（在适用情况下），不应含有感染性外源因子，如细菌、支原体、霉菌及病毒。但是有些细胞株含有某些内源病毒，例如逆转录病毒，且不易除去。当已确知在原始细胞库或载体部分中污染此类特定内源因子时，则应能证明在生产的纯化过程中可使之灭活或清除。

（2）有限代次的生产 用于培养和诱导基因产物的材料和方法应有详细资料。对培养过程及收获时，应有灵敏的检测措施控制微生物污染。

应提供培养生长浓度和产量恒定性方面的数据，并应确立废弃一批培养物的指标。根据宿主细胞/载体系统的稳定性资料，确定在生产过程中允许的最高细胞倍增数或传代代次，并应提供最适培养条件的详细资料。

在生产周期结束时，应监测宿主细胞/载体系统的特性，例如质粒拷贝数、宿主细胞中表达载体的存留程度、含插入基因的载体的酶切图谱。一般情况下，用来自一个原始细胞库的全量培养物，必要时应做一次基因表达产物的核苷酸序列分析。

（3）连续培养生产　其基本要求同（2）有限代次的生产，应提供经长期培养后所表达基因分子的完整性资料，以及宿主细胞的表型和基因型特征。每批培养的产量变化应在规定范围内。对可以进行后处理及应废弃的培养物，应确定指标。从培养开始至收获，应有灵敏地检查微生物污染的措施。

根据宿主/载体稳定性及表达产物的恒定性资料，应规定连续培养的时间。如属长时间连续培养，应根据宿主/载体稳定性及产物特性的资料，在不同间隔时间做全面检定。

（4）纯化　对用于收获、分离和纯化的方法应详细记述，应特别注意污染病毒、核酸以及有害抗原性物质的去除。例如单克隆抗体，应有检测可能污染此类外源性物质的方法，且不应含有可测出的异种免疫球蛋白。

对整个纯化工艺应进行全面研究，包括能够去除宿主细胞蛋白质、核酸、糖、病毒或其他杂质以及在纯化过程中加入的有害化学物质等。

关于纯度的要求可视制品的用途和用法而确定，例如仅使用一次或需多次使用，用于健康人群或用于重症患者，对纯度可有不同程度的要求。

3. 终产品的质量控制

终产品的质量控制包括产品的鉴定、纯度、活性、安全性、稳定性和一致性，这需要综合利用生物化学、免疫学、微生物学、细胞生物学和分子生物学等多学科知识和技术进行鉴定，以确保基因工程药物的安全有效。

（1）产品的鉴定　目前基因重组蛋白质药物的常用鉴定方法有以下几种。a. 电泳方法。SDS-PAGE、等电点聚焦电泳、免疫电泳。b. 免疫学分析方法。放射免疫法（RIA）、放射性免疫扩散法（RID）、酶联免疫吸附分析法（ELISA）、免疫印迹法（immunoblotting）。c. 受体结合试验（receptor binding assay）。d. 高效液相色谱法（HPLC）。e. 肽图分析法。f. Edman N 末端序列分析法。g. 圆二色谱法（CD）。h. 核磁共振法（NMR）等。上述技术应用到产品鉴定的内容如下所述。

① 氨基酸成分分析。在氨基酸成分分析中，一般含 50 个左右氨基酸残基的蛋白质的定量分析结果接近理论值，即与序列分析结果一致。而含 100 个以上氨基酸残基的蛋白质的成分分析与理论值会产生较大的偏差，分子量越大，偏差越严重。原因是不同氨基酸的肽键在水解时，有些水解不完全，有些会被破坏，结果很难校正。不过氨基酸成分分析可为目的产物的纯度鉴定提供重要信息，完整氨基酸成分分析应包括甲硫氨酸、胱氨酸和色氨酸的准确值，应为 3 次分别水解样品测定后的平均值，而部分氨基酸序列分析、部分氨基酸末端序列分析（N 端 15 个氨基酸）可作为重组 DNA 蛋白质和多肽的重要鉴别指标。

② 肽图分析。肽图分析是用酶法或化学法降解目的蛋白质，对生成的肽段进行分离分析，它是检测蛋白质一级结构中细微变化的最有效方法之一，该技术有灵敏、高效的特点，是对基因工程药物的分子结构和遗传稳定性进行评价和验证的首选方法。蛋白质降解形成肽段的检定现在可以采用高效液相色谱（HPLC）或毛细管电泳（capillalary electrophoresis，CE）测定。HPLC 主要用反相-HPLC（RT-HPLC）与质谱联用技术，根据肽的长短和疏水性质来分离，但亲水性或疏水性很强的肽用 HPLC 不易分离，而质谱联用技术可弥补这个不足。肽图分析可作为基因工程产品与天然产物或参考标准品进行精确对比分析的工具。肽图分析结果结合氨基酸成分与序列分析结果，可作为蛋白质的精确鉴别依据。对含二硫键的制品，肽图可确定制品中二硫键的排列方式。

③ 重组蛋白质的浓度测定和分子量测定。蛋白质浓度测定方法主要有凯氏定氮法、双缩脲法、染料结合比色法、福林-酚法和紫外光谱法等。蛋白质分子量测定最常用的方法有凝胶过滤法和 SDS-PAGE 法，凝胶过滤法测定的是完整的蛋白质分子量，而 SDS-PAGE 法测定的是蛋白质亚基的分子量。同时用这两种方法测定同一蛋白质的分子量，可以方便地判断样品蛋白质是寡蛋白质还是聚蛋白质。

④ 蛋白质二硫键分析。二硫键和巯基与蛋白质的生物活性有着密切关系，基因工程药物产品的硫-硫键是否正确配对非常重要。测定巯基的方法有对氯汞苯甲酸（p-chloro-mercuribenzoic，PCMB）法和 $5,5'$-二硫双-2-硝基苯甲酸（$5,5'$-dithiobis-2-nitrobenzoic acid，DTNB）法等。

（2）产品的纯度分析　纯度分析是基因工程药物质量控制的关键项目，它包括目的蛋白质含量测定和杂质限量分析两方面的内容。

① 目的蛋白质含量测定。测定蛋白质含量的方法可根据目的蛋白质的理化性质和生物学特性设计。通常采用的方法有还原性及非还原性 SDS-PAGE、等电点聚焦、各种 HPLC、毛细管电泳（CE）等。应有两种以上不同机制的分析方法相互佐证，以便对目的蛋白质的含量进行综合评价。

a.聚丙烯酰胺凝胶电泳（PAGE）及等电点聚焦。PAGE 及等电点聚焦有助于证实蛋白质和肽类的纯度和分子量，亦可作为鉴别试验。PAGE 应包括在还原和非还原条件下试验，且应有适宜的分子量标记物作参比。凝胶带应有灵敏的方法染色，例如银染法，可测定微量蛋白质，也有助于检出非蛋白质物质，例如核酸、糖及脂类等。对分子量小于 8000 的肽类，PAGE 测得的分子量可能不准确。

b.高效液相色谱（HPLC）。测定蛋白质和肽类的纯度，HPLC 是一种有效的方法，在某些情况下，还可用来评定其分子构型和作为鉴别试验。

② 产物杂质检测。基因工程产物的杂质包括蛋白质和非蛋白质两类。在蛋白质类杂质中，最主要的是纯化过程中残余的宿主细胞蛋白。它的测定基本上采用免疫分析的方法，其灵敏度可达百万分之一。同时需辅以电泳等其他检测手段对其加以补充和验证。非蛋白质类杂质主要有病毒和细菌等微生物、热原、内毒素、致敏原及 DNA。可通过微生物学方法来检测并证实最终制品中无外源病毒和细菌等污染。热原可用传统的注射家兔法进行检测。测定内毒素可用鲎试验法。来源于宿主细胞的残余 DNA 的含量必须用灵敏的方法来测定，一般认为残余 DNA 含量小于 100pg/剂是安全的。残余 DNA 含量较多时，要采用核酸杂交法进行检测。

a.病毒污染检查。应采用适当的细胞基质和培养条件，检查可能污染的病毒，应证实最终制品不含外源病毒。

b.无菌试验。按照《中国药典》（2025 年版）通则 1101 无菌检查法进行无菌试验，应证实最终制品无细菌污染。

c.热原试验。应采用注射家兔法或鲎试验法（LAL）作热原检测，控制标准可参照天然制品的要求。

d.残余细胞 DNA 测定。必须用灵敏的方法测定来源于宿主细胞的残余 DNA 含量，这对于用哺乳动物传代细胞（转化的细胞系）生产的制品尤为重要。一般认为残余 DNA 含量小于 100pg/剂是安全的，但应视制品的用途、用法和使用对象而决定可接受的限度。

e.抗原性物质检查。在必要时，如制品属于大剂量反复使用者，应测定最终制品中可能存在的抗原性物质，如宿主细胞、亚细胞组分及培养基成分等。患者反复接受大剂量的这类制品时，应密切监测由这些抗原可能产生的抗体或变态反应。

f.其他外源性物质。例如，用单克隆抗体（鼠源）亲和色谱纯化的制品，应测定可能存在的鼠 IgG；细胞培养生产的制品，应测定残余小牛血清含量（μg/g）；在培养及纯化过程中所添加的可能有害的物质，也应有相应的测定数据。

（3）产品的生物活性（效价）测定　生物活性测定是保证基因工程药物产品有效性的重要手段，往往需要进行动物体内试验和通过细胞培养进行体外效价测定。体内生物活性的测定要根据目的产物的生物学特性建立适合的生物学模型。体外生物活性测定的方法有细胞培养计数法、^{3}H-胸苷（^{3}H-TdR）掺入法和酶法细胞计数法等。采用国际或国家标准品，或经国家检定机构认可的参考品，以体内或体外法测定制品的生物学活性并标明其活性单位。重组蛋白质是一种抗原，均有相应的抗体或单克隆抗体，可用放射免疫分析法或酶标法测定其免疫学活性。

（4）产品的稳定性考察　药品的稳定性是评价药品有效性和安全性的重要指标之一，也是确定药品贮藏条件和使用期限的主要依据之一。对于基因工程药物而言，作为活性成分的蛋白质或多肽的分子构型和生物活性的保持，都依赖于各种共价和非共价的作用力，因此它们对温度、氧化、光照、离子浓度和机械剪切等环境因素都特别敏感。这就要求对其稳定性进行严格的控制。没有哪种单一的稳定性试验或参数能够完全反映基因工程药物的稳定性特征，必须对产品在一致性、纯度、分子特征和生物效价等多方面的变化情况进行综合评价。采用恰当的物理化学、生物化学和免疫化学技术对其活性成分的性质进行全面鉴定，要准确检测在贮藏过程中由于脱氨、氧化、磺酰化、聚合或降解等造成的分子变化，可选用电泳和高分辨率的 HPLC，以及肽图分析等方法。

由于基因工程活性蛋白质结构十分复杂，可能同时存在多种降解途径，因此通过加速降解试验来预测基因工程药物的有效期并不十分可靠。必须在实际条件下长期观测其稳定性，才能确定有效期限。

（5）产品一致性的保证　以重组 DNA 技术为主的生物制药是一个十分复杂的过程，生产周期可达一个月甚至更长，影响因素较多。只有对从原料、生产到产品的每一步骤都进行严格的控制和质量检定，才能确保各批最终产品都安全有效、含量和杂质限度一致并符合标准。

三、基因工程药物的制造及检定规程

现以重组人干扰素 α1b（recombinant human interferon α1b）注射液的制造规程为例，

说明基因工程药物制造的质量控制要求。

1. 定义、组成及用途

本品系将带有人干扰素 α1b 基因的重组质粒，转化大肠埃希菌后，发酵表达人干扰素 α1b，经分离和高度纯化后，再加入适量人白蛋白稳定剂冻干制成，不含防腐剂和抗生素。用于治疗慢性乙型肝炎、丙型肝炎和毛细胞白血病等疾病。

2. 制造

（1）基本要求

① 设施与生产质量管理。应符合中国《药品生产质量管理规范》的要求。

② 原料及辅料。应符合《中国药典》（2025 年版）中原料和药用辅料部分的要求。未纳入药典的化学试剂，必须符合药用要求，并需经国家药品监督管理局批准。

③ 生产用水。生产用水应符合国家饮用水标准；纯化水及注射用水应符合《中国药典》（2025 年版）标准。

④ 生产用器具。直接用于生产的金属或玻璃等器具，应经过严格清洗及去热原处理或灭菌处理。

（2）工程菌菌种

① 名称及来源。重组人干扰素 α1b 工程菌株系由人干扰素 α1b 基因的重组质粒转化的大肠埃希菌菌株。生产用工程菌株应具备稳定的生物学和遗传学特性，并经国家药品监督管理局批准。

② 种子批的建立、传代及保存。原始种子批传代、扩增后用适当方法保存，作为主种子批；主种子批传代、扩增后用适当方法保存作为工作种子批。三级种子批应分别冻干，置适宜温度保存。种子批传代应限定传代次数，原始种子批和主种子批启开后传代次数不得超过 10 代，工作种子批启开后至发酵培养传代次数不得超过 5 代。

③ 菌种检定。主种子批和工作种子批的菌种检查应包括形态、生长代谢特性检查，原始种子或主种子还应做遗传特性和抗生素敏感性检查等，通常需进行以下各项检定。

a. 划种 LB 琼脂平板，应呈典型大肠埃希菌集落形态，无其他杂菌生长。

b. 涂片革兰氏染色，在光学显微镜下观察，应为典型的革兰氏阴性杆菌。

c. 对抗生素的抗性，应与原始菌种相符。

d. 电镜检查，应为典型大肠埃希菌形态，无支原体、病毒样颗粒及其他微生物污染。

e. 生化反应，应符合大肠埃希菌生物学性状。

f. 干扰素表达量，在摇床中培养，应不低于原始菌种的表达量。

g. 表达的干扰素型别，应用抗 α 型干扰素参考血清做中和试验，证明型别无误。

h. 质粒检查，该质粒的酶切图谱应与原始重组质粒相符。

（3）原液制备

① 种子液制备。将检定合格的工作种子批菌种接种于适宜的培养基中培养，供发酵罐接种用，种子液应进行质粒稳定性检查。

② 发酵用培养基。采用适宜的培养基，其中不含任何抗生素。

③ 种子液接种及发酵培养。

a. 在灭菌培养基中接种适量种子液。

b. 在适宜的温度下进行发酵，发酵条件如温度、pH 值、溶解氧、补料、发酵时间等应根据该菌种批准的发酵工艺进行。

④ 发酵液处理。用适宜的方法收集和处理菌体。

⑤ 初步纯化。采用国家药品监督管理局批准的纯化工艺进行初步纯化，使其纯度达到规定的要求。

⑥ 高度纯化。经初步纯化后，采用国家药品监督管理局批准的工艺进行高度纯化，使其达到重组人干扰素 α1b 的原液检验要求，即为干扰素原液。加入稳定剂人血清白蛋白后称为"加白蛋白干扰素原液"，－30℃冻存。

⑦ 原液检定。按重组人干扰素 α1b 的原液检验项目进行。

（4）半成品

① 配制与除菌

a. 稀释液配制。按国家药品监督管理局批准的配方配制稀释液。配制后应立即用于稀释。

b. 稀释与除菌。将检定合格的加白蛋白干扰素原液，用国家药品监督管理局批准的配方配制的稀释液进行稀释，至目的浓度后，用 0.22μm 滤膜过滤除菌，即为半成品，2～8℃保存。

② 半成品检定。按重组人干扰素 α1b 的半成品检验进行。

（5）成品

① 分批。应符合《生物制品分批规程》规定。

② 分装及冻干。制品的分装应符合《中国药典》（2025 年版）通则 0102 的有关规定。

③ 规格和包装。应符合《生物制品包装规程》的有关规定，应符合批准的规格要求。

第三节　基因编辑药物的质量分析方法

一、基因编辑药物常用质量分析方法

1. 化学检定法

① Lowry 法测定蛋白质含量。

② 用电泳法（非还原型 SDS-PAGE 法）测定纯度。

③ 用高效液相色谱（HPLC）法测定纯度。

④ 用电泳法（还原型 SDS-PAGE 法）测定分子量。

⑤ 用等电聚焦电泳法测定等电点。

⑥ 氨苄西林残留量测定。

上述各项常规化学检定，其具体检验方法参照《中国药典》（2025 年版）中生物制品、化学药品的检定方法进行。

2. 肽图分析法

肽图分析是基因工程多肽类药物质量控制的重要手段，是表征蛋白质结构的高特异性鉴别方法之一。肽图谱对每一种蛋白质来说是特异的、专一的。通过肽图分析可以鉴别蛋白质，预测其一级结构特征，比较功能相近的蛋白质结构的相似性和各批产品蛋白质一级结构的一致性。

银染 SDS-PAGE 微量肽图法，适用于溴化氰（CBrN）裂解的较大肽片段的分离检测。而对于用胰蛋白酶裂解的肽段，由于其分子较小，更适于用 RT-HPLC 法进行分离检测。

【示例】 肽图测定（胰蛋白酶裂解反相 HPLC 法）

（1）试验材料

① 仪器。高压液相色谱系统，高压液相色谱柱、反相 C_8 柱（25cm×4.6mm，粒径 5μm，孔径 30nm）。

② 试剂。胰蛋白酶（序列分析纯）、三氟乙酸（分析纯）、乙腈（色谱纯）、50％醋酸溶液（用分析纯冰醋酸配制）。

（2）试验步骤

① 待检样品处理。待检样品经透析、冻干、1％碳酸氢铵溶解样品到浓度 1.5mg/mL 后，按酶∶样品为 1∶50（质量分数）加入胰蛋白酶，（37±0.5）℃保温 6h，50％醋酸终止反应后备用。

② 色谱条件。流动相：A 为 0.1％三氟乙酸（TFA)-水，B 为 0.1％ TFA 乙腈-水（乙腈∶水＝80∶20)。柱温：（45±0.5）℃。样品室温度：（4±0.5）℃。

③ 流速。0.75mL/min。

④ 上样量。自动进样 20μL。

⑤ 检测波长。214nm。

⑥ 梯度表。如表 9-1 所示。

表 9-1 色谱条件梯度表

编号	时间/min	流速/（mL/min）	A/%	B/%
1	0.00	0.75	100.0	0.0
2	30.00	0.75	85.0	15.0
3	75.00	0.75	65.0	35.0
4	115.00	0.75	15.0	85.0
5	120.00	0.75	0.0	100.0
6	125.00	0.75	100.0	0.0
7	145.00	0.75	100.0	0.0

3. 外源性 DNA 残留量的测定

检测残留 DNA 可采用杂交分析、顺序分析技术或其他灵敏的分析技术，常用的有 DNA 探针杂交法、荧光染色法和定量 PCR 法等。DNA 探针杂交法是分子生物学中常用的基本技术，外源残留 DNA 变性为单链后吸附在固定膜上，在一定温度下可与相匹配的单链 DNA 复性重新结合形成双链，这一过程称为杂交。利用特异性单链 DNA 探针标记和供试品 DNA 单链链间杂交，并使用标记物显示杂交结果，与已知含量的阳性 DNA 对照比对，测定供试品中外源性 DNA 的残留量。经典的方法是用同位素标记作为探针，但用同位素标记费用高、不稳定、操作处理烦琐。目前已有多种标记方法成功用于生物工程产品中残留 DNA 的测定。荧光染色法是利用双链 DNA 荧光染料与双链 DNA 特异性结合后形成复合物，经激发光激发产生荧光信号，并在一定波长下检测荧光信号，根据荧光强度计算供试品中 DNA 残留量。定量 PCR 法利用具有荧光标记的特异性探针或荧光染料掺入检测 PCR 产物量，通过连续检测反应体系中荧光数值的变化，可及时反映特异性扩增产物量的变化。

依据《中国药典》（2025 年版）关于外源性残留 DNA 的检测方法，可根据具体情况选择任意一种方法进行测定。

【示例 1】　DNA 探针杂交法

（1）试剂

① DNA 标记和检测试剂盒。

② DNA 杂交膜（尼龙膜或硝酸纤维素膜）。

③ 2% 蛋白酶 K：溶液称取蛋白酶 K 0.20g，溶于灭菌水（电阻率大于 18.2MΩ·cm）10mL 中，分装后贮藏于 -20℃ 备用。

④ 3% 牛血清白蛋白溶液：称取牛血清白蛋白 0.30g，溶于灭菌水（电阻率大于 18.2MΩ·cm）10mL 中。

⑤ 1mol/L 三羟甲基氨基甲烷（Tris）溶液（pH 8.0），用适宜浓度盐酸溶液调 pH 值至 8.0。

⑥ 5.0mol/L 氯化钠溶液。

⑦ 0.5mol/L 乙二胺四乙酸二钠溶液（pH 8.0），用 10mol/L 氢氧化钠溶液调 pH 值至 8.0。

⑧ 20% 十二烷基硫酸钠（SDS）溶液，用盐酸调 pH 值至 7.2。

⑨ 蛋白酶缓冲液（pH 8.0）：量取 1mol/L Tris 溶液 1.0mL（pH 8.0）、5mol/L 氯化钠溶液 2.0mL、0.5mol/L 乙二胺四乙酸二钠溶液（pH 8.0）2.0mL、20% SDS 溶液 2.5mL，加灭菌水（电阻率大于 18.2MΩ·cm）至 10mL。如供试品遇氯化钠溶液发生沉淀反应，可免加氯化钠。

⑩ TE 缓冲液（pH 8.0）：量取 1mol/L Tris 溶液（pH 8.0）10mL、0.5mol/L 乙二胺四乙酸二钠溶液（pH 8.0）2mL，加灭菌水（电阻率大于 18.2MΩ·cm）至 1000mL。

⑪ 1% 鱼精 DNA 溶液：精密称取鱼精 DNA 0.10g，置 10mL 量瓶中，用 TE 缓冲液溶解并稀释至刻度，摇匀，用 7 号针头反复抽打，以剪切 DNA 成为小分子，分装后贮藏于 -20℃ 备用。

⑫ DNA 稀释液：取 1% 鱼精 DNA 溶液 50mL，加 TE 缓冲液至 10mL。

（2）试验步骤

① 工程菌总 DNA 的获得。按《分子克隆实验指南》或《精编分子生物学实验指南》

方法进行。

　　a. 纯度鉴定。电泳检查用 1‰琼脂糖凝胶电泳和分光光度法鉴定对照品 DNA 的纯度，应无 RNA 存在。分光光度计测 $A_{260}/A_{280}=1.8\sim2.0$（测定时将供试品稀释至 $A_{260}=0.2\sim1.0$）。

　　b. 根据 A_{260} 定量。DNA 浓度（ng/μL）$=50\times A_{260}$。如遇 DNA 不纯，需要提纯，方法是酚/氯仿抽提和过分子筛。

　　② 待检样品及阳性对照的处理

　　a. 待检样品的用量。根据成品最大使用剂量，用 DNA 稀释液将供试品（原液）稀释至每 100mL 含 1 人份剂量。如成品最大使用剂量较大，而供试品的蛋白质含量较低，可用 DNA 稀释液将供试品稀释至每 100μL 含 1/10 人份剂量或每 100μL 含 1/100 人份剂量。

　　b. 阳性 DNA 对照。用 DNA 稀释液将 DNA 稀释至 1000ng/mL，然后依次稀释成 10ng/100μL（D_1）、1ng/100μL（D_2）、100pg/100μL（D_3）三个稀释度。如成品使用剂量较大，而且 DNA 限量要求（每剂量 100pg）较严格时，则需要提高 DNA 检测灵敏度，相应的阳性 DNA 对照应稀释成 100pg/100μL（D_1）、10pg/100μL（D_2）、1pg/100μL（D_3）3 个稀释度。

　　c. 供试品、阴性及阳性对照 DNA 经蛋白酶 K 预处理。见表 9-2。

表 9-2　供试品、阴性及阳性对照 DNA 经蛋白酶 K 预处理

	加样量/μL	2%蛋白酶 K/μL	蛋白酶缓冲液/μL	3%牛血清白蛋白	加去离子水至终体积/μL
供试品	100	1	20		200
D_1	100	1	20	适量	200
D_2	100	1	20	适量	200
D_3	100	1	20	适量	200
阴性	100	1	20	适量	200

　　注：1.37℃保温 4h 以上保证酶切反应完全。

　　2.当供试品 1/100 人份剂量大于 100μL 时，终体积也随之增大，一般终体积为待检样品量的 1 倍左右，供试品体积和终体积相差过小，可能会影响蛋白酶 K 的活性。

　　3.2%蛋白酶 K 和蛋白酶缓冲液的比例为 1：20，蛋白酶缓冲液和终体积的比例为 1：10。

　　4.加入 3%牛血清白蛋白是为了使阳性对照和阴性对照中有一定的蛋白质，与供试品平行，如供试品为其他物质，则应改用其他相应物质。

　　5.若预处理后的供试品溶液中的蛋白质干扰本试验，可用上述饱和苯酚溶液抽提法或其他适宜方法提取供试品 DNA（阳性对照、阴性对照也应再次提取 DNA，与供试品溶液平行），无论采用何种方式抽提，Vero 细胞 DNA 对照品至少应能达到 10pg 的检测限。

　　6.供试品为疫苗制品时，供试品和阳性对照均采用 TE 缓冲液稀释。阴性对照为 TE 缓冲液。

　　③ 点膜

　　a. 按标尺剪下一块膜，要能覆盖加样器上所有孔，剪下一只角作为标记。

　　b. 膜预先用 TE 浸润。

　　c. 预处理的供试品、阳性 DNA 对照、阴性对照和空白对照 100℃水浴 10min，冰浴冷却，8000r/min 离心 5 s。

　　d. 用抽滤加样器点膜，80℃真空烘烤 1h 以上（因有蛋白质沉淀，故要视沉淀多少确

定加样量，所有供试品与阳性对照、阴性对照、空白对照要加同样量，或按同样比例加样）。

④ 探针标记、杂交及显色。按试剂盒说明书进行。

（3）结果观察　阳性对照应显色，浓度由高到低表现一定的颜色梯度，阴性对照、空白对照应不显色或显色深度小于阳性 DNA 对照 D_3，试验成立。将供试品与阳性对照进行比较，根据显色的深浅判定供试品中外源性 DNA 的含量。

【示例 2】　荧光染色法

（1）试剂

① 1mol/L 三羟甲基氨基甲烷（Tris）溶液（pH 7.5），用盐酸调 pH 值至 7.5。

② 0.5mol/L 乙二胺四乙酸二钠溶液（pH 7.5），用 10mol/L 氢氧化钠溶液调 pH 值至 7.5。

③ TE 缓冲液（pH 7.5）：量取 1mol/L Tris 溶液（pH 7.5）1.0mL、0.5mol/L 乙二胺四乙酸二钠溶液（pH 7.5）0.2mL，加灭菌注射用水至 100mL。

④ 双链 DNA 荧光染料：按试剂使用说明书配制。

⑤ DNA 标准品：取 DNA 标准品适量溶于 TE 缓冲液中，制成 $50\mu g/mL$ DNA 标准品，于 $-20℃$ 保存。DNA 标准品浓度根据下式计算：DNA 浓度（$\mu g/mL$）$=50\times A_{260}$。

⑥ DNA 标准品溶液制备：用 TE 缓冲液将 DNA 标准品配成 0ng/mL、1.25ng/mL、2.5ng/mL、5.0ng/mL、10ng/mL、20ng/mL、40ng/mL、80ng/mL 的标准品溶液。

（2）测定　精密量取 DNA 标准品溶液和供试品溶液各 $400\mu L$ 于 1.5mL 离心管中，分别加入新配制的双链 DNA 荧光染料 $400\mu L$，混匀后，避光室温放置 5min。取 $250\mu L$ 上述反应液于 96 孔黑色酶标板中，并做 3 个复孔。用荧光酶标仪在激发波长为 480nm、发射波长为 520nm 处测定荧光强度。以 TE 缓冲液测得的荧光强度为本底，测定和记录各测定孔的荧光值。以标准品溶液的浓度对其相应的荧光强度作直线回归，求得直线回归方程（相关系数应不低于 0.99），将供试品溶液的荧光强度代入直线回归方程，求出供试品中 DNA 的残留量。

注意事项：①DNA 残留量在 $1.25\sim80$ng/mL 范围内，本法线性较好，因此供试品 DNA 残留量在该范围内可定量测定，当 DNA 残留量低于 1.25ng/mL 时应为限量测定，表示为小于 1.25ng/mL。②供试品首次应用本法测定时需要进行方法学验证，验证内容至少包括精密度试验和回收率试验。若供试品干扰回收率和精密度，应采用适宜方法稀释或纯化 DNA 以排除干扰，直至精密度试验和回收率试验均符合要求。需要纯化 DNA 后再进行测定的供试品，每次测定均应从纯化步骤起增加回收率试验，并用回收率对测定结果进行校正。

4. 宿主细胞蛋白质杂质的检测

宿主细胞蛋白质（host cell protein，HCP）是基因工程药物特有的杂质，其含量是质量控制的一项重要指标。由于其含量极微（ng 水平），且与主要成分蛋白质等混杂，在分离纯化过程中很难完全除尽，但残余过量的 HCP 会引起机体免疫反应，或影响目的蛋白质功效，故需进行严格限定。由于常量非特异的蛋白质测定法无法检出，《中国药典》

（2025 年版）采用酶联免疫吸附法（ELISA）检测宿主 HCP 的残留量。

【示例】　大肠埃希菌菌体蛋白残留含量测定法

（1）试验材料

① 包被液（pH 9.6 碳酸盐缓冲液）：称取碳酸钠 0.32g、碳酸氢钠 0.586g，定容至 200mL。

② 磷酸盐缓冲液（pH 7.4）：称取氯化钠 8g、氯化钾 0.2g、磷酸氢二钠 1.44g、磷酸二氢钾 0.24g，加水溶解并稀释至 500mL，121℃灭菌 15min。

③ 洗涤液（pH 7.4）：量取聚山梨酯 20 0.5mL，加磷酸盐缓冲液至 500mL。

④ 稀释液（pH 7.4）：称取牛血清白蛋白 0.5g，加洗涤液溶解并稀释至 100mL。

⑤ 浓稀释液：称取牛血清白蛋白 1.0g，加洗涤液溶解并稀释至 100mL。

⑥ 底物缓冲液（pH 5.0 枸橼酸-磷酸盐缓冲液）：称取磷酸氢二钠（$Na_2HPO_4 \cdot 12H_2O$）1.84g、枸橼酸 0.51g，加水溶解并稀释至 100mL。

⑦ 底物液：取邻苯二胺 8mg、30%过氧化氢 30μL，溶于底物缓冲液 20mL 中。临用时现配。

⑧ 终止液：1mol/L 硫酸溶液。

⑨ 标准品溶液：按菌体蛋白质标准品说明书加水复溶，精密量取适量，用稀释液稀释成每 1mL 中含菌体蛋白质 500 ng、250 ng、125 ng、62.5 ng、31.25 ng、15.625 ng、7.8125 ng 的溶液。

⑩ 供试品溶液：取供试品适量，用稀释液稀释成每 1mL 中约含 250μg 的溶液。如供试品每 1mL 中含量小于 500μg 时，用浓稀释液稀释 1 倍。

（2）试验步骤

① 包被。取兔抗大肠埃希菌菌体蛋白质抗体适量，用包被液溶解并稀释至 10μg/mL，以 100μL/孔加至 96 孔酶标板内，置 4℃过夜（16~18h）。

② 封闭。用洗涤液洗板 3 次。用洗涤液配制 1%牛血清白蛋白溶液，以 200μL/孔加至板内，37℃置 2h。

③ 加样。将封闭好的酶标板洗板 3 次，标准品溶液和供试品溶液均以 100μL/孔加至板内，每个稀释度做双孔，同时加入 2 孔空白对照（稀释液），37℃置 2h。

④ 用稀释液 1∶1000 稀释辣根过氧化物酶（HRP）标记的兔抗大肠埃希菌菌体蛋白质抗体，以 100μL/孔加至板内，37℃置 1h。

⑤ 用洗涤液洗板 10 次。以 100μL/孔加入临时配制的底物液，37℃避光置 40min。

⑥ 以 50μL/孔加入终止液终止反应。

⑦ 将板放入酶标仪中，选择 492nm 波长测吸光度（A 值），应用计算机分析软件进行读数和数据分析，也可使用手工作图法计算。

（3）结果计算　以标准品 A 值对标准品浓度作曲线，并以供试品溶液 A 值在曲线上读出相应菌体蛋白质含量，按以下公式计算待检样品中菌体蛋白质残留量：

$$供试品中菌体蛋白质残留量(\%)=\frac{供试品菌体蛋白质含量(ng/mL)\times供试品稀释倍数}{供试品总蛋白质含量(mg/mL)\times10^6}\times100\%$$

（9-1）

5. 无菌检查法

基因工程药物和其他生物制品不得含有杂菌，灭活疫苗不得含有活的本菌、本毒。在制造过程中应由制造部门按各制品制造及检定规程规定进行无菌检查，分装后的制品须经质量检定部门做最后检定。各种生物制品的无菌检查除有专门规定者外，均按照《中国药典》（2025 年版）通则 1101 无菌检查法进行。

【示例】 无菌检查法

（1）培养基适用性检查 无菌检查使用的培养基有硫乙醇酸盐流体培养基、胰酪大豆胨液体培养基、中和或灭活用培养基、0.5％葡萄糖肉汤培养基、胰酪大豆胨琼脂培养基、沙氏葡萄糖液体培养基、沙氏葡萄糖琼脂培养基、马铃薯葡萄糖琼脂培养基等。这些培养基使用时应进行培养基的无菌检查及灵敏度检查，本检查可在供试品的无菌检查前或同时进行。

① 无菌性检查：每批培养基一般随机取不少于 5 支（瓶），置各培养基规定的温度培养 14 天，应无菌生长。

② 灵敏度检查

a. 培养基灵敏度检查所用菌株传代次数不得超过 5 代（从菌种保存中心获得的干燥菌种为第 0 代），并采用适宜的菌种保藏技术进行保存和确认，以保证试验菌株的生物学特性。可选用的菌株有金黄色葡萄球菌 ［CMCC（B）26 003］、铜绿假单胞菌 ［CMCC（B）10 104］、枯草芽孢杆菌 ［CMCC（B）63 501］、生孢梭菌 ［CMCC（B）64 941］、白色念珠菌 ［CMCC（F）98 001］、黑曲霉 ［CMCC（F）98 003］。

b. 将菌种与适宜的培养基制备成菌悬液，接种至相应培养基中培养基（细菌不超过 3 天，真菌不超过 5 天）。

c. 若空白对照管（不接种培养基）无菌生长，而加菌的培养基管均生长良好，则判该培养基灵敏度检查符合规定。

d. 具体菌种对应的培养基及其配方、菌悬液制备参数详见《中国药典》（2025 年版）通则 1101 无菌检查法。

（2）方法适用性试验 无菌检查法可选择薄膜过滤法或直接接种法，进行无菌检查时应进行方法适用性试验，按《中国药典》（2025 年版）通则 1101 供试品的无菌检查的规定进行操作，对每一试验菌应逐一进行方法确认。只要供试品性质允许，应采用薄膜过滤法。方法适用性试验也可与供试品的无菌检查同时进行。

① 薄膜过滤法。按供试品的无菌检查要求，取每种培养基规定接种的供试品总量，采用薄膜过滤法过滤，冲洗，在最后一次的冲洗液中加入不大于 100 菌落形成单位（CFU）的试验菌，过滤。加培养基至滤筒内，接种金黄色葡萄球菌、铜绿假单胞菌/大肠埃希菌、生孢梭菌的滤筒内加硫乙醇酸盐流体培养基；接种枯草芽孢杆菌、白色念珠菌、黑曲霉的滤筒内加胰酪大豆胨液体培养基。另取一装有同体积培养基的容器，加入等量试验菌，作为对照。置规定温度培养，培养时间不得超过 5 天。

② 直接接种法。取符合直接接种法培养基用量要求的硫乙醇酸盐流体培养基 6 管，分别接入不大于 100 CFU 的金黄色葡萄球菌、铜绿假单胞菌/大肠埃希菌、生孢梭菌各

2管；取符合直接接种法培养基用量要求的胰酪大豆胨液体培养基6管，分别接入不大于100 CFU的枯草芽孢杆菌、白色念珠菌、黑曲霉各2管。其中1管按供试品的无菌检查要求，接入每管培养基规定的供试品接种量，另1管作为对照，置规定的温度培养，培养时间不得超过5天。

③ 结果判断。与对照管比较，如含供试品各容器中的试验菌均生长良好，则说明供试品的该检验量在该检验条件下无抑菌作用或其抑菌作用可忽略不计，照此检查方法和检查条件进行供试品的无菌检查。如含供试品的任一容器中的试验菌生长微弱、缓慢或不生长，则说明供试品的该检验量在该检验条件下有抑菌作用，应采用增加冲洗量、增加培养基用量、使用中和剂或灭活剂、更换滤膜品种等方法，消除供试品的抑菌作用，并重新进行方法适用性试验。

（3）供试品的无菌检查

① 检验数量与检验量。检验数量是指一次试验所用供试品最小包装容器的数量，成品每亚批均应进行无菌检查。检验量是指供试品每个最小包装接种至每份培养基的最小量。除另有规定外，供试品检验数量与检验量均按《中国药典》（2025年版）通则1101无菌检查法规定进行。

② 阳性对照与阴性对照。阳性对照需根据供试品特性选择：无抑菌作用及抗革兰氏阳性菌为主的供试品，以金黄色葡萄球菌为对照菌；抗革兰氏阴性菌为主的供试品以大肠埃希菌为对照菌；抗厌氧菌的供试品，以生孢梭菌为对照菌；抗真菌的供试品，以白色念珠菌为对照菌。阳性对照试验的菌液制备同方法适用性试验，加菌量不大于100 CFU，供试品用量同供试品无菌检查时每份培养基接种的样品量。阳性对照管培养不超过5天，应生长良好。供试品无菌检查时，应取相应溶剂和稀释液、冲洗液同法操作，作为阴性对照，阴性对照不得有菌生长。

③ 供试品处理。不同类型和性状的供试品处理方法详见《中国药典》（2025年版）通则1101无菌检查法。

④ 薄膜过滤法。采用封闭式薄膜过滤器，根据供试品及其溶剂的特性选择滤膜材质。滤膜孔径应不大于$0.45\mu m$。滤膜直径约为50mm，若使用其他尺寸的滤膜，应对稀释液和冲洗液体积进行调整，并重新验证。使用时，应保证滤膜在过滤前后的完整性。

水溶性供试液过滤前，一般应先将少量的冲洗液过滤，以润湿滤膜。油类供试品，其滤膜和过滤器在使用前应充分干燥。为发挥滤膜的最大过滤效率，应注意保持供试品溶液及冲洗液覆盖整个滤膜表面。供试液经薄膜过滤后，若需要用冲洗液冲洗滤膜，每张滤膜每次冲洗量一般为100mL，总冲洗量一般不超过500mL，最高不得超过1000mL。

⑤ 直接接种法。直接接种法适用于无法用薄膜过滤法进行无菌检查的供试品，即取规定量供试品分别等量接种至硫乙醇酸盐流体培养基和胰酪大豆胨液体培养基中。除生物制品外，一般样品无菌检查时两种培养基接种的瓶或支数相等；生物制品无菌检查时硫乙醇酸盐流体培养基和胰酪大豆胨液体培养基接种的瓶或支数为2：1。除另有规定外，每个容器中培养基的用量应符合接种的供试品体积不得大于培养基体积的10%，同时，硫乙醇酸盐流体培养基每管装量不少于15mL，胰酪大豆胨液体培养基每管装量不少于10mL。供试品检查时，培养基的用量和高度同方法适用性试验。

⑥ 培养及观察。将上述接种供试品后的培养基容器分别按各培养基规定的温度培养

不少于 14 天。接种生物制品的硫乙醇酸盐流体培养基的容器应分成两等份，一份置 30～35℃培养，一份置 20～25℃培养。培养期间应定期观察并记录是否有菌生长。如在加入供试品后或在培养过程中，培养基出现浑浊，培养 14 天后，不能从外观上判断有无微生物生长，可取该培养液不少于 1mL 转种至同种新鲜培养基中，将原始培养物和新接种的培养基继续培养不少于 4 天，观察接种的同种新鲜培养基是否再出现浑浊，或取培养液涂片，染色，镜检，判断是否有菌。

⑦ 结果判断。若供试品管均澄清，或虽显浑浊但经确证无菌生长，判供试品符合规定；若供试品管中任何一管显浑浊并确证有菌生长，判供试品不符合规定，除非能充分证明试验结果无效，即生长的微生物非供试品所含。只有符合下列至少一个条件时方可认为试验无效。

a. 无菌检查试验所用的设备及环境的微生物监控结果不符合无菌检查法的要求。

b. 回顾无菌试验过程，发现有可能引起微生物污染的因素。

c. 在阴性对照中观察到微生物生长。

d. 供试品管中生长的微生物经鉴定后，确证是因无菌试验中所使用的物品和（或）无菌操作技术不当引起的。

试验若经评估确认无效后，应重试。重试时，重新取同量供试品，依法检查，若无菌生长，判供试品符合规定；若有菌生长，判供试品不符合规定。

6. 细菌内毒素试验

基因工程药物内毒素的检定按照《中国药典》（2025 年版）通则 1143 细菌内毒素检查法进行。细菌内毒素检查包括两种方法，即凝胶检测法和光度检测法，后者包括浊度法和显色基质法。供试品检测时，可使用其中任何一种方法进行试验。当测定结果有争议时，除另有规定外，以凝胶限度试验结果为准。内毒素剂量用内毒素单位（EU）表示，等同于内毒素国际单位（IU）。试验过程中应防止内毒素的污染。

【示例】　凝胶法检测细菌内毒素

（1）试验器皿和试剂

① 器皿。试验所用的器皿需经处理，以去除可能存在的外源性内毒素。耐热器皿常用干热灭菌法（250℃、至少 30min）去除，也可采用其他确证不干扰细菌内毒素检查的适宜方法。若使用塑料器具，如微孔板和与微量加样器配套的吸头等，应选用标明无内毒素并且对试验无干扰的器具。

② 试剂

a. 细菌内毒素国家标准品，系自大肠埃希菌提取精制的内毒素，用于标定细菌内毒素工作标准品效价和标定、复核、仲裁鲎试剂灵敏度。

b. 细菌内毒素工作标准品，系以细菌内毒素国家标准品为基准进行标定，确定其质量的相当效价。每 1 ng 工作标准品效价应在 2～50EU 之间。细菌内毒素工作标准品用于鲎试剂灵敏度复核、干扰试验及试验阳性对照。

c. 鲎试剂是从鲎的血液中提取出的冻干试剂，可以与细菌内毒素发生凝集反应，除了内毒素，鲎试剂还与某些 β-葡聚糖反应，产生假阳性结果。如遇含有 β-葡聚糖的样品，可使用去 G 因子鲎试剂或 G 因子反应抑制剂来排除鲎试剂与 β-葡聚糖的反应。

　　d. 细菌内毒素检查用水应符合灭菌注射用水标准，其内毒素含量小于 0.015EU/mL（用于凝胶检测法）或小于 0.005EU/mL（用于光度检测法），且对内毒素检查试验无干扰作用。

　　③ 供试品溶液。某些供试品需进行复溶、稀释或在水性溶液中浸提制成供试品溶液。必要时可调节被测溶液（或其稀释液）的 pH 值，一般供试品溶液和鲎试剂混合后溶液的 pH 值在 6.0～8.0 的范围内为宜，可使用适宜的酸、碱溶液或缓冲液调节 pH 值，酸或碱溶液须用细菌内毒素检查用水在已去除内毒素的容器中配制。所用溶剂、酸碱溶液及缓冲液应不含内毒素和干扰因子。

　　(2) 预试验

　　① 鲎试剂灵敏度复核。使鲎试剂产生凝集的内毒素的最低浓度即为鲎试剂的标示灵敏度，用 EU/mL 表示。当使用新批号的鲎试剂或试验条件发生了任何可能影响检验结果的改变时，应进行鲎试剂灵敏度复核试验。

　　根据鲎试剂灵敏度的标示量（λ），将细菌内毒素国家标准品或工作标准品用细菌内毒素检查用水溶解，在旋涡混合器上混合 15min 或参照标准品说明书操作，然后制成 2λ、λ、0.5λ 和 0.25λ 的内毒素标准溶液，每稀释一步均应在旋涡混合器上混合 30 s 或参照标准品说明书操作，取不同浓度的内毒素标准溶液，分别与等体积（如 0.1mL）的鲎试剂溶液混合，每一个内毒素浓度平行做 4 管；另外取 2 管加入等体积的细菌内毒素检查用水作为阴性对照。将试管中溶液轻轻混匀后，封闭管口，垂直放入（37±1）℃的恒温器中，保温（60±2）min。

　　将试管从恒温器中轻轻取出，缓缓倒转 180°，若管内形成凝胶，并且凝胶不变形、不从管壁滑脱者为阳性；未形成凝胶或形成的凝胶不坚实、变形并从管壁滑脱者为阴性。保温和拿取试管过程应避免受到振动，造成假阴性结果。

　　当最大浓度 2λ 管均为阳性，最低浓度 0.25λ 管均为阴性，阴性对照管为阴性，试验方有效。按下式计算鲎试剂灵敏度的测定值（λ）：

$$\lambda_c = \text{antilg}(\sum X / n) \tag{9-2}$$

　　式中，X 为反应终点内毒素浓度的对数值（lg）；n 为每个浓度的平行管数。

　　当 λ_c 在 $0.5\lambda \sim 2.0\lambda$（包括 0.5λ 和 2.0λ）时，方可用于细菌内毒素检查，并以 λ 为该批鲎试剂的灵敏度。

　　② 干扰试验。用供试品（未检出内毒素的样品）或供试品的最大有效稀释倍数（MVD）溶液和细菌的内毒素进行检查，用水将细菌内毒素国家标准品配制成工作标准 2.0λ、1.0λ、0.5λ 和 0.25λ 的稀释液，按鲎试剂灵敏度复核试验进行操作。

　　供试品的最大有效稀释倍数（MVD）按下式计算：

$$\text{MVD} = cL / \lambda \tag{9-3}$$

　　式中，L 表示供试品的细菌内毒素限值；c 表示供试品的浓度或复溶后溶液浓度。当 L 用 EU/mL 表示时，c 为 1.0mL/mL；当 L 用 EU/mg 或 EU/U 表示时，c 为 mg/mL 或 U/mL。如需计算在 MVD 时的供试品浓度，即最小有效稀释浓度，可用公式 $c = \lambda / L$；λ 为在凝胶检测法中鲎试剂的标示灵敏度（EU/mL）或是在光度检测法中所使用的标准曲线上最低的内毒素浓度。

按照表 9-3 制备溶液 A～D，使用的供试品溶液应为未检出内毒素且不超过 MVD 的溶液，按鲎试剂灵敏度复核试验进行操作。

表 9-3 溶液 A～D 制备方法

编号	内毒素浓度/被加入内毒素的溶液	稀释用液	稀释倍数	所含内毒素的浓度	平行管数
A	无/供试品溶液	—	—	—	2
B	2λ/供试品溶液	供试品溶液	1	2λ	4
			2	1λ	4
			4	0.5λ	4
			8	0.25λ	4
C	2λ/检查用水	检查用水	1	2λ	2
			2	1λ	2
			4	0.5λ	2
			8	0.25λ	2
D	无/检查用水	—	—	—	2

注：A 为供试品溶液；B 为干扰试验系列；C 为鲎试剂标示灵敏度的对照系列；D 为阴性对照。

只有当溶液 A 和阴性对照溶液 D 的所有平行管都为阴性，并且系列溶液 C 的结果符合鲎试剂灵敏度复核试验要求时，试验方为有效。当系列溶液 B 的结果符合鲎试剂灵敏度复核试验要求时，认为供试品在该浓度下无干扰作用。其他情况则认为供试品在该浓度下存在干扰作用。若供试品溶液在小于 MVD 的稀释倍数下对试验有干扰，应将供试品溶液进行不超过 MVD 的进一步稀释，再重复干扰试验。

可通过对供试品进行更大倍数的稀释或通过其他适宜的方法（如过滤、中和、透析或加热处理等）排除干扰。为确保所选择的处理方法能有效地排除干扰且不会使内毒素失去活性，要使用预先添加了标准内毒素再经过处理的供试品溶液进行干扰试验。当进行新药的内毒素检查试验前，或无内毒素检查项的品种建立内毒素检查法时，须进行干扰试验。当鲎试剂、供试品的处方、生产工艺改变或试验环境中发生了任何有可能影响试验结果的变化时，须重新进行干扰试验。

（3）检查法

① 凝胶限度试验

a. 溶液配制。按表 9-4 制备溶液 A～D，使用稀释倍数不超过 MVD 且已排除干扰的供试品制备溶液 A 和 B，按鲎试剂灵敏度复核试验进行操作。

表 9-4 溶液配制表

编号	内毒素浓度/被加入内毒素的溶液	平行管数
A	无/供试品溶液	2
B	2λ/供试品溶液	2
C	2λ/检查用水	2
D	无/检查用水	2

注：A 为供试品溶液；B 为供试品阳性对照；C 为阳性对照；D 为阴性对照。

b.结果判断。保温（60±2）min 后观察结果。若阴性对照溶液 D 的平行管均为阴性，供试品阳性对照溶液 B 的平行管均为阳性，阳性对照溶液 C 的平行管均为阳性，试验有效。

若溶液 A 的两个平行管均为阴性，判定供试品符合规定。若溶液 A 的两个平行管均为阳性，判定供试品不符合规定。若溶液 A 的两个平行管中的一管为阳性，另一管为阴性，需进行复试。复试时溶液 A 需做 4 支平行管，若所有平行管均为阴性，判定供试品符合规定，否则判定供试品不符合规定。若供试品的稀释倍数小于 MVD 而溶液 A 结果出现不符合规定时，可将供试品稀释至 MVD 重新试验，再对结果进行判断。

② 凝胶半定量试验

a.溶液配制。溶液配制表如表 9-5 所示。

表 9-5 溶液配制表

编号	内毒素浓度/被加入内毒素的溶液	稀释用水	稀释倍数	所含内毒素的浓度	平行管数
A	无/供试品溶液	检查用水	1	—	2
			2	—	2
			4	—	2
			8	—	2
B	2λ/供试品溶液	—	1	2λ	2
C	2λ/检查用水	检查用水	1	2λ	2
			2	1λ	2
			4	0.5λ	2
			8	0.25λ	2
D	无/检查用水		—	—	2

注：A 为不超过 MVD 并且通过干扰试验的供试品溶液，从通过干扰试验的稀释倍数开始用检查用水稀释如 1 倍、2 倍、4 倍和 8 倍，最后的稀释倍数不得超过 MVD。B 为含 2λ 浓度标准内毒素的溶液 A（供试品阳性对照）。C 为鲎试剂标示灵敏度的对照系列。D 为阴性对照。

b.结果判断。若阴性对照溶液 D 的平行管均为阴性，供试品阳性对照溶液 B 的平行管均为阳性，系列溶液 C 的反应终点浓度的几何平均值在 $0.5\lambda \sim 2\lambda$，试验有效。系列溶液 A 中每一系列平行管的终点稀释倍数乘以 λ，为每个系列的反应终点浓度。如果检验的是经稀释的供试品，则将终点浓度乘以供试品进行定量试验的初始稀释倍数，即得到每一系列内毒素浓度 c。

若每一系列内毒素浓度均小于规定的限值，判定供试品符合规定。每一系列内毒素浓度的几何平均值即为供试品溶液的内毒素浓度 [按公式 $c_E=\text{antilg}\,(\sum \lg c/2)$]。若试验中供试品溶液的所有平行管均为阴性，应记为内毒素浓度小于 λ（如果检验的是稀释过的供试品，则记为小于 λ 乘以供试品进行定量试验的初始稀释倍数）。若任何系列内毒素浓度不小于规定的限值时，则判定供试品不符合规定。当供试品溶液的所有平行管均为阳性，可记为内毒素的浓度大于或等于最大的稀释倍数乘以 λ。

7. 异常毒性试验

异常毒性有别于药物本身所具有的毒性特征，是指由生产过程中引入或其他原因所致的毒性。基因工程药物异常毒性的检定按照《中国药典》（2025 年版）通则 1141 异常毒性检查法进行。

异常毒性试验是给予小鼠或豚鼠一定剂量的供试品溶液，在规定时间内观察小鼠或豚鼠出现的异常反应或死亡情况，以判定供试品是否符合规定的一种方法。

供试品溶液按对应品种项下规定的浓度制成供试品溶液。临用前，供试品溶液应平衡至室温。试验用动物应健康合格，在试验前及试验的观察期内，均应按正常饲养条件饲养。做过本试验的动物不得重复使用。

（1）非生物制品试验　除另有规定外，取小鼠 5 只，体重 18～22g，每只小鼠分别静脉给予供试品溶液 0.5mL。应在 4～5s 内匀速注射完毕。规定缓慢注射的品种可延长至 30s。除另有规定外，全部小鼠在给药后 48h 内不得有死亡；如有死亡时，应另取体重 19～21g 的小鼠 10 只复试，全部小鼠在 48h 内不得有死亡。

（2）生物制品试验　除另有规定外，异常毒性试验应包括小鼠试验和豚鼠试验。试验中应设同批动物空白对照，观察期内，动物全部健存，且无异常反应，到期时每只动物体重应增加，则判定试验成立。按照规定的给药途径缓慢注入动物体内。

① 小鼠试验法。除另有规定外，取小鼠 5 只，注射前每只小鼠称体重，应为 18～22g。每只小鼠腹腔注射供试品溶液 0.5mL，观察 7 天。观察期内，小鼠应全部健存，且无异常反应，到期时每只小鼠体重应增加，判定供试品符合规定。如不符合上述要求，应另取体重 19～21g 的小鼠 10 只复试 1 次，判定标准同前。

② 豚鼠试验法。除另有规定外，取豚鼠 2 只，注射前每只豚鼠称体重，应为 250～350g。每只豚鼠腹腔注射供试品溶液 5.0mL，观察 7 天。观察期内，豚鼠应全部健存，且无异常反应，到期时每只豚鼠体重应增加，判定供试品符合规定。如不符合上述要求，应另取 4 只豚鼠复试 1 次，判定标准同前。

因生物制品本身质量属性不适合进行异常毒性检查的，在提供充分依据并经过评估的基础上经批准可不设立该项检查。

8. 热原检查法

热原主要存在于天然水、尘埃、自来水中，指可以引起恒温动物体温异常升高的致热物质，包括细菌性热原、内源性高分子热原、内源性低分子热原及化学热原等。患者使用热原污染的药物可能出现发热、呕吐、恶心、腹泻，甚至昏厥、休克、死亡等症状，故热原的控制十分必要。基因编辑药物的热原主要为革兰氏阴性菌产生的脂多糖，具有无限异质性，故无法得到一个同质标准品或供试品，目前基因工程药物热原的检定按照《中国药典》（2025 年版）通则 1142 热原检查法依法检查。

本试验系将一定剂量的供试品，静脉注入家兔体内，在规定时间内，观察家兔体温升高的情况，以判定供试品中所含热原的限度是否符合规定的一种方法。

（1）供试验用家兔　应健康合格，体重 1.7～3.0kg，雌兔应无孕。预测体温前 7 日即应用同一饲料饲养，在此期间内，体重应不减轻，精神、食欲、排泄等不得有异常现象。未曾用于热原检查的家兔；或供试品判定为符合规定，但组内升温达 0.6℃的家兔；或 3 周内未曾使用的家兔，均应在检查供试品前 7 日内预测体温，进行挑选。挑选试验的条件与检查供试品时相同，仅不注射药液，每隔 30min 测量体温 1 次，共测 8 次，8 次体温均在 38.0～39.6℃ 的范围内，且最高与最低体温相差不超过 0.4℃ 的家兔，方可供热原检查用。

用于热原检查后的家兔，如供试品判定为符合规定，至少应休息 48h 方可再供热原检查用，其中升温达 0.6℃ 的家兔应休息 2 周以上。对用于血液制品、抗毒素和其他同一抗原性供试品检测的家兔可在 5 天内重复使用 1 次。如供试品判定为不符合规定，则组内全部家兔不再使用。

（2）试验前准备　检查前 1～2 日，供试用家兔应尽可能处于同一温度的环境中，实验室和饲养室的温度相差不得大于 3℃，且应控制在 17～25℃，在试验全部过程中，实验室温度变化不得大于 3℃，应防止动物骚动并避免噪声干扰。家兔在试验前至少 1h 开始停止给食并置于宽松适宜的装置中，直至试验完毕。测量家兔体温应使用精密度为 ±0.1℃ 的测温装置。测温探头或肛温计插入肛门的深度和时间各兔应相同，深度一般约 6cm，时间不得少于 1.5min，每隔 30min 测量体温 1 次，一般测量 2 次，两次体温之差不得超过 0.2℃，以此两次体温的平均值作为该兔的正常体温。当日使用的家兔，正常体温应在 38.0～39.6℃ 的范围内，且同组各兔间正常体温之差不得超过 1.0℃。

与供试品接触的试验用器皿应无菌、无热原。去除热原通常采用干热灭菌法（250℃、30min 以上），也可用其他适宜的方法。

（3）试验　取适用的家兔 3 只，测定其正常体温后 15min 以内，自耳静脉缓缓注入规定剂量并温热至约 38℃ 的供试品溶液，然后每隔 30min 按前法测量其体温 1 次，共测 6 次，以 6 次体温中最高的一次减去正常体温，即为该兔体温的升高温度（℃）。如 3 只家兔中有 1 只体温升高 0.6℃ 或高于 0.6℃，或 3 只家兔体温升高的总和达 1.3℃ 或高于 1.3℃，应另取 5 只家兔复试，检查方法同上。

（4）结果判定　在初试的 3 只家兔中，体温升高均低于 0.6℃，并且 3 只家兔体温升高总和低于 1.3℃；或在复试的 5 只家兔中，体温升高 0.6℃ 或高于 0.6℃ 的家兔不超过 1 只，并且初试、复试合并 8 只家兔的体温升高总和为 3.5℃ 或低于 3.5℃，均判定供试品的热原检查符合规定。

在初试的 3 只家兔中，体温升高 0.6℃ 或高于 0.6℃ 的家兔超过 1 只；或在复试的 5 只家兔中，体温升高 0.6℃ 或高于 0.6℃ 的家兔超过 1 只；或在初试、复试合并 8 只家兔的体温升高总和超过 3.5℃，均判定供试品的热原检查不符合规定。

当家兔升温为负值时，均以 0℃ 计。

9. 生物学活性（效价）检定

各种基因编辑药物活性（效价）的检定需在《中国药典》（2025 年版）通则 9401 生物制品生物活性/效价测定方法验证指导原则的指导下进行。

10. 抗生素残留量检查

生物制品制造工艺中原则上不主张使用抗生素，如使用，则不仅要在纯化工艺中除去，还要在原液检定中增加抗生素活性检测项目。《中国药典》（2025 年版）收录了大肠埃希菌表达系统生产的重组人干扰素 α1b、α2a、α2b 等产品的鉴定方法。对于一般基因编辑药物可以采用培养法进行抗生素残留量检定。

【示例】　氨苄西林或四环素残留量检定

（1）试剂

① 磷酸盐缓冲液（pH 6.0）：称取磷酸二氢钾 8.0g、磷酸氢二钾 2.0g，加水溶解并稀释至 1000mL，经 121℃灭菌 30min。

② 抗生素 Ⅱ 号培养基：称取蛋白胨 6g、牛肉提取粉 1.5g、酵母浸出粉 6g，加入适量水溶解后，加入琼脂 13～14g，加热使之溶胀，滤过除去不溶物，加入葡萄糖 1g，溶解后加水至 1000mL，调 pH 值使灭菌后为 6.5～6.6；分装于玻璃管或锥形瓶中，经 115℃灭菌 30min，4℃保存。

③ 对照品溶液

a. 取氨苄西林对照品适量，用 0.01mol/L 盐酸溶解并稀释成 10mg/mL 氨苄西林溶液，精密量取适量，用磷酸盐缓冲液稀释成 1.0μg/mL。

b. 取四环素对照品适量，用 0.85%～0.90%氯化钠溶液溶解并稀释成 0.125μg/mL 四环素溶液。

（2）菌悬液制备

① 金黄色葡萄球菌悬液：用于检测氨苄西林。取金黄色葡萄球菌 [CMCC(B)26 003] 营养琼脂斜面培养物，接种于营养琼脂斜面上，35～37℃培养 20～22h。临用时，用灭菌水或 0.85%～0.90%无菌氯化钠溶液将菌苔洗下，备用。

② 藤黄微球菌悬液：用于检测四环素。取藤黄微球菌 [CMCC(B)28 001] 营养琼脂斜面培养物，接种于营养琼脂斜面上，置 26～27℃培养 24h。临用时，用 0.85%～0.90%无菌氯化钠溶液将菌苔洗下，备用。

（3）试验　取直径 8cm 或 10cm 的培养皿，注入融化的抗生素 Ⅱ 号培养基 15～20mL，使在碟底内均匀摊布，放置水平台上使凝固，作为底层。取抗生素 Ⅱ 号培养基 10～15mL 置于 1 支 50℃水浴预热的试管中，加入 0.5%～1.5%（mL/mL）的菌悬液 300μL 混匀，取适量注入已铺制底层的培养皿中，放置水平台上，冷却后，在每个培养皿上等距离均匀放置钢管（内径 6～8mm、壁厚 1～2mm、管高 10～15mm 的不锈钢管，表面应光滑平整，于钢管中依次滴加供试品溶液、阴性对照溶液（磷酸盐缓冲液）及对照品溶液，培养皿置 37℃培养 18～22h。

（4）结果判定　对照品溶液有抑菌圈，阴性对照溶液无抑菌圈。供试品溶液抑菌圈的直径小于对照品溶液抑菌圈的直径时判为阴性；否则判为阳性。

注意：本试验应在无菌条件下进行，使用的玻璃仪器、钢管等应无菌。

11. 抗体残留量检测

有些基因编辑药物在生产过程中需要单克隆抗体亲和色谱法进行纯化，可能会出现少量单克隆抗体残留，这些抗体进入患者体内会引起过敏反应，故必须进行单克隆抗体检查。免疫球蛋白（IgG）有多种测定方法，如 SDS-PAGE、等电聚焦电泳和免疫学方法。《中国药典》（2025 年版）采用酶联免疫吸附法（ELISA）测定鼠 IgG 残留量。

【示例】 鼠 IgG 残留量测定

（1）试剂

① 包被液（pH 9.6 碳酸盐缓冲液）：称取碳酸钠 0.32g、碳酸氢钠 0.586g，加水溶解并稀释至 200mL。

② PBS（pH 7.4）：称取氯化钠 8.0g、氯化钾 0.20g、磷酸氢二钠 1.44g、磷酸二氢钾 0.24g，加水溶解并稀释至 1000mL，121℃灭菌 15min。

③ 洗涤液（PBS-Tween20）：量取 0.5mL 聚山梨酯 20，加 PBS 稀释至 1000mL。

④ 稀释液：称取牛血清白蛋白 0.5g，加洗涤液溶解并稀释至 100mL。

⑤ 底物缓冲液（枸橼酸-PBS）：称取磷酸氢二钠（$Na_2HPO_4 \cdot 12H_2O$）1.84g、枸橼酸 0.51g，加水溶解并稀释至 100mL。

⑥ 底物液：取邻苯二胺 8mg、30% 过氧化氢溶液 $30\mu L$，溶于底物缓冲液 20mL 中。临用前配制。

⑦ 标准品溶液：按使用说明书用适量水复溶鼠 IgG 标准品。精密量取适量，用稀释液稀释成每 1mL 中含 100 ng、50 ng、25 ng、12.5 ng、6.25 ng、3.13 ng 的溶液。

⑧ 供试品溶液：取供试品适量，用稀释液稀释成每 1mL 中含 1 个成品剂量（如未能确定制剂的规格，则按成品的最大剂量计算）的溶液。

（2）试验 取山羊抗鼠 IgG 抗体适量，用包被液稀释成每 1mL 含 $10\mu g$ 的溶液；以 $100\mu L$/孔加至 96 孔酶标板内，4℃放置过夜（16～18h），用洗涤液洗板 3 次；用洗涤液制备 1% 牛血清白蛋白溶液，以 $200\mu L$/孔加至酶标板内，37℃封闭 2h，将封闭好的酶标板用洗涤液洗 3 次，以 $100\mu L$/孔加标准品溶液和供试品溶液，37℃放置 1h，将封闭好的酶标板用洗涤液洗 3 次；按使用说明书用稀释液稀释辣根过氧化物酶标记的绵羊抗鼠 IgG 抗体，以 $100\mu L$/孔加至酶标板内，37℃放置 30min，用洗涤液洗板 3 次；以 $50\mu L$/孔加入底物液，37℃避光放置 20min，以 $50\mu L$/孔加入终止液（1mol/L 硫酸溶液）终止反应。用酶标仪在波长 492nm 处测定吸光度，应用计算机分析软件进行读数和数据分析，也可使用手工作图法计算。

以标准品溶液吸光度对其相应的浓度作标准曲线，线性回归的相关系数应大于 0.995。以供试品溶液吸光度在标准曲线上读出相应的鼠 IgG 残留量。

$$供试品的鼠 IgG 残留量(ng/剂量)=\frac{c \times n \times F}{T} \tag{9-4}$$

式中，c 为供试品溶液鼠 IgG 残留量，ng/mL；n 为供试品溶液的稀释倍数；F 为成品的剂量规格，IU/剂量或 μg/剂量；T 为供试品的效价或主成分蛋白质含量，IU/mL 或 μg/mL。

12.升压物质检查法

升压物质指某些药物中含有能导致血压升高的杂质。《中国药典》（2025 年版）通则 1144 升压物质检查法通过比较赖氨酸升压素标准品（S）与供试品（T）升高大鼠血压的程度，以判定供试品中所含升压物质的限度是否符合规定。

（1）溶液制备

① 标准品溶液：临用前，取赖氨酸升压素标准品，用氯化钠注射液制成每 1mL 中含 0.1 单位赖氨酸升压素的溶液。

② 供试品溶液：按品种项下规定的限值，且供试品溶液与标准品溶液的注入体积应相等的要求，制备适当浓度的供试品溶液。

（2）试验　取健康合格、体重 300g 以上的成年雄性大鼠，用适宜的麻醉剂（如腹腔注射乌拉坦 1g/kg）麻醉后，固定于保温手术台上，分离气管，必要时插入插管，以使呼吸通畅。在一侧颈静脉或股静脉插入静脉插管，供注射药液用，按体重每 100g 注入肝素溶液 50～100 单位，然后剥离另一侧颈动脉，插入与测压计相连的动脉插管，在插管与测压计通路中充满含适量肝素钠的氯化钠注射液。全部手术完毕后，将测压计的读数调节到与动物血压相当的高度，开启动脉夹，记录血压。缓缓注入适宜的交感神经阻断药（如甲磺酸酚妥拉明，按大鼠每 100g 体重注入 0.1mg，隔 5～10min 用相同剂量再注射一次），待血压稳定后，即可进行药液注射。各次注射速度应基本相同，并于注射后立即注入氯化钠注射液约 0.5mL，相邻两次注射的间隔时间应基本相同（一般为 5～10min），每次注射应在前次反应恢复稳定以后进行。

选定高低两剂量的赖氨酸升压素标准品溶液（mL），高低剂量之比约为 1∶0.6，低剂量应能使大鼠血压升高 1.33～3.33 kPa，将高低剂量轮流重复注入 2～3 次，如高剂量所致反的平均值大于低剂量所致反应的平均值，可认为该动物的灵敏度符合要求。

在上述高低剂量范围内选定标准品溶液的剂量（d_S），供试品溶液按品种项下规定的剂量（d_T），照下列次序注射一组 4 个剂量：d_S、d_T、d_T、d_S，然后以第一与第三、第二与第四剂量所致的反应分别比较；如 d_T 所致的反应值均不大于 d_S 所致反应值的一半，则判定供试品的升压物质检查符合规定。否则应按上述次序继续注射一组 4 个剂量，并按相同方法分别比较两组内各对 d_S、d_T 所致的反应值；如 d_T 所致的反应值均不大于 d_S 所致的反应值，则判定供试品的升压物质检查符合规定，如 d_T 所致的反应值均大于 d_S 所致的反应值，则判供试品的升压物质检查不符合规定；否则应另取动物复试。如复试的结果仍有 d_T 所致的反应值大于 d_S 所致的反应值，则判定供试品的升压物质检查不符合规定。

13. 降压物质检查法

降压物质指某些药物中含有能导致血压降低的杂质。《中国药典》（2025 年版）通则 1145 降压物质检查法利用猫对组胺样物质具有较敏感反应，通过比较组胺对照品（S）与供试品（T）引起麻醉猫血压下降的程度，以判定供试品中所含降压物质的限度是否符合规定。

（1）溶液

① 对照品溶液：精密称取磷酸组胺对照品适量，按组胺计算，加水溶解为 1.0mg/mL 溶液，分装于适宜的容器内，2～8℃贮存，经验证保持活性符合要求的条件下，可在 3 个月内使用。

② 对照品稀释液：临用前，精密量取组胺对照品溶液适量，用氯化钠注射液制成

$0.5\mu g/mL$ 组胺溶液或其他适宜浓度的溶液。

③ 供试品溶液：按品种项下规定的限值，且供试品溶液与对照品稀释液的注入体积应相等的要求，制备适当浓度的供试品溶液。

（2）检查　取健康合格、体重 2kg 以上的猫，雌者应无孕，用适宜的麻醉剂（如巴比妥类）麻醉后，固定于保温手术台上，分离气管，必要时插入插管以使呼吸畅通，或可进行人工呼吸。在一侧颈动脉插入连接测压计的动脉插管，管内充满适宜的抗凝剂溶液，以记录血压，也可用其他适当仪器记录血压。在一侧股静脉内插入静脉插管，供注射药液用。试验中应注意保持动物体温。全部手术完毕后，将测压计调节到与动物血压相当的高度（一般为 $13.3\sim20.0$ kPa），开启动脉夹，待血压稳定后，方可进行药液注射。各次注射速度应基本相同，每次注射后立即注入一定量的氯化钠注射液，每次注射应在前一次反应恢复稳定以后进行，且相邻两次注射的间隔时间应尽量保持一致。

自静脉依次注入上述对照品稀释液，剂量按动物体重每 1kg 注射组胺 $0.05\mu g$、$0.1\mu g$ 及 $0.15\mu g$，重复 $2\sim3$ 次，如 $0.1\mu g$ 剂量所致的血压下降值均不小于 2.67 kPa，同时相应各剂量所致反应的平均值有差别，可认为该动物的灵敏度符合要求。

取对照品稀释液按动物体重每 1kg 注射组胺 $0.1\mu g$ 的剂量（d_S），供试品溶液按品种项下规定的剂量（d_T），照下列次序注射一组 4 个剂量：d_S、d_T、d_T、d_S。然后以第一与第三第二与第四剂量所致的反应分别比较；如 d_T 所致的反应值均不大于 d_S 所致反应值的一半，则判定供试品的降压物质检查符合规定。否则应按上述次序继续注射一组 4 个剂量，并按相同方法分别比较两组内各对 d_S、d_T 剂量所致的反应值；如 d_T 所致的反应值均不大于 d_S 所致的反应值，则判定供试品的降压物质检查符合规定；如 d_T 所致的反应值均大于 d_S 所致的反应值，则判定供试品的降压物质检查不符合规定；否则应另取动物复试。如复试的结果仍有 d_T 所致的反应值大于 d_S 所致的反应值，则判定供试品的降压物质检查不符合规定。

所用动物经灵敏度检查如仍符合要求，可继续用于降压物质检查。

二、基因编辑药物质量分析实例

1. 重组人胰岛素（recombinant human insulin）

人胰岛素是由 51 个氨基酸组成的蛋白质，分子量 5784，有 A 和 B 两条链。A 链有 21 个氨基酸，B 链有 30 个氨基酸，两条链之间由 2 个二硫键相连，A 链本身还有一个链内二硫键。在体内，胰岛素由一个大的前体肽即前胰岛素原（preproinsulin）合成，经过加工，除去 23 个氨基酸的信号肽，得到胰岛素原（proinsulin）。胰岛素原除了 A 链和 B 链以外，还有一条由 35 个氨基酸组成的连接肽，称为 C 肽。C 肽的一端与 A 链的 N 末端相连，另一端与 B 链的 C 末端相连。胰岛素原通过酶的作用水解除去 C 肽两端的四个碱性氨基酸，形成胰岛素分子和无活性的 C 肽分子。

胰岛素是多肽激素的一种，具有多种生物功能，在维持血糖恒定，增加糖原、脂肪、某些氨基酸和蛋白质的合成，调节与控制细胞内多种代谢途径等方面都有重要作用。胰岛素用于临床糖尿病的治疗已有 100 多年的历史，长期以来，其来源仅仅是从动物的胰脏中提取，而动物胰岛素与人胰岛素在氨基酸组成上存在一定的差异，长期注射人体时，会产生自身免疫反应，影响治疗效果。

自 20 世纪 80 年代初开始，人们已开始用基因工程技术大量生产人胰岛素。人胰岛素的基因工程生产一般采用两种方式：一是分别在大肠埃希菌中合成 A 链和 B 链，再在体外用化学方法连接两条肽链组成胰岛素，美国 Eli Lilly 公司采用该法生产的重组人胰岛素 Humulin 最早获准商品化；另一种方法是用分泌型载体表达胰岛素原，如丹麦 Novo Nordisk 工业公司用重组酵母分泌产生胰岛素原，再用酶法转化为人胰岛素。此外，人胰岛素的干细胞表达系统、植物表达系统动物或昆虫表达系统等研究也取得了一定进展。

【示例】　重组人胰岛素的检验

本重组人胰岛素的宿主为大肠埃希菌，每 1mg 干燥品的重组人胰岛素含量不少于 27.5 单位。产品中残余宿主细胞蛋白质、DNA 为生产过程相关的、潜在的特异性杂质，必须在生产过程中严格控制，其限度应符合有关规定。

（1）性状　本品为白色或类白色的结晶性粉末，几乎不溶于水、乙醇和乙醚，易溶于稀盐酸和稀氢氧化钠溶液。

（2）鉴别

① 效价测定项中有记录色谱图，供试品主峰的保留时间应与重组人胰岛素对照品峰的保留时间一致。

② 取本品适量，用 0.1％三氟乙酸溶液制成每 1mL 中含 10mg 的溶液，取 20μL，加 0.2mol/L 三羟甲基氨基甲烷-盐酸缓冲液（pH 7.3）20μL、0.1％丝氨酸蛋白酶（V8 蛋白酶）溶液 20μL 与水 140μL，混匀，置 37℃水浴中 2h 后，加磷酸 3μL，作为供试品溶液；另取重组人胰岛素对照品适量，同法制备，作为对照品溶液。照效价测定项下的方法，以 0.2mol/L 硫酸盐缓冲液（pH 2.3）-乙腈（90：10）为流动相 A，以乙腈-水（50：50）为流动相 B，按表 9-6 进行梯度洗脱。

表 9-6　鉴别色谱条件

时间/min	流动相 A	流动相 B	时间/min	流动相 A	流动相 B
0	90％	10％	45	40％	60％
5	80％	20％	50	40％	60％

取对照品溶液和供试品溶液各 25μL，分别注入液相色谱仪，记录色谱图，片段Ⅱ与片段Ⅲ之间的分离度应不小于 3.4，片段Ⅱ与片段Ⅲ的拖尾因子应不大于 1.5。供试品溶液的肽图谱应与对照品溶液的肽图谱一致。

（3）检查

① 有关物质。取本品适量，用 0.01mol/L 盐酸溶液制成每 1mL 中含 3.5mg 的溶液，作为供试品溶液。照效价测定项下的方法，以 0.2mol/L 硫酸盐缓冲液（pH 2.3）-乙腈（82：18）为流动相 A，乙腈-水（50：50）为流动相 B，按表 9-7 进行梯度洗脱。

表 9-7   检查色谱条件

时间/min	流动相 A	流动相 B	时间/min	流动相 A	流动相 B
0	78%	22%	61	33%	67%
36	78%	22%	67	33%	67%

调节流动相比例使重组人胰岛素主峰的保留时间约为 25min，系统适用性试验应符合效价测定项下的规定。取供试品溶液 20μL 注入液相色谱仪，记录色谱图，按峰面积归一化法计算，A_{21} 脱氨人胰岛素不得过 1.5%；其他杂质峰面积之和不得超过 2.0%。

② 高分子蛋白质。取本品适量，用 0.01mol/L 盐酸溶液溶解并稀释制成每 1mL 中约含 4mg 的溶液，作为供试品溶液。照分子排阻色谱法试验。以亲水改性硅胶为填充剂（5~10μm），以冰醋酸-乙腈-0.1% 精氨酸溶液（15∶20∶65）为流动相，流速为每分钟 0.5mL，检测波长为 276nm。取人胰岛素单体-二聚体对照品，用 0.01mol/L 盐酸溶液溶解并稀释制成每 1mL 中含 4mg 的溶液。取 100μL 注入液相色谱仪，重组人胰岛素单体峰与二聚体峰的分离度应符合要求。取供试品溶液 100μL，注入液相色谱仪，记录色谱图，除去保留时间大于重组人胰岛素主峰的其他峰面积，按峰面积归一化法计算，保留时间小于重组人胰岛素主峰的所有峰面积之和不得大于 1.0%。

③ 锌。精密称取本品适量，加 0.01mol/L 盐酸溶液溶解并定量稀释制成每 1mL 中约含 0.1mg 的溶液。另精密量取锌单元素标准溶液（每 1mL 中含锌 1000μg）适量，用 0.01mol/L 的盐酸溶液分别定量稀释成每 1mL 含锌 0.2μg、0.4μg、0.6μg、0.8μg、1.0μg 与 1.2μg 的锌标准溶液，照原子吸收分光光度法，在 213.9nm 的波长处分别测定吸光度，按干燥品计，含锌量不得大于 1.0%。

④ 抗生素残留量。如生产（例如种子液制备）中使用抗生素，应依法检查，或采用经批准的方法检查，不应有残余氨苄西林或其他抗生素。

⑤ 干燥失重。取本品约 0.2g，在 105℃干燥至恒重，减失重量不得超过 10.0%。

⑥ 炽灼残渣。取本品约 0.2g，依法检查，遗留残渣不得超过 2.0%。

⑦ 微生物限度。取本品 0.3g，每 1g 供试品中需氧菌总数不得过 300 CFU。

⑧ 细菌内毒素。取本品，依法检查，每 1mg 重组人胰岛素中含内毒素的量应小于 10EU。

⑨ 宿主蛋白质残留量。取本品适量，依法检查，或采用经验证并批准的适宜方法检查，每 1mg 重组人胰岛素中宿主蛋白质残留量不得过 10 ng。

⑩ 宿主 DNA 残留量。取本品适量，依法检查，或采用经验证并批准的适宜方法检查，每 1.5mg 重组人胰岛素中宿主 DNA 残留量不得过 10 ng。

（4）效价测定

① 色谱条件与系统适用性试验。用十八烷基硅烷键合硅胶为填充剂（5~10μm）；以 0.2mol/L 硫酸盐缓冲液（取无水硫酸钠 28.4g，加水溶解后，加磷酸 2.7mL、水 800mL，用乙醇胺调节 pH 值至 2.3，加水至 1000mL)-乙腈（74∶26，或适宜比例）为流动相；流速为每分钟 1.0mL；柱温为 40℃；检测波长为 214nm。取系统适用性溶液（取重组人胰岛素对照品，用 0.01mol/L 盐酸溶液制成每 1mL 中含 1mg 的溶液，室温放置至少 24h）20μL，注入液相色谱仪，重组人胰岛素主峰和 A_{21} 脱氨人胰岛素峰之间的分离度

应不小于 1.8，拖尾因子应不大于 1.8。

② 测定法。取本品适量，精密称定，用 0.01mol/L 盐酸溶液制成每 1mL 中含 0.35mg（约 10.0 单位）的溶液（临用新配）。精密取 20μL 注入液相色谱仪，记录色谱图，另取重组人胰岛素对照品适量，同法测定。按外标法以重组人胰岛素峰与 A_{21} 脱氨人胰岛素峰面积之和计算，即得。

2. 重组人生长激素（recombinant human somatropin）

人生长激素（hGH）是人的脑下垂体腺前叶嗜酸细胞分泌的一种非糖基化多肽激素，是由 191 个氨基酸残基或 N 端有一甲硫氨酸的 192 个氨基酸残基组成的蛋白质。它有多种生物功能，主要是能促进人和动物的生长。最近发现，hGH 对一些细胞的增殖和分化以及 DNA 合成有直接效应。临床上用于治疗多种疾病，主要是治疗侏儒症。临床试验认为，hGH 对慢性肾功能衰竭和 Turner 综合征也有很好的疗效。之前 hGH 只能由人脑下垂体前叶分离纯化，制备困难，价格昂贵，应用受到限制。现在已能利用基因工程方法生产，为其应用开辟了广阔的前景。

美国的 Genentech 公司采用枯草芽孢杆菌系统表达 hGH，产量达 1.5g/L，于 1985 年 10 月批准上市，商品名称为 Prptropin。1994 年 3 月，又有新产品 Nutyopin 被批准上市。英国 Cellteck 公司用哺乳动物细胞生产的 hGH，比从垂体中提纯的天然 hGH 多一个甲硫氨酸，其治疗效果更为显著。我国的重组人生长激素行业也取得了重大进展。2024 年 11 月 6 日，长春高新子公司金赛药业聚乙二醇重组人生长激素注射液用于特发性身材矮小（ISS）的新适应证上市申请获得国家药品监督管理局（NMPA）批准。2024 年 12 月 9 日，国内申报阶段和已上市产品中首款且唯一一款融合蛋白长效生长激素——伊坦长效重组人生长激素注射液治疗儿童生长激素缺乏症（PGHD）的生物制品上市申请（BLA）已获 NMPA 受理。

重组人生长激素是由 DNA 重组技术生产的，必须在生产过程中用体内生物测定方法测定其生物效价，可加适量赋形剂、稳定剂。1mg 蛋白质的效价不得少于 2.5 单位。含重组人生长激素量应为标示量的 90.0%～110.0%。

重组人生长激素中残余宿主 DNA 和宿主细胞蛋白质为与生产过程相关的、潜在的特异性杂质，必须在生产过程中严格控制，其限度应符合有关规定。

（1）性状　本品为白色冻干粉末。

（2）鉴别

① 反相色谱法。取人生长激素原液适量，加 0.05mol/L 三羟甲基氨基甲烷缓冲液（用 1mol/L 盐酸溶液调节 pH 值至 7.5）制成每 1mL 中含人生长激素 2mg 的溶液，作为供试品溶液。另取人生长激素对照品适量，同法制备，作为对照品溶液。照本部分 （3）①项色谱条件与系统适用性试验，供试品溶液主峰的保留时间应与对照品溶液主峰的保留时间一致。

② 肽图

a. 色谱条件。依法检查。取人生长激素对照品，加 0.05mol/L 三羟甲基氨基甲烷缓冲液（用 1mol/L 盐酸溶液调节 pH 值至 7.5）溶解并制成每 1mL 中含人生长激素 2mg 的溶液。取此液 300μL、胰蛋白酶溶液［取经甲苯磺酰苯丙氨酰氯甲酮（TPCK）处理的胰

蛋白酶适量，加 0.05mol/L 三羟甲基氨基甲烷缓冲液溶解并制成每 1mL 含 2mg 的溶液]
20μL 与 0.05mol/L 三羟甲基氨基甲烷缓冲液 300μL 混匀，置 37℃ 水浴 4h，立即置
－20℃ 终止反应，作为对照品溶液。取人生长激素原液，按对照品溶液的方法制备，作为
供试品溶液，另取不加胰蛋白酶溶液的供试品溶液作为空白溶液。用辛基硅烷键合硅胶为
填充剂（5～10μm）；以 0.1％三氟乙酸溶液为流动相 A，以含 0.1％三氟乙酸的 90％乙腈
溶液为流动相 B；流速为每分钟 1.0mL；柱温 35℃；检测波长为 214nm。按表 9-8 进行梯
度洗脱。

表 9-8　肽图色谱条件

时间/min	流动相 A	流动相 B	时间/min	流动相 A	流动相 B
0	100％	0％	70	50％	50％
20	80％	20％	75	20％	80％
45	75％	25％			

b. 测定。取空白溶液、对照品溶液和供试品溶液各 100μL，分别注入液相色谱仪，记
录色谱图，排除空白溶液色谱峰后，供试品溶液肽图应与对照品溶液一致。

（3）检查

① 相关蛋白质

a. 色谱条件与系统适用性试验。依法测定，用丁基硅烷键合硅胶为填充剂（5～10μm）；
以 0.05mol/L 三羟甲基氨基甲烷缓冲液（用 1mol/L 盐酸调 pH 值为 7.5)-正丙醇（约为
71：29）为流动相，调节流动相中正丙醇比例使人生长激素主峰保留时间为 30～36min；
流速为每分钟 0.5mL；柱温为 45℃，检测波长为 220nm。取人生长激素对照品，用
0.05mol/L 三羟甲基氨基甲烷缓冲液制成每 1mL 中含 2mg 的溶液，过滤除菌，室温放置
24h，作为系统适用性溶液。取系统适用性染液 20μL 注入液相色谱仪，人生长激素主峰
与脱氨的人生长激素峰之间的分离度应不小于 1.0，人生长激素主峰的拖尾因子应为
0.9～1.8。

b. 测定法。取人生长激素原液适量，加 0.05mol/L 三羟甲基氨基甲烷缓冲液制成每
1mL 中含人生长激素 2mg 的溶液，作为供试品溶液。取供试品溶液 20μL，注入液相色谱
仪，记录色谱图，按峰面积归一化法计算，总相关蛋白质不得大于 6.0％。

② 高分子蛋白质。按本部分（4）项下测定，除去保留时间大于人生长激素主峰的其
他峰面积，按峰面积归一化法计算，保留时间小于人生长激素主峰的所有峰面积之和不得
大于 4.0％。

③ 宿主菌 DNA 残留量。依法测定或采用经验证并批准的其他适宜方法，每 1mg 人
生长激素中含宿主菌 DNA 残留量不得过 1.5 ng。

④ 宿主菌蛋白质残留量。依法检查或采用经验证并批准的其他适宜方法，每 1mg 人
生长激素中宿主菌体蛋白质残留量不得过 10 ng。

⑤ 残余抗生素活性。如在生产（例如种子液制备）中使用抗生素，应依法检查，或
按照经验证并批准的方法检查，不应有残余氨卡西林或其他抗生素活性。

⑥ 细菌内毒素检查。依法检查，每 1mg 人生长激素中含细菌内毒素的量应小于
5.0EU。

⑦ 生物学活性。每年至少测定一次，依法测定，每1mg人生长激素的活性不得少于2.5单位。

（4）含量测定

① 色谱条件与系统适用性试验。依法测定，以适合分离分子质量为5000～60000 Da球状蛋白的亲水改性硅胶为填充剂；以异丙醇—0.063mol/L磷酸盐缓冲液（取无水磷酸氢二钠5.18g、磷酸二氢钠3.65g，加水950mL，用磷酸或氢氧化钠试液调节pH值至7.0，用水制成1000mL）（3∶97）为流动相；流速为每分钟0.6mL；检测波长为214nm。取人生长激素单体与二聚体混合物对照品，加0.025mol/L磷酸盐缓冲液（pH 7.0）［取0.063mol/L磷酸盐缓冲液（1→2.5）］制成每1mL中约含1.0mg的溶液，取20μL注入液相色谱仪，人生长激素单体峰与二聚体峰之间的分离度应符合要求。

② 测定法。取人生长激素原液适量，加0.025mol/L磷酸盐缓冲液（pH 7.0）制成每1mL中约含人生长激素1.0mg的溶液，作为供试品溶液，精密量取供试品溶液20μL，注入液相色谱仪，记录色谱图。另取人生长激素对照品，同法测定。按外标法以峰面积计算，即得。

3. 重组人干扰素（recombinant human interferon）

干扰素（IFN）是由多种细胞产生的一组多肽类细胞因子，具有广谱抗病毒、抗肿瘤和免疫调节等生物活性。根据来源、结构和抗原性的不同，IFN分为α、β和γ三种类型。人IFN-α和IFN-β的基因都位于第9号染色体上，二者氨基酸组成有29%以上的同源性，结构和功能相似，结合同一种受体，临床作用也彼此接近；IFN-γ的基因则位于第12号染色体上，与α和β有很大差异，主要作用是参与免疫调节，故又称免疫干扰素，并与IFN-α和IFN-β有协同作用。

IFN-α为多基因产物，有二十多种亚型，分别称为α_1、α_2、α_3…。不同亚型之间只有个别氨基酸的差异，生物学作用不尽相同。而IFN-β和IFN-γ各自仅发现一种类型。IFN-α主要由白细胞产生，IFN-β主要由纤维母细胞产生，IFN-γ主要由活化的T细胞和NK细胞产生。干扰素的生物功能活性可归纳为：①抗细胞内侵害微生物活性；②抗细胞分裂活性；③调节免疫功能活性。干扰素在临床上主要用于治疗恶性肿瘤和病毒性疾病。

传统干扰素从人白细胞内提取，产量极低。1980—1982年，实现了用基因工程方法从大肠埃希菌及酵母细胞中获得干扰素。干扰素是研究最多、第一个用于临床治疗疾病的细胞因子。α、β、γ三型基因工程干扰素都已研制成功，产品已投放市场，用于治疗的病种已达20多种。国家卫健委已批准生产的干扰素品种有IFN-α1b、IFN-α2a、IFN-α2b、IFN-β1a、IFN-β1b和IFN-γ。当前利用蛋白质工程技术研制活性更高、更适于临床应用的干扰素类似物和干扰素杂合体等新型干扰素。

（1）注射用重组人干扰素α1b（rhIFN-α1b）的检验　本品系由高效表达人干扰素α1b基因的大肠埃希菌，经发酵、分离和高度纯化后获得的人干扰素α1b冻干制成。含适宜稳定剂，不含抑菌剂和抗生素。

① 原液检定

a. 效价测定。依法测定。

b. 蛋白质含量。依法测定。

　　c. 比活性。为生物学活性与蛋白质含量之比，每 1mg 蛋白质应不低于 1.0×10^7 IU。

　　d. 纯度。检验方法有电泳法和高效液相色谱法。

　　电泳法。是用非还原型 SDS-PAGE 法，分离胶的胶浓度为 15％，加样量应不低于 5μg（银染法）或 10μg（考马斯亮蓝 R250 染色法）。经扫描仪扫描，纯度应不低于 95.0％。

　　高效液相色谱法。色谱柱以适合分离分子质量为 5～60 kDa 蛋白质的色谱用凝胶为填充剂；流动相为 0.1mol/L 磷酸盐-0.1mol/L 氯化钠缓冲液，pH 7.0；上样量应不低于 20μg，在波长 280nm 处检测，以干扰素色谱峰计算的理论塔板数应不低于 1000。按面积归一化法计算，干扰素主峰面积应不低于总面积的 95.0％。

　　e. 分子量。依法测定。用还原型 SDS-聚丙烯酰胺凝胶电泳法，分离胶的胶浓度为 15％，加样量应不低于 1.0μg，制品的分子质量应为 (19.4±1.9)kDa。

　　f. 外源性 DNA 残留量。以经国家药品检定机构认可的其他敏感方法测定。其每剂量含量应不高于 10ng。

　　g. 鼠 IgG 残留量。如采用单克隆抗体亲和色谱法纯化，应进行本项检定，鼠 IgG 残留量每剂量应不高于 100ng。

　　h. 宿主菌蛋白质残留量。用酶联免疫吸附法测定。宿主菌蛋白质残留量应不高于总蛋白质的 0.1％。

　　i. 残余抗生素活性。不应有残余氨苄西林活性或其他抗生素活性。

　　j. 细菌内毒素含量。细菌内毒素含量应不高于 $10EU/30 \times 10^4$ IU。

　　k. 等电点。主区带应为 4.0～6.5，且供试品等电点图谱应与对照品一致。

　　l. 紫外光谱扫描。用水或 0.85％～0.90％氯化钠溶液将供试品稀释至 100～500μg/mL，在光路 1cm、波长 230～360nm 下进行扫描，最大吸收峰波长应为 (278±3)nm。

　　m. 肽图。依法测定，应与对照品图形一致。

　　n. N 末端氨基酸序列。至少每年测定 1 次。用氨基酸序列分析仪测定。其 N 末端序列应为：(Met)-Cys-Asp-Leu-Pro-Glu-Thr-His-Ser-Leu-Asp-Asn-Arg-Arg-Thr-Leu。

　　② 半成品检定

　　a. 无菌试验。按本章本节第一部分 5. 无菌检查法进行。

　　b. 细菌内毒素含量。按本章本节第一部分 6. 细菌内毒素试验测定，细菌内毒素含量应不高于 $10EU/30 \times 10^4$ IU。

　　③ 成品检定。除水分测定、装量差异检查外，应按标示量加入灭菌注射用水，复溶后进行其余各项检定。

　　a. 鉴别试验。用免疫印迹法或免疫斑点法，应为阳性。

　　b. 外观。应为白色薄壳状疏松体。按标示量加入灭菌注射用水后迅速复溶为澄明液体。

　　c. 化学检定。按《中国药典》（2025 年版）中生物制品、化学药品的检定方法进行。

　　Ⅰ. pH 值。应为 6.5～7.5。

　　Ⅱ. 水分。应不高于 3.0％。

　　Ⅲ. 渗透压摩尔浓度。应符合批准要求。

　　d. 生物学活性。方法见④附录：干扰素效价测定，用国家标准品校准确定效价

（IU）。效价应为标示量的 80%～150%。

e.无菌试验。按本章本节第一部分 5.无菌检查法进行，应符合规定。

f.异常毒性试验。按本章本节第一部分 7.异常毒性试验进行，应符合要求。

g.细菌内毒素检查。按本章本节第一部分 6.细菌内毒素试验测定，每 1 支或瓶应小于 10EU。

④ 附录：干扰素效价测定（细胞病变抑制法）

本法系依据干扰素可以保护人羊膜细胞（WISH）免受水泡性口炎病毒（VSV）破坏的作用，用结晶紫对存活的 WISH 细胞染色，在波长 570nm 处测定其吸光度，可得到干扰素对 WISH 细胞的保护效应曲线，以此测定干扰素生物学活性。

a.试验材料。所用试剂均需分析纯或与指定产品相当级别试剂。

Ⅰ.MEM 培养液或 RPMI 1640 培养液。取 MEM 或 RPMI 1640 培养基粉末 1 袋（规格为 1L），加水溶解并稀释至 1000mL，加青霉素 10^5IU 和链霉素 10^5IU，再加碳酸氢钠 2.1g，溶解后，混匀，除菌过滤，4℃保存。

Ⅱ.牛血清。应符合《中国药典》（2025 年版）中新生牛血清检验要求。

Ⅲ.完全培养液。量取新生牛血清 10mL，加 MEM 或 RPMI 1640 培养液 90mL。4℃保存。

Ⅳ.测定培养液。量取新生牛血清 7mL，加 MEM 或 RPMI 1640 培养液 93mL。4℃保存。

Ⅴ.攻毒培养液。量取新生牛血清 3mL，加 MEM 或 RPMI 1640 培养液 97mL。4℃保存。

Ⅵ.消化液。取 0.2g 乙二胺四乙酸二钠、8.0g 氯化钠、0.2g 氯化钾、1.152g 磷酸氢二钠、0.2g 磷酸二氢钾，加水溶解并稀释至 1000mL 的溶液，经 121℃、15min 高压灭菌。

Ⅶ.染色液。取 50mg 结晶紫加入 20mL 无水乙醇溶解，用蒸馏水定容至 100mL。

Ⅷ.脱色液。量取无水乙醇 50mL、醋酸 0.1mL，加水稀释至 100mL。

Ⅸ.标准品。干扰素效价测定用国家标准品。

Ⅹ.PBS。取 8.0g 氯化钠、0.2g 氯化钾、1.44g 磷酸氢二钠、0.24g 磷酸二氢钾，用蒸馏水配成 1000mL 的溶液，经 121℃、15min 高压灭菌。

b.标准品溶液与供试品溶液

Ⅰ.标准品溶液的制备。取人干扰素生物学活性测定的国家标准品，按说明书复溶后，用测定培养液稀释成每 1mL 含 1000IU。在 96 孔细胞培养板中，做 4 倍系列稀释，共 8 个稀释度，每个稀释度做 2 孔。在无菌条件下操作。

Ⅱ.供试品溶液的制备。将供试品按标示量溶解后，用测定培养液稀释成每 1mL 约含 1000IU。在 96 孔细胞培养板中，做 4 倍系列稀释，共 8 个稀释度，每个稀释度做 2 孔。在无菌条件下操作。

Ⅲ.WISH 细胞（人羊膜细胞）。WISH 细胞在培养基中呈单层，贴壁生长，每周 2 次，1：4 消化传代，于完全培养液中生长。

Ⅳ.VSV（水泡性口炎病毒）。−70℃保存。

c.试验步骤

Ⅰ.铺板。使 WISH 细胞在培养基中贴壁生长，按（1：2）～（1：4）传代，每周

2~3 次，于完全培养液中生长。弃去 WISH 细胞培养瓶中的培养液，用 PBS 洗 2 次后消化和收集细胞，用完全培养液配成每 mL 含 $2.5\times10^5\sim3.5\times10^5$ 个细胞的细胞悬液，接种于 96 孔细胞培养板中，每孔 $100\mu L$。37℃、$5\%CO_2$ 条件下培养 4~6h。

Ⅱ. 共培养。将配制完成的标准品溶液和供试品溶液移入接种 WISH 细胞的培养板中，每孔加入 $100\mu L$，于 37℃、5% 二氧化碳条件下培养 18~24h。

Ⅲ. 攻毒。弃去细胞培养板中的上清液，将保存的水泡性口炎病毒（VSV，-70℃ 保存）用攻毒培养液稀释至约 $100\ CCID_{50}$，每孔 100mL，于 37℃、5% 二氧化碳条件下培养 24h（镜检标准品溶液的 50% 病变点在 1IU/mL）。

Ⅳ. 染色与脱色。弃去细胞培养板中的上清液，每孔加入染色液 $50\mu L$，室温放置 30min 后，用流水小心冲去染色液，并吸干残留水分，每孔加入脱色液 $100\mu L$，室温放置 3~5min。

Ⅴ. 比色。混匀后，用酶标仪以 630nm 为参比波长，在波长 570nm 处测定吸光度，记录测定结果。

$$供试品生物学活性(IU/mL)=P_r\times\frac{D_S\times E_S}{D_r\times E_r} \tag{9-5}$$

式中，P_r 为标准品生物学活性，IU/mL；D_S 为供试品预稀释倍数；D_r 为标准品预稀释倍数；E_S 为供试品相当于标准品半效量的稀释倍数；E_r 为标准品半效量的稀释倍数。

注：显色方法也可采用经等效验证的其他显色方法。

（2）注射用重组人干扰素 α2a（rhIFN-α2a）的检验   本品系由高效表达人干扰素 α2a 基因的大肠埃希菌或酿酒酵母，经发酵、分离和高度纯化后获得的人干扰素 α2a 冻干制成。含适宜稳定剂，不含抑菌剂和抗生素。生产和检定用设施、原材料及辅料、水、器具、动物等应符合有关要求。其中用到的稀释剂应为灭菌注射用水，稀释剂的生产应符合批准的要求。灭菌注射用水应符合《中国药典》（2025 年版）二部的相关要求。

① 原液检定

a. 效价测定。方法见重组人干扰素 α1b 的检验附录。用国家标准品校准确定效价（IU）。

b. 蛋白质含量。依法测定。

c. 比活性。蛋白应不低于 $1.0\times10^8\ IU/mg$。

d. 纯度。

Ⅰ. 电泳法。用非还原型 SDS-PAGE 法，分离胶的胶浓度为 15%，加样量应不低于 $5\mu g$（银染法）或 $10\mu g$（考马斯亮蓝 R250 染色法）。经扫描仪扫描，纯度应不低于 95.0%。

Ⅱ. 高效液相色谱法。色谱柱以适合分离分子质量为 5~60kDa 蛋白质的色谱用凝胶为填充剂；流动相为 0.1mol/L 磷酸盐-0.1mol/L 氯化钠缓冲液，pH 7.0；上样量应不低于 $20\mu g$，在波长 280nm 处检测，以干扰素色谱峰计算的理论塔板数应不低于 1000。按面积归一化法计算，干扰素主峰面积应不低于总面积的 95.0%。

e. 分子量。用还原型 SDS-PAGE 法，分离胶的胶浓度为 15%，加样量应不低于 $1.0\mu g$，制品的分子质量应为 (19.4 ± 1.94)kDa。

f. 外源性 DNA 残留量。每剂量含量应不高于 10ng。

g. 鼠 IgG 残留量。如采用单克隆抗体亲和色谱法纯化，应进行本项检定。鼠 IgG 残留量每剂量应不高于 100ng。

h. 宿主菌蛋白质残留量。采用大肠埃希菌表达的制品应不高于总蛋白质的 0.1%。采用酵母菌表达的制品应不高于蛋白质总量的 0.050%。

i. 残余抗生素活性。采用大肠埃希菌表达的制品不应有残余氨苄西林或其他抗生素活性。

g. 细菌内毒素含量。按本章本节第一部分 6. 细菌内毒素试验测定，细菌内毒素含量应不高于 $10EU/300×10^4IU$。

k. 等电点。采用大肠埃希菌表达的制品主区带应为 5.5～6.8，采用酵母菌表达的制品主区带应为 5.7～6.7。供试品的等电点图谱应与对照品的一致。

l. 紫外光谱扫描。用水或 0.85%～0.90% 氯化钠溶液将供试品稀释至 100～500μg/mL，在光路 1cm、波长 230～360nm 下进行扫描，最大吸收峰波长应为（278±3）nm。

m. 肽图。应与对照品图形一致。

n. N 末端氨基酸序列。至少每年测定 1 次。用氨基酸序列分析仪测定。其 N 末端序列应为：（Met)-Cys-Asp-Leu-Pro-Gln-Thr-His-Ser-Leu-Gly-Ser-Arg-Arg-Thr-Leu。

o. 相关蛋白质。依法测定。色谱柱采用十八烷基硅烷键合硅胶为填充剂（如 C_{18} 柱，4.6mm×25cm，粒径 5μm 或其他适宜的色谱柱），柱温为室温，以 0.2% 三氟乙酸-30% 乙腈的水溶液为流动相 A，以 0.2% 三氟乙酸-80% 乙腈的水溶液为流动相 B，流速为 1.0mL/min，在波长 210nm 处检测，按表 9-9 进行梯度洗脱。

表 9-9　相关蛋白质测定色谱条件

时间/min	流动相 A/%	流动相 B/%	时间/min	流动相 A/%	流动相 B/%
0	72	28	40	40	60
1	72	28	42	40	60
5	67	33	50	72	28
20	63	37	60	72	28
30	57	43			

用超纯水将供试品稀释至每 1mL 中约含 1.0mg，作为供试品溶液；取供试品溶液和过氧化氢溶液混合使过氧化氢终浓度为 0.005%，室温放置 1h 或 1h 以上，使得干扰素约 5% 发生氧化，再向每毫升该溶液中加入 L-甲硫氨酸 12.5mg，作为对照品溶液（2～8℃ 放置不超过 24h）。取供试品溶液和对照品溶液各 50μL 注入液相色谱仪。

在对照品溶液及供试品溶液图谱中，干扰素主峰的保留时间约为 20min。在对照品溶液图谱中，氧化型峰相对于主峰的保留时间约为 0.9，氧化型峰与主峰的分离度应不小于 1.0。

按面积归一化法只计算相对于主峰保留时间为 0.7～1.4 的相关蛋白峰面积，单个相关蛋白峰面积应不大于总面积的 3.0%，所有相关蛋白峰面积应不大于总面积的 5.0%。

② 半成品检定

a. 细菌内毒素含量。按本章本节第一部分 6. 细菌内毒素试验进行测定，细菌内毒素

含量应小于 $10EU/300 \times 10^4 IU$。

　　b. 无菌试验。按本章本节第一部分 5. 无菌检查法进行，应符合规定。

　　③ 成品检定。除水分测定、装量差异检查外，应按标示量加入灭菌注射用水，复溶后进行其余各项检定。

　　a. 鉴别试验。按免疫印迹法或免疫斑点法测定，应为阳性。

　　b. 外观。应为白色薄壳状疏松体。按标示量加入灭菌注射用水后应迅速复溶为澄明液体。可见异物应符合规定，装量差异应符合规定。

　　c. 化学检定

　　Ⅰ. 水分。应不高于 3.0%。

　　Ⅱ. pH 值。应为 $6.5 \sim 7.5$。

　　Ⅲ. 渗透压摩尔浓度。应符合要求。

　　d. 生物学活性。方法见重组人干扰素 α1b 的检验附录，用国家标准品校准确定效价（IU）。效价应为标示量的 $80\% \sim 150\%$。

　　e. 无菌试验。按本章本节第一部分 5. 无菌检查法进行，应符合规定。

　　f. 异常毒性试验。按本章本节第一部分 7. 异常毒性试验进行，应符合规定。

　　g. 残余抗生素活性。按本章本节第一部分 10. 抗生素残留量检查进行测定，采用大肠埃希菌表达的制品不应有残余氨苄西林或其他抗生素活性。

　　h. 细菌内毒素检查。按本章本节第一部分 6. 细菌内毒素试验进行测定，每 1 支/瓶应小于 10EU。

4. 重组人白介素（recombinant human interleukin）

　　白介素（IL）是由白细胞或其他体细胞产生的，在白细胞间起调节作用和介导作用的细胞因子，是一类重要的免疫调节剂，迄今发现的 IL 已达几十种，如 IL-1、IL-2、……。许多 IL 不仅介导白细胞的相互作用，还参与其他细胞，如造血干细胞、血管内皮细胞、纤维母细胞、神经细胞、成骨细胞和破骨细胞等的相互作用。白介素的生物学功能十分广泛，主要功能有：①激活并刺激 T 淋巴细胞、B 淋巴细胞的增殖和分化；②刺激巨噬细胞和粒细胞的活性；③作为各种细胞的丝裂原；④其他功能（抗肿瘤作用、诱导发热、作为佐剂等）。白介素在临床上主要用于治疗恶性肿瘤和病毒性疾病（如乙型肝炎、艾滋病等）。

拓展阅读 17
注射用重组人白细胞
介素-2（rhIL）的检验

拓展阅读 18
重组人红细胞生成素
（rhEPO）的检验

　　随着分子生物学的发展，各种白介素基因已相继被克隆成功，并制成基因工程白介素纯品，其中有几种已投放市场。国内 IL-2 和 IL-11 已批准生产，《中国药典》（2025 年版）也收录了这两种白介素制品的生产与检验方法，其他多种白介素也正在研制中，此外，一些白介素抗体与抑制剂等白介素的相关制品也有部分上市。

5. 重组人红细胞生成素（recombinant human erythropoietin）

　　人红细胞生成素（hEPO），简称人促红素，是一种人体内源性糖蛋白，作为一种强有力的造血生长因子，专一性地刺激红细胞系细胞的增殖，形成成熟的红细胞集落。hEPO 主要由肾小管内皮细胞合成并分泌到循环系统。肝细胞和巨噬细胞也能产生 hEPO。hEPO 的分泌受组织内氧分压的调节，与多种贫血尤其是终末期肾脏疾病贫血密切相关。

1985 年美国有两家公司同时报道了 hEPO 基因的克隆，1991 年美国 FDA 已正式批准重组人红细胞生成素（rhEPO）上市，成为治疗慢性肾功能衰竭引起的贫血和肿瘤化疗后贫血的畅销药。我国的 rhEPO 于 1995 年开始进行临床验证，1998 年山东科兴生物研发的人促红素（依普定）获批上市。如今，江苏豪森的培莫沙肽注射液（第二代促红素药物）、凯茂生物的人促红素注射液等多个国产重组人促红素药物也已逐步上市应用。

6. 重组人集落刺激因子（recombinant human colony-stimulating factor, rh-CSF）

集落刺激因子（CSF）是一类能参与造血调节过程的糖蛋白分子，故又称造血刺激因子或造血生长因子。现在已知的 CSF 主要有 6 种：①粒细胞集落刺激因子（G-CSF）；②巨噬细胞集落刺激因子（M-CSF）；③粒细胞-巨噬细胞集落刺激因子（GM-CSF）；④多能集落刺激因子（Multi-CSF，即 IL-3）；⑤红细胞生成素（EPO）；⑥血小板生成素（TPO）。

CSF 的功能可概括为刺激造血细胞增殖、维系细胞存活、分化定型、刺激终末细胞的功能活性等。近年来的研究表明，CSF 不仅在造血细胞的增殖与分化中起重要作用，而且也参与成熟细胞的功能调节，并在宿主抗感染免疫中起着重要作用。上述 6 种 CSF 在注入人体后均有促使各类白细胞增殖和成熟、增加血小板和红细胞数量的作用，因此 CSF 在临床上多用作癌症化疗的辅助药物，如化疗后产生的中性粒细胞减少症，也用于骨髓移植促进生血，还可用于治疗白血病，预防和治疗粒细胞缺乏症、再生障碍性贫血等多种疾病。

各类 CSF 的基因结构及其功能已研究清楚，并在各种宿主细胞中成功表达，1991 年美国 FDA 已批准 G-CSF 和 GM-CSF 投入市场。我国研制的许多 G-CSF 长效药物也已获批上市，如石药集团的津优力和齐鲁制药的新瑞白等。

【示例】 重组人粒细胞集落刺激因子（rhG-CSF）注射液的检验

本品系由高效表达人粒细胞集落刺激因子（简称人粒细胞刺激因子）基因的大肠埃希菌，经发酵、分离和高度纯化后获得的人粒细胞刺激因子制成。含适宜稳定剂，不含抑菌剂和抗生素。

（1）原液检定

① 生物学活性。用 MTT 法，见本部分（4）附录 1：rhG-CSF 生物学活性测定法进行。

② 蛋白质含量。用高效液相色谱法，见本部分（4）附录 2：rhG-CSF 蛋白质含量测定进行。

③ 比活性。为生物学活性与蛋白质含量之比，每 1mg 蛋白质应不低于 $6.0×10^7$ IU。

④ 纯度

a. 电泳法。依《中国药典》（2025 年版）通则 0541 第五法，用非还原型 SDS-PAGE 法，分离胶的胶浓度为 15%，加样量应不低于 $5\mu g$（银染法）或 $10\mu g$（考马斯亮蓝 R250 染色法）。经扫描仪扫描，G-CSF 单体蛋白量应不低于总蛋白量的 95.0%。

b. 高效液相色谱法。依法测定［《中国药典》（2025 年版）通则 0512］。色谱柱采用十八烷基硅烷键合硅胶为填充剂；以 A（三氟乙酸-水溶液：量取 1.0mL 三氟乙酸加水至 1000mL，充分混匀）、B（三氟乙酸-乙腈溶液：量取 1.0mL 三氟乙酸加入色谱纯乙腈至 1000mL，充分混匀）为流动相，在室温条件下，进行梯度洗脱（0%～70% 流动相 B）。上样量应不低于 10μg，在波长 214nm 处检测，以人粒细胞刺激因子色谱峰计算的理论塔板数应不低于 1500。按面积归一化法计算，人粒细胞刺激因子主峰面积应不低于总面积的 95.0%。

⑤ 分子量。依《中国药典》（2025 年版）通则 0541 第五法，用还原型 SDS-PAGE 法，分离胶的胶浓度为 15%，加样量不小于 1μg，制品的分子质量应为（18.8±1.9）kDa。

⑥ 外源性 DNA 残留量。每剂量其含量应不高于 10ng［《中国药典》（2025 年版）通则 3407］。

⑦ 宿主菌蛋白质残留量。宿主菌蛋白质残留量应不高于总蛋白质的 0.1%［《中国药典》（2025 年版）通则 3412］。

⑧ 残余抗生素活性。依本章本节第一部分 10.抗生素残留量检查测试，不应有残余氨苄西林或其他任何抗生素活性。

⑨ 细菌内毒素含量。按本章本节第一部分 6.细菌内毒素试验进行。细菌内毒素含量应不高于 10EU/300μg 蛋白质。

⑩ 等电点。主区带应为 5.8～6.6，且供试品的等电点图谱应与对照品的一致［《中国药典》（2025 年版）通则 0541 第六法］。

⑪ 紫外光谱扫描。用水或 0.90% 氯化钠溶液将供试品稀释至 100～500μg/mL，在光路 1cm、波长 230～360nm 下进行扫描，最大吸收峰波长应为（278±3）nm［《中国药典》（2025 年版）通则 0401］。

⑫ 肽图。依《中国药典》（2025 年版）通则 3405，应与对照品图形一致。

⑬ N 末端氨基酸序列（至少每年测定 1 次）。用氨基酸序列分析仪测定。其 N 末端序列为：(Met)-Thr-Pro-Leu-Gly-Pro-Ala-Ser-Ser-Leu-Pro-Gln-Ser-Phe-Leu-Leu。

⑭ 相关蛋白。依法测定［《中国药典》（2025 年版）通则 0512］。色谱柱采用四烷基硅烷键合硅胶为填充剂（如 C_4 柱，4.6mm×15cm，粒径 5μm 或其他适宜的色谱柱），柱温 60℃；以 0.1% 三氟乙酸的水溶液为流动相 A，以 0.1% 三氟乙酸-90% 乙腈的水溶液为流动相 B；流速为 0.8mL/min；在波长 215nm 处检测；按表 9-10 进行梯度洗脱。

表 9-10　相关蛋白测定色谱条件

时间/min	A/%	B/%
0	60	40
30	20	80
35	20	80
45	60	40
55	60	40

用超纯水将供试品稀释至每 1mL 中约含 0.5mg 溶液，作为供试品溶液；用超纯水将对照品稀释至每 1mL 中约含 0.5mg 溶液，作为对照品溶液 A；取 250μL 对照品溶液 A，加入 2.5μL 的 0.45% 过氧化氢溶液，混匀后于 23～27℃ 放置 30min，再加入 1.9mg L-甲

硫氨酸，作为对照品溶液 B；取 $250\mu L$ 对照品溶液 A，加入 0.25mg 的二硫苏糖醇，混匀后于 33~37℃温浴 60min，作为对照品溶液 C。取供试品溶液和对照品溶液 A、B、C 各 $50\mu L$ 注入液相色谱仪。

供试品溶液及对照品溶液 A、B、C 图谱中，人粒细胞刺激因子主峰的保留时间约为 23min。对照品溶液 B 图谱中，氧化Ⅰ型峰相对于主峰的保留时间约为 0.84，氧化Ⅱ型峰相对于主峰的保留时间约为 0.98，主峰的对称因子不得过 1.8，H_P/H_V 不小于 2.0（H_P 指氧化Ⅱ型峰在基线以上的峰高，H_V 指氧化Ⅱ型峰与主峰之间最低点的高度）。对照品溶液 C 图谱中，还原型峰相对于主峰的保留时间约为 1.04，与主峰的分离度应不低于 1.5，主峰的对称因子不得过 1.8。

按面积归一化法计算，单个相关蛋白峰面积应不大于总面积的 1.0%，所有相关蛋白峰面积应不大于总面积的 2.0%。

（2）半成品检定

① 细菌内毒素含量。按本章本节第一部分 6.细菌内毒素试验进行测定。细菌内毒素含量应不高于 $10EU/300\mu g$ 蛋白质。

② 无菌试验。按本章本节第一部分 5.无菌检查法进行，应符合规定。

（3）成品检定

① 鉴别试验。用免疫斑点法［《中国药典》（2025 年版）通则 3402］或免疫印迹法［《中国药典》（2025 年版）通则 3401］，应呈阳性。

② 物理检查

a.外观。应为澄明液体。

b.可见异物。依《中国药典》（2025 年版）通则 0904，应符合规定。

c.装量。依《中国药典》（2025 年版）通则 0102，应不低于标示量。

③ 化学检定

a.pH 值。按《中国药典》（2025 年版）通则 0631，pH 值为 3.5~4.5。

b.渗透压摩尔浓度。依法测定［《中国药典》（2025 年版）通则 0632］，应符合批准的要求。

c.人粒细胞刺激因子含量。依法测定［《中国药典》（2025 年版）通则 3124］，应为标示量的 90%~130%。

④ 生物学活性。方法见（4）附录 1：rhG-CSF 生物学活性测定法进行。效价应为标示量的 80%~150%。

⑤ 无菌试验。按本章本节第一部分 5.无菌检查法进行。

⑥ 异常毒性试验。按本章本节第一部分 7.异常毒性试验进行小鼠试验。

⑦ 细菌内毒素检查。按本章本节第一部分 6.细菌内毒素试验进行，每 1 支/瓶应小于 10EU。

⑧ 残余抗生素活性。按本章本节第一部分 10.抗生素残留量检查测试，应不含有残余氨苄西林或其他抗生素活性。

（4）附录 附录 1：rhG-CSF 生物学活性测定法（NFS-60 细胞/MTT 比色法）。

本法系依据小鼠骨髓白血病细胞（NFS-60 细胞）的生长状况因人粒细胞刺激因子（G-CSF）生物学活性的不同而不同，以此检测 G-CSF 的生物学活性。

① 试验材料

a. RPMI 1640 培养液。取 RPMI 1640 培养基粉末 1 袋（规格为 1L），加水溶解并稀释至 1000mL，加青霉素 10^5 IU 和链霉素 10^5 IU，再加碳酸氢钠 2.1g，溶解后，混匀，除菌过滤，4℃保存。

b. 基础培养液。量取新生牛血清 100mL，加入 RPMI 1640 培养液 900mL 中。4℃保存。

c. 完全培养液。基础培养液中加入人粒细胞刺激因子至最终浓度为每 1mL 含 10～20ng 培养液。

d. PBS。称取氯化钠 8g、氯化钾 0.2g、磷酸氢二钠 1.44g、磷酸二氢钾 0.24g，加水溶解并稀释至 1000mL，经 121℃、15min 灭菌。

e. 噻唑蓝（MTT）溶液。称取 MTT 粉末 0.10g，溶于 PBS 20mL 中，配制成每 1mL 含 5.0mg 的溶液，经 0.22μm 滤膜过滤除菌。4℃避光保存。

f. 裂解液。量取盐酸 14mL、Triton X-100 溶液 50mL，加异丙醇，配制成 500mL 的溶液。室温避光保存。

g. 标准品溶液。取人粒细胞刺激因子生物学活性测定标准品，按说明书复溶后，用基础培养液稀释至每 1mL 含 1200IU。在 96 孔细胞培养板中，做 4 倍系列稀释，共 8 个稀释度，每个稀释度做 3 孔，每孔分别留 50μL 标准品溶液，弃去孔中多余溶液。以上操作在无菌条件下进行。

h. 供试品溶液。将供试品按标示量复溶后，用基础培养液稀释成每 1mL 含 1200IU。在 96 孔细胞培养板中，做 4 倍系列稀释，共 8 个稀释度，每个稀释度做 3 孔，每孔分别留 50μL 供试品溶液，弃去孔中多余溶液。以上操作在无菌条件下进行，

② 试验步骤

a. NFS-60 细胞株用完全培养液于 37℃、5％二氧化碳条件下培养，控制细胞浓度为每 1mL 含 1.0×10^5～4.0×10^5 个细胞，传代后 24～36h 用于生物学活性测定。

b. 将试验所用溶液预温至 37℃。

c. 取足量 NFS-60 细胞培养物，离心收集 NFS-60 细胞，用 RPMI 1640 培养液洗涤 3 次，然后重悬于基础培养液配成每 1mL 含 2.0×10^5 个细胞的细胞悬液，置 37℃备用。

d. 在加有标准品溶液和供试品溶液的 96 孔细胞培养板中每孔加入细胞悬液 50μL，于 37℃、5％二氧化碳条件下培养 40～48h。

e. 每孔加入 MTT 溶液 20μL，于 37℃、5％二氧化碳条件下培养 5h。

f. 以上操作在无菌条件下进行。

g. 每孔加入裂解液 100μL，混匀后，放入酶标仪，以 630nm 为参比波长，在波长 570nm 处测定吸光度，记录测定结果。

③ 结果计算。试验数据采用计算机程序或直线回归计算法进行处理。并按下列公式计算结果：

$$供试品生物学活性=标准品生物学活性\times\frac{供试品预稀释倍数}{标准品预稀释倍数}\times$$

$$\frac{供试品相当于标准品半效量的稀释倍数}{标准品半效量的稀释倍数} \tag{9-6}$$

注：显色方法也可采用经等效验证的其他显色方法。

附录 2：rhG-CSF 蛋白质含量测定。

本法采用高效液相色谱法测定供试品中人粒细胞刺激因子蛋白质含量。照高效液相色谱法［《中国药典》（2025 年版）通则 0512］测定。

① 色谱条件。色谱柱采用十八烷基硅烷键合硅胶为填充剂，孔径 30nm，粒度 5μm，直径 4.6mm，长 250mm；柱温为（30±5）℃，供试品保存温度为 2～8℃；以 0.1％三氟乙酸的水溶液为流动相 A 液，以 0.1％三氟乙酸的乙腈溶液为流动相 B 液；流速为每分钟 1mL；检测波长 214nm；按表 9-11 进行梯度洗脱。

表 9-11　色谱条件

时间/min	A/%	B/%
0	60	40
40	20	80
45	0	100
50	60	40
60	60	40

② 检查法。取 1 支标准品，按说明书复溶。用 20mmol/L 的醋酸-醋酸钠缓冲液（pH 4.0）将标准品及供试品调节至相同蛋白质浓度，将供试品溶液与标准品溶液以相同体积分别注入液相色谱仪（进样体积不小于 10μL，进样量 4～6μg），按表 9-11 进行梯度洗脱。标准品溶液、供试品溶液均进样 3 次，记录色谱图并计算峰面积。按下式计算人粒细胞刺激因子蛋白质含量（μg/mL）：

$$供试品蛋白质含量＝复溶标准品溶液蛋白质含量×$$
$$\frac{供试品溶液平均峰面积}{标准品溶液平均峰面积}×\frac{供试品溶液的稀释倍数}{标准品溶液的稀释倍数} \tag{9-7}$$

7. 重组人表皮生长因子（recombinant human epidermal growth factor）

表皮生长因子（EGF）是在 1962 年由 Cohen 首次从雄性小白鼠下颌腺中分离纯化的一种多肽生长因子，由 53 个氨基酸组成，称为 mEGF。1977 年，又从人尿中分离出 EGF，称为 hEGF，与 mEGF 具有 70％的氨基酸序列同源性，具有抑制胃酸分泌的作用，故又称为尿抑胃素。人体体液如尿液、血液、唾液、泪液、精液、乳汁、胃液、骨髓液中均含有 hEGF，其中尿液、精液、乳汁中含量最高。

hEGF 的成熟肽不含糖基化位点，活性与糖基无关，故适于在 E. coli 中表达。国内外已有多家实验室和公司在 E. coli 中成功表达了 hEGF。由于 hEGF 是小分子多肽，在细菌细胞中不易形成包含体，且在胞内聚集会招致蛋白酶攻击而被降解。因此，表达的最佳策略是采用分泌型表达。目前最成功的是采用 E. coli 碱性磷酸酯酶基因启动子和信号肽的分泌型表达。

由于 hEGF 能刺激表皮和内皮细胞、成纤维细胞及毛细血管生长，因此用于治疗创伤、烧伤，可促进外科伤口的愈合，加速移植的表皮生长。hEGF 能促进角膜上皮细胞、实质细胞生长，治疗外伤性角膜糜烂、角膜溃疡、角膜损伤、化学试剂灼伤角膜以及用于角膜移植。hEGF 可抑制胃酸分泌，促使胃、十二指肠溃疡愈合。国外用大剂量 hEGF 与毒素结合治疗神经胶质瘤、乳腺癌、皮肤癌并取得一定疗效，尤其对皮肤鳞状细胞癌疗效显著。重组 hEGF 有多种生理功能，可刺激细胞生长，在创面愈合、改善皮肤老化、美容护肤等领域有广泛应用。

【示例】　重组人表皮生长因子（rhEGF）的检验

（1）原液检定

① 效价检定。测定方法见本部分（4）附录：EGF 生物学活性测定。

② 蛋白质含量测定。按蛋白质微量测定法的 Lowry 法测定。

③ 比活性。为生物学活性与蛋白质含量之比，蛋白质应不低于 5.0×10^5 IU/mg。

④ 纯度

a. 高效液相色谱法。按《中国药典》（2025 年版）通则 0512，色谱柱采用十八烷基硅烷键合硅胶为填充剂；以 A［三氟乙酸-水溶液（取 1.0mL 三氟乙酸加水至 1000mL，充分摇匀）］、B［三氟乙酸-乙腈溶液（取 1.0mL 三氟乙酸加入色谱纯乙腈至 1000mL，摇匀）］为流动相，室温梯度洗脱，上样量不低于 10μg，检测波长 280nm，以人表皮生长因子色谱峰计算的理论塔板数不低于 500。按峰面积归一化法计算主峰，应不得低于总面积的 95.0%。

b. 电泳法。按《中国药典》（2025 年版）通则 0541 第五法测定。采用非还原型 SDS-PAGE 法，分离胶的胶浓度为 17.5%，加样量不得低于 5μg（银染法）或 10μg（考马斯亮蓝 R250 染色法）。经扫描仪扫描，按峰面积归一化法计算纯度不得低于 95.0%。

⑤ 分子量。按《中国药典》（2025 年版）通则 0541 第五法。采用还原型 SDS-PAGE 法，分离胶的胶浓度为 17.5%，加样量不得低于 1.0μg，供试品的分子质量用人表皮生长因子对照品校正后应为（6.0±0.6)kDa。

⑥ 外源性 DNA 残留量。按《中国药典》（2025 年版）通则 3407 测定，每 1 支/瓶外源 DNA 残留量应不高于 10 ng。

⑦ 残余抗生素活性。依本章本节第一部分 10.抗生素残留量检查，不应有残余氨卡西林或其他抗生素活性。

⑧ 等电点。按《中国药典》（2025 年版）通则 0541 第六法测定，主区带等电点应为 4.0～5.0，且供试品的等电点图谱应与对照品的图谱一致。

⑨ 紫外吸收光谱。用水或 0.90%氯化钠溶液将供试品稀释至 100～500μg/mL，在光路 1cm、波长 230～360nm 下进行扫描，最大吸收峰波长应为（275±3)nm［《中国药典》（2025 年版）通则 0401］。

⑩ 肽图分析。应与对照品图形一致。

⑪ N 末端氨基酸序列（至少每年测定 1 次）。用氨基酸序列分析仪测定，其 N 端序列应为：(Met)-Asn-Ser-Asp-Ser-Glu-Cys-Pro-Leu-Ser-His-Asp-Gly-Tyr-Cys-Leu。

⑫ 鉴别试验。按免疫印迹法［《中国药典》（2025 年版）通则 3401］或免疫斑点法［《中国药典》（2025 年版）通则 3402］测定，应为阳性。

（2）半成品鉴定

无菌检查。依本章本节第一部分 5.无菌检查法，应符合规定。

（3）成品检定　除水分测定、装量差异检查外，应按标示量加入灭菌注射用水，复溶后进行其余各项检定。

① 鉴别试验。按免疫印迹法［《中国药典》（2025 年版）通则 3401］或免疫斑点法［《中国药典》（2025 年版）通则 3402］测定，应为阳性。

② 物理检查

a. 外观检查。应为白色或微黄色疏松体，按标示量加入灭菌注射用水，复溶后应为澄明液体，不得含有肉眼可见的不溶物。

b. 装量差异。依法检查，应符合规定。

③ 化学鉴定

a. 水分。应不高于 3.0％［《中国药典》（2025 年版）通则 0832］。

b. pH 值。应为 6.5～7.5［《中国药典》（2025 年版）通则 0631］。

④ 生物学活性。应为标示量的 70％～200％。测定方法见（4）附录：EGF 生物学活性测定。

⑤ 无菌试验。按本章本节第一部分 5. 无菌检查法进行，应符合规定。

（4）附录：EGF 生物学活性测定　原理：本法系依据人表皮生长因子对小鼠胚胎成纤维细胞（BALB/c 3T3 细胞）的生长具有刺激作用，BALB/c 3T3 细胞的生长状况因人表皮生长因子生物学活性的不同而异，以此检测人表皮生长因子的生物学活性。

① 材料和试剂

a. RPMI 1640 培养液。取 RPMI 1640 培养基粉末 1 袋（规格为 1 L），加水溶解并稀释至 1000mL，加青霉素 10^5 IU 和链霉素 10^5 IU，再加碳酸氢钠 2.1g，溶解后，混匀，除菌过滤，4℃保存。

b. 维持培养液。量取新生牛血清 4mL，加 RPMI 1640 培养液至 1000mL。

c. 完全培养液。量取新生牛血清 100mL，加 RPMI 1640 培养液至 1000mL。

d. PBS。称取氯化钠 8g，氯化钾 0.2g，磷酸氢二钠 1.44g，磷酸二氢钾 0.24g，加水溶解并稀释至 1000mL，经 121℃、15min 灭菌。

e. 噻唑蓝（MTT）溶液。称取 MTT 粉末 0.10g，加 PBS 20mL 使溶解，经 0.22μm 滤膜过滤除菌。4℃避光保存。

f. 标准品溶液。取人表皮生长因子标准品，按说明书复溶后，用维持培养液稀释至每 1mL 含 50IU，在 96 孔细胞培养板中，做 4 倍系列稀释，共 8 个稀释度，每个浓度做 2 孔。以上操作在无菌条件下进行。

g. 供试品溶液。将供试品按标示量复溶后，用维持培养液稀释成每 1mL 约含 50IU。在 96 孔细胞培养板中，做 4 倍系列稀释，共 8 个稀释度，每个浓度做 2 孔。以上操作在无菌条件下进行。

② 操作。测定法。BALB/c 3T3 细胞株用完全培养液于 37℃、5％二氧化碳条件下培养，控制细胞浓度为每 1mL 含 1.0×10^5～5.0×10^5 个细胞，传代后 24～36h 用于生物学活性测定。弃去培养瓶中的培养液，消化和收集细胞，用完全培养液配成每 1mL 含 5.0×10^4～8.0×10^4 个细胞的细胞悬液，接种于 96 孔细胞培养板中，每孔 100μL，于 37℃、5％二氧化碳条件下培养。24h 后换成维持培养液，于 37℃、5％二氧化碳条件下培养 24h。制备的细胞培养板弃去维持液，加入标准品溶液和供试品溶液，每孔 100μL，于

37℃、5％二氧化碳条件下培养 64～72h。每孔加入 MTT 溶液 20μL，于 37℃、5％二氧化碳条件下培养 5h。以上操作在无菌条件下进行。弃去培养板中的液体后，向每孔中加入二甲基亚砜 100μL，混匀后在酶标仪上，以 630nm 为参比波长，在波长 570nm 处测定吸光度，记录测定结果。

试验数据采用计算机程序或四参数回归计算法进行处理，并按下式计算结果：

$$供试品生物学活性(IU/mL) = 标准品生物学活性 \times \frac{供试品预稀释倍数}{标准品预稀释倍数} \times$$

$$\frac{供试品相当于标准品的半效量的稀释倍数}{标准品半效量的稀释倍数} \tag{9-8}$$

8. 重组乙型肝炎疫苗（recombinant hepatitis B vaccine）

重组乙肝疫苗是以基因工程技术研制的第二代乙型肝炎（HB）疫苗，已取得了突破性和实用性进展，是基因工程疫苗中最成功的例子之一。目前乙型肝炎病毒（HBV）基因在真核细胞中的表达已出现了 4 条途径：①将 HBV 的 S、S_2 或 S_1 基因重组质粒转化酵母细胞，用重组酵母生产 HB 疫苗（如深圳康泰生物制品公司）；②将 S、S_2 或 S_1 基因重组质粒转化哺乳动物细胞（中国仓鼠卵巢细胞），大量培养重组动物细胞株生产 HB 疫苗（如我国长春生物制品研究所）；③将 S、S_2 或 S_1 基因插入痘苗病毒 DNA 非必需区，转染中国仓鼠卵巢细胞，大量培养该动物细胞株生产 HB 疫苗；④将 S、S_2 或 S_1 基因插入昆虫核多角体病毒 DNA 非必需区，转染家蚕和蝶蛹生产 HB 疫苗。上述几种表达系统各有其特点。

美国的重组酵母疫苗已于 1986 年正式投放市场，法国的哺乳动物细胞疫苗也已于 1988 年投入批量生产。2021 年，美国 FDA 批准了第三代乙型肝炎病毒疫苗 PreHevbrio（Sci-B-Vac）上市，用于 18 岁及以上成年人预防所有已知 HBV 亚型引起的感染。国内乙肝疫苗主要分为 CHO 细胞、汉逊酵母和酿酒酵母。2024 年，清华大学饶子和教授团队攻克了乙型肝炎病毒表面抗原的三维结构，揭示了其分子形态，为乙肝疫苗的优化提供了重要依据。此外，化学合成的 HBV 表面抗原（HBsAg）多肽与破伤风类毒素偶联形成复合蛋白分子制成的疫苗，既可预防乙型肝炎，又能预防破伤风。

【示例 1】　重组乙型肝炎疫苗（酿酒酵母）的检验

本品系由重组酿酒酵母表达的乙型肝炎（简称乙肝）病毒表面抗原（HBsAg）经纯化，加入铝佐剂制成。用于预防乙型肝炎。

（1）原液检定

① 无菌检查。按本章本节第一部分 5. 无菌检查法，应符合规定。

② 蛋白质含量。采用 Lowry 法，应符合批准要求。

③ 分子量。采用还原型 SDS-聚丙烯酰胺凝胶电泳 [《中国药典》（2025 年版）通则 0541 第五法]，分离胶胶浓度 15％，上样量为 0.5μg，银染法染色。主要蛋白质条带的分子质量应为 20～25kDa，可有多聚体蛋白带。

④ N 端氨基酸序列测定（每年至少测定 1 次）。取纯化产物或原液用氨基酸序列分析仪或其他适宜的方法测定，N 端氨基酸序列应为：Met-Glu-Asn-Ile-Thr-Ser-Gly-Phe-Leu-

Gly-Pro-Leu-Leu-Val-Leu。

⑤ 纯度。采用免疫印迹法测定［《中国药典》（2025 年版）通则 3401］，所测供试品中酵母杂蛋白应符合批准的要求；采用高效液相色谱法［《中国药典》（2025 年版）通则 0512］，亲水硅胶高效体积排阻色谱柱；排阻极限 1000kDa；孔径 45nm，粒度 13μm，流动相为含 0.05％叠氮钠和 0.1％SDS 的磷酸盐缓冲液（pH 7.0）；上样量 100μL；检测波长 280nm。按面积归一法计算 P60 蛋白质含量，杂蛋白应不高于 1.0％。

⑥ 细菌内毒素检查。应小于 10EU/mL［《中国药典》（2025 年版）通则 1143 凝胶限度法］。

⑦ 宿主细胞 DNA 残留量。取纯化产物或原液测定，应不高于 10ng/剂［《中国药典》（2025 年版）通则 3407］。

（2）半成品检定

① 吸附完全性。取供试品于 6500 g 离心 5min，取上清液，依法测定［《中国药典》（2025 年版）通则 3501］参考品、供试品及其上清液 HBsAg 的含量。以参考品 HBsAg 含量的对数对其相应吸光度值对数作直线回归，相关系数应不低于 0.99，将原液及原液上清液的吸光度值代入回归方程，计算其 HBsAg 含量，再按下式计算吸附率，应不低于 95％。

$$吸附率\ P（％）＝（1－供试品上清液的\ HBsAg\ 含量/供试品的\ HBsAg\ 含量）×100％ \tag{9-9}$$

② 化学检定。按《中国药典》（2025 年版）中生物制品、化学药品的检定方法进行。

a. 硫氰酸盐含量。如生产中使用，应按下列方法检测，残留量应小于 1.0μg/mL。

取供试品于 6500 g 离心 5min，取上清液。分别取含量为 1.0μg/mL、2.5μg/mL、5.0μg/mL、10.0μg/mL 的硫氰酸盐标准溶液，供试品上清液，0.90％氯化钠溶液各 5.0mL 于试管中。每一原液取 2 份，在每管中依次加入硼酸盐缓冲液（pH 9.2）5.0mL、2.25％氯胺 T-氯化钠溶液 0.5mL、50％吡啶溶液（用 0.90％氯化钠溶液配制）1.0mL，每加一种溶液后立即混匀，加完上述溶液后静置 10min，以 0.90％氯化钠溶液为空白对照，在波长 415nm 处测定各管吸光度。以标准溶液中硫氰酸盐的含量对其吸光度均值，进行线性回归，计算相关系数，应不低于 0.99。将原液上清液的吸光度代入线性回归方程，计算出硫氰酸盐含量。

b. Triton X-100 含量。如生产中使用，则按下述方法测定，残留量应小于 15.0μg/mL。

取供试品于 6500 g 离心 5min，取上清液。分别取含量为 5μg/mL、10μg/mL、20μg/mL、30μg/mL、40μg/mL 的 Triton X-100 的标准溶液，供试品上清液，0.90％氯化钠溶液各 2.0mL 于试管中。每一原液取 2 份，在每管中分别加入 5％（体积比）苯酚溶液 1.0mL，迅速振荡，室温放置 15min。以 0.90％氯化钠溶液为空白对照，在波长 340nm 处测定各管吸光度。以标准溶液中 Triton X-100 的含量对其吸光度均值，进行线性回归，计算相关系数，应不低于 0.99。将原液上清液的吸光度均值代入线性回归方程，计算出 Triton X-100 含量。

c. pH 值。应为 5.5～7.2［《中国药典》（2025 年版）通则 0631］。

d. 游离甲醛含量。如生产中使用，应不高于 20μg/mL［《中国药典》（2025 年版）通则 3207 第二法]。

e. 铝含量。应符合批准要求且不高于 0.62mg/mL [《中国药典》 （2025 年版）通则 3106]。

f. 渗透压摩尔浓度。应为 （280±65）mOsmol/kg [《中国药典》 （2025 年版）通则 0632]。

③ 无菌检查。按本章本节第一部分 5.无菌检查法，应符合规定。

④ 细菌内毒素。依本章本节第一部分 6.细菌内毒素试验（凝胶限度试验），应小于 5EU/mL。

（3）成品检定

① 鉴别试验。酶联免疫吸附法 [《中国药典》（2025 年版）通则 3429] 检测，证明含有 HBsAg。

② 外观。应为乳白色混悬液体，可因沉淀而分层，易摇散，不应有摇不散的块状物。

③ 化学检查。按《中国药典》(2025 年版) 中生物制品、化学药品的检定方法进行。

a. 铝含量应不高于 0.62mg/mL [《中国药典》（2025 年版）通则 3106]。

b. pH 值为 5.5～7.2 [《中国药典》（2025 年版）通则 0631]。

④ 体外相对效力测定。应不低于 0.5 [《中国药典》（2025 年版）通则 3501]。

⑤ 无菌试验。按本章本节第一部分 5.无菌检查法进行，应符合规定。

⑥ 异常毒性试验。按本章本节第一部分 7.异常毒性试验进行，应符合规定。

⑦ 细菌内毒素检查。按本章本节第一部分 6.细菌内毒素（凝胶限度试验）试验进行，应小于 5EU/mL。

⑧ 装量。依法检查 [《中国药典》（2025 年版）通则 0102]，应不低于标示量。

⑨ 渗透压摩尔浓度。依法检查 [《中国药典》（2025 年版）通则 0632]，应符合批准的要求。

【示例 2】 重组乙型肝炎疫苗（CHO 细胞）的检验

本品系由重组 CHO 细胞表达的乙型肝炎（简称乙肝）病毒表面抗原（HBSAg）经纯化，加入氢氧化铝佐剂制成。用于预防乙型肝炎。

（1）纯化产物检定

① 蛋白质含量。应为 100～200μg/mL [《中国药典》 （2025 年版）通则 0731 第二法]。

② 特异蛋白带。采用还原型 SDS-聚丙烯酰胺凝胶电泳法 [《中国药典》（2025 年版）通则 0541 第五法]，分离胶胶浓度 15%，浓缩胶胶浓度 5%，上样量为 5μg，银染法染色。应有分子质量 23kDa、27kDa 蛋白质带，可有 30kDa 蛋白质带及 HBsAg 多聚体蛋白质带。

③ 纯度。采用高效液相色谱法 [《中国药典》 （2025 年版）通则 0512] 测定，用 SEC-HPLC 法：亲水树脂分子排阻色谱柱，排阻极限 1000kDa，孔径 100nm，粒度 17μm，直径 7.5mm，长 30cm；流动相为 0.05mol/L PBS （pH 6.8）；检测波长 280nm，上样量 100μL。按面积归一化法计算 HBsAg 纯度，应不低于 95.0%。

④ 细菌内毒素检查。每 10μg 蛋白质应小于 10EU [《中国药典》（2025 年版）通则

1143 凝胶限度法]。

（2）原液检定

① 无菌试验。按本章本节第一部分 5.无菌检查法进行，应符合规定。

② 支原体检查。按《中国药典》（2025 年版）通则 3301 进行，应符合规定。

③ 蛋白质含量。用 Lowry 法测定，蛋白质浓度应为 $100\sim200\mu g/mL$。

④ 特异蛋白带及纯度。同本部分（1）纯化产物检定。

⑤ 牛血清白蛋白残留量。应不高于 50ng/剂 ［《中国药典》（2025 年版）通则 3411］。

⑥ CHO 细胞 DNA 残留量。依《中国药典》（2025 年版）通则 3407，应不高过 10pg/剂。

⑦ CHO 细胞蛋白质残留量。用酶联免疫吸附法 ［《中国药典》（2025 年版）通则 3429］测定，应不高于总蛋白质含量的 0.05%。

（3）半成品检定

① 无菌试验。按本章本节第一部分 5.无菌检查法进行，应符合规定。

② 细菌内毒素。按本章本节第一部分 6.细菌内毒素试验（凝胶限度试验）进行，应不高于 10EU/剂。

③ 吸附完全性试验。取供试品于 6500g 离心 5min，取上清液，依法测定 ［《中国药典》（2025 年版）通则 3501］参考品、供试品及其上清液 HBsAg 的含量。以参考品 HBsAg 含量的对数对其吸光度值对数进行直线回归，相关系数应不低于 0.99，将原液及原液上清液的吸光度值代入直线回归方程，计算其 HBsAg 含量，再按下式计算吸附率，应不低于 95%。

$$吸附率 P(\%)=(1-供试品上清液的 HBsAg 含量/供试品的 HBsAg 含量)\times100\%$$

$$(9\text{-}10)$$

（4）成品检定

① 鉴别试验。以酶联免疫吸附法 ［《中国药典》（2025 年版）通则 3429］测试，证明含有 HBsAg。

② 外观。应为乳白色悬浊液体，可因沉淀而分层，易摇散，不应有摇不散的块状物。

③ 化学检定

a. pH 值为 $5.5\sim6.8$ ［《中国药典》（2025 年版）通则 0631］。

b. 铝含量不高于 0.43mg/mL ［《中国药典》（2025 年版）通则 3106］。

c. 游离甲醛含量。应不高于 $50\mu g/mL$ ［《中国药典》（2025 年版）通则 3207 第二法］。

④ 效价测定。将疫苗连续稀释，每个稀释度接种 $4\sim5$ 周龄 NIH 或 BABL/c 未孕雌性小鼠 20 只，每只腹腔注射 1mL，用参考疫苗做平行对照，$4\sim6$ 周后采血，用酶联免疫吸附法 ［《中国药典》（2025 年版）通则 3429］或其他适宜的方法测抗-HBs，计算 ED_{50}，供试品 ED_{50}（稀释度）/参考疫苗 ED_{50}（稀释度）之值应不低于 1.0。

⑤ 无菌试验。依本章本节第一部分 5.无菌检查法，应符合规定。

⑥ 异常毒性实验。按本章本节第一部分 7.异常毒性试验进行，应符合规定。

⑦ 细菌内毒素含量测定。按本章本节第一部分 6.细菌内毒素试验（凝胶限度试验）进行，应低于 10EU/剂。

⑧ 装量。依法检查 ［《中国药典》（2025 年版）通则 0102］，应不低于标示量。

⑨ 渗透压摩尔浓度。依法检查［《中国药典》（2025 年版）通则 0632］，应符合批准的要求。

⑩ 抗生素残留量。生产过程中加入抗生素的应进行该项检查。采用酶联免疫吸附法［《中国药典》（2025 年版）通则 3429］检测，应不高于 50ng/剂。

第四节　基因工程药物的结构分析技术

由于其复杂的分子结构和功能特性，基因工程药物的结构分析显得尤为重要。了解其三维结构和功能特性不仅能够指导药物的优化设计，还能帮助预测药物的安全性和疗效。基因工程药物的结构分析一般涉及蛋白质的氨基酸序列解析、空间构象确定、糖基化模式研究等方面。由于这些药物的复杂性和异质性，传统的结构分析方法面临一些挑战，需要不断发展新的技术手段来提高分析的准确性和效率。

一、肽图分析

肽图分析可以得到重组蛋白质类药物的一级结构，比较功能相近的蛋白质结构的相似性和各批产品蛋白质一级结构的一致性，是一种高特异性鉴别方法。肽图分析的方法及应用案例详见本章第三节。

二、X 射线衍射法（XRD）

X 射线衍射法利用晶体周期性结构对 X 射线产生衍射，通过布拉格方程解析蛋白质三维立体结构（含手型、晶型、结晶水或结晶溶剂），以提供高分辨率的蛋白质三维结构信息。该方法适用于结晶性药物的详细结构分析。《中国药典》（2025 年版）通则 0451X 射线衍射法对 XRD 的原理和实验方法进行了详细介绍。

XRD 可分为单晶 X 射线衍射法和粉末 X 射线衍射法。单晶 X 射线衍射法（SXRD）的检测对象为一颗晶体；粉末 X 射线衍射法（PXRD）的检测对象为众多随机取向的微小颗粒，它们可以是晶体或非晶体等固体样品。根据检测要求和检测对象、检测结果的不同需求可选择适宜的方法。晶态物质（晶体）中的分子、原子或离子在三维空间呈周期性有序排列，晶体的最小重复单位是晶胞。晶胞是由一个平行六面体组成，含有三个轴（a、b、c，单位：Å [1]）和三个角（α、β、γ，单位：°）被称为晶胞参数。晶胞沿（x、y、z）三维方向的无限有序堆积排列形成了晶体。当一束 X 射线通过滤波镜以单色光（特定波长）照射到单晶体样品或粉末微晶样品时即发生衍射现象，衍射条件遵循布拉格方程式：

---

[1]　$1\text{Å} = 10^{-10}\,\text{m}$。

$$d_{hkl}=\frac{n\lambda}{2\sin\theta} \tag{9-11}$$

式中，d_{hkl} 为面间距（hkl 为晶面指数）；n 为衍射级数；λ 为 X 射线的波长；θ 为掠射角。

金属铜（Cu）与钼（Mo）为有机化合物样品常用的 X 射线阳极靶元素，Cu 靶波长 λ 为 1.54178Å，Mo 靶波长 λ 为 0.71073Å。X 射线由 K_α 和 K_β 组成，一般采用 K_α 线作为单晶 X 射线衍射的结构分析或粉末 X 射线衍射的成分与晶型分析的特征 X 射线谱。

当 X 射线照射到晶态物质上时，可以产生衍射效应；而当 X 射线照射到非晶态物质上时则无衍射效应。单晶 X 射线衍射结构（晶型）定量分析和粉末 X 射线成分（晶型）定性与定量分析均是依据 X 射线衍射基本原理。

X 射线衍射仪器是由 X 射线光源（直流高压电源、真空管、阳极靶）、准直系统（准直管、样品架）、检测系统、仪器控制系统（指令控制、数据控制）、冷却系统等组成。

【方法 1】单晶 X 射线衍射法

单晶 X 射线衍射法使用一颗单晶体即可获得样品的化合物分子构型和构象等三维立体结构信息，主要包括：空间群、晶胞参数、分子式、结构式、原子坐标、成键原子的键长与键角、分子内与分子间的氢键、盐键、配位键等。

单晶 X 射线衍射技术是定量检测样品成分与分子立体结构的绝对分析方法，它可独立完成对样品化合物的手性或立体异构体分析、共晶物质成分组成及比例分析（含结晶水或结晶溶剂、药物不同有效成分等）、纯晶型及共晶物分析（分子排列规律变化）等。由于单晶 X 射线衍射分析实验使用一颗晶体，所以采用该分析法可获得晶型或共晶的纯品物质信息。

单晶 X 射线衍射法是通过两次傅里叶变换完成的晶体结构分析。该方法适用于晶态化学物质的成分、结构、晶型分析。在单晶 X 射线衍射实验中，Cu 靶适用于化合物分子的绝对构型测定，Mo 靶适用于化合物分子的相对构型测定（含有卤素或金属原子的样品除外）。

（1）试样制备　单晶 X 射线衍射分析要求使用一颗适合实验的单晶体，一般需要采用重结晶技术通过单晶体培养获得。晶体尺寸在 0.1～1.0mm 之间。单晶体应呈透明状、无气泡、无裂纹、无杂质等，晶体外形可为块状、片状、柱状、针状。近似球状或块状晶体因在各方向对 X 射线的吸收相近，所以属最佳实验用晶体外形。

（2）影响因素　晶体样品对 X 射线的衍射能力受到来自内部和外部的影响。

① 内部因素。主要为组成晶体的化学元素种类、结构类型、分子对称排列规律、作用力分布、单晶体质量等。

② 外部因素。仪器 X 射线发生器功率、阳极靶种类等。

（3）实验参数

① 当使用 Cu 靶实验时，衍射数据收集的 2θ 角要大于 114°。

② 当使用 Mo 靶实验时，衍射数据收集的 2θ 角要大于 54°。

③ 误差范围

a. 晶胞参数三个轴（a、b、c，单位：Å）的误差应在小数点后第三位，三个角（α、β、γ，单位：°）的误差应在小数点后第二位。

b.除 H 原子外，原子相对坐标的误差应在小数点后第四位，键长的误差应在小数点后第三位，键角的误差应在小数点后第一位。

（4）适用范围　本法适用于晶态样品的成分与分子立体结构定量分析、手性分析、晶型分析、结晶水含量分析、结晶溶剂种类与含量分析等。

（5）仪器校准　仪器应定期使用仪器生产厂家自带的标准样品进行仪器校正。

【方法 2】粉末 X 射线衍射法

粉末 X 射线衍射法可用于样品的定性或定量的物相分析。每种化学物质，当其化学成分与固体物质状态（晶型）确定时，应该具有独立的特征 X 射线衍射图谱和数据，衍射图谱信息包括衍射峰数量、衍射峰位置（2θ 值或 d 值）、衍射峰强度（相对强度、绝对强度）、衍射峰几何拓扑（不同衍射峰间的比例）等。

粉末 X 射线衍射法适用于对晶态物质或非晶态物质的定性鉴别与定量分析。常用于固体物质的结晶度定性检查、多晶型种类、晶型纯度、共晶组成等分析。粉末 X 射线衍射实验中，通常使用 Cu 靶为阳极靶材料。

晶态物质的粉末 X 射线衍射峰是由数十乃至上百个锐峰（窄峰）组成；而非晶态物质的粉末 X 射线衍射峰的数量较少且呈弥散状（为宽峰或馒头峰），在定量检测分析时，两者在相同位置的衍射峰的绝对强度值存在较大差异。

当化学物质有两种或两种以上的不同固体物质状态时，即存在有多晶型（或称为同质异晶）现象。多晶型现象可以由样品的分子构型、分子构象、分子排列规律、分子作用力等变化引起，也可由结晶水或结晶溶剂的加入（数量与种类）形成。每种晶型物质应具有确定的特征粉末 X 射线衍射图谱。

当被测定样品化学结构、成分相同，但衍射峰的数量和位置、绝对强度值或衍射峰形几何拓扑间存在差别时，即表明该化合物可能存在多晶型现象。

由两种或两种以上的化学物质共同形成的晶态物质被称为共晶物。共晶物与物理混合物的粉末 X 射线衍射图谱间存在差异。

（1）试样制备　粉末晶体颗粒过大或晶体呈现片或针状样品容易引起择优取向现象，为排除择优取向对实验结果的干扰，对样品需要增加研磨并过筛（通常过 100 目筛，无机样品可过 200 目筛）的样品前处理步骤。

（2）实验进样量　当采用粉末 X 射线衍射法进行定量分析时，需要对研后过筛样品进行精密定量称取，试样铺板高度应与板面平行。

（3）衍射数据收集范围　当使用铜 Cu 靶实验时，衍射数据收集的范围（2θ）一般至少应在 3～60°之间，有时可收集至 1～80°。

（4）定量分析方法　可采用标准曲线法，含外标法、内标法或标准加入法。

a.应选择一个或多个具有特征性的衍射峰进行。

b.内标法应建立内标物质与衍射强度之间的线性关系。内标物质选取原则是应与样品的特征衍射峰不发生重叠，同时两者对 X 射线的衍射能力应接近。制备标准曲线时，应取固定质量但含量比例不等的内标物质与样品均匀混合，定量分析时，应保证被测样品含量在标准曲线的线性范围内。

c.外标法应建立标准物质不同质量与衍射强度之间的线性关系。制作标准曲线时，应取不同质量的样品。定量分析时，应保证被测样品含量在标准曲线的线性范围内；标准加入法应保证加入标准物质和被测物质衍射峰强度接近，二者具有良好的分离度且不重叠。

d. 定量分析时，每个样品应平行实验 3 次，取算术平均值。

e. 当样品存在多晶型物质状态，且研磨压力会引起晶型转变时，应慎用定量分析方法。当多晶型衍射图谱的衍射峰数量和位置基本相同，但衍射峰的几何拓扑图形存在较大差异时，可适当增加特征衍射峰的数量（从一般使用 1 个特征峰，增加到使用 3～5 个特征峰），以证明晶型含量与特征衍射峰间存在线性关系。

f. 采用相同制备方法的等质量试样定量分析，在同一实验条件下，样品与标准品的 2θ 值数据误差范围一般为 $\pm 0.2^\circ$，衍射峰的相对强度误差范围为 $\pm 5\%$，否则应考虑重新进行实验或可能存在多晶型问题。

（5）适用范围　本法适用于样品的结晶性检查、样品与标准品的异同性检查、样品生产工艺稳定性监测、样品的化学纯度检查和定量分析（当杂质成分含量大于 1% 时在衍射图谱中可以识别），样品的共晶、多晶型鉴别和晶型纯度定量分析等。

（6）仪器校正　仪器应定期使用有证标准物质 Al_2O_3、$\alpha\text{-}SiO_2$、单晶硅粉进行仪器校正。

三、核磁共振波谱法

核磁共振（NMR）波谱法是一种基于特定原子核在外磁场中吸收了与其裂分能级间能量差相对应的射频场能量而产生共振现象的分析方法。核磁共振波谱通过化学位移值、谱峰多重性、耦合常数值、谱峰相对强度和在各种二维谱及多维谱中呈现的相关峰，提供分子中原子的连接方式、空间的相对取向等定性的结构信息。核磁共振定量分析以结构分析为基础，在进行定量分析之前，首先对化合物的分子结构进行鉴定，再利用分子特定基团的质子数与相应谱峰的峰面积之间的关系进行定量测定。

核磁共振信号（峰）可提供四个重要参数：化学位移值、谱峰多重性、耦合常数值和谱峰相对强度。处于不同分子环境中的同类原子核具有不同的共振频率，这是由于作用于特定核的有效磁场由两部分构成：由仪器提供的特定外磁场以及由核外电子环流产生的磁场（后者一般与外磁场的方向相反，这种现象称为“屏蔽”）。处于不同化学环境中的原子核，由于屏蔽作用不同而产生的共振条件差异很小，难以精确测定其绝对值，实际操作时采用一参照物作为基准，精确测定样品和参照物的共振频率差。在核磁共振波谱中，一个信号的位置可描述为它与另一参照物信号的偏离程度，称为化学位移。共振频率与外磁场强度 H_0 成正比，磁场强度不同，同一化学环境中的核共振频率不同。为了解决这个问题，采用位移常数 δ 来表示化学位移：

$$\delta = \frac{v_s - v_r}{v_o} + \delta_r \tag{9-12}$$

式中，v_s 为样品中磁核的共振频率；v_r 为参照物中磁核的共振频率；v_o 为仪器的输出频率，MHz；δ_r 为参照物的化学位移值。

因此也可用氘代溶剂中残留的质子信号作为化学位移参考值。

常用的化学位移参照物是四甲基硅烷（TMS），其优点是化学惰性；单峰；信号处在高场，与绝大部分样品信号之间不会互相重干扰；沸点很低（27℃），容易去除，有利于样品回收。而对于水溶性样品，常用 3-三甲基硅基丙酸钠-d_4（TSP）或 2,2-二甲基-2-硅戊基-5-磺酸钠（DSS），其化学位移值也非常接近于零。DSS 的缺点是其三个亚甲基质子有时会干扰被测样品信号，适于用作外参考。

化学位移仅表示了磁核的电子环境，即核外电子云对核产生的屏蔽作用，但未涉及同一分子中磁核间的相互作用。这种磁核间的相互作用很小，对化学位移没有影响，但对谱峰的形状有着重要影响。这种磁核之间的相互干扰称为自旋-自旋耦合，由自旋耦合产生的多重谱峰现象称为自旋裂分，裂分间距（赫兹）称为耦合常数 J，耦合常数与外磁场强度无关。耦合也可发生在氢核与其他核（$I \neq 0$）之间，如 ^{19}F、^{13}C 和 ^{31}P 等。

核磁共振信号的另一个特征是它的强度。在合适的实验条件下，谱峰面积或强度正比于引起此信号的质子数，因此可用于测定同一样品中不同质子或其他核的相对比例，以及在加入内标后进行核磁共振定量分析。

（1）波谱选择　通常应用最多的是 ^1H（质子）核磁共振波谱，其他还包括 ^{19}F、^{31}P、^{13}C 核磁共振波谱以及各种二维谱等。

（2）溶剂选择　测定前，一般须先将供试品制成合适的溶液。合适的溶剂除了对样品有较好的溶解度外，其残留的信号峰应不干扰所分析样品的信号峰。氘代溶剂同时提供异核锁信号。应尽可能使用高氘代度、高纯度的溶剂，并注意氘原子会对其他原子信号产生裂分。常用的核磁共振波谱测定用氘代溶剂及其残留质子信号的化学位移见表 9-12。

表 9-12　常用的核磁共振波谱测定用氘代溶剂及其残留质子信号的化学位移

溶剂名称	分子式	残留质子信号 δ	可能残留水峰 δ
氘代三氯甲烷	$CDCl_3$	7.26	1.56
氘代甲醇	CD_3OD	3.31	4.87
氘代丙酮	$(CD_3)_2CO$	2.05	2.84
氘代二甲基亚砜	DMSO-d_6	2.50	3.33
氘代乙腈	CD_3CN	1.94	2.13
氘代苯	C_6D_6	7.16	/
重水	D_2O	/	4.79
氘代二氧六环	Dioxane-d_8	3.55	/
氘代乙酸	CD_3CO_2D	2.05、8.5*	/
氘代三氟乙酸	CF_3CO_2D	12.5*	/
氘代吡啶	C_5D_5N	7.18、7.55、8.70	4.80
氘代 N,N-二甲基甲酰胺	DMF-d_7	2.77、2.93、8.05	/

注：*活泼质子的化学位移值是可变的，取决于温度和溶质的变化。

适用于氢谱（^1H NMR）的溶剂同样也适用于氟谱（^{19}F NMR），常见的有 $CDCl_3$、CD_3OD、D_2O、DMSO-d_6、DMF-d_7、酸和碱等，通常不含氟的溶剂均可使用。同时应注意含氟样品中氟原子对其他核的 J-耦合。

（3）样品制备

① 样品的浓度取决于实验的要求及仪器的类型，测定非主要成分时需要更高的浓度。

② 供试液的体积取决于样品管的大小及仪器的要求，通常样品溶液的高度应达到线圈高度的 2 倍以上。

③ 选用符合定量要求的核磁管，常用外径为 5mm 或 10mm，长度为 15cm 或 20cm 的核磁管。当样品量较少时可选用微量核磁管。

（4）测定　将样品管放入谱仪中，先进行样品和谱仪的调谐，再仔细对谱仪匀场，使谱仪达到最佳工作状态。设置合适的实验参数，采样，完成后再进行图谱处理，并分段积分。

（5）定性和定量分析　同一个实验通常可同时得到定性和定量数据。对于核磁共振定量分析，实验参数的正确设置非常重要，以保证每个峰的积分面积与质子数成正比。必须保证有足够长的弛豫时间，以所有激发核都能完全弛豫，因而定量分析通常需要更长的实验时间。

① 定性分析。耦合常数值大小可用于确定基团的取代情况，谱峰强度（或积分面积）可确定基团中质子的个数等。一些特定技术，如双共振实验、化学交换、使用位移试剂、各种二维谱等，可用于简化复杂图谱、确定特征基团以及确定耦合关系等。

对于结构简单的样品可直接通过氢谱的化学位移值、耦合情况（耦合裂分的峰数及耦合常数）及每组信号的质子数来确定，或通过与文献值（图谱）比较确定样品的结构，以及是否存在杂质等。与文献值（图谱）比较时，需要注意一些重要的实验条件，如溶剂种类、样品浓度、化学位移参照物、测定温度等的影响。对于结构复杂或结构未知的样品，通常需要[1]H、[13]C 及其二维谱、[19]F、[31]P 谱并结合其他分析手段，如质谱等方能确定其结构。

② 定量分析。与其他核相比，[1]H 核磁共振波谱更适用于定量分析。在合适的实验条件下，两个信号的积分面积（或强度）正比于产生这些信号的质子数：

$$\frac{A_1}{A_2}=\frac{N_1}{N_2} \tag{9-13}$$

式中，A_1、A_2 为相应信号的积分面积（或强度）；N_1、N_2 为相应信号的总质子数。

如果两个信号来源于同一分子中不同的官能团，式（9-13）可简化为：

$$\frac{A_1}{A_2}=\frac{n_1}{n_2} \tag{9-14}$$

式中，n_1、n_2 分别为相应官能团中的质子数。

如果两个信号来源于不同的化合物，则：

$$\frac{A_1}{A_2}=\frac{n_1 m_1}{n_2 m_2}=\frac{n_1 W_1/M_1}{n_2 W_2/M_2} \tag{9-15}$$

式中，m_1、m_2 分别为化合物 1 和化合物 2 的分子个数；W_1、W_2 分别为其质量；M_1、M_2 分别为其分子量。

由式（9-14）和式（9-15）可知，核磁共振波谱定量分析可采用绝对定量和相对定量两种模式。绝对定量为采用标准物质，直接检测待测样品中的组分含量；相对定量基于待测样品中每个组分特征峰的积分值，检测特定组分间的相对含量。

　　在绝对定量模式下，将已精密称定重量的样品和内标物混合配制溶液，测定，通过比较样品特征峰的峰面积与内标峰的峰面积计算样品的含量（纯度）。内标物为与分析样品共溶于待测溶液中的标准物质。

　　合适的内标物应满足如下要求：有合适的特征参考峰，最好是适宜宽度的单峰；内标物的特征参考峰与样品峰能完全分离；能溶于分析溶剂中；其质子是等权重的；内标物的分子量与特征参考峰质子数之比合理；不与待测样品相互作用等。

　　常用的内标物有：1,2,4,5-四氯苯、1,4-二硝基苯、对苯二酚、对苯二甲酸、苯甲酸苄酯、顺丁烯二酸等。内标物的选择依据样品性质而定。

　　相对定量模式主要用于测定样品中杂质的相对含量（或混合物中各成分相对含量），由式（9-15）来计算。

　　a.绝对定量模式。

　　Ⅰ.供试品溶液制备。分别取供试品和内标适量，精密称定，置同一具塞玻璃离心管中，精密加入溶剂适量，振摇使完全溶解，加化学位移参照物适量，振摇使溶解，摇匀，即得。

　　Ⅱ.测定法。将供试品溶液适量转移至核磁管中，正确设置仪器参数，调整核磁管转速使旋转边峰不干扰待测信号，记录图谱。用积分法分别测定特征峰峰面积及内标峰峰面积，重复测定不少于 5 次，取平均值，由下式计算供试品的量（W_s）：

$$W_S = W_r \times \frac{A_s}{A_r} \times \frac{E_s}{E_r} \tag{9-16}$$

　　式中，W_r 为内标物的重量；A_s 和 A_r 分别为供试品特征峰和内标峰的平均峰面积；E_s 和 E_r 分别为供试品和内标物的质子当量重量（质量）（以分子量除以特征峰的质子数计算得到）。

　　b.相对定量模式。溶剂、化学位移参照物、供试品溶液制备以及测定方法，参照"绝对定量模式"。

　　由下式计算供试品中各组分的摩尔百分比：$\dfrac{A_1/n_1}{A_1/n_1 + A_2/n_2} \times 100$，式中，$A_1$ 和 A_2 分别为各特征基团共振峰的平均峰面积，n_1、n_2 分别为各特征基团的质子数。

　　（6）可优化参数　供试品称样量及准确度、待测样品和内标物的浓度、供试品的溶解度、核磁共振激发脉冲、采集时间、测试温度、相位和基线校正、积分参数等。

四、质谱分析

　　质谱法是使待测化合物产生气态离子，再按质荷比（m/z）将离子分离、检测的分析方法，检测限可达 $10^{-15} \sim 10^{-12}$ mol 数量级。质谱法可提供分子质量和结构的信息，定量测定可采用内标法或外标法。质谱法可以与气相色谱、液相色谱、超临界流体色谱和毛细管电泳等检测手段联用，以得到更准确的结构信息。

　　质谱仪由进样系统、离子源、质量分析器和检测器四部分构成。在由泵维持的约 $10^{-6} \sim 10^{-3}$ Pa 真空状态下，离子源产生的各种正离子（或负离子），经加速，进入质量分析器分离，再由检测器检测。计算机系统用于控制仪器，记录、处理并储存数据，当配有标准谱库软件时，计算机系统可以将测得的质谱与标准谱库中图谱比较，获得可能化合物的组成和结构信息。根据待测化合物的性质及需要获取的信息类型，可以选择不同的离子化方式，包括电子轰击离子源（EI）、化学离子源（CI）、快原子轰击（FAB）或快离子轰击离子源（LSIMS）、基质辅助激光解吸离子源（MALDI）、电喷雾离子源（ESI）、大气压化学离子源（APCI）和大气压光离子源（APPI）。《中国药典》（2025 年版）通则 0431质谱法对质谱分析的原理及方法进行了详细的叙述。

（1）校正　在进行供试品分析前，应对测定用单级质谱仪或串联质谱仪进行质量校正。可采用参比物质单独校正或与被测物混合测定校正的方式。

（2）定性分析

① 以质荷比为横坐标，以离子的相对丰度为纵坐标，测定物质的质谱。高分辨质谱仪可以测定物质的精确分子质量。

② 在相同的仪器及分析条件下，直接进样或流动注射进样，分别测定对照品和供试品的质谱，观察特定 m/z 处离子的存在，可以鉴别药物、杂质或非法添加物。

③ 产物离子扫描可以用于极性的大分子化合物的鉴别。复杂供试品中待测成分的鉴定，应采用色谱-质谱联用仪或串联质谱仪。

④ 质谱中不同质荷比离子的存在及其强度信息反映了待测化合物的结构特征，结合串联质谱分析结果，可以推测或确证待测化合物的分子结构。

⑤ 当采用电子轰击离子源时，可以通过比对待测化合物的质谱与标准谱库谱图的一致性，快速鉴定化合物。

⑥ 未知化合物的结构解析，常常需要综合应用各种质谱技术并结合供试品的来源，必要时还应结合元素分析、光谱分析（如核磁共振、红外光谱、紫外光谱、X 射线衍射）的结果综合判断。

（3）定量分析

① 采用选择离子检测（selected-ion monitoring，SIM）或选择反应检测或多反应检测，外标法或内标法定量。内标化合物可以是待测化合物的结构类似物或其稳定同位素（如 ^2H、^{13}C、^{15}N）标记物。

② 分别配制一定浓度的供试品及杂质对照品溶液，色谱-质谱分析。若供试品溶液在特征 m/z 离子处的响应值（或响应值之和）小于杂质对照溶液在相同特征 m/z 离子处的响应值（或响应值之和），则供试品所含杂质符合要求。

③ 复杂样本中的有毒有害物质、非法添加物、微量药物及其代谢物的色谱-质谱分析宜采用标准曲线法。通过测定相同体积的系列标准溶液在特征 m/z 离子处的响应值，获得标准曲线及回归方程。按规定制备供试品溶液，测定其在特征 m/z 离子处的响应值，带入标准曲线或回归方程计算，得到待测物的浓度。

④ 内标校正的标准曲线法是将等量的内标加入系列标准溶液中，测定待测物与内标物在各自特征 m/z 离子处的响应值，以响应值的比值为纵坐标，待测物浓度为横坐标绘制标准曲线，计算回归方程。使用稳定同位素标记物作为内标时，可以获得更好的分析精密度和准确度。

第九章

【示例】　液质联用分析重组干扰素 IFN-α 一级结构

（1）试剂　超纯水（Milli-Q），乙腈（色谱纯），甲酸、碳酸氢铵、二硫苏糖醇（DTT）、碘乙酰胺（IAM）均为分析纯，Trypsin 试剂盒（德国 Calbiochem 公司），流动相 A（0.1％甲酸水溶液），流动相 B（0.1％甲酸-乙腈溶液）。

（2）分子量测定

① 色谱条件。柱温 80℃；样品池温度 10℃；上样量 2μg；流速 0.2mL/min。洗脱梯度：3min 内流动相 B 由 5％至 85％。质谱采集模式：MS/灵敏度。毛细管电压：3kV。Cone 电压：40V。去溶剂气体温度：350℃。源温：120℃。去溶剂气体流速：800L/h。扫描范围（m/z）：500～4000。

② 校正与检测。用 20μg/mL 碘化钠溶液对质谱仪进行校正后，连接 UPLC 与质谱进行检测。用 Unify 软件对采集的数据进行处理并计算分子量。

（3）液质肽图测定

① 通过超滤将样品的缓冲液置换为 50mmol/L 碳酸氢铵溶液，蛋白浓度约 1mg/mL。

② 取 50μL 加入胰蛋白酶 2μg，37℃孵育过夜（翻译后修饰鉴定的样品先加入 0.1mmol/L 的 DTT 1μL，37℃孵育 1h，再加入 0.1mmol/L 的 IAM 2μL，室温暗处反应 30min，完毕后加胰蛋白酶）。

③ 质谱条件：柱温 40℃；样品池温度 10℃；上样 5μg；流速 0.2mL/min。洗脱梯度：60min 内流动相 B 由 1％至 60％。

④ 质谱采集模式：MS/灵敏度。毛细管电压：3kV。Cone 电压：40V。去溶剂气体温度：350℃。源温：120℃。去溶剂气体流速：800L/h。扫描范围（m/z）：50～2000。

⑤ 校正与检测。用 20μg/mL 碘化钠溶液对质谱仪进行校正后，连接 UPLC 与质谱进行检测。用 Unify 软件对采集的数据进行分析处理，结合一级及二级质谱测定结果对样品的氨基酸序列进行验证，并对翻译后修饰进行鉴定。

总　结

基因工程药物是医药家族的新成员，具有活性高、多功能性、低免疫原性等显著特点，使其区别于一般生物制品药物的质量要求，如需要提供表达体系、工程菌的详细资料以及培养方法、鉴定方法等。因此，基因工程药物的质量控制首先从表达载体、宿主细胞和基因等开始，涉及生产和终产品质量控制的内容、技术方法，基因工程药物的制造规程包括工程菌种、原液制备、半成品和成品等内容。

本章重点介绍了基因工程药物的质量分析方法，如肽图分析、无菌试验、内毒素试验、热原试验、效价测定等，其中效价测定因药物不同而异，在 8 种临床常用基因工程药物的检验实例中对其进行说明，包括重组人胰岛素、重组人生长激素、重组人干扰素、重组人白介素、重组人红细胞生成素、重组人集落刺激因子、重组人表皮生长因子、重组乙型肝炎疫苗。此外，还介绍了 4 种常用的基因工程药物的结构分析技术，包括肽图分析、Ｘ射线衍射法、核磁共振波谱法和质谱分析。通过这些实例的学习，读者对基因工程药物的检验能够有全面而深入的认识。

思考题

1. 阐述基因工程药物的特点。
2. 基因工程药物有哪些区别于一般生物制品药物的质量要求?
3. 阐述基因工程药物终产品的主要质量检定方法及其内容。
4. 阐述重组蛋白药物的常用鉴定方法。
5. 目前临床常用的基因工程药物有哪些?

参考文献

[1] 刘洋，张可君.生物药物检验技术［M］.北京：化学工业出版社，2019.

[2] 国家药典委员会.中华人民共和国药典［M］.2025年版.北京：中国医药科技出版社，2025.

[3] 张怡轩.生物药物分析［M］.3版.北京：中国医药科技出版社，2019.

[4] 李森浩，李伟.药物分析［M］.北京：化学工业出版社，2024.

[5] 王炳强，曾玉香.药物分析［M］.北京：化学工业出版社，2021.

[6] 郑一美.药物分析［M］.北京：化学工业出版社，2021.

[7] 刘郁，岳金方.药品检验技术［M］.北京：化学工业出版社，2024.

[8] 陈晗.生化制药技术［M］.北京：化学工业出版社，2018.

[9] 胡文婷.药物分析技术与方法探究［M］.北京：中国原子能出版社，2017.

[10] 陈清西.酶学及其研究技术［M］.厦门：厦门大学出版社，2015.

[11] 杨天佑，张帆涛，赵艳.现代生物化学原理及技术研究［M］.北京：中国水利水电出版社，2015.

[12] 曹亚，赵婧.蛋白质电化学分析实验技术［M］.上海：上海大学出版社，2020.

[13] 汪少芸.蛋白质纯化与分析技术［M］.北京：中国轻工业出版社，2014.

[14] 岳宣峰，张延妮.现代仪器分析［M］.西安：陕西科学技术出版社，2023.

[15] 王建杰.分子免疫学与临床［M］.长春：吉林科学技术出版社，2017.

[16] 孙汭.免疫学技术原理与应用［M］.合肥：中国科学技术大学出版社，2024.

[17] 孙万邦.生物制品学实验教程［M］.北京：世界图书出版公司，2017.

[18] 李进.现代发酵工程实验指导［M］.成都：电子科技大学出版社，2017.

[19] 陶永清，王素英.发酵工程原理与技术［M］.北京：中国水利水电出版社，2015.

[20] 冯美卿.生物技术制药［M］.北京：中国医药科技出版社，2021.

[21] 符秀娟，陈小婉，胥彦琪.药物分析［M］.上海：上海科学技术文献出版社，2023.

[22] 张怡轩.生物药物分析［M］.北京：中国医药科技出版社，2015.

[23] 叶丹玲.药品生物检定技术［M］.杭州：浙江大学出版社，2014.

[24] 郑越中，张正红，陈国强.生物药物分析与检验［M］.成都：电子科技大学出版社，2020.

[25] 张怡轩.生物药物分析［M］.北京：中国医药科技出版社，2019.

[26] 郑枫.药物色谱分析实验与指导［M］.北京：中国医药科技出版社，2019.

[27] 马铭研.药物分析［M］.北京：中国医药科技出版社，2024.

[28] 张金兰.药物分析技术进展与应用［M］.北京：中国协和医科大学出版社，2021.

[29] 陈平，王春艳，于海彦.生物工程产品分析检测技术研究［M］.北京：中国原子能出版社，2017.

[30] 薛依婷，周元元，黄维民.生物药分析与质控［M］.北京：中国纺织出版社，2023.

[31] 陶磊，裴德宁，韩春梅，等.液质联用进行干扰素理化对照品的一级结构鉴定及比对研究［J］.药学学报，2015，50（1）：75-80.

[32] 中国食品药品检定研究院.《中国药典》（2015年版）相关品种超高压液相方法分析［M］.北京：中国医药科技出版社，2018.

[33] Bouvier E S P，Koza S M. Advances in size-exclusion separations of proteins and polymers by UPLC［J］. TrAC Trends in Analytical Chemistry，2014，63：85-94.

[34] Fekete S，Smith R D. Current and future trends in UPLC［J］. Trends in Analytical Chemistry，2014，63：2-13.

[35] 张亚洲，于丽颖.超高效液相色谱（UPLC）在药物分析上的应用［J］.山东工业技术，2015（23）：36.

[36] 国家药典委员会.中华人民共和国药典：三部［M］.2025年版.北京：中国医药科技出版社，2025.

[37] 邢其毅.基础有机化学（上册）［M］.4版.北京：北京大学出版社，2016.

[38] Tsiasioti A，Tzanavaras P D. High performance liquid chromatography coupled with post-Column derivatization

methods in food analysis：chemistries and applications in the last two decades ［J］. Food Chemistry，2024，443：138577.

［39］ Kobata A. Exo-and endoglycosidases revisited ［J］. Proceedings of the Japan Academy. Series B，Physical and biological sciences，2013，89（3）：97-117.

［40］ Xiao H，Suttapitugsakul S，Sun F，et al. Mass spectrometry-based chemical and enzymatic methods for global analysis of protein glycosylation ［J］. Accounts of chemical research，2018，51（8）：1796-1806.

［41］ 杨红梅，相霞，郭红丽. 病理学与病理生理学 ［M］. 上海：上海交通大学出版社，2023.

［42］ 李世慧，赵俊，张霖阳，等. 火箭免疫电泳法检测 ACYW135 群脑膜炎球菌多糖疫苗多糖含量和分子大小的初步验证 ［J］. 微生物学免疫学进展，2014，42（01）：20-24.

［43］ 李风云，周雷，张琳. 精准入微——将微流控技术引入分析化学教学的探讨 ［J］. 2023，09：89-97.

［44］ 程玉鹏，高宁，付新作. 现代生物技术方法与原理 ［M］. 北京：中国轻工业出版社，2024.

［45］ 马新博，费洪新，李昆英，等. 医学免疫学实验技术与学习指导 ［M］. 西安：西安交通大学出版社，2022.

［46］ 张凤民，傅松滨. 普通高等教育本科基础医学专业教学大纲（2017 版）［M］. 哈尔滨：哈尔滨医科大学，2017.

［47］ 黄焕生，岳启安. 生物化学、医学微生物学与免疫学实验指导 ［M］. 上海：上海交通大学出版社，2017.

［48］ 刘晓东. 仪器分析实验 ［M］. 北京：北京理工大学出版社，2023.

［49］ Malvis R A，Pesci L，Kara S，et al. Enzyme Kinetics ［M］. Cham：Springer，2024.

［50］ Baranowski M R，Wu J，Han Y N，et al. Protein tyrosine phosphatase biochemical inhibition assays ［J］. Bio-protocol，2022，12（18）：e4510.

［51］ Augustin J M，Bak S. Determination of enzyme kinetic parameters of UDP-glycosyltransferases ［J］. Bio-protocol，2013，3（14）：e825.

［52］ Reyes-De-Corcuera J I，Olstad H E，García-Torres R. Stability and stabilization of enzyme biosensors：the key to successful application and commercialization ［J］. Annual Review of Food Science and Technology，2018，9（1）：293-322.

［53］ Betsy C J，Siva C. Biosensor ［M］. Cham：Springer，2023.